本書で学習する内容

本書でAccessの基本機能を効率よく学んで、ビジネスで役立つ本物のスキルを身に付けましょう。

Access習得の第一歩 基本操作をマスターしよう

第1章 Accessの基礎知識

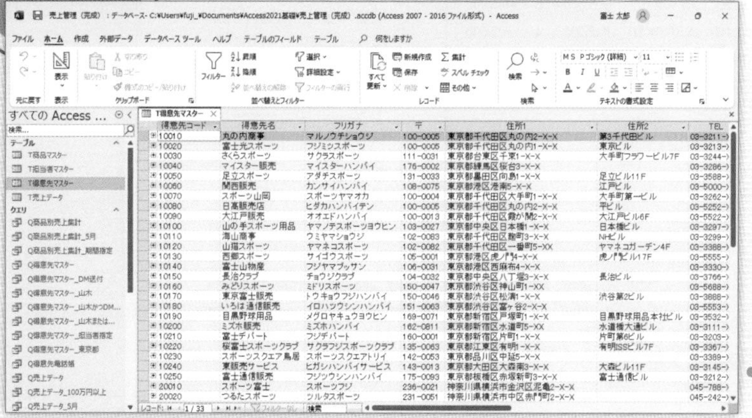

まずは基本が大切！
Accessの画面に
慣れることから始めよう！

Q得意先電話帳

フリガナ	得意先名	TEL
アダチスポーツ	足立スポーツ	03-3588-XXXX
イロハツウシンハンバイ	いろは通信販売	03-5553-XXXX
ウミヤマショウジ	海山商事	03-3299-XXXX
オオエドハンバイ	大江戸販売	03-5522-XXXX
カンサイハンバイ	関西販売	03-5000-XXXX
クサバスポーツ	草場スポーツ	049-233-XXXX
コアラスポーツ	こあらスポーツ	04-2900-XXXX
サイゴウスポーツ	西郷スポーツ	03-5555-XXXX
サクラスポーツ	さくらスポーツ	03-3244-XXXX
サクラフジスポーツクラブ	桜富士スポーツクラブ	03-3367-XXXX
スポーツショップフジ	スポーツショップ富士	043-278-XXXX
スポーツスクエアトリイ	スポーツスクエア鳥居	03-3389-XXXX
スポーツフジ	スポーツ富士	045-788-XXXX
スポーツヤマオカ	スポーツ山岡	03-3262-XXXX
チョウジクラブ	長治クラブ	03-3766-XXXX
ツルタスポーツ	つるたスポーツ	045-242-XXXX
トウキョウフジハンバイ	東京富士販売	03-3888-XXXX
ハマベスポーツテン	浜辺スポーツ店	045-421-XXXX
ヒガシハンバイサービス	東販売サービス	03-3145-XXXX
ヒダカハンバイテン	日高販売店	03-5252-XXXX
フジスポーツヨウヒン	富士スポーツ用品	045-261-XXXX
フジツウシンハンバイ	富士通信販売	03-3212-XXXX
フジデパート	富士デパート	03-3203-XXXX
フジハンバイセンター	富士販売センター	043-228-XXXX
フジミツスポーツ	富士光スポーツ	03-3213-XXXX
フジヤマブッサン	富士山物産	03-3330-XXXX
マイスターハンバイ	マイスター販売	03-3286-XXXX
マルノウチショウジ	丸の内商事	03-3211-XXXX
ミズホハンバイ	ミズホ販売	03-3111-XXXX
ミドリスポーツ	みどりスポーツ	03-5688-XXXX
メグロヤキュウヨウヒン	目黒野球用品	03-3532-XXXX
ヤマネコスポーツ	山猫スポーツ	03-3388-XXXX
ヤマノテスポーツヨウヒン	山の手スポーツ用品	03-3297-XXXX

レコード: 1 / 33　フィルターなし　検索

F得意先マスター

得意先コード	10010
得意先名	丸の内商事
フリガナ	マルノウチショウジ
〒	100-0005
住所1	東京都千代田区丸の内2-X-X
住所2	第3千代田ビル
TEL	03-3211-XXXX
担当者コード	110　山木 由美
DM送付同意	☑

得意先マスター_五十音順

フリガナ	得意先名	〒	住所	TEL	担当者コード	担当者名
アダチスポーツ	足立スポーツ	131-0033	東京都墨田区向島1-X-X 足立ビル11F	03-3588-XXXX	150	福田 進
イロハツウシンハンバイ	いろは通信販売	151-0063	東京都渋谷区富ヶ谷2-X-X	03-5553-XXXX	130	安藤 百合子
ウミヤマショウジ	海山商事	102-0083	東京都千代田区麹町3-X-X NHビル	03-3299-XXXX	120	佐伯 浩太
オオエドハンバイ	大江戸販売	100-0013	東京都千代田区霞が関2-X-X 大江戸ビル6F	03-5522-XXXX	110	山木 由美
カンサイハンバイ	関西販売	108-0075	東京都港区港南5-X-X 江戸ビル	03-5000-XXXX	150	福田 進
クサバスポーツ	草場スポーツ	350-0001	埼玉県川越市古谷上1-X-X 川越ガーデンビル	049-233-XXXX	140	吉岡 雄介
コアラスポーツ	こあらスポーツ	358-0002	埼玉県入間市東町1-X-X	04-2900-XXXX	110	山木 由美
サイゴウスポーツ	西郷スポーツ	105-0001	東京都港区虎ノ門4-X-X 虎ノ門ビル17F	03-5555-XXXX	140	吉岡 雄介
サクラスポーツ	さくらスポーツ	111-0031	東京都台東区千束1-X-X 大手町フラワービル7F	03-3244-XXXX	110	山木 由美
サクラフジスポーツクラブ	桜富士スポーツクラブ	135-0063	東京都江東区有明1-X-X 有明SSビル7F	03-3367-XXXX	130	安藤 百合子
スポーツショップフジ	スポーツショップ富士	261-0012	千葉県千葉市美浜区磯辺4-X-X	043-278-XXXX	120	佐伯 浩太
スポーツスクエアトリイ	スポーツスクエア鳥居	142-0053	東京都品川区中延5-X-X	03-3389-XXXX	150	福田 進
スポーツフジ	スポーツ富士	236-0021	神奈川県横浜市金沢区泥亀2-X-X	045-788-XXXX	140	吉岡 雄介
スポーツヤマオカ	スポーツ山岡	100-0004	東京都千代田区大手町1-X-X 大手町第一ビル	03-3262-XXXX	110	山木 由美

2023年6月28日　1/3 ページ

Accessのオブジェクトには
どんなものがあるか確認しよう！

データベースを設計して作成しよう

第2章 データベースの設計と作成

●印刷結果

売上一覧表

売上番号	売上日	得意先コード	得意先名	商品コード	商品名	単価	数量	金額
1	2023/04/01	10010	丸の内商事	1020	バット(金属製)	¥15,000	5	¥75,000
2	2023/04/01	10220	桜富士スポーツクラブ	2030	ゴルフシューズ	¥28,000	3	¥84,000
3	2023/04/02	20020	つるたスポーツ	3020	スキーブーツ	¥23,000	5	¥115,000
4	2023/04/02	10240	東販売サービス	1010	バット(木製)	¥18,000	4	¥72,000
5	2023/04/03	10020	富士光スポーツ	3010	スキー板	¥55,000	10	¥550,000
—	—	—	—	—	—	—	—	—
—	—	—	—	—	—	—	—	—

●入力項目

売上伝票入力

売上番号	1
売上日	2023/04/01
得意先コード	10010
得意先名	丸の内商事
商品コード	1020
商品名	バット(金属製)
単価	¥15,000
数量	5
金額	¥75,000

データベースに必要な項目を決定しよう!

●売上伝票

売上番号	売上日	得意先コード	得意先名	商品コード	商品名	単価	数量	金額
1	2023/04/01	10010	丸の内商事	1020	バット(金属製)	¥15,000	5	¥75,000
2	2023/04/01	10220	桜富士スポーツクラブ	2030	ゴルフシューズ	¥28,000	3	¥84,000
3	2023/04/02	20020	つるたスポーツ	3020	スキーブーツ	¥23,000	5	¥115,000
4	2023/04/02	10240	東販売サービス	1010	バット(木製)	¥18,000	4	¥72,000
5	2023/04/03	10020	富士光スポーツ	3010	スキー板	¥55,000	10	¥550,000

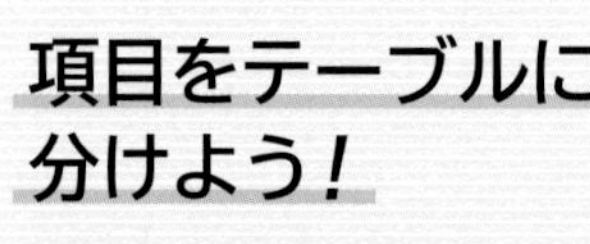

項目をテーブルに分けよう!

●得意先マスター

得意先コード	得意先名
10010	丸の内商事
10020	富士光スポーツ
10030	さくらテニス
10040	マイスター広告社
10050	足立スポーツ

●売上データ

売上番号	売上日	得意先コード	商品コード	数量
1	2023/04/01	10010	1020	5
2	2023/04/01	10220	2030	3
3	2023/04/02	20020	3020	5
4	2023/04/02	10240	1010	4
5	2023/04/03	10020	3010	10

●商品マスター

商品コード	商品名	単価
1010	バット(木製)	¥18,000
1020	バット(金属製)	¥15,000
1030	野球グローブ	¥19,800
2010	ゴルフクラブ	¥68,000
2020	ゴルフボール	¥1,200

テーブルを作成して データを保存しよう

第3章 テーブルによるデータの格納

T商品マスター

フィールド名	データ型
商品コード	短いテキスト
商品名	短いテキスト
単価	通貨型

フィールド プロパティ

標準 ルックアップ

フィールドサイズ	4
書式	
定型入力	
標題	
既定値	
入力規則	
エラーメッセージ	
値要求	はい
空文字列の許可	はい
インデックス	はい (重複なし)
Unicode 圧縮	はい
IME 入力モード	オン
IME 変換モード	一般
ふりがな	

フィールド名やデータ型を設定してテーブルを作成しよう!

Accessのテーブルに Excelのデータを インポートしよう!

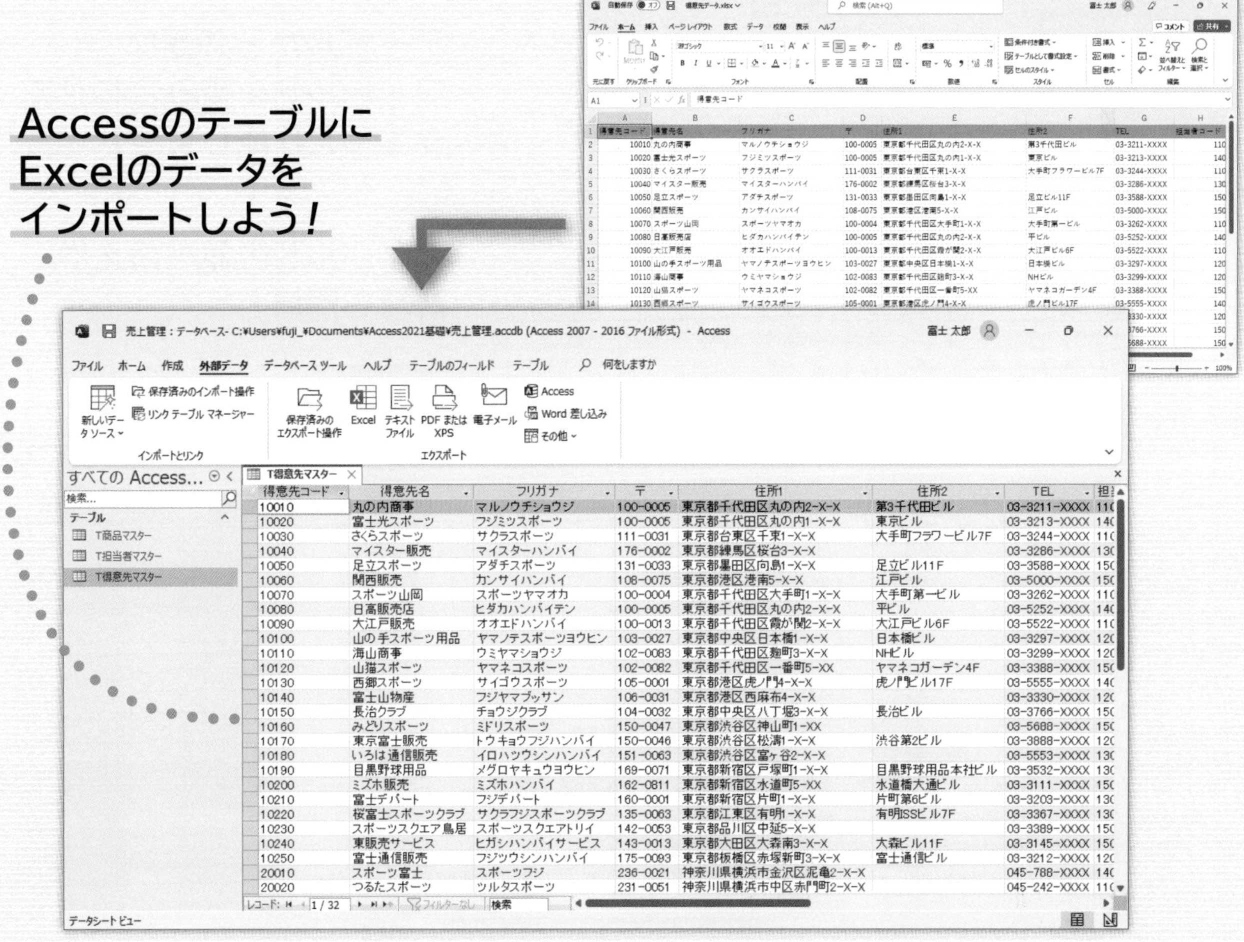

T得意先マスター

得意先コード	得意先名	フリガナ	〒	住所1	住所2	TEL	担当
10010	丸の内商事	マルノウチショウジ	100-0005	東京都千代田区丸の内2-X-X	第3千代田ビル	03-3211-XXXX	11(
10020	富士光スポーツ	フジミツスポーツ	100-0005	東京都千代田区丸の内1-X-X	東京ビル	03-3213-XXXX	14(
10030	さくらスポーツ	サクラスポーツ	111-0031	東京都台東区千束1-X-X	大手町フラワービル7F	03-3244-XXXX	11(
10040	マイスター販売	マイスターハンバイ	176-0002	東京都練馬区桜台3-X-X		03-3286-XXXX	13(
10050	足立スポーツ	アダチスポーツ	131-0033	東京都墨田区向島1-X-X	足立ビル11F	03-3588-XXXX	15(
10060	関西販売	カンサイハンバイ	108-0075	東京都港区港南5-X-X	江戸ビル	03-5000-XXXX	15(
10070	スポーツ山岡	スポーツヤマオカ	100-0004	東京都千代田区大手町1-X-X	大手町第一ビル	03-3262-XXXX	11(
10080	日高販売店	ヒダカハンバイテン	100-0005	東京都千代田区丸の内2-X-X	平ビル	03-5252-XXXX	14(
10090	大江戸販売	オオエドハンバイ	100-0013	東京都千代田区霞が関2-X-X	大江戸ビル6F	03-5522-XXXX	11(
10100	山の手スポーツ用品	ヤマノテスポーツヨウヒン	103-0027	東京都中央区日本橋1-X-X	日本橋ビル	03-3297-XXXX	12(
10110	海山商事	ウミヤマショウジ	102-0083	東京都千代田区麹町3-X-X	NHビル	03-3299-XXXX	12(
10120	山猫スポーツ	ヤマネコスポーツ	102-0082	東京都千代田区一番町5-XX	ヤマネコガーデン4F	03-3388-XXXX	15(
10130	西郷スポーツ	サイゴウスポーツ	105-0001	東京都港区虎ノ門4-X-X	虎ノ門ビル17F	03-5555-XXXX	14(
10140	富士山物産	フジヤマブッサン	106-0031	東京都港区西麻布4-X-X		03-3330-XXXX	12(
10150	長治クラブ	チョウジクラブ	104-0032	東京都中央区八丁堀3-X-X	長治ビル	03-3766-XXXX	15(
10160	みどりスポーツ	ミドリスポーツ	150-0047	東京都渋谷区神山町1-XX		03-5688-XXXX	15(
10170	東京富士販売	トウキョウフジハンバイ	150-0046	東京都渋谷区松濤1-X-X	渋谷第2ビル	03-3888-XXXX	12(
10180	いろは通信販売	イロハツウシンハンバイ	151-0063	東京都渋谷区富ヶ谷2-X-X		03-5553-XXXX	13(
10190	目黒野球用品	メグロヤキュウヨウヒン	169-0071	東京都新宿区戸塚町1-X-X	目黒野球用品本社ビル	03-3532-XXXX	13(
10200	ミズホ販売	ミズホハンバイ	162-0811	東京都新宿区水道町5-XX	水道橋大通ビル	03-3111-XXXX	15(
10210	富士デパート	フジデパート	160-0001	東京都新宿区片町1-X-X	片町第6ビル	03-3203-XXXX	13(
10220	桜富士スポーツクラブ	サクラフジスポーツクラブ	135-0063	東京都江東区有明1-X-X	有明SSビル7F	03-3367-XXXX	13(
10230	スポーツスクエア鳥居	スポーツスクエアトリイ	142-0053	東京都品川区中延5-X-X		03-3389-XXXX	15(
10240	東販売サービス	ヒガシハンバイサービス	143-0013	東京都大田区大森南3-X-X	大森ビル11F	03-3145-XXXX	15(
10250	富士通信販売	フジツウシンハンバイ	175-0093	東京都板橋区赤塚新町3-X-X	富士通信ビル	03-3212-XXXX	12(
20010	スポーツ富士	スポーツフジ	236-0021	神奈川県横浜市金沢区泥亀2-X-X		045-788-XXXX	14(
20020	つるたスポーツ	ツルタスポーツ	231-0051	神奈川県横浜市中区赤門町2-X-X		045-242-XXXX	11(

リレーションシップやクエリを使って 複数のテーブルを関連付けよう

第4章 リレーションシップの作成

複数のテーブルを
共通するフィールドで
関連付けよう！

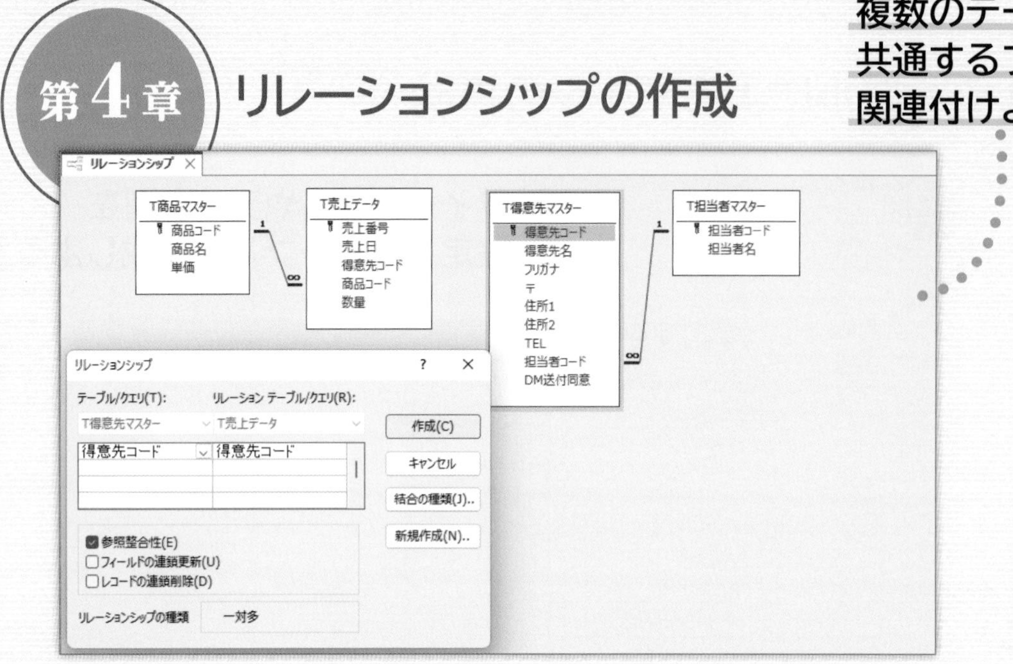

第5章 クエリによるデータの加工

テーブルから必要な
フィールドを組み合わせて
クエリを作成しよう！

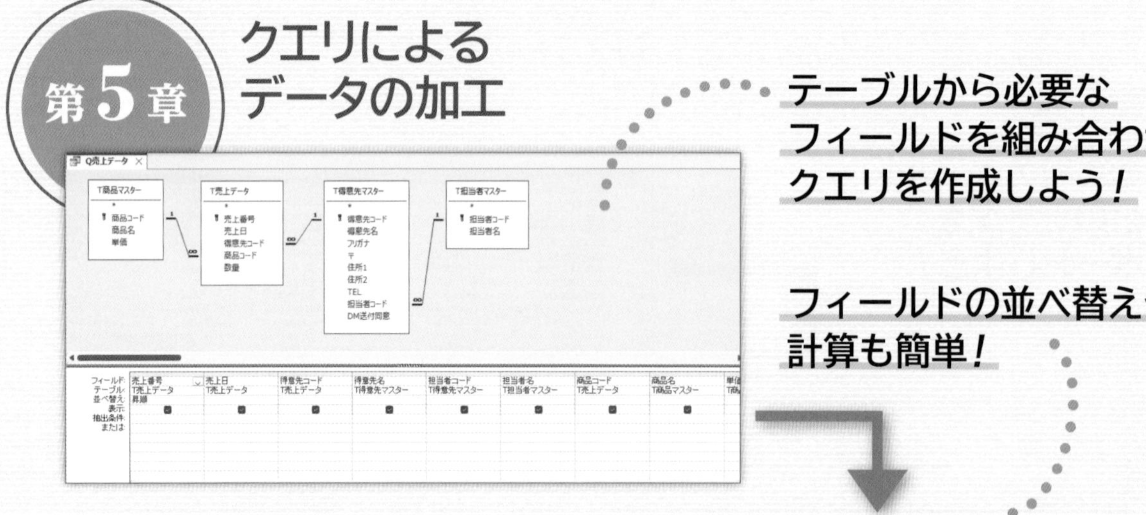

フィールドの並べ替えや
計算も簡単！

Q売上データ

売上番号	売上日	得意先コード	得意先名	担当者コード	担当者名	商品コード	商品名	単価	数量	金額	消費税	税込金額
1	2023/04/01	10010	丸の内商事	110	山木 由美	1020	バット（金属製）	¥15,000	5	¥75,000	7500	¥82,500
2	2023/04/01	10220	桜富士スポーツクラブ	130	安藤 百合子	2030	ゴルフシューズ	¥28,000	3	¥84,000	8400	¥92,400
3	2023/04/02	20020	つるたスポーツ	110	山木 由美	3020	スキーブーツ	¥23,000	5	¥115,000	11500	¥126,500
4	2023/04/02	10240	東販売サービス	150	福田 進	1010	バット（木製）	¥18,000	4	¥72,000	7200	¥79,200
5	2023/04/03	10020	富士光スポーツ	140	吉岡 雄介	3010	スキー板	¥55,000	10	¥550,000	55000	¥605,000
6	2023/04/04	20040	浜辺スポーツ店	140	吉岡 雄介	1020	バット（金属製）	¥15,000	4	¥60,000	6000	¥66,000
7	2023/04/05	10220	桜富士スポーツクラブ	130	安藤 百合子	4010	テニスラケット	¥16,000	15	¥240,000	24000	¥264,000
8	2023/04/05	10210	富士デパート	130	安藤 百合子	1030	野球グローブ	¥19,800	20	¥396,000	39600	¥435,600
9	2023/04/08	30010	富士販売センター	120	佐伯 浩太	1020	バット（金属製）	¥15,000	30	¥450,000	45000	¥495,000
10	2023/04/08	10020	富士光スポーツ	140	吉岡 雄介	5010	トレーナー	¥9,800	10	¥98,000	9800	¥107,800
11	2023/04/09	10120	山猫スポーツ	150	福田 進	2010	ゴルフクラブ	¥68,000	15	¥1,020,000	102000	¥1,122,000
12	2023/04/09	10110	海山商事	120	佐伯 浩太	2030	ゴルフシューズ	¥28,000	4	¥112,000	11200	¥123,200
13	2023/04/10	20020	つるたスポーツ	110	山木 由美	3010	スキー板	¥55,000	4	¥220,000	22000	¥242,000
14	2023/04/10	10020	富士光スポーツ	140	吉岡 雄介	2010	ゴルフクラブ	¥68,000	2	¥136,000	13600	¥149,600
15	2023/04/10	10010	丸の内商事	110	山木 由美	4020	テニスボール	¥1,500	50	¥75,000	7500	¥82,500
16	2023/04/11	20040	浜辺スポーツ店	140	吉岡 雄介	3020	スキーブーツ	¥23,000	10	¥230,000	23000	¥253,000
17	2023/04/11	10050	足立スポーツ	150	福田 進	1020	バット（金属製）	¥15,000	5	¥75,000	7500	¥82,500
18	2023/04/12	10010	丸の内商事	110	山木 由美	2010	ゴルフクラブ	¥68,000	25	¥1,700,000	170000	¥1,870,000
19	2023/04/12	10180	いろは通信販売	130	安藤 百合子	3020	スキーブーツ	¥23,000	6	¥138,000	13800	¥151,800
20	2023/04/12	10020	富士光スポーツ	140	吉岡 雄介	2010	ゴルフクラブ	¥68,000	30	¥2,040,000	204000	¥2,244,000
21	2023/04/15	40010	こあらスポーツ	110	山木 由美	4020	テニスボール	¥1,500	2	¥3,000	300	¥3,300
22	2023/04/15	10060	関西販売	150	福田 進	1030	野球グローブ	¥19,800	2	¥39,600	3960	¥43,560
23	2023/04/16	10080	日高販売店	140	吉岡 雄介	1010	バット（木製）	¥18,000	10	¥180,000	18000	¥198,000
24	2023/04/16	10100	山の手スポーツ用品	120	佐伯 浩太	1020	バット（金属製）	¥15,000	12	¥180,000	18000	¥198,000
25	2023/04/17	10120	山猫スポーツ	150	福田 進	1030	野球グローブ	¥19,800	5	¥99,000	9900	¥108,900
26	2023/04/17	10020	富士光スポーツ	140	吉岡 雄介	1010	バット（木製）	¥18,000	3	¥54,000	5400	¥59,400
27	2023/04/18	10020	富士光スポーツ	140	吉岡 雄介	5010	トレーナー	¥9,800	5	¥49,000	4900	¥53,900

レコード: 1 / 161 フィルターなし 検索

フォームを作成して データを効率よく入力しよう

第6章 フォームによるデータの入力

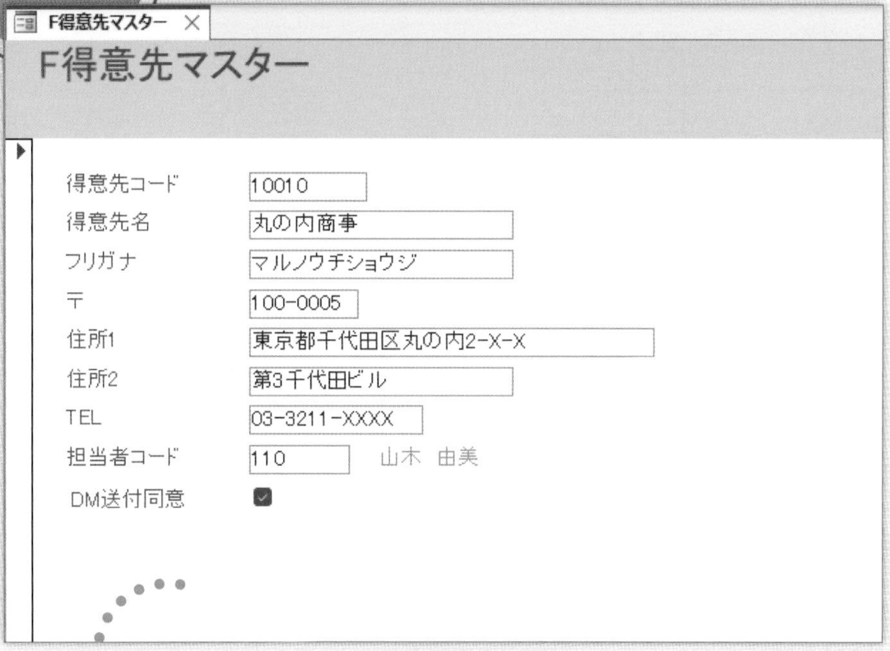

F得意先マスター

F得意先マスター

得意先コード	10010
得意先名	丸の内商事
フリガナ	マルノウチショウジ
〒	100-0005
住所1	東京都千代田区丸の内2-X-X
住所2	第3千代田ビル
TEL	03-3211-XXXX
担当者コード	110 山木 由美
DM送付同意	☑

入力しやすいフォームを作成しよう！

入力するフィールドだけにカーソルを移動させて、効率よく入力しよう！

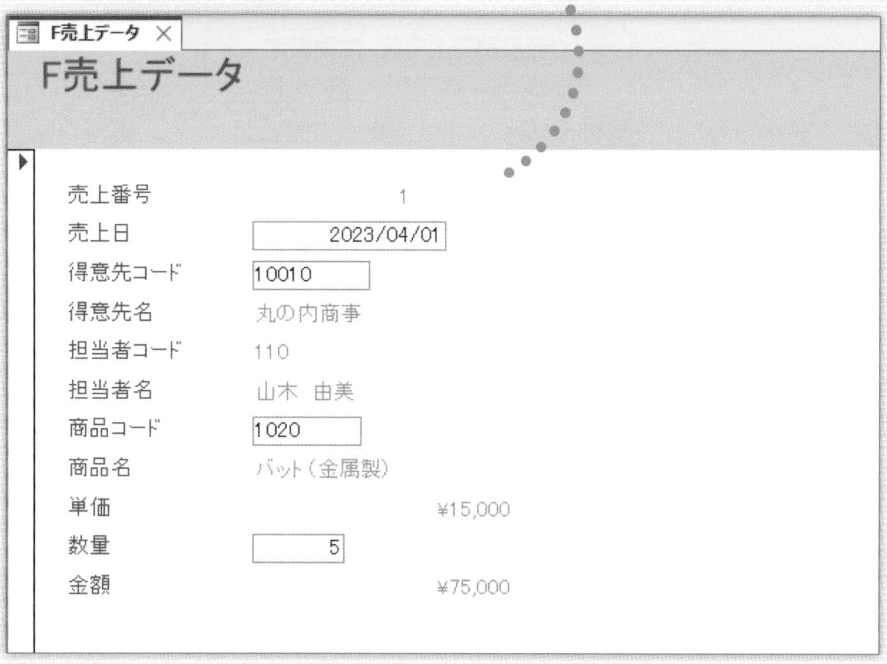

F売上データ

F売上データ

売上番号	1
売上日	2023/04/01
得意先コード	10010
得意先名	丸の内商事
担当者コード	110
担当者名	山木 由美
商品コード	1020
商品名	バット（金属製）
単価	¥15,000
数量	5
金額	¥75,000

条件に合う レコードを抽出・集計しよう

第7章 クエリによるデータの抽出と集計

Q得意先マスター_東京都

得意先コード	得意先名	フリガナ	〒		住所1	住所2	TEL	担当者コード	担当者名	DM送付同意
10010	丸の内商事	マルノウチショウジ	100-0005	東京都	代田区丸の内2-X-X	第3千代田ビル	03-3211-XXXX	110	山木　由美	☑
10020	富士光スポーツ	フジミツスポーツ	100-0005	東京都	代田区丸の内1-X-X	東京ビル	03-3213-XXXX	140	吉岡　雄介	☑
10030	さくらスポーツ	サクラスポーツ	111-0031	東京都	東区千束1-X-X	大手町フラワービル7F	03-3244-XXXX	110	山木　由美	☐
10040	マイスター販売	マイスターハンバイ	176-0002	東京都	馬区桜台3-X-X		03-3286-XXXX	130	安藤　百合子	☐
10050	足立スポーツ	アダチスポーツ	131-0033	東京都	田区向島1-X-X	足立ビル11F	03-3588-XXXX	150	福田　進	☑
10060	関西販売	カンサイハンバイ	108-0075	東京都	区港南5-X-X	江戸ビル	03-5000-XXXX	150	福田　進	☑
10070	スポーツ山岡	スポーツヤマオカ	100-0004	東京都	代田区大手町1-X-X	大手町第一ビル	03-3262-XXXX	110	山木　由美	☑
10080	日高販売店	ヒダカハンバイテン	100-0005	東京都	代田区丸の内2-X-X	平ビル	03-5252-XXXX	140	吉岡　雄介	☐
10090	大江戸販売	オオエドハンバイ	100-0013	東京都	代田区霞が関2-X-X	大江戸ビル6F	03-5522-XXXX	110	山木　由美	☑
10100	山の手スポーツ用品	ヤマノテスポーツヨウヒン	103-0027	東京都	央区日本橋1-X-X	日本橋ビル	03-3297-XXXX	120	佐伯　浩太	☐
10110	海山商事	ウミヤマショウジ	102-0083	東京都	代田区麹町3-X-X	NHビル	03-3299-XXXX	120	佐伯　浩太	☑
10120	山猫スポーツ	ヤマネコスポーツ	102-0082	東京都	代田区一番町5-XX	ヤマネコガーデン4F	03-3388-XXXX	150	福田　進	☑
10130	西郷スポーツ	サイゴウスポーツ	105-0001	東京都	区虎ノ門4-X-X	虎ノ門ビル17F	03-5555-XXXX	140	吉岡　雄介	☑
10140	富士山物産	フジヤマブッサン	106-0031	東京都	区西麻布4-X-X		03-3330-XXXX	120	佐伯　浩太	☐
10150	長治クラブ	チョウジクラブ	104-0032	東京都	央区八丁堀3-X-X	長治ビル	03-3766-XXXX	150	福田　進	☑
10160	みどりスポーツ	ミドリスポーツ	150-0047	東京都	谷区神山町1-XX		03-5688-XXXX	150	福田　進	☑
10170	東京富士販売	トウキョウフジハンバイ	150-0046	東京都	谷区松濤1-X-X	渋谷第2ビル	03-3888-XXXX	120	佐伯　浩太	☐
10180	いろは通信販売	イロハツウシンハンバイ	151-0063	東京都	谷区富ヶ谷2-X-X		03-5553-XXXX	130	安藤　百合子	☑
10190	目黒野球用品	メグロヤキュウヨウヒン	169-0071	東京都	宿区戸塚町1-X-X	目黒野球用品本社ビル	03-3532-XXXX	130	安藤　百合子	☑
10200	ミズホ販売	ミズホハンバイ	162-0811	東京都	宿区水道町5-XX	水道橋大通ビル	03-3111-XXXX	150	福田　進	☐
10210	富士デパート	フジデパート	160-0001	東京都	宿区片町1-X-X	片町第6ビル	03-3203-XXXX	130	安藤　百合子	☑
10220	桜富士スポーツクラブ	サクラフジスポーツクラブ	135-0063	東京都	東区有明1-X-X	有明ISSビル7F	03-3367-XXXX	130	安藤　百合子	☑
10230	スポーツスクエア鳥居	スポーツスクエアトリイ	142-0053	東京都	川区中延5-X-X		03-3389-XXXX	150	福田　進	☑
10240	東販売サービス	ヒガシハンバイサービス	143-0013	東京都	田区大森南3-X-X	大森ビル11F	03-3145-XXXX	150	福田　進	☐
10250	富士通信販売	フジツウシンハンバイ	175-0093	東京都	橋区赤塚新町3-X-X	富士通信ビル	03-3212-XXXX	120	佐伯　浩太	☑

必要なデータだけを抽出しよう！

期間を指定して抽出しよう！

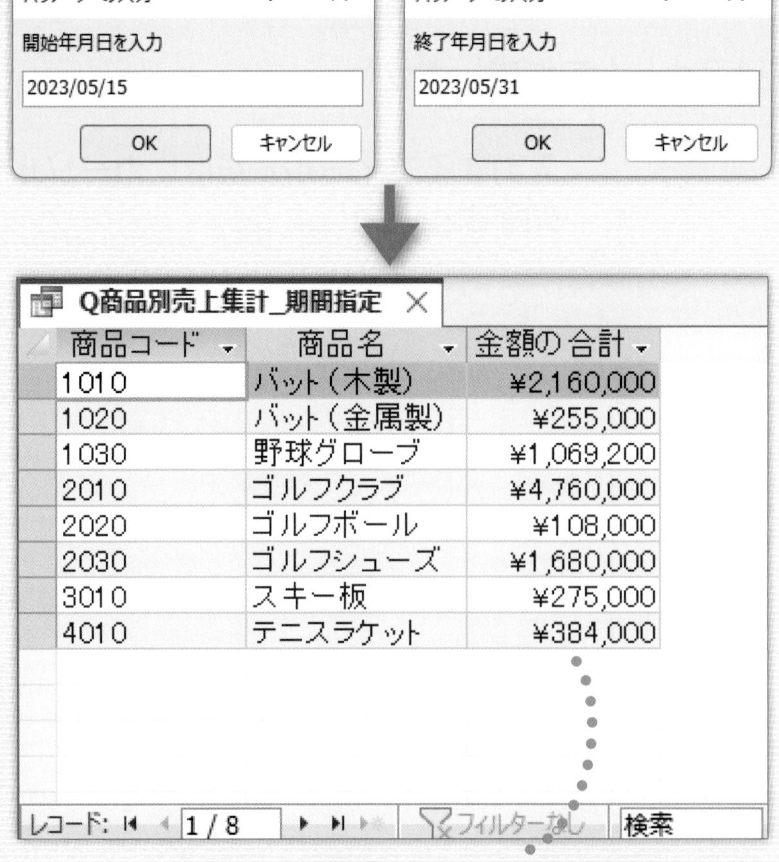

Q商品別売上集計_期間指定

商品コード	商品名	金額の合計
1010	バット（木製）	¥2,160,000
1020	バット（金属製）	¥255,000
1030	野球グローブ	¥1,069,200
2010	ゴルフクラブ	¥4,760,000
2020	ゴルフボール	¥108,000
2030	ゴルフシューズ	¥1,680,000
3010	スキー板	¥275,000
4010	テニスラケット	¥384,000

レコード: 1 / 8　フィルターなし　検索

指定した期間のデータを集計しよう！

レポートを作成して印刷しよう
便利な機能を使いこなそう

第8章 レポートによるデータの印刷

得意先マスター_五十音順

フリガナ	得意先名	〒	住所	TEL	担当者コード	担当者名
アダチスポーツ	足立スポーツ	131-0033	東京都墨田区向島1-X-X 足立ビル11F	03-3588-XXXX	150	福田 進
イロハツウシンハンバイ	いろは通信販売	151-0063	東京都渋谷区富ヶ谷2-X-X	03-5553-XXXX	130	安藤 百合子
ウミヤマショウジ	海山商事	102-0083	東京都千代田区麹町3-X-X NHビル	03-3299-XXXX	120	佐伯 浩太
オオエドハンバイ	大江戸販売	100-0013	東京都千代田区霞が関2-X-X 大江戸ビル6F	03-5522-XXXX	110	山木 由美
カンサイハンバイ	関西販売	108-0075	東京都港区港南5-X-X 江戸ビル	03-5000-XXXX	150	福田 進
クサバスポーツ	草場スポーツ	350-0001	埼玉県川越市古谷上1-X-X 川越ガーデンビル	049-233-XXXX	140	吉岡 雄介
コアラスポーツ	こあらスポーツ	358-0002	埼玉県入間市東町1-X-X	04-2900-XXXX	110	山木 由美
サイゴウスポーツ	西郷スポーツ	105-0001	東京都港区虎ノ門4-X-X 虎ノ門ビル17F	03-5555-XXXX	140	吉岡 雄介
サクラスポーツ	さくらスポーツ	111-0031	東京都台東区千束1-X-X 大手町フラワービル7F	03-3244-XXXX	110	山木 由美
サクラフジスポーツクラブ	桜富士スポーツクラブ	135-0063	東京都江東区有明1-X-X 有明SSビル7F	03-3367-XXXX	130	安藤 百合子
スポーツショップフジ	スポーツショップ富士	261-0012	千葉県千葉市美浜区磯辺4-X-X	043-278-XXXX	120	佐伯 浩太
スポーツスクエアトリイ	スポーツスクエア鳥居	142-0053	東京都品川区中延5-X-X	03-3389-XXXX	150	福田 進
スポーツフジ	スポーツ富士	236-0021	神奈川県横浜市金沢区泥亀2-X-X	045-788-XXXX	140	吉岡 雄介
スポーツヤマオカ	スポーツ山岡	100-0004	東京都千代田区大手町1-X-X 大手町第一ビル	03-3262-XXXX	110	山木 由美

2023年6月28日　　1/3 ページ

レコードを並べ替えて印刷しよう！

〒100-0005
東京都千代田区丸の内2-X-X
第3千代田ビル
丸の内商事 御中
110

〒100-0005
東京都千代田区丸の内1-X-X
東京ビル
富士光スポーツ 御中
140

〒131-0033
東京都墨田区向島1-X-X
足立ビル11F
足立スポーツ 御中
150

〒108-0075
東京都港区港南5-X-X
江戸ビル
関西販売 御中
150

〒100-0004
東京都千代田区大手町1-X-X
大手町第一ビル
スポーツ山岡 御中
110

〒100-0013
東京都千代田区霞が関2-X-X
大江戸ビル6F
大江戸販売 御中
110

〒102-0083
東京都千代田区麹町3-X-X
NHビル
海山商事 御中
120

〒102-0082
東京都千代田区一番町5-XX
ヤマネコガーデン4F
山猫スポーツ 御中
150

〒105-0001
東京都港区虎ノ門4-X-X
虎ノ門ビル17F
西郷スポーツ 御中
140

〒104-0032
東京都中央区八丁堀3-X-X
長治ビル
長治クラブ 御中
150

〒150-0047
東京都渋谷区神山町1-XX
みどりスポーツ 御中
150

〒151-0063
東京都渋谷区富ヶ谷2-X-X
いろは通信販売 御中
130

宛名ラベルを作成しよう！

第9章 便利な機能

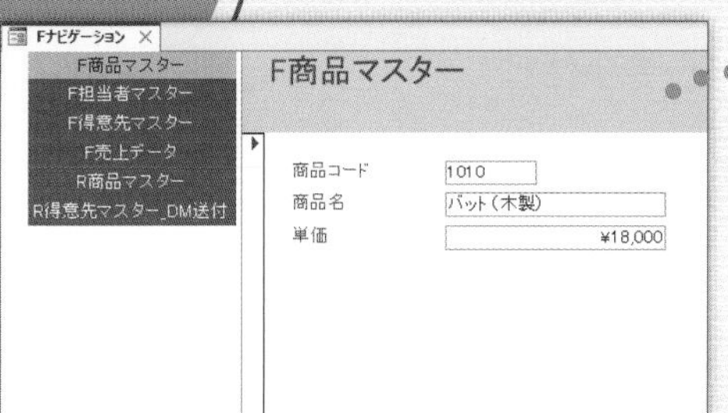

フォームやレポートを
すばやく表示できる
ナビゲーションフォームを作成しよう！

R得意先マスター_五十音順.pdf
C:/Users/fuji_/Documents/Access2021基礎/R得意先マスター_五十音順.pdf

得意先マスター_五十音順

フリガナ	得意先名	〒	住所	TEL	担当者コード	担当者名
アダチスポーツ	足立スポーツ	131-0033	東京都墨田区向島1-X-X 足立ビル11F	03-3588-XXXX	150	福田 進
イロハツウシンハンバイ	いろは通信販売	151-0063	東京都渋谷区富ヶ谷2-X-X	03-5553-XXXX	130	安藤 百合子
ウミヤマショウジ	海山商事	102-0083	東京都千代田区麹町3-X-X NHビル	03-3299-XXXX	120	佐伯 浩太
オオエドハンバイ	大江戸販売	100-0013	東京都千代田区霞が関2-X-X 大江戸ビル6F	03-5522-XXXX	110	山木 由美
カンサイハンバイ	関西販売	108-0075	東京都港区港南5-X-X 江戸ビル	03-5000-XXXX	150	福田 進
クサバスポーツ	草場スポーツ	350-0001	埼玉県川越市古谷上1-X-X 川越ガーデンビル	049-233-XXXX	140	吉岡 雄介
コアラスポーツ	こあらスポーツ	358-0002	埼玉県入間市東町1-X-X	04-2900-XXXX	110	山木 由美
サイゴウスポーツ	西郷スポーツ	105-0001	東京都港区虎ノ門4-X-X 虎ノ門ビル17F	03-5555-XXXX	140	吉岡 雄介
サクラスポーツ	さくらスポーツ	111-0031	東京都台東区千束1-X-X 大手町フラワービル7F	03-3244-XXXX	110	山木 由美
サクラフジスポーツクラブ	桜富士スポーツクラブ	135-0063	東京都江東区有明1-X-X 有明SSビル7F	03-3367-XXXX	130	安藤 百合子
スポーツショップフジ	スポーツショップ富士	261-0012	千葉県千葉市美浜区磯辺4-X-X	043-278-XXXX	120	佐伯 浩太
スポーツスクエアトリイ	スポーツスクエア鳥居	142-0053	東京都品川区中延5-X-X	03-3389-XXXX	150	福田 進

レポートを
PDFファイルで
保存しよう！

本書を使った学習の進め方

本書の各章は、次のような流れで学習を進めると、効果的な構成になっています。

学習目標を確認

学習を始める前に、**「この章で学ぶこと」**で学習目標を確認しましょう。
学習目標を明確にすることによって、習得すべきポイントが整理できます。

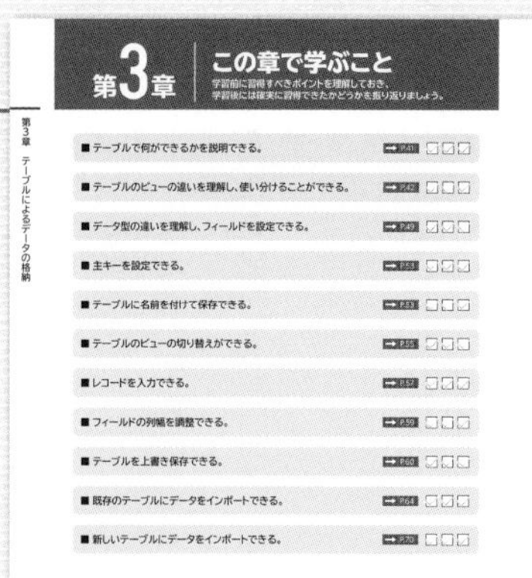

章の学習

学習目標を意識しながら、機能や操作を学習しましょう。

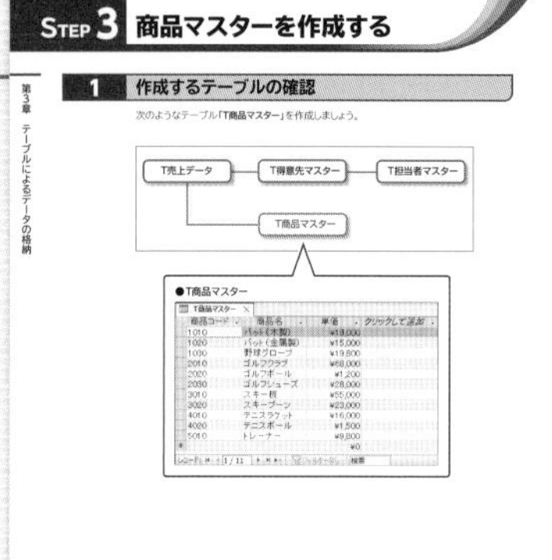

学習成果をチェック

章のはじめの**「この章で学ぶこと」**に戻って、学習目標を達成できたかどうかをチェックしましょう。
十分に習得できなかった内容については、該当ページを参照して復習しましょう。

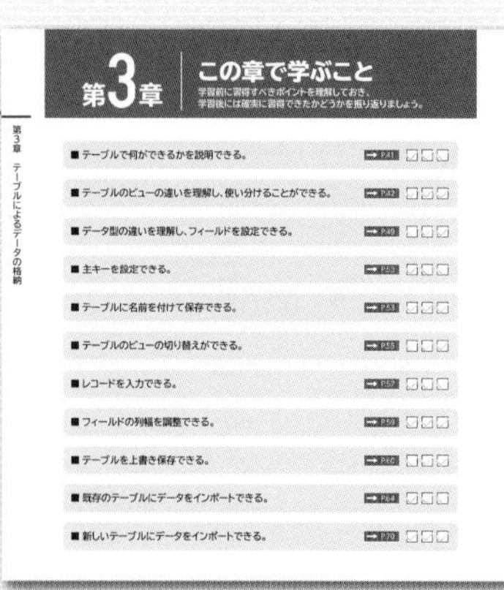

総合問題で力試し

すべての章の学習が終わったら、**「総合問題」**にチャレンジしましょう。
本書の内容がどれくらい理解できているかを把握できます。

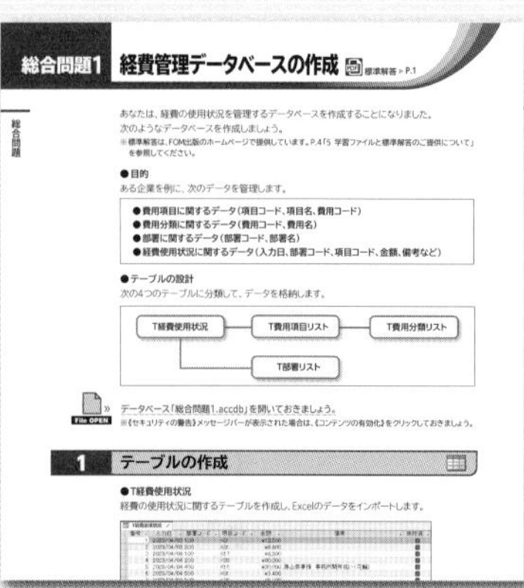

はじめに

多くの書籍の中から、**「Access 2021基礎 Office 2021／Microsoft 365対応」**を手に取っていただき、ありがとうございます。
Microsoft Access 2021は、大量のデータをデータベースとして蓄積し、必要に応じてデータを抽出したり、集計したりできるリレーショナル・データベースソフトウェアです。

本書は、初めてAccessをお使いになる方を対象に、データを格納するテーブルの作成、クエリによる必要なデータの抽出、データ入力用のフォームの作成、データ印刷用のレポートの作成など基本的な機能と操作方法をわかりやすく解説しています。

また、学習内容をしっかり復習できる総合問題をお使いいただくことで、Accessの操作を確実にマスターできます。

巻末には、作業の効率化に役立つ**「ショートカットキー一覧」**を収録しています。

本書は、根強い人気の**「よくわかる」**シリーズの開発チームが、積み重ねてきたノウハウをもとに作成しており、講習会や授業の教材としてご利用いただくほか、自己学習の教材としても最適です。

本書を学習することで、Accessの知識を深め、実務にいかしていただければ幸いです。

本書を購入される前に必ずご一読ください
本書は、2022年12月時点のWindows 11（バージョン22H2　ビルド22621.900）およびAccess 2021（バージョン2210　ビルド16.0.15726.20068）に基づいて解説しています。本書発行後のWindowsやOfficeのアップデートによって機能が更新された場合には、本書の記載のとおりに操作できなくなる可能性があります。あらかじめご了承のうえ、ご購入・ご利用ください。

2023年2月22日
FOM出版

目次

■第8章　レポートによるデータの印刷 ……………………………… 169

総合問題の標準解答は、FOM出版のホームページで提供しています。P.4「5 学習ファイルと標準解答のご提供について」を参照してください。

本書をご利用いただく前に

本書で学習を進める前に、ご一読ください。

1 本書の記述について

操作の説明のために使用している記号には、次のような意味があります。

記述	意味	例
[ ]	キーボード上のキーを示します。	[Ctrl] [Enter]
[ ]+[ ]	複数のキーを押す操作を示します。	[Ctrl]+[O] （[Ctrl]を押しながら[O]を押す）
《 》	ダイアログボックス名やタブ名、項目名など画面の表示を示します。	《名前を付けて保存》ダイアログボックスが表示されます。 《ホーム》タブを選択します。
「 」	重要な語句や機能名、画面の表示、入力する文字などを示します。	「データベース」といいます。 「バット（木製）」と入力します。

学習の前に開くファイル

学習した内容の確認問題

知っておくべき重要な内容

確認問題の答え

知っていると便利な内容

問題を解くためのヒント

※ 補足的な内容や注意すべき内容

2 製品名の記載について

本書では、次の名称を使用しています。

正式名称	本書で使用している名称
Windows 11	Windows 11 または Windows
Microsoft Access 2021	Access 2021 または Access
Microsoft Excel 2021	Excel 2021 または Excel

3 学習環境について

本書を学習するには、次のソフトが必要です。
また、インターネットに接続できる環境で学習することを前提にしています。

Access 2021　または　Microsoft 365のAccess
Excel 2021　または　Microsoft 365のExcel

◆本書の開発環境

本書を開発した環境は、次のとおりです。

OS	Windows 11 Pro（バージョン22H2　ビルド22621.900）
アプリ	Microsoft Office Professional 2021 Access 2021（バージョン2210　ビルド16.0.15726.20068） Excel 2021（バージョン2210　ビルド16.0.15726.20068）
ディスプレイの解像度	1280×768ピクセル
その他	・WindowsにMicrosoftアカウントでサインインし、インターネットに接続した状態 ・OneDriveと同期していない状態

※本書は、2022年12月時点のAccess 2021またはMicrosoft 365のAccessに基づいて解説しています。
今後のアップデートによって機能が更新された場合には、本書の記載のとおりに操作できなくなる可能性があります。

POINT　OneDriveの設定

WindowsにMicrosoftアカウントでサインインすると、同期が開始され、パソコンに保存したファイルがOneDriveに自動的に保存されます。初期の設定では、デスクトップ、ドキュメント、ピクチャの3つのフォルダーがOneDriveと同期するように設定されています。
本書はOneDriveと同期していない状態で操作しています。
OneDriveと同期している場合は、一時的に同期を停止すると、本書の記載と同じ手順で学習できます。
OneDriveとの同期を一時停止および再開する方法は、次のとおりです。

一時停止

◆通知領域の（OneDrive）→（ヘルプと設定）→《同期の一時停止》→停止する時間を選択
※時間が経過すると自動的に同期が開始されます。

再開

◆通知領域の（OneDrive）→（ヘルプと設定）→《同期の再開》

4　学習時の注意事項について

お使いの環境によっては、次のような内容について本書の記載と異なる場合があります。
ご確認のうえ、学習を進めてください。

◆ボタンの形状

本書に掲載しているボタンは、ディスプレイの解像度を**「1280×768ピクセル」**、ウィンドウを最大化した環境を基準にしています。
ディスプレイの解像度やウィンドウのサイズなど、お使いの環境によっては、ボタンの形状やサイズ、位置が異なる場合があります。
ボタンの操作は、ポップヒントに表示されるボタン名を参考に操作してください。

例

ボタン名	ディスプレイの解像度が低い場合／ウィンドウのサイズが小さい場合	ディスプレイの解像度が高い場合／ウィンドウのサイズが大きい場合
切り取り		切り取り

POINT　ディスプレイの解像度の設定

ディスプレイの解像度を本書と同様に設定する方法は、次のとおりです。
◆デスクトップの空き領域を右クリック→《ディスプレイ設定》→《ディスプレイの解像度》の→《1280×768》
※メッセージが表示される場合は、《変更の維持》をクリックします。

◆Officeの種類に伴う注意事項

Microsoftが提供するOfficeには**「ボリュームライセンス（LTSC）版」「プレインストール版」「POSAカード版」「ダウンロード版」「Microsoft 365」**などがあり、画面やコマンドが異なることがあります。
本書はダウンロード版をもとに開発しています。ほかの種類のOfficeで操作する場合は、ポップヒントに表示されるボタン名を参考に操作してください。

●Office 2021のLTSC版で《ホーム》タブを選択した状態（2022年12月時点）

◆アップデートに伴う注意事項

WindowsやOfficeは、アップデートによって不具合が修正され、機能が向上する仕様となっています。そのため、アップデート後に、コマンドやスタイル、色などの名称が変更される場合があります。
本書に記載されているコマンドやスタイルなどの名称が表示されない場合は、掲載画面の色が付いている位置を参考に操作してください。
※本書の最新情報については、P.8に記載されているFOM出版のホームページにアクセスして確認してください。

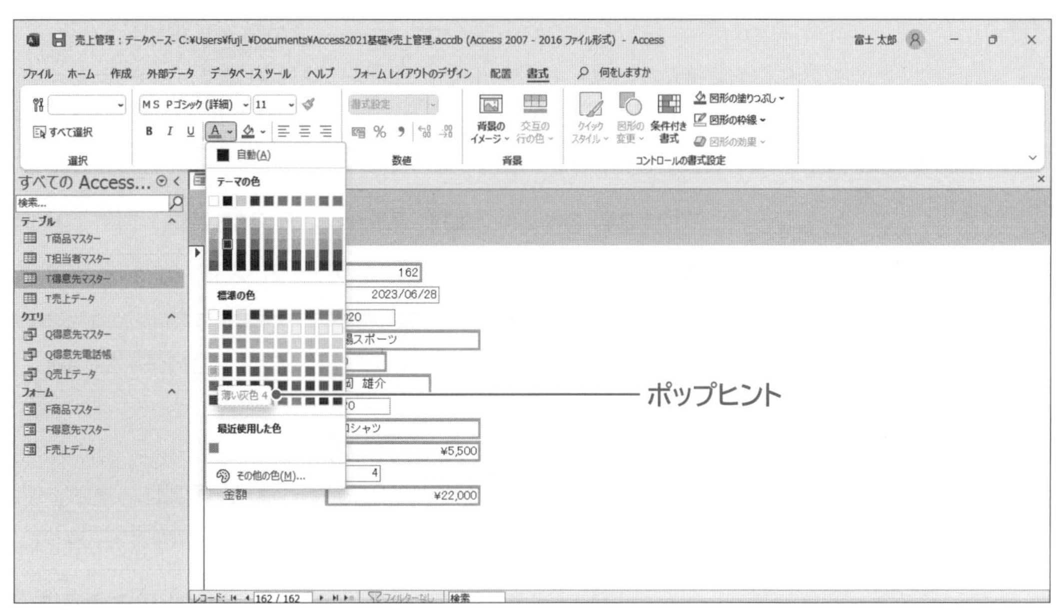

POINT お使いの環境のバージョン・ビルド番号を確認する

WindowsやOfficeはアップデートにより、バージョンやビルド番号が変わります。
お使いの環境のバージョン・ビルド番号を確認する方法は、次のとおりです。

Windows 11

◆（スタート）→《設定》→《システム》→《バージョン情報》

Office 2021

◆《ファイル》タブ→《アカウント》→《（アプリ名）のバージョン情報》
※お使いの環境によっては、《アカウント》が表示されていない場合があります。その場合は、《その他》→《アカウント》をクリックします。

5 学習ファイルと標準解答のご提供について

本書で使用する学習ファイルと標準解答のPDFファイルは、FOM出版のホームページで提供しています。

ホームページアドレス

https://www.fom.fujitsu.com/goods/

※アドレスを入力するとき、間違いがないか確認してください。

ホームページ検索用キーワード

FOM出版

1 学習ファイル

学習ファイルはダウンロードしてご利用ください。

◆ダウンロード

学習ファイルをダウンロードする方法は、次のとおりです。

①ブラウザーを起動し、FOM出版のホームページを表示します。

※アドレスを直接入力するか、キーワードでホームページを検索します。

②**《ダウンロード》**をクリックします。

③**《アプリケーション》**の**《Access》**をクリックします。

④**《Access 2021基礎 Office 2021／Microsoft 365対応　FPT2217》**をクリックします。

⑤**《書籍学習用データ》**の**「fpt2217.zip」**をクリックします。

⑥ダウンロードが完了したら、ブラウザーを終了します。

※ダウンロードしたファイルは、パソコン内のフォルダー「ダウンロード」に保存されます。

◆ダウンロードしたファイルの解凍

ダウンロードしたファイルは圧縮されているので、解凍（展開）します。ダウンロードしたファイル**「fpt2217.zip」**を**《ドキュメント》**に解凍する方法は、次のとおりです。

①デスクトップ画面を表示します。

②タスクバーの（エクスプローラー）をクリックします。

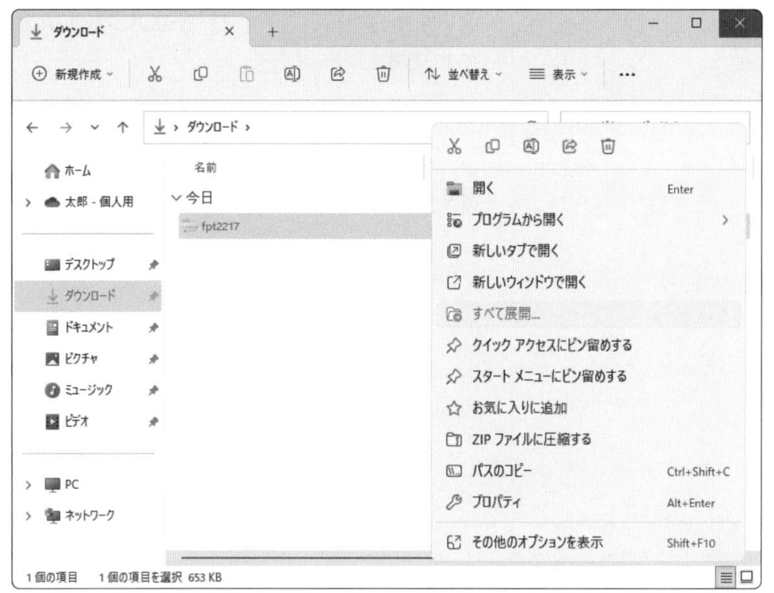

③《ダウンロード》をクリックします。

④ファイル「fpt2217」を右クリックします。

⑤《すべて展開》をクリックします。

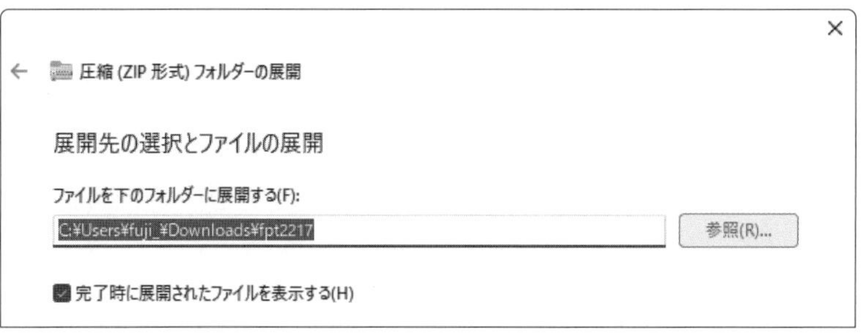

⑥《参照》をクリックします。

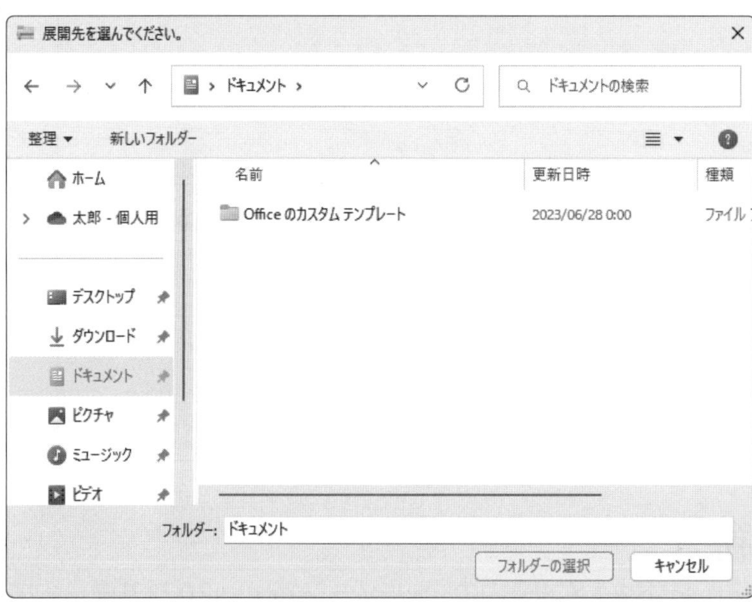

⑦《ドキュメント》をクリックします。

⑧《フォルダーの選択》をクリックします。

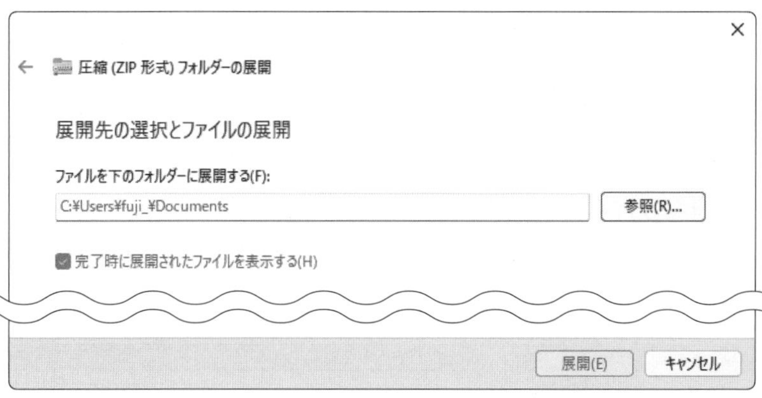

⑨《ファイルを下のフォルダーに展開する》が「C:¥Users¥(ユーザー名)¥Documents」に変更されます。

⑩《完了時に展開されたファイルを表示する》を☑にします。

⑪《展開》をクリックします。

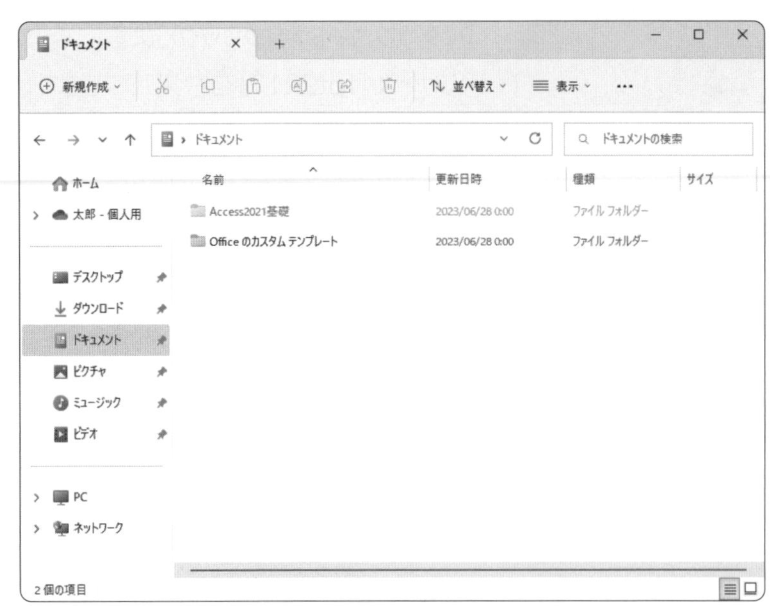

ファイルが解凍され、**《ドキュメント》**が開かれます。

⑫フォルダー「**Access2021基礎**」が表示されていることを確認します。

※すべてのウィンドウを閉じておきましょう。

◆学習ファイルの一覧

フォルダー「**Access2021基礎**」には、学習ファイルが入っています。タスクバーの（エクスプローラー）→**《ドキュメント》**をクリックし、一覧からフォルダーを開いて確認してください。

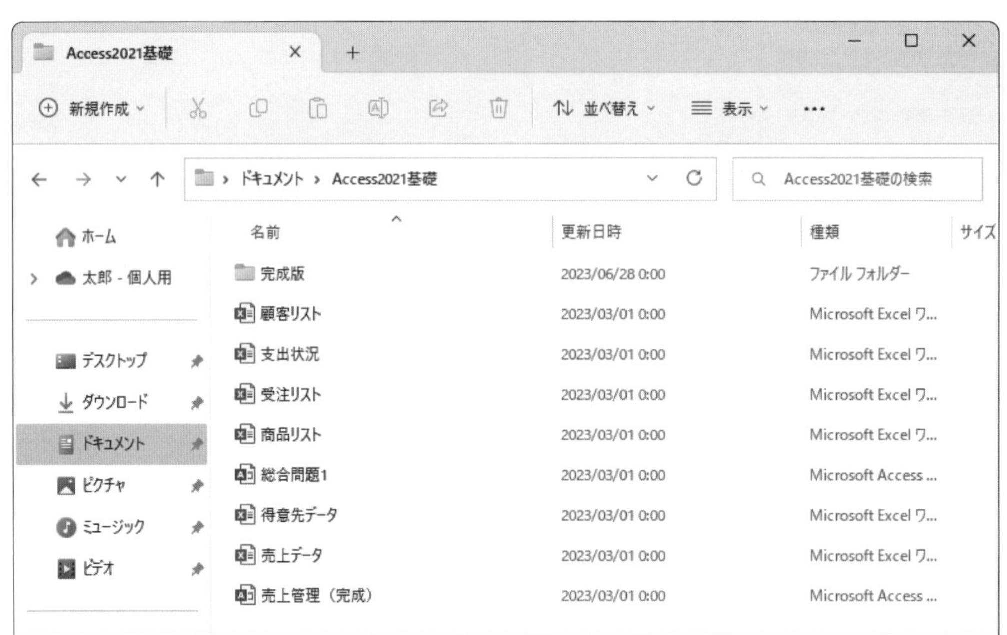

◆学習ファイルの場所

本書では、学習ファイルの場所を**《ドキュメント》**内のフォルダー「**Access2021基礎**」としています。**《ドキュメント》**以外の場所に解凍した場合は、フォルダーを読み替えてください。

◆学習ファイル利用時の注意事項

学習ファイルを利用するときの注意事項は、次のとおりです。

●《セキュリティリスク》メッセージバーが表示される

ダウンロードした学習ファイルを開く際、ファイルがブロックされ、次のようなメッセージバーが表示される場合があります。

学習ファイルは安全なので、**《ドキュメント》**内のフォルダー**「Access2021基礎」**を信頼できる場所に設定して、ブロックを解除してください。

◆Accessを起動し、スタート画面を表示→《オプション》→《トラストセンター》→《トラストセンターの設定》→《信頼できる場所》→《新しい場所の追加》→《参照》→《ドキュメント》のフォルダー「Access2021基礎」を選択→《OK》→《☑この場所のサブフォルダーも信頼する》→《OK》→《OK》→《OK》

※お使いの環境によっては、《オプション》が表示されていない場合があります。その場合は、《その他》→《オプション》をクリックします。

Microsoft Office の信頼できる場所
警告: この場所は、ファイルを開くのに安全な場所であると見なされます。場所を変更または追加する場合は、その場所が安全であることを確認してください。
パス(P):
C:¥Users¥fuji_¥Documents¥Access2021基礎
参照(B)...
この場所のサブフォルダーも信頼する(S)
説明(D):
作成日時: 2023/06/28 9:00
OK
キャンセル

STEP UP ファイルのプロパティの設定

お使いの環境によって、フォルダーの設定を変更できない場合は、個々のファイルのプロパティを設定して、ブロックを解除してください。

◆対象のデータベースファイルを右クリック→《プロパティ》→《全般》タブ→《セキュリティ》の《☑許可する》

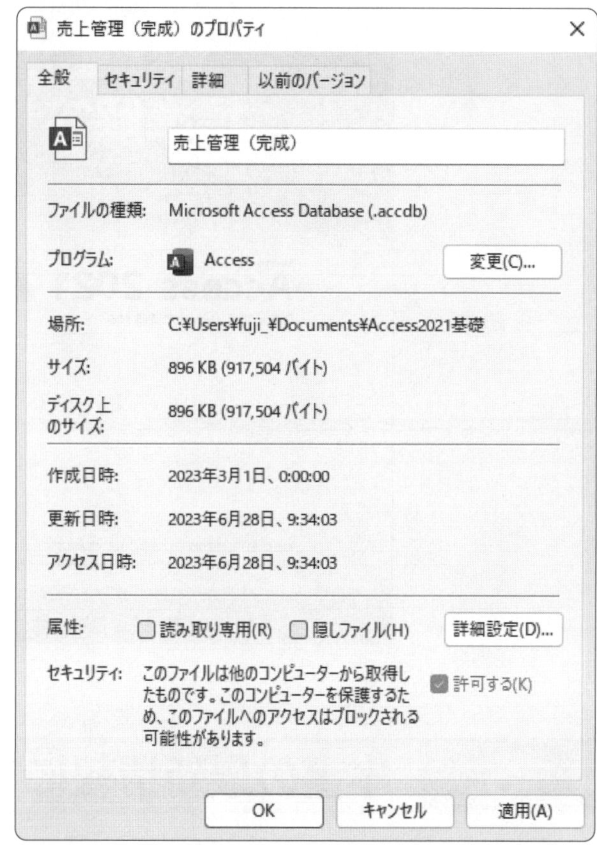

●《保護ビュー》メッセージバーが表示される

ダウンロードした学習ファイルを開く際、そのファイルが安全かどうかを確認するメッセージが表示される場合があります。学習ファイルは安全なので、**《編集を有効にする》**をクリックして、編集可能な状態にしてください。

保護ビュー 注意―インターネットから入手したファイルは、ウイルスに感染している可能性があります。編集する必要がなければ、保護ビューのままにしておくことをお勧めします。 編集を有効にする(E)

2 総合問題の標準解答

総合問題の標準的な解答を記載したPDFファイルを提供しています。PDFファイルを表示してご利用ください。

◆PDFファイルの表示

総合問題の標準解答を表示する方法は、次のとおりです。

①ブラウザーを起動し、FOM出版のホームページを表示します。

※アドレスを直接入力するか、キーワードでホームページを検索します。

②**《ダウンロード》**をクリックします。

③**《アプリケーション》**の**《Access》**をクリックします。

④**《Access 2021基礎 Office 2021／Microsoft 365対応　FPT2217》**をクリックします。

⑤**《総合問題 標準解答》**の**「fpt2217_kaitou.pdf」**をクリックします。

⑥PDFファイルが表示されます。

※必要に応じて、印刷または保存してご利用ください。

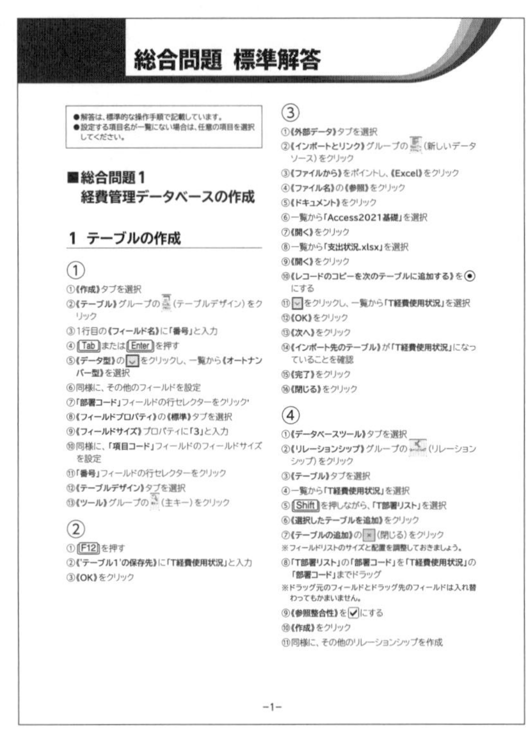

総合問題 標準解答

●解答は、標準的な操作手順で記載しています。
●設定する項目名が一覧にない場合は、任意の項目を選択してください。

■総合問題1
経費管理データベースの作成

1 テーブルの作成

①

①《作成》タブを選択
②《テーブル》グループの(テーブルデザイン)をクリック
③1行目の《フィールド名》に「番号」と入力
④Tabまたは Enterを押す
⑤《データ型》のをクリックし、一覧から《オートナンバー型》を選択
⑥同様に、その他のフィールドを設定
⑦「部署コード」フィールドの行セレクターをクリック
⑧《フィールドプロパティ》の《標準》タブを選択
⑨《フィールドサイズ》プロパティに「3」と入力
⑩同様に、「項目コード」フィールドのフィールドサイズを設定
⑪「番号」フィールドの行セレクターをクリック
⑫《テーブルデザイン》タブを選択
⑬《ツール》グループの(主キー)をクリック

②

①F12を押す
②《'テーブル1'の保存先》に「T経費使用状況」と入力
③《OK》をクリック

③

①《外部データ》タブを選択
②《インポートとリンク》グループの(新しいデータソース)をクリック
③《ファイルから》をポイントし、《Excel》をクリック
④《ファイル名》の《参照》をクリック
⑤《ドキュメント》をクリック
⑥一覧から「Access2021基礎」を選択
⑦《開く》をクリック
⑧一覧から「支出状況.xlsx」を選択
⑨《開く》をクリック
⑩《レコードのコピーを次のテーブルに追加する》を◉にする
⑪をクリックし、一覧から「T経費使用状況」を選択
⑫《OK》をクリック
⑬《次へ》をクリック
⑭《インポート先のテーブル》が「T経費使用状況」になっていることを確認
⑮《完了》をクリック
⑯《閉じる》をクリック

④

①《データベースツール》タブを選択
②《リレーションシップ》グループの(リレーションシップ)をクリック
③《テーブル》タブを選択
④一覧から「T経費使用状況」を選択
⑤Shiftを押しながら、「T部署リスト」を選択
⑥《選択したテーブルを追加》をクリック
⑦《テーブルの追加》の(閉じる)をクリック
※フィールドリストのサイズと配置を調整しておきましょう。
⑧「T部署リスト」の「部署コード」を「T経費使用状況」の「部署コード」までドラッグ
※ドラッグ元のフィールドとドラッグ先のフィールドは入れ替わってもかまいません。
⑨《参照整合性》を☑にする
⑩《作成》をクリック
⑪同様に、その他のリレーションシップを作成

－1－

6 本書の最新情報について

本書に関する最新のQ＆A情報や訂正情報、重要なお知らせなどについては、FOM出版のホームページでご確認ください。

ホームページアドレス

https://www.fom.fujitsu.com/goods/

※アドレスを入力するとき、間違いがないか確認してください。

ホームページ検索用キーワード

FOM出版

第1章

Accessの基礎知識

第1章 この章で学ぶこと

学習前に習得すべきポイントを理解しておき、
学習後には確実に習得できたかどうかを振り返りましょう。

- ■ Accessで何ができるかを説明できる。 → P.11 ☐☐☐
- ■ データベースとデータベースソフトウェアについて説明できる。 → P.12 ☐☐☐
- ■ リレーショナル・データベースについて説明できる。 → P.13 ☐☐☐
- ■ Accessを起動できる。 → P.14 ☐☐☐
- ■ 既存のデータベースを開くことができる。 → P.17 ☐☐☐
- ■ Accessの画面の各部の名称や役割を説明できる。 → P.20 ☐☐☐
- ■ データベースオブジェクトについて説明できる。 → P.22 ☐☐☐
- ■ オブジェクトの役割を理解し、使い分けることができる。 → P.23 ☐☐☐
- ■ ナビゲーションウィンドウの各部の名称や役割を説明できる。 → P.25 ☐☐☐
- ■ オブジェクトを開くことができる。 → P.26 ☐☐☐
- ■ オブジェクトを閉じることができる。 → P.27 ☐☐☐
- ■ データベースを閉じることができる。 → P.29 ☐☐☐
- ■ Accessを終了できる。 → P.30 ☐☐☐

STEP 1 Accessの概要

1 Accessの概要

Accessは、大量のデータをデータベースとして蓄積し、必要に応じてデータを抽出したり集計したりできるリレーショナル・データベースソフトウェアです。
例えば、**「取引高10万円以上の得意先を抽出する」「売上に関するデータを月別・支店別に集計する」**といったことができます。

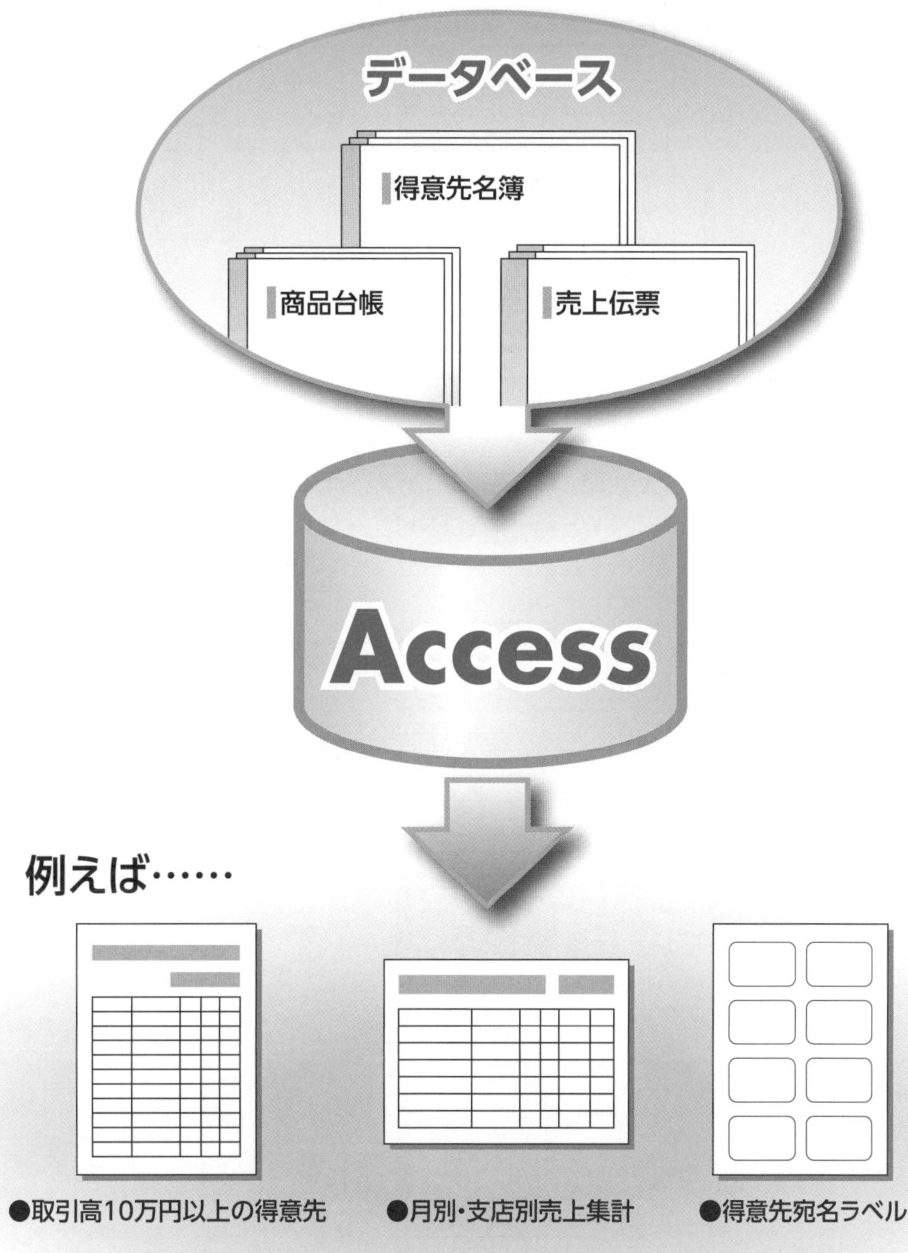

2 データベースとデータベースソフトウェア

「データベース」とは、特定のテーマや目的にそって集められたデータの集まりです。
例えば、**「商品台帳」「得意先名簿」「売上伝票」**のように関連する情報をひとまとめにした帳簿などがデータベースです。

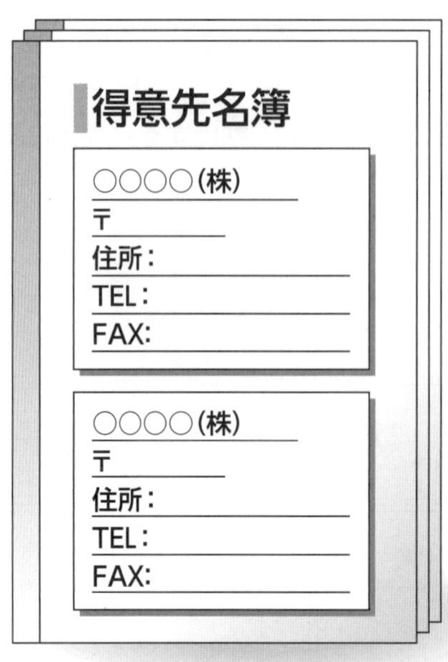

「データベースソフトウェア」とは、データベースを作成し、管理するためのソフトウェアです。
帳簿などの紙で管理していたデータをコンピューターで管理すると、より効率的に活用できるようになります。

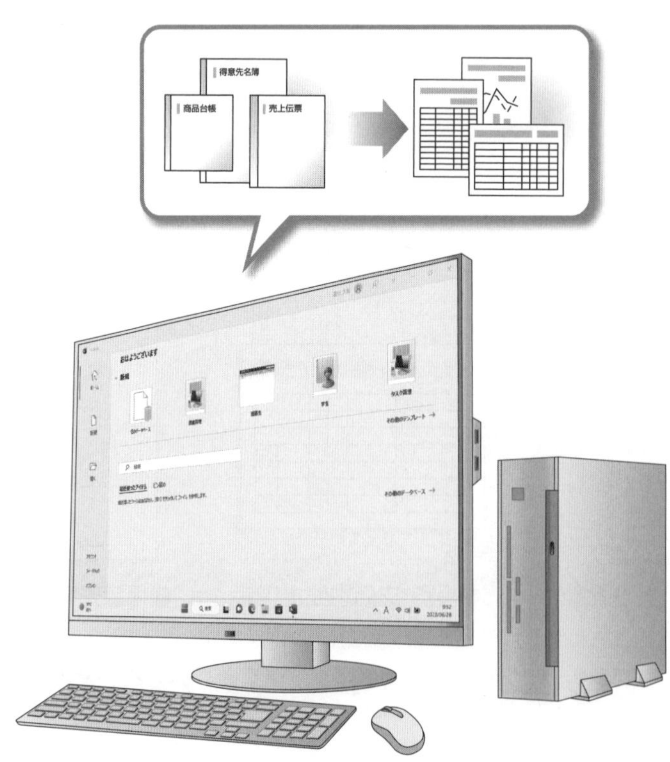

3 リレーショナル・データベース

「リレーショナル・データベース」とは、データを目的ごとに分類した表で管理し、それぞれの表を相互に関連付けたデータベースのことです。

例えば、**「売上伝票」**を作成する場合、データを**「売上データ」「得意先」「商品」**の3つの表に分類し、それぞれに該当するデータを蓄積します。その際、得意先コードや商品コードなどを利用してそれぞれの表を関連付けると、効率よくデータの入力や更新ができるだけでなく、ディスク容量を節約できるという利点があります。

リレーショナル・データベースを作成し、管理するソフトウェアを**「リレーショナル・データベースソフトウェア」**といいます。Accessは、リレーショナル・データベースソフトウェアです。

●売上伝票

受注番号	売上日	得意先コード	得意先名	商品コード	商品名	単価	数量	金額
1	2023/11/05	120	みらいデパート	1003	シュガー入れ	¥3,800	6	¥22,800
2	2023/11/05	130	ガラスの花田	1001	コーヒーカップ	¥2,500	10	¥25,000
3	2023/11/06	140	ヨコハマ販売	1001	コーヒーカップ	¥2,500	8	¥20,000
4	2023/11/07	110	富士工芸	1004	ディナー皿	¥2,800	5	¥14,000
5	2023/11/07	110	ふじ工芸	1001	コーヒーカップ	¥2,500	15	¥37,500

データの入力ミスが発生しやすい

データが重複するため、ディスク容量に無駄が増える

リレーショナル・データベースを作成すると

●売上データ

受注番号	売上日	得意先コード	商品コード	数量	金額
1	2023/11/05	120	1003	6	¥22,800
2	2023/11/05	130	1001	10	¥25,000
3	2023/11/06	140	1001	8	¥20,000
4	2023/11/07	110	1004	5	¥14,000
5	2023/11/07	110	1001	15	¥37,500

得意先名や商品名を入力する必要がない

関連付け

関連付け

●得意先

得意先コード	得意先名	〒	住所	電話番号
110	富士工芸	231-0051	神奈川県横浜市中区赤門町	045-227-XXXX
120	みらいデパート	230-0001	神奈川県横浜市鶴見区矢向	045-551-XXXX
130	ガラスの花田	169-0071	東京都新宿区戸塚町	03-3456-XXXX
140	ヨコハマ販売	227-0062	神奈川県横浜市青葉区青葉台	045-981-XXXX

●商品

商品コード	商品名	単価
1001	コーヒーカップ	¥2,500
1002	ポット	¥6,000
1003	シュガー入れ	¥3,800
1004	ディナー皿	¥2,800

STEP 2 Accessを起動する

1 Accessの起動

Accessを起動しましょう。

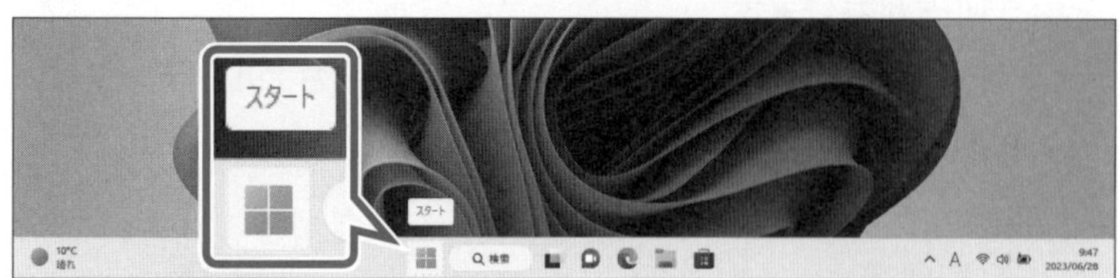

①[スタート]（スタート）をクリックします。

スタートメニューが表示されます。

②**《すべてのアプリ》**をクリックします。

③**《A》**の**《Access》**をクリックします。

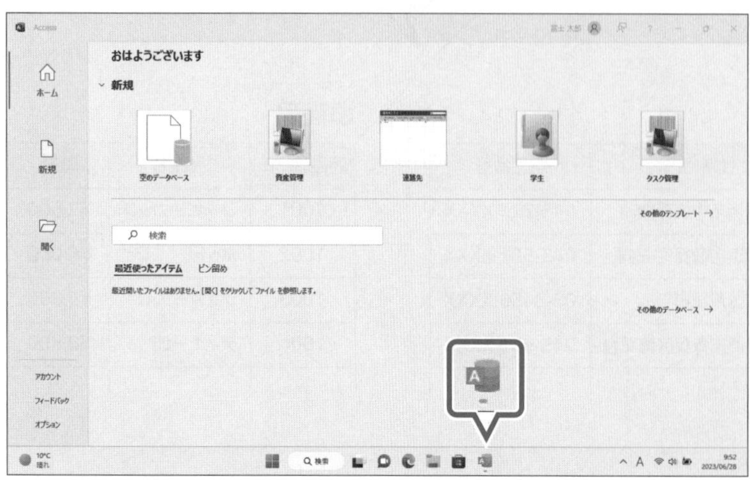

Accessが起動し、Accessのスタート画面が表示されます。

④タスクバーにAccessのアイコンが表示されていることを確認します。

※ウィンドウが最大化されていない場合は、[□]をクリックしておきましょう。

2 Accessのスタート画面

Accessが起動すると、**「スタート画面」**が表示されます。スタート画面でこれから行う作業を選択します。
スタート画面を確認しましょう。
※お使いの環境によっては、表示が異なる場合があります。

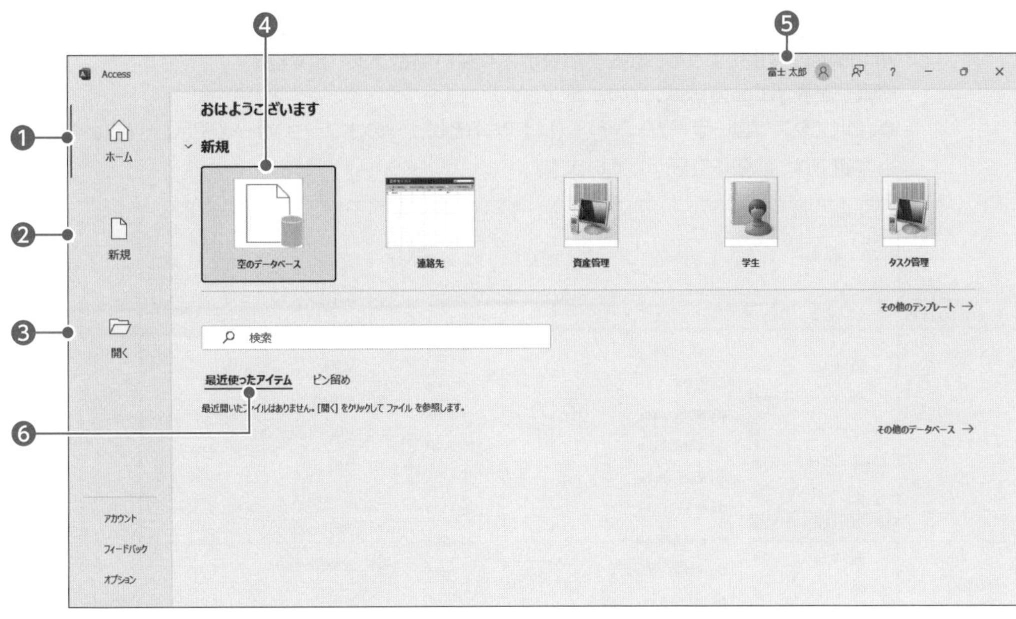

❶ホーム
Accessを起動したときに表示されます。
新しいデータベースを作成したり、最近開いたデータベースを簡単に開いたりできます。

❷新規
新しいデータベースを作成します。

❸開く
すでに保存済みのデータベースを開く場合に使います。

❹空のデータベース
新しいデータベースを作成します。
何も入力されていないデータベースが表示されます。

❺Microsoftアカウントのユーザー名
Microsoftアカウントでサインインしている場合、ユーザー名が表示されます。
※サインインしなくても、Accessを利用できます。

❻最近使ったアイテム
最近開いたデータベースがある場合、その一覧が表示されます。
一覧から選択すると、データベースが開かれます。

POINT サインイン・サインアウト

「サインイン」とは、正規のユーザーであることを証明し、サービスを利用できる状態にする操作です。
「サインアウト」とは、サービスの利用を終了する操作です。

POINT Access 2021のファイル形式

Access 2021でデータベースを作成・保存すると、自動的に拡張子「.accdb」が付きます。
Access 2003以前のバージョンで作成・保存されているデータベースの拡張子は「.mdb」で、ファイル形式が異なります。

STEP UP ファイルの拡張子の表示

Windowsの設定によって、拡張子が表示されない場合があります。
拡張子を表示する方法は、次のとおりです。

◆ （エクスプローラー）→ 表示 （レイアウトとビューのオプション）→《表示》→《ファイル名拡張子》をオン

※本書では、拡張子を表示しています。

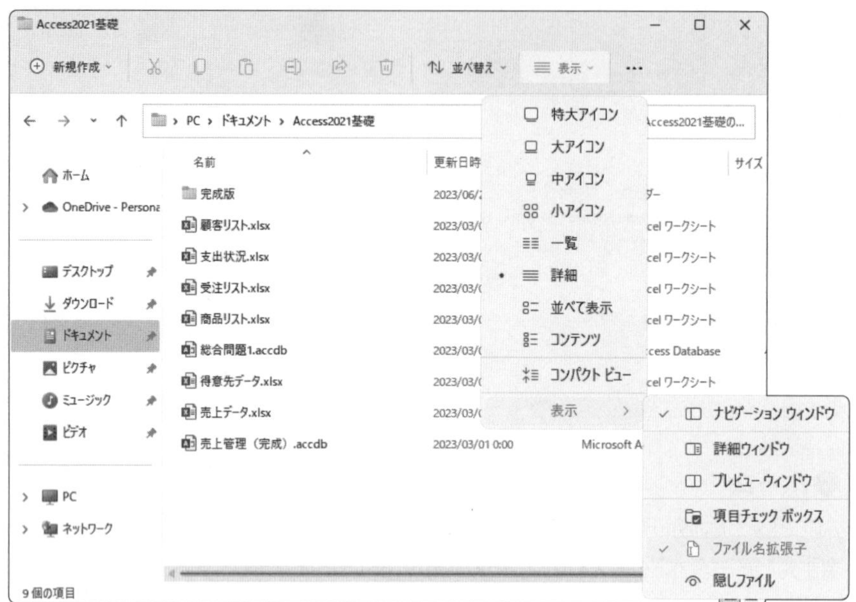

Step 3 データベースを開く

1 データベースを開く

保存済みのデータベースを表示することを**「データベースを開く」**といいます。
スタート画面からデータベース**「売上管理(完成)」**を開きましょう。

※P.4「5 学習ファイルと標準解答のご提供について」を参考に、使用するファイルをダウンロードしておきましょう。

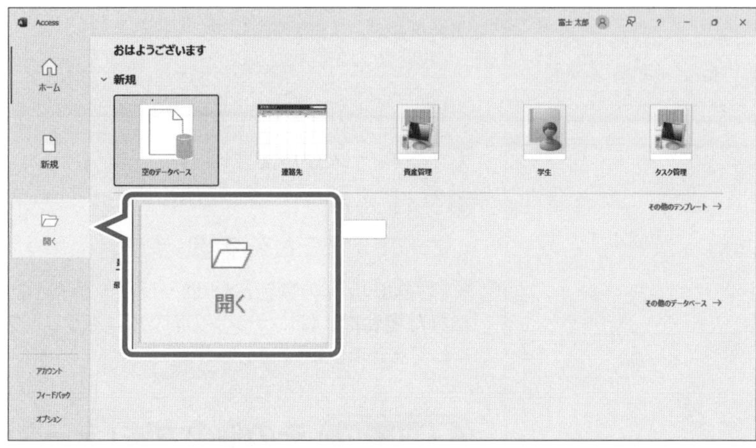

①スタート画面が表示されていることを確認します。

②**《開く》**をクリックします。

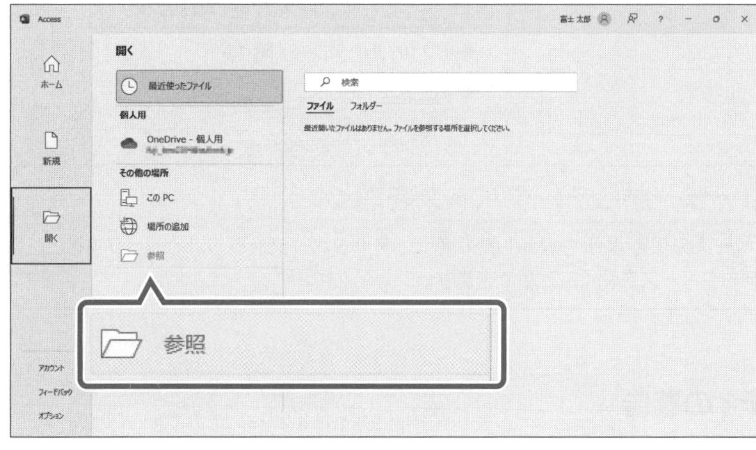

データベースが保存されている場所を選択します。

③**《参照》**をクリックします。

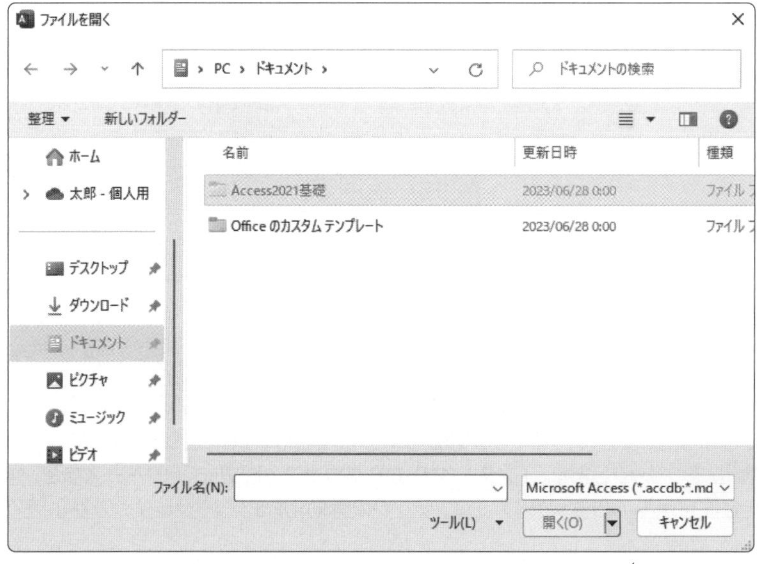

《ファイルを開く》ダイアログボックスが表示されます。

④**《ドキュメント》**を選択します。

⑤一覧から**「Access2021基礎」**を選択します。

⑥**《開く》**をクリックします。

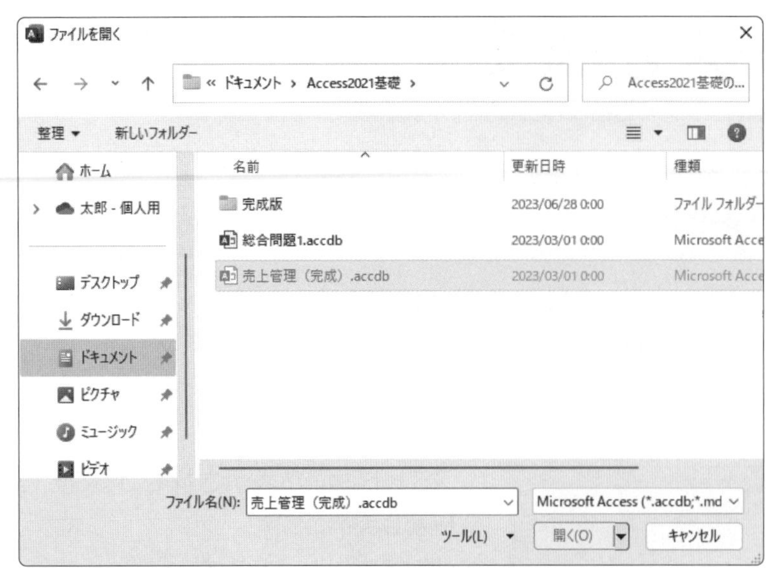

開くデータベースを選択します。

⑦一覧から**「売上管理（完成）.accdb」**を選択します。

⑧**《開く》**をクリックします。

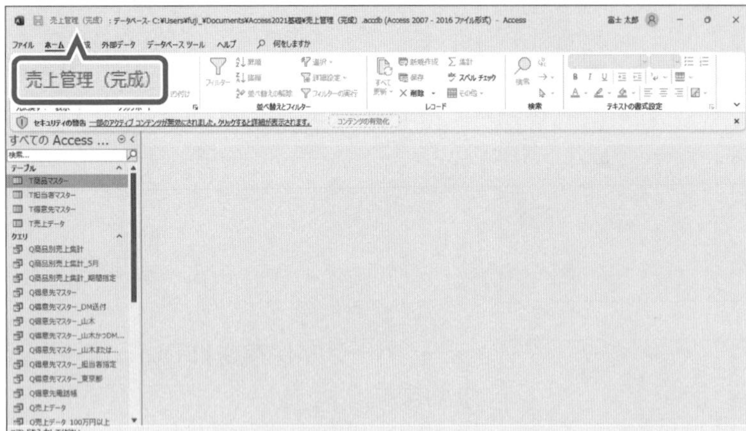

データベースが開かれます。

⑨タイトルバーにデータベース名が表示されていることを確認します。

※《セキュリティの警告》メッセージバーが表示された場合は、《コンテンツの有効化》をクリックしておきましょう。

STEP UP その他の方法（データベースを開く）

◆《ファイル》タブ→《開く》

◆ Ctrl + O

POINT エクスプローラーからデータベースを開く

エクスプローラーからデータベースの保存場所を表示した状態で、データベースをダブルクリックすると、Accessを起動すると同時にデータベースを開くことができます。

STEP UP セキュリティの警告

ウイルスを含むデータベースを開くと、パソコンがウイルスに感染し、システムが正常に動作しなくなったり、データベースが破壊されたりすることがあります。Accessではデータベースを開くと、メッセージバーに次のようなセキュリティに関する警告が表示される場合があります。

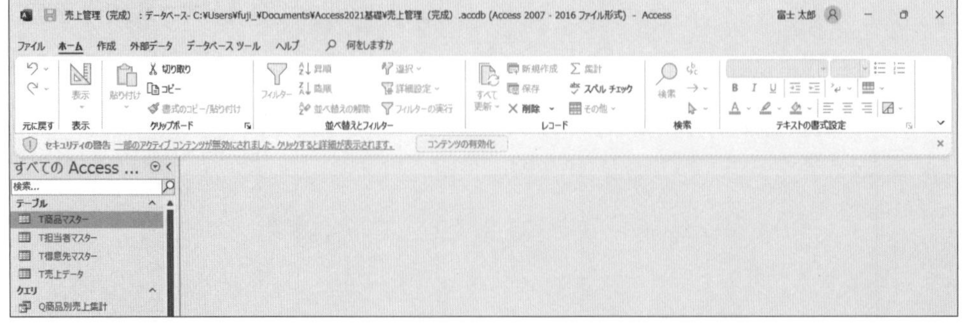

データベースの発行元が信頼できるなど、安全であることがわかっている場合は、《セキュリティの警告》メッセージバーの《コンテンツの有効化》をクリックします。インターネットからダウンロードしたデータベースなど、作成者の不明なデータベースは安全性を保障できないため、《コンテンツの有効化》をクリックしない方がよいでしょう。

POINT セキュリティリスク

インターネットからダウンロードした学習ファイルを開く際、ファイルがブロックされ、次のようなメッセージバーが表示される場合があります。

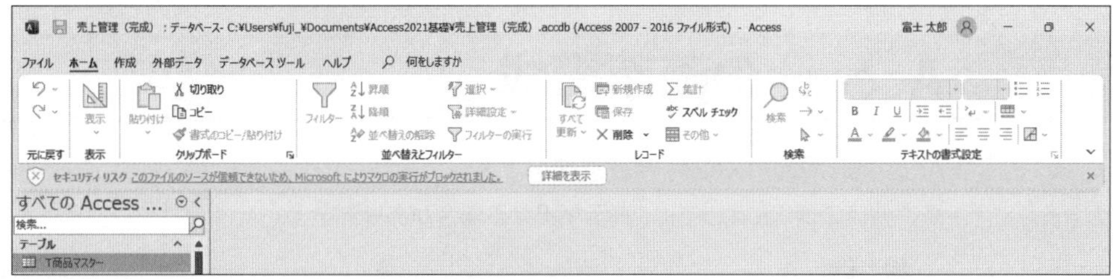

安全であることがわかっている場合、ブロックを解除してデータベースを使用できる状態にします。

●ファイルのプロパティを設定してブロックを解除

ファイル単位でブロックを解除する方法は、次のとおりです。

◆対象のデータベースファイルを右クリック→《プロパティ》→《全般》タブ→《セキュリティ》の《☑許可する》

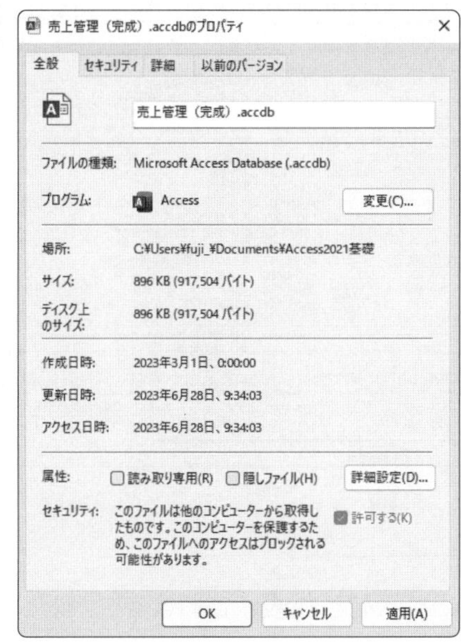

●信頼できる場所を設定してファイルを移動

データベースを保存したフォルダーを信頼できる場所に設定しておくと、セキュリティリスクやセキュリティの警告を表示せずにデータベースを開くことができます。

◆《ファイル》タブ→《オプション》→《トラストセンター》→《トラストセンターの設定》→《信頼できる場所》→《新しい場所の追加》

※お使いの環境によっては、《オプション》が表示されていない場合があります。その場合は、《その他》→《オプション》をクリックします。

STEP 4 Accessの画面構成

1 Accessの画面構成

Accessの画面構成を確認しましょう。

※お使いの環境によっては、表示が異なる場合があります。

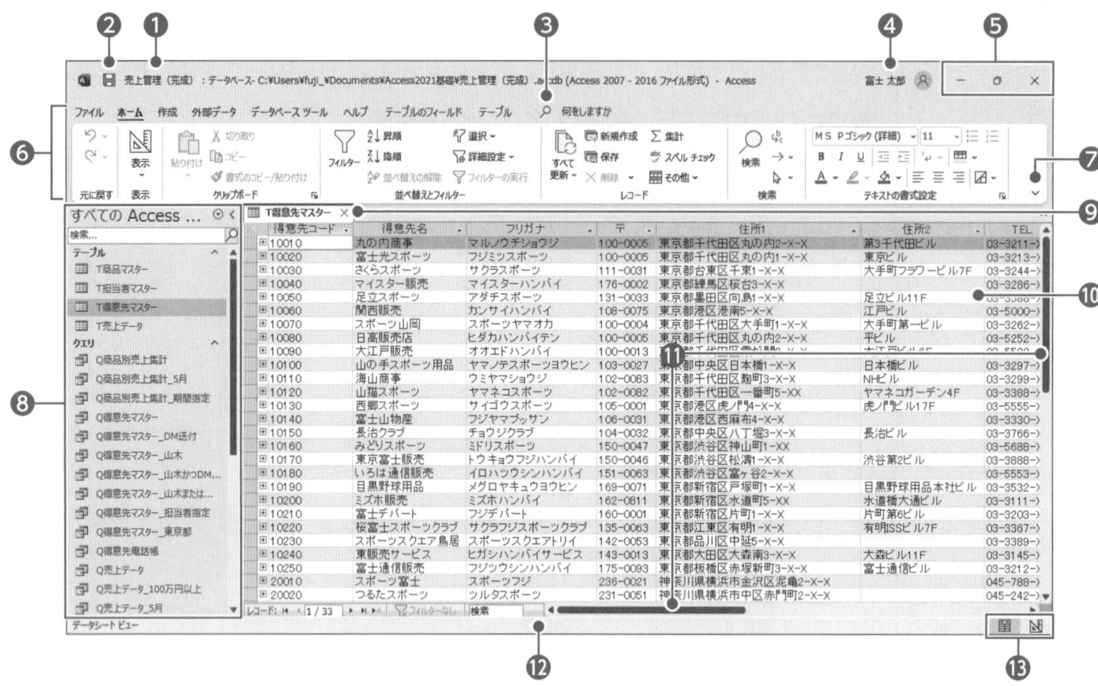

❶タイトルバー

データベース名やアプリ名、ファイルのパスなどが表示されます。

❷上書き保存

データベースやオブジェクトを上書き保存します。

❸操作アシスト

機能や用語の意味を調べたり、リボンから探し出せないコマンドをダイレクトに実行したりするときに使います。

❹Microsoftアカウントのユーザー名

Microsoftアカウントでサインインしている場合、ユーザー名が表示されます。

❺ウィンドウの操作ボタン

－（最小化）

ウィンドウが一時的に非表示になり、タスクバーにアイコンで表示されます。

（元のサイズに戻す）

ウィンドウが元のサイズに戻ります。また、ポイントすると表示されるスナップレイアウトを使って、ウィンドウを分割したサイズに配置することもできます。

※ □（最大化）

ウィンドウを元のサイズに戻すと、 から □ に切り替わります。クリックすると、ウィンドウが最大化されます。

×（閉じる）

Accessを終了します。

❻リボン
コマンドを実行するときに使います。関連する機能ごとに、タブに分類されています。
※お使いの環境によっては、表示されるタブが異なる場合があります。

❼リボンの表示オプション
リボンの表示方法を変更するときに使います。
※お使いの環境によっては、《リボンの表示オプション》が《リボンを折りたたむ》と表示される場合があります。

❽ナビゲーションウィンドウ
オブジェクトの一覧が表示されます。

❾タブ
開いているオブジェクト名が表示されます。オブジェクトを閉じたり、複数のオブジェクトを切り替えたりするときに使います。

❿オブジェクトウィンドウ
ナビゲーションウィンドウで選択したオブジェクトを表示したり、編集したりするときに使います。

⓫スクロールバー
オブジェクトウィンドウの表示領域を移動するときに使います。

⓬ステータスバー
ビューの名前や現在の作業状況、処理手順などが表示されます。

⓭ビュー切り替えボタン
ビューを切り替えるときに使います。

STEP UP 操作アシスト

ヘルプ機能を強化した「操作アシスト」を使うと、機能や用語の意味を調べるだけでなく、リボンから探し出せないコマンドをダイレクトに実行することもできます。
操作アシストを使って、コマンドをダイレクトに実行する方法は、次のとおりです。
◆操作アシストのボックスに検索する文字を入力→一覧からコマンドを選択

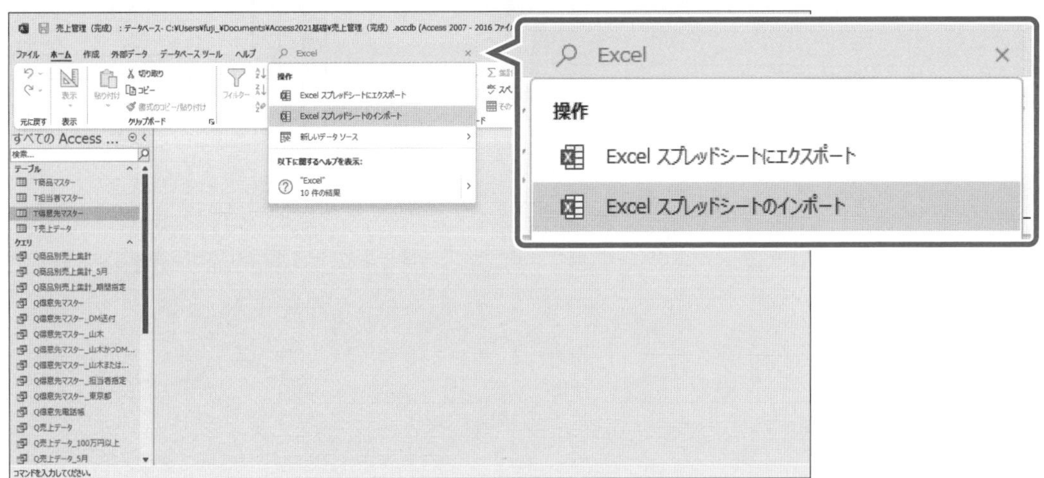

STEP 5 データベースの構成要素と基本操作

1 データベースオブジェクト

Accessのひとつのデータベースは、**「データベースオブジェクト」**から構成されています。
Accessのデータベースはデータベースオブジェクトを格納するための入れ物のようなものととらえるとよいでしょう。
データベースオブジェクトは**「オブジェクト」**ともいい、次のような種類があります。

- テーブル
- クエリ
- フォーム
- レポート
- マクロ
- モジュール

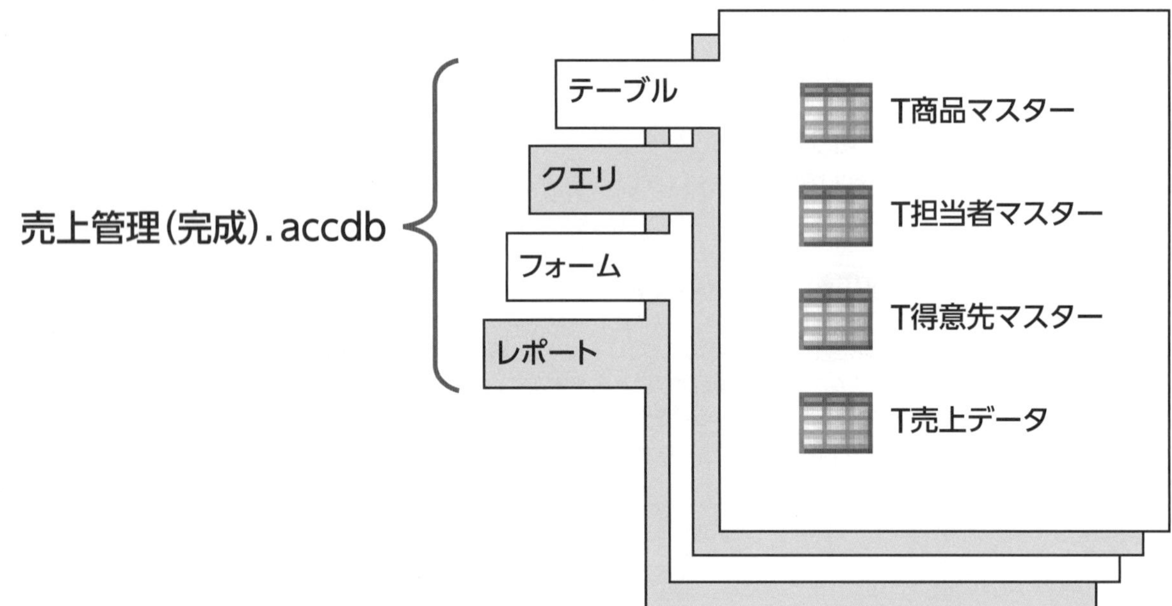

2 オブジェクトの役割

オブジェクトにはそれぞれ役割があります。その役割を理解することがデータベースを構築するうえで重要です。

●テーブル

データを**「格納」**するためのオブジェクトです。

T得意先マスター

得意先コード	得意先名	フリガナ	〒	住所1	住所2	TEL	担当者コード	DM送付同意
10010	丸の内商事	マルノウチショウジ	100-0005	東京都千代田区丸の内2-X-X	第3千代田ビル	03-3211-XXXX	110	☑
10020	富士光スポーツ	フジミツスポーツ	100-0005	東京都千代田区丸の内1-X-X	東京ビル	03-3213-XXXX	140	☑
10030	さくらスポーツ	サクラスポーツ	111-0031	東京都台東区千束1-X-X	大手町フラワービル7F	03-3244-XXXX	110	☐
10040	マイスター販売	マイスターハンバイ	176-0002	東京都練馬区桜台3-X-X		03-3286-XXXX	130	☐
10050	足立スポーツ	アダチスポーツ	131-0033	東京都墨田区向島1-X-X	足立ビル11F	03-3588-XXXX	150	☑
10060	関西販売	カンサイハンバイ	108-0075	東京都港区港南5-X-X	江戸ビル	03-5000-XXXX	150	☑
10070	スポーツ山岡	スポーツヤマオカ	100-0004	東京都千代田区大手町1-X-X	大手町第一ビル	03-3262-XXXX	110	☑
10080	日高販売店	ヒダカハンバイテン	100-0005	東京都千代田区丸の内2-X-X	平ビル	03-5252-XXXX	140	☐
10090	大江戸販売	オオエドハンバイ	100-0013	東京都千代田区霞が関2-X-X	大江戸ビル6F	03-5522-XXXX	110	☑
10100	山の手スポーツ用品	ヤマノテスポーツヨウヒン	103-0027	東京都中央区日本橋1-X-X	日本橋ビル	03-3297-XXXX	120	☐
10110	海山商事	ウミヤマショウジ	102-0083	東京都千代田区麹町3-X-X	NHビル	03-3299-XXXX	120	☑
10120	山猫スポーツ	ヤマネコスポーツ	102-0082	東京都千代田区一番町5-XX	ヤマネコガーデン4F	03-3388-XXXX	150	☑
10130	西郷スポーツ	サイゴウスポーツ	105-0001	東京都港区虎ノ門4-X-X	虎ノ門ビル17F	03-5555-XXXX	140	☑
10140	富士山物産	フジヤマブッサン	106-0031	東京都港区西麻布4-X-X		03-3330-XXXX	120	☐
10150	長治クラブ	チョウジクラブ	104-0032	東京都中央区八丁堀3-X-X	長治ビル	03-3766-XXXX	150	☑
10160	みどりスポーツ	ミドリスポーツ	150-0047	東京都渋谷区神山町1-XX		03-5688-XXXX	150	☑
10170	東京富士販売	トウキョウフジハンバイ	150-0046	東京都渋谷区松濤1-X-X	渋谷第2ビル	03-3888-XXXX	120	☐
10180	いろは通信販売	イロハツウシンハンバイ	151-0063	東京都渋谷区富ヶ谷2-X-X		03-5553-XXXX	130	☑
10190	目黒野球用品	メグロヤキュウヨウヒン	169-0071	東京都新宿区戸塚町1-X-X	目黒野球用品本社ビル	03-3532-XXXX	130	☑
10200	ミズホ販売	ミズホハンバイ	162-0811	東京都新宿区水道町5-XX	水道橋大通ビル	03-3111-XXXX	150	☐
10210	富士デパート	フジデパート	160-0001	東京都新宿区片町1-X-X	片町第6ビル	03-3203-XXXX	130	☑
10220	桜富士スポーツクラブ	サクラフジスポーツクラブ	135-0063	東京都江東区有明1-X-X	有明ISSビル7F	03-3367-XXXX	130	☑
10230	スポーツスクエア鳥居	スポーツスクエアトリイ	142-0053	東京都品川区中延5-X-X		03-3389-XXXX	150	☑
10240	東販売サービス	ヒガシハンバイサービス	143-0013	東京都大田区大森南3-X-X	大森ビル11F	03-3145-XXXX	150	☐
10250	富士通信販売	フジツウシンハンバイ	175-0093	東京都板橋区赤塚新町3-X-X	富士通信ビル	03-3212-XXXX	120	☑
20010	スポーツ富士	スポーツフジ	236-0021	神奈川県横浜市金沢区泥亀2-X-X		045-788-XXXX	140	☑
20020	つるたスポーツ	ツルタスポーツ	231-0051	神奈川県横浜市中区赤門町2-X-X		045-242-XXXX	110	☑
20030	富士スポーツ用品	フジスポーツヨウヒン	231-0045	神奈川県横浜市中区伊勢佐木町3-X-X	伊勢佐木モール	045-261-XXXX	150	☐
20040	浜辺スポーツ店	ハマベスポーツテン	221-0012	神奈川県横浜市神奈川区子安台1-X-X	子安台フルハートビル	045-421-XXXX	140	☑
30010	富士販売センター	フジハンバイセンター	264-0031	千葉県千葉市若葉区愛生町5-XX		043-228-XXXX	120	☑
30020	スポーツショップ富士	スポーツショップフジ	261-0012	千葉県千葉市美浜区磯辺4-X-X		043-278-XXXX	120	☑
40010	こあらスポーツ	コアラスポーツ	358-0002	埼玉県入間市東町1-X-X		04-2900-XXXX	110	☐
40020	草場スポーツ	クサバスポーツ	350-0001	埼玉県川越市古谷上1-X-X	川越ガーデンビル	049-233-XXXX	140	☑

レコード: 1 / 33 フィルターなし 検索

●クエリ

データを**「加工」**するためのオブジェクトです。
データの抽出、集計、分析などができます。

Q得意先電話帳

フリガナ	得意先名	TEL
アダチスポーツ	足立スポーツ	03-3588-XXXX
イロハツウシンハンバイ	いろは通信販売	03-5553-XXXX
ウミヤマショウジ	海山商事	03-3299-XXXX
オオエドハンバイ	大江戸販売	03-5522-XXXX
カンサイハンバイ	関西販売	03-5000-XXXX
クサバスポーツ	草場スポーツ	049-233-XXXX
コアラスポーツ	こあらスポーツ	04-2900-XXXX
サイゴウスポーツ	西郷スポーツ	03-5555-XXXX
サクラスポーツ	さくらスポーツ	03-3244-XXXX
サクラフジスポーツクラブ	桜富士スポーツクラブ	03-3367-XXXX
スポーツショップフジ	スポーツショップ富士	043-278-XXXX
スポーツスクエアトリイ	スポーツスクエア鳥居	03-3389-XXXX
スポーツフジ	スポーツ富士	045-788-XXXX
スポーツヤマオカ	スポーツ山岡	03-3262-XXXX
チョウジクラブ	長治クラブ	03-3766-XXXX
ツルタスポーツ	つるたスポーツ	045-242-XXXX
トウキョウフジハンバイ	東京富士販売	03-3888-XXXX
ハマベスポーツテン	浜辺スポーツ店	045-421-XXXX
ヒガシハンバイサービス	東販売サービス	03-3145-XXXX
ヒダカハンバイテン	日高販売店	03-5252-XXXX
フジスポーツヨウヒン	富士スポーツ用品	045-261-XXXX
フジツウシンハンバイ	富士通信販売	03-3212-XXXX
フジデパート	富士デパート	03-3203-XXXX
フジハンバイセンター	富士販売センター	043-228-XXXX
フジミツスポーツ	富士光スポーツ	03-3213-XXXX
フジヤマブッサン	富士山物産	03-3330-XXXX
マイスターハンバイ	マイスター販売	03-3286-XXXX
マルノウチショウジ	丸の内商事	03-3211-XXXX
ミズホハンバイ	ミズホ販売	03-3111-XXXX
ミドリスポーツ	みどりスポーツ	03-5688-XXXX
メグロヤキュウヨウヒン	目黒野球用品	03-3532-XXXX
ヤマネコスポーツ	山猫スポーツ	03-3388-XXXX
ヤマノテスポーツヨウヒン	山の手スポーツ用品	03-3297-XXXX

レコード: 1 / 33 フィルターなし 検索

●フォーム

データを**「入力」**したり、**「更新」**したりするためのオブジェクトです。

F得意先マスター

F得意先マスター

得意先コード	10010
得意先名	丸の内商事
フリガナ	マルノウチショウジ
〒	100-0005
住所1	東京都千代田区丸の内2-X-X
住所2	第3千代田ビル
TEL	03-3211-XXXX
担当者コード	110　山木 由美
DM送付同意	☑

レコード: 1 / 33　フィルターなし　検索

●レポート

データを**「印刷」**するためのオブジェクトです。
データを一覧で印刷する以外に、宛名ラベルや伝票、はがきなど様々な形式で印刷できます。

得意先マスター_五十音順

フリガナ	得意先名	〒	住所	TEL	担当者コード	担当者名
アダチスポーツ	足立スポーツ	131-0033	東京都墨田区向島1-X-X 足立ビル11F	03-3588-XXXX	150	福田 進
イロハツウシンハンバイ	いろは通信販売	151-0063	東京都渋谷区富ヶ谷2-X-X	03-5553-XXXX	130	安藤 百合子
ウミヤマショウジ	海山商事	102-0083	東京都千代田区麹町3-X-X NHビル	03-3299-XXXX	120	佐伯 浩太
オオエドハンバイ	大江戸販売	100-0013	東京都千代田区霞が関2-X-X 大江戸ビル6F	03-5522-XXXX	110	山木 由美
カンサイハンバイ	関西販売	108-0075	東京都港区港南5-X-X 江戸ビル	03-5000-XXXX	150	福田 進
クサバスポーツ	草場スポーツ	350-0001	埼玉県川越市古谷上1-X-X 川越ガーデンビル	049-233-XXXX	140	吉岡 雄介
コアラスポーツ	こあらスポーツ	358-0002	埼玉県入間市東町1-X-X	04-2900-XXXX	110	山木 由美
サイゴウスポーツ	西郷スポーツ	105-0001	東京都港区虎ノ門4-X-X 虎ノ門ビル17F	03-5555-XXXX	140	吉岡 雄介
サクラスポーツ	さくらスポーツ	111-0031	東京都台東区千束1-X-X 大手町フラワービル7F	03-3244-XXXX	110	山木 由美
サクラフジスポーツクラブ	桜富士スポーツクラブ	135-0063	東京都江東区有明1-X-X 有明SSビル7F	03-3367-XXXX	130	安藤 百合子
スポーツショップフジ	スポーツショップ富士	261-0012	千葉県千葉市美浜区磯辺4-X-X	043-278-XXXX	120	佐伯 浩太
スポーツスクエアトリイ	スポーツスクエア鳥居	142-0053	東京都品川区中延5-X-X	03-3389-XXXX	150	福田 進
スポーツフジ	スポーツ富士	236-0021	神奈川県横浜市金沢区泥亀2-X-X	045-788-XXXX	140	吉岡 雄介
スポーツヤマオカ	スポーツ山岡	100-0004	東京都千代田区大手町1-X-X 大手町第一ビル	03-3262-XXXX	110	山木 由美

2023年6月28日　　1/3 ページ

●マクロ

複雑な操作や繰り返し行う操作を自動化するためのオブジェクトです。

●モジュール

マクロでは作成できない複雑かつ高度な処理を行うためのオブジェクトです。

3 ナビゲーションウィンドウ

新規にデータベースを作成したり、既存のデータベースを開いたりするとナビゲーションウィンドウが表示されます。
各部の名称と役割を確認しましょう。

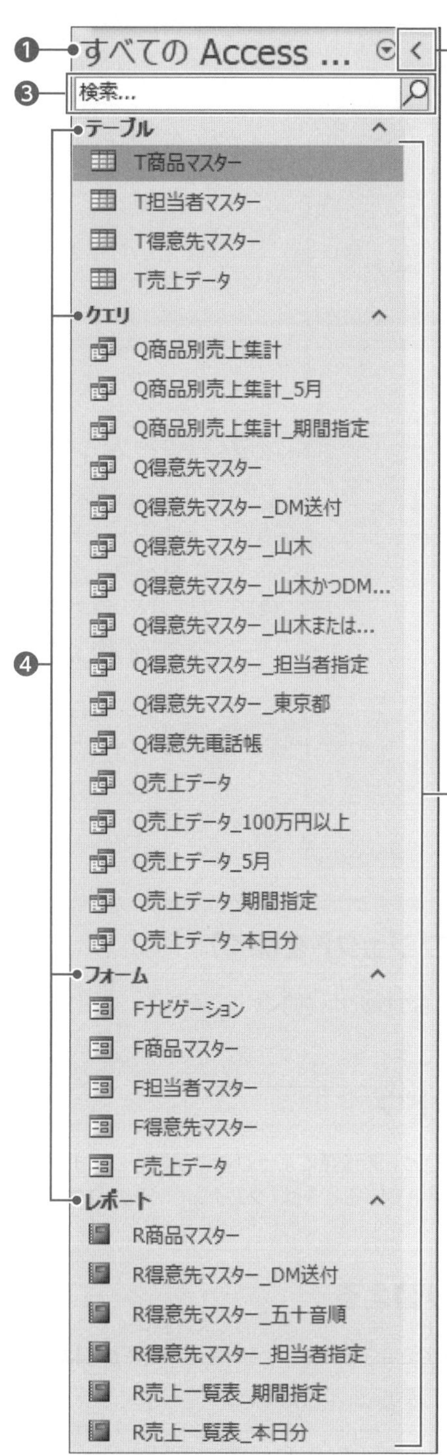

❶メニュー(すべてのAccessオブジェクト)
ナビゲーションウィンドウに表示されるオブジェクトのカテゴリーやグループを変更できます。表示されるオブジェクトのカテゴリーやグループを変更するには、メニューをクリックして一覧から選択します。

❷ < (シャッターバーを開く/閉じるボタン)
ナビゲーションウィンドウが一時的に非表示になります。
< をクリックすると > に切り替わり、ナビゲーションウィンドウが非表示になります。> をクリックすると、ナビゲーションウィンドウが表示されます。

❸検索バー
ナビゲーションウィンドウに表示されているオブジェクトを検索することができます。
※表示されていない場合は、メニューを右クリックし、《検索バー》をクリックすると表示されます。

❹グループ
初期の設定では、オブジェクトの種類ごとにバーが表示されます。
バーをクリックするとグループの表示・非表示を切り替えることができます。

❺データベースオブジェクト
テーブルやクエリ、フォーム、レポートなど、データベース内のオブジェクトが表示されます。

POINT ナビゲーションウィンドウの幅

オブジェクト名が長くて見づらい場合は、ナビゲーションウィンドウの幅を調整することができます。
ナビゲーションウィンドウの幅を調整する方法は、次のとおりです。
◆ナビゲーションウィンドウの右側の境界線をポイントし、マウスポインターが⇔の形になったらドラッグ

4 オブジェクトを開く

既存のオブジェクトをオブジェクトウィンドウに表示することを**「オブジェクトを開く」**といいます。
テーブル**「T商品マスター」**を開きましょう。

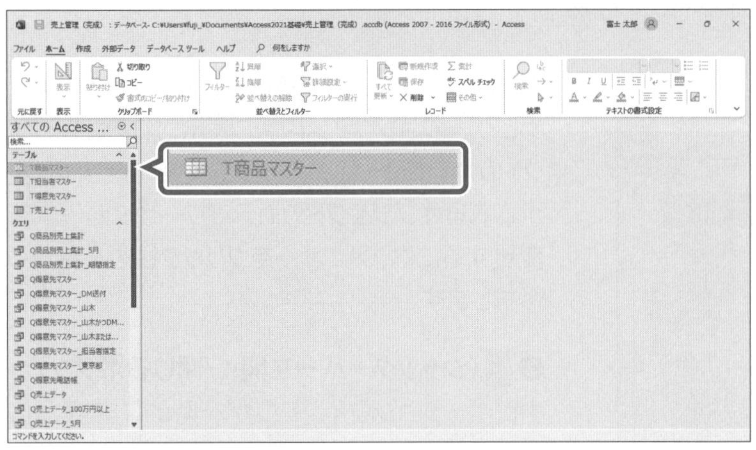

①ナビゲーションウィンドウの**「T商品マスター」**をダブルクリックします。

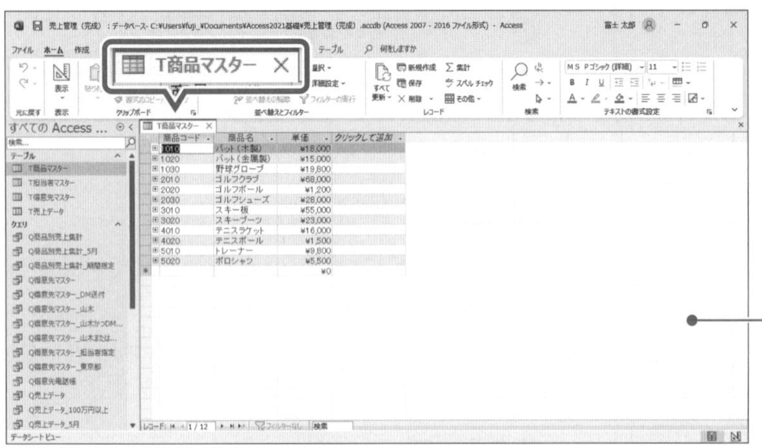

オブジェクトウィンドウにオブジェクトが開かれます。

※《フィールドリスト》が表示された場合は、閉じておきましょう。

②タブにオブジェクト名が表示されていることを確認します。

STEP UP その他の方法(オブジェクトを開く)

◆ナビゲーションウィンドウのオブジェクトを右クリック→《開く》

STEP UP オブジェクトウィンドウ

オブジェクトウィンドウは、開いているオブジェクトの種類によって名称が異なります。例えば、テーブルを開いているときは「テーブルウィンドウ」、クエリを開いているときは「クエリウィンドウ」になります。

STEP UP オブジェクトを切り替える

複数のオブジェクトを開いて作業することができます。オブジェクトを切り替えるには、タブをクリックします。

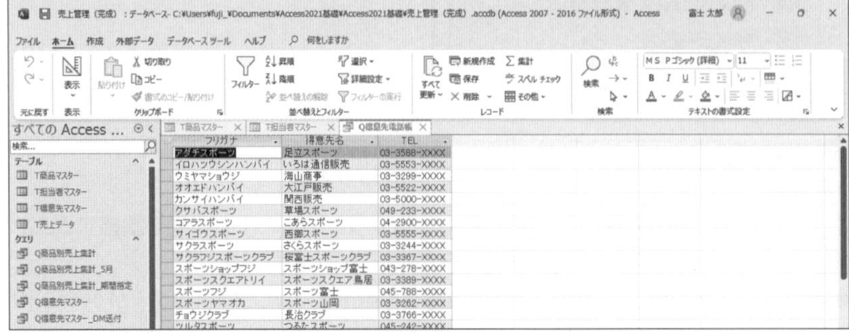

5 オブジェクトを閉じる

開いているオブジェクトの作業を終了することを**「オブジェクトを閉じる」**といいます。
テーブル**「T商品マスター」**を閉じましょう。

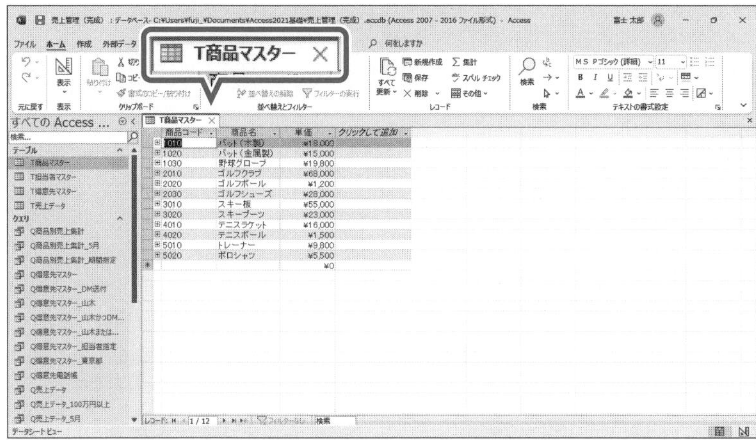

①オブジェクトウィンドウのタブの ☒ をクリックします。

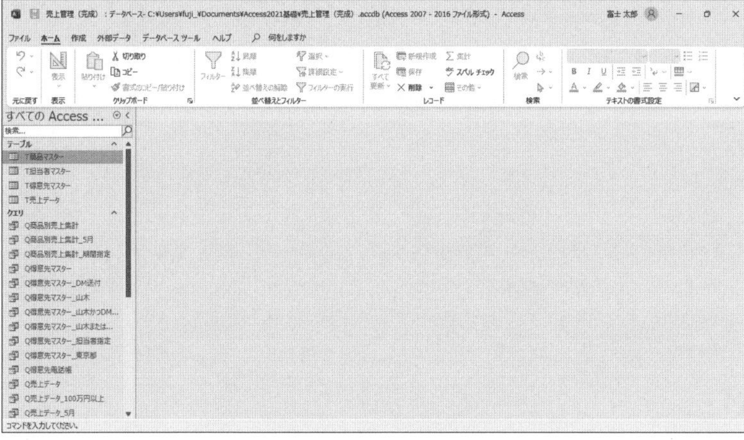

テーブルが閉じられます。

その他の方法（オブジェクトを閉じる）

◆タブを右クリック→《閉じる》
◆ Ctrl + W

ためしてみよう

①クエリ「Q得意先電話帳」を開いて、内容を確認しましょう。確認したらオブジェクトを閉じましょう。

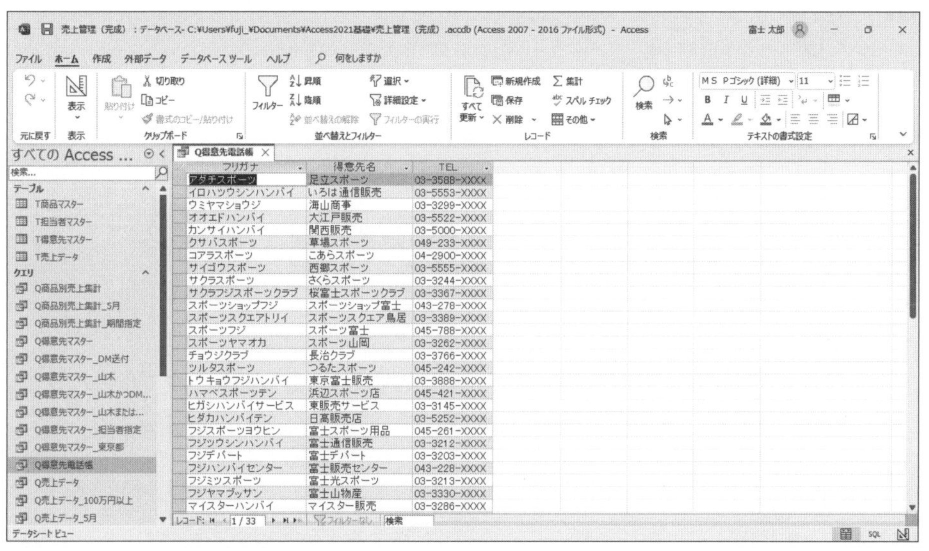

1
2
3
4
5
6
7
8
9
総合問題
索引

②フォーム「F得意先マスター」を開いて、内容を確認しましょう。確認したらオブジェクトを閉じましょう。

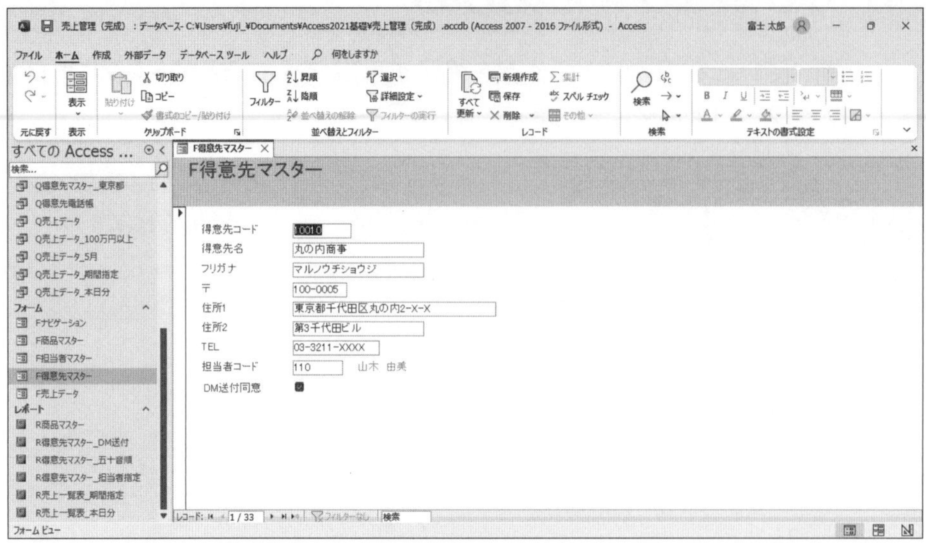

③レポート「R得意先マスター_五十音順」を開いて、内容を確認しましょう。確認したらオブジェクトを閉じましょう。

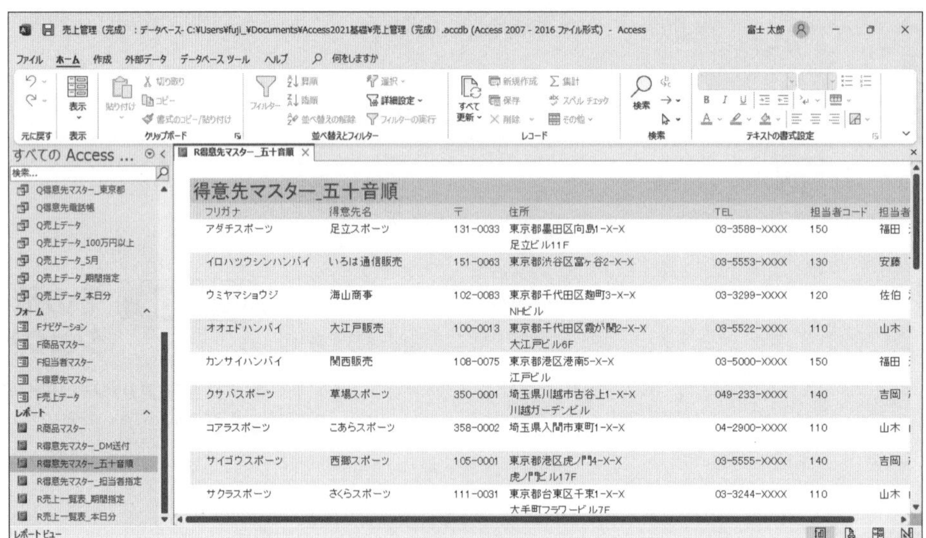

①

①ナビゲーションウィンドウのクエリ「Q得意先電話帳」をダブルクリック

②オブジェクトウィンドウのタブの ☒ をクリック

②

①ナビゲーションウィンドウのフォーム「F得意先マスター」をダブルクリック

②オブジェクトウィンドウのタブの ☒ をクリック

③

①ナビゲーションウィンドウのレポート「R得意先マスター_五十音順」をダブルクリック

②オブジェクトウィンドウのタブの ☒ をクリック

STEP 6 データベースを閉じる

1 データベースを閉じる

開いているデータベースの作業を終了することを**「データベースを閉じる」**といいます。
データベース**「売上管理（完成）」**を閉じましょう。

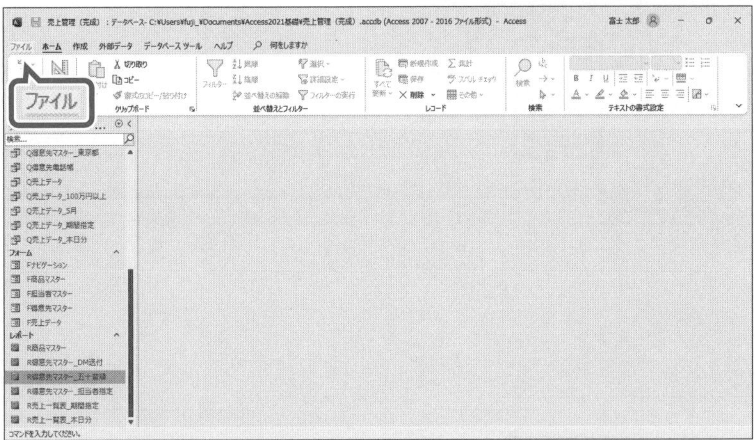

①**《ファイル》**タブを選択します。

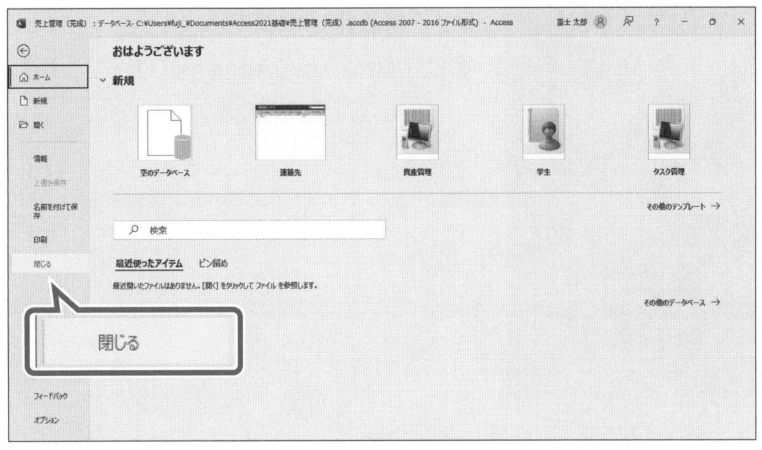

②**《閉じる》**をクリックします。

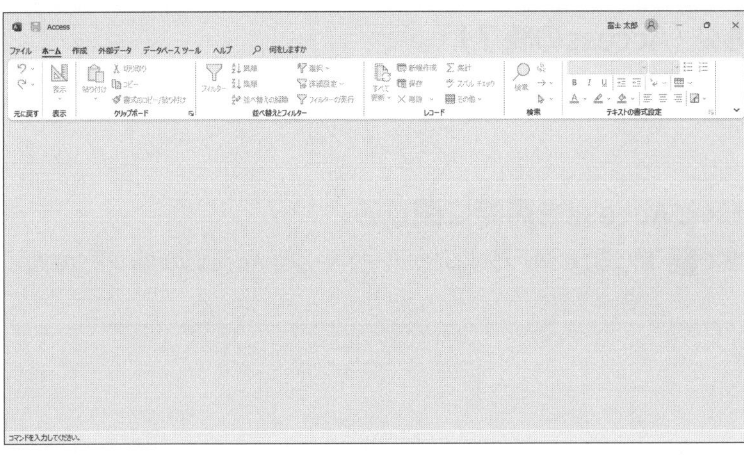

データベースが閉じられます。

③タイトルバーからデータベース名が消えていることを確認します。

STEP 7 Accessを終了する

1 Accessの終了

Accessを終了しましょう。

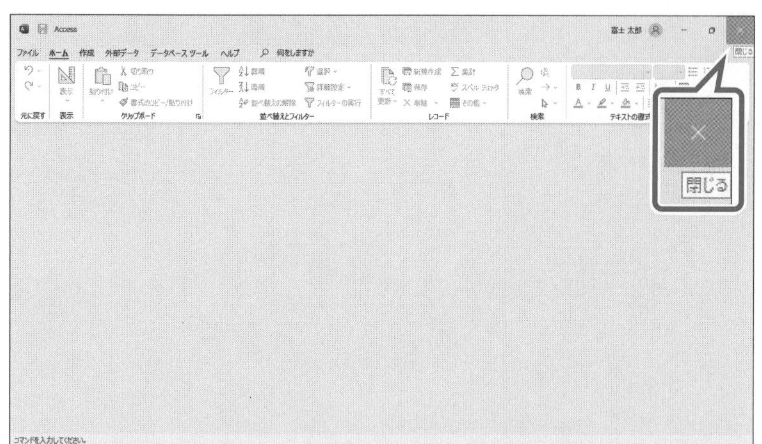

①（閉じる）をクリックします。

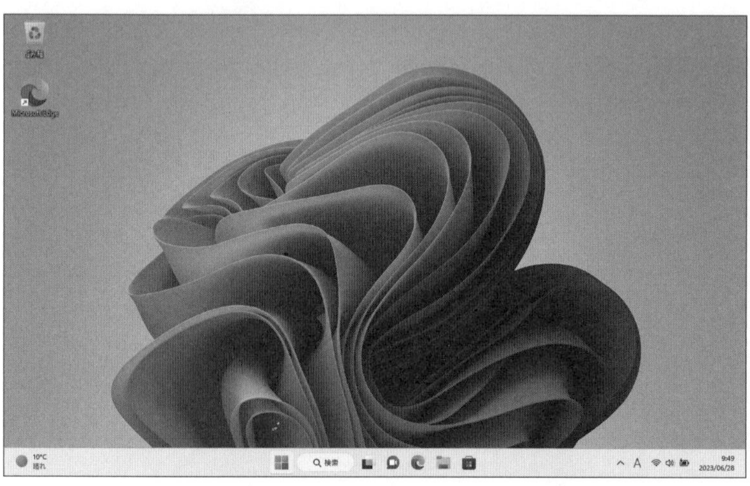

Accessのウィンドウが閉じられ、デスクトップが表示されます。

②タスクバーからAccessのアイコンが消えていることを確認します。

STEP UP その他の方法（Accessの終了）

◆ Alt ＋ F4

POINT データベースとAccessを同時に閉じる

データベースを開いている状態で（閉じる）をクリックすると、データベースとAccessのウィンドウを同時に閉じることができます。

第2章

データベースの設計と作成

第2章 この章で学ぶこと

学習前に習得すべきポイントを理解しておき、
学習後には確実に習得できたかどうかを振り返りましょう。

- ■ データベース構築の流れを説明できる。 → P.33 ☐☐☐
- ■ データベースを設計する際に、データベースの目的を明確にできる。 → P.34 ☐☐☐
- ■ データベースを設計する際に、印刷結果や入力項目を考えることができる。 → P.34 ☐☐☐
- ■ テーブル同士を共通の項目で関連付け、必要に応じてデータを参照させるなどテーブルを設計できる。 → P.35 ☐☐☐
- ■ データベースを新規に作成できる。 → P.36 ☐☐☐

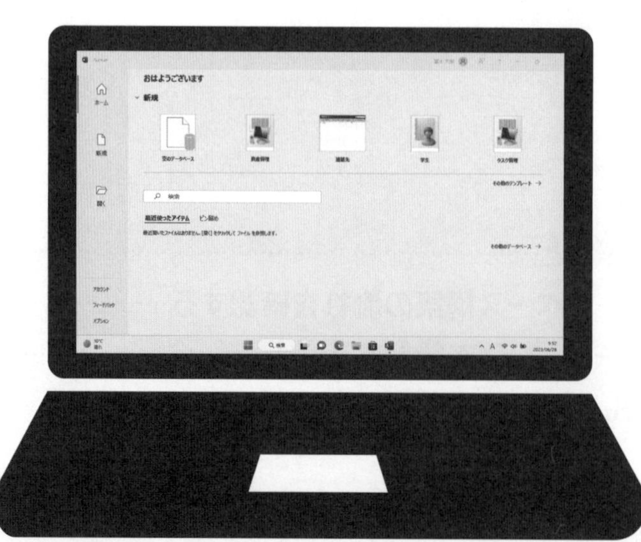

Step 1 データベース構築の流れを確認する

1 データベース構築の流れ

Accessでデータベースを構築する基本的な手順は、次のとおりです。

1 データベースを設計する

データベースの目的を明確にし、印刷結果や入力項目を考え、テーブルを設計します。

2 データベースを新規に作成する

各オブジェクトをまとめて格納するためのデータベースを作成します。

3 テーブルを作成する

テーマごとにデータを分類して格納します。

4 リレーションシップを作成する

複数に分けたテーブル間の共通フィールドを関連付けます。

5 クエリを作成する

必要なフィールドを組み合わせて仮想テーブルを編成します。
テーブルから条件に合うデータを抽出したり、データを集計したりします。

6 フォームを作成する

データを入力するための画面を作成します。

7 レポートを作成する

データを並べ替えて印刷したり、宛名ラベルとして印刷したりします。

STEP 2 データベースを設計する

1 データベースの設計

データベースを構築する前に、どのような用途で利用するのか目的を明確にしておきましょう。目的に合わせた印刷結果や、その結果を得るために必要となる入力項目などを決定し、それをもとに合理的にテーブルを設計します。

1 目的を明確にする

業務の流れを分析し、売上管理、顧客管理など、データベースの目的を明確にします。

2 印刷結果や入力項目を考える

最終的に必要となる印刷結果のイメージと、それに合わせた入力項目を決定します。

●印刷結果

売上一覧表

売上番号	売上日	得意先コード	得意先名	商品コード	商品名	単価	数量	金額
1	2023/04/01	10010	丸の内商事	1020	バット(金属製)	¥15,000	5	¥75,000
2	2023/04/01	10220	桜富士スポーツクラブ	2030	ゴルフシューズ	¥28,000	3	¥84,000
3	2023/04/02	20020	つるたスポーツ	3020	スキーブーツ	¥23,000	5	¥115,000
4	2023/04/02	10240	東販売サービス	1010	バット(木製)	¥18,000	4	¥72,000
5	2023/04/03	10020	富士光スポーツ	3010	スキー板	¥55,000	10	¥550,000
—	—	—	—	—	—	—	—	—
—	—	—	—	—	—	—	—	—

●入力項目

売上伝票入力

売上番号	1
売上日	2023/04/01
得意先コード	10010
得意先名	丸の内商事
商品コード	1020
商品名	バット(金属製)
単価	¥15,000
数量	5
金額	¥75,000

3 テーブルを設計する

決定した入力項目をもとに、テーブルを設計します。テーブル同士は共通の項目で関連付け、必要に応じてデータを参照させることができます。各入力項目を分類してテーブルを分けることで、重複するデータ入力を避け、ディスク容量の無駄や入力ミスなどが起こりにくいデータベースを構築できます。

●売上伝票

売上番号	売上日	得意先コード	得意先名	商品コード	商品名	単価	数量	金額
1	2023/04/01	10010	丸の内商事	1020	バット（金属製）	¥15,000	5	¥75,000
2	2023/04/01	10220	桜富士スポーツクラブ	2030	ゴルフシューズ	¥28,000	3	¥84,000
3	2023/04/02	20020	つるたスポーツ	3020	スキーブーツ	¥23,000	5	¥115,000
4	2023/04/02	10240	東販売サービス	1010	バット（木製）	¥18,000	4	¥72,000
5	2023/04/03	10020	富士光スポーツ	3010	スキー板	¥55,000	10	¥550,000

分類して別のテーブルに分け、参照する

●得意先マスター

得意先コード	得意先名
10010	丸の内商事
10020	富士光スポーツ
10030	さくらテニス
10040	マイスター広告社
10050	足立スポーツ

●売上データ

売上番号	売上日	得意先コード	商品コード	数量
1	2023/04/01	10010	1020	5
2	2023/04/01	10220	2030	3
3	2023/04/02	20020	3020	5
4	2023/04/02	10240	1010	4
5	2023/04/03	10020	3010	10

●商品マスター

商品コード	商品名	単価
1010	バット（木製）	¥18,000
1020	バット（金属製）	¥15,000
1030	野球グローブ	¥19,800
2010	ゴルフクラブ	¥68,000
2020	ゴルフボール	¥1,200

関連付け

関連付け

STEP 3 新しいデータベースを作成する

1 作成するデータベースの確認

本書で作成する**「売上管理.accdb」**の概要は、次のとおりです。

●目的

あるスポーツ用品の卸業者を例に、次のデータを管理します。

- ●商品に関するデータ（商品コード、商品名、単価）
- ●担当者に関するデータ（担当者コード、担当者名）
- ●得意先に関するデータ（得意先コード、得意先名、住所など）
- ●売上に関するデータ（売上日、得意先コード、商品コード、数量など）

●テーブルの設計

次の4つのテーブルに分類して、データを格納し、関連付けます。

2 新しいデータベースの作成

Accessを起動し、**「売上管理.accdb」**という名前のデータベースを新しく作成しましょう。

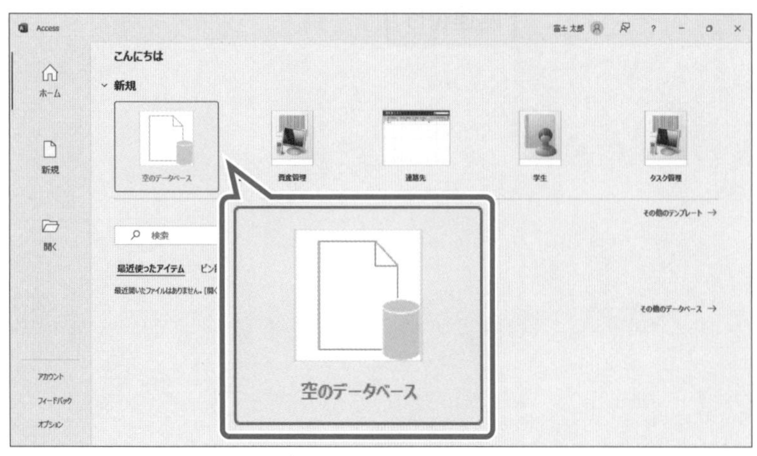

①Accessを起動し、Accessのスタート画面を表示します。

②**《空のデータベース》**をクリックします。

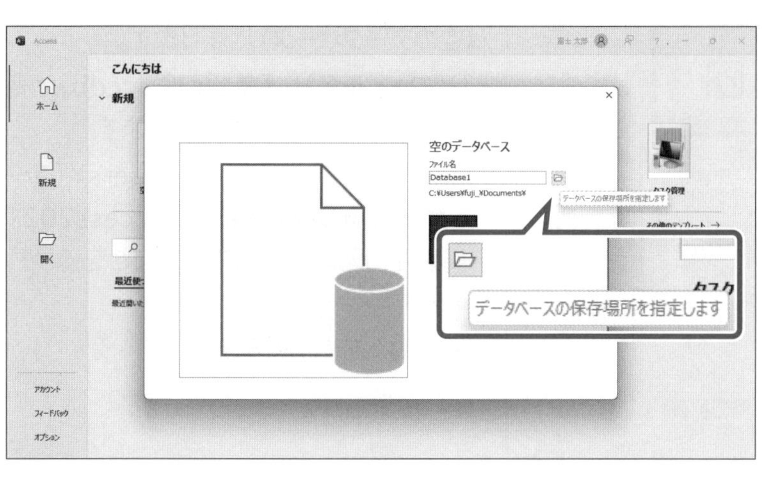

《空のデータベース》が表示されます。

データベースを保存する場所を選択します。

③《ファイル名》の（データベースの保存場所を指定します）をクリックします。

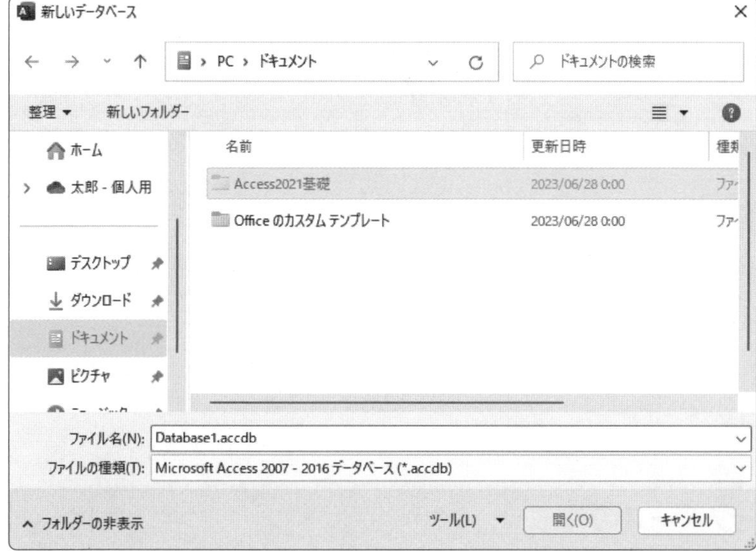

《新しいデータベース》ダイアログボックスが表示されます。

データベースを保存するフォルダーを開きます。

④《ドキュメント》を選択します。

⑤一覧から「**Access2021基礎**」を選択します。

⑥《開く》をクリックします。

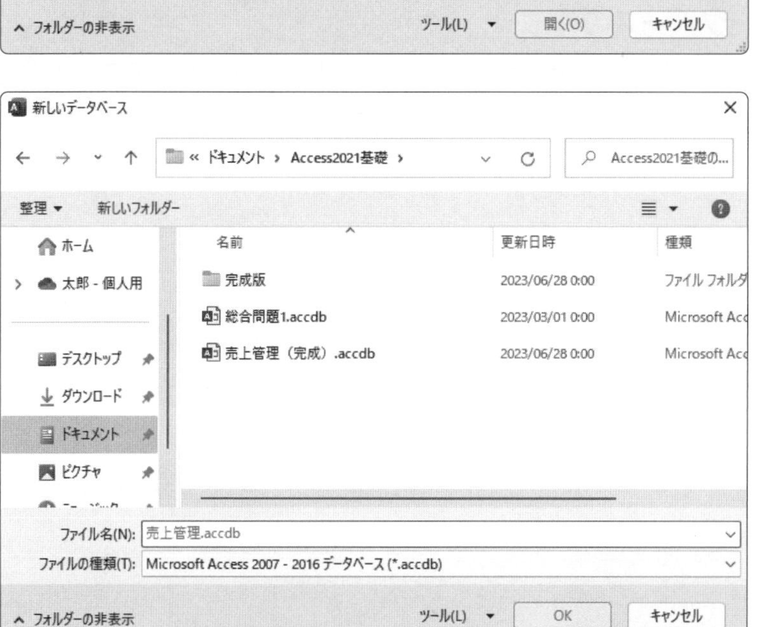

⑦《ファイル名》に「**売上管理.accdb**」と入力します。

※「.accdb」は省略できます。

⑧《OK》をクリックします。

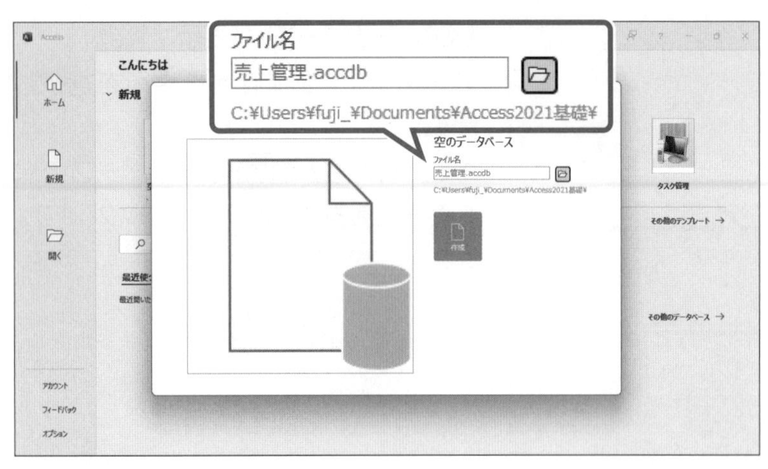

《空のデータベース》に戻ります。

⑨**《ファイル名》**に**「売上管理.accdb」**と表示されていることを確認します。

⑩**《ファイル名》**の下に**「C:¥Users¥（ユーザー名）¥Documents¥Access2021基礎¥」**と表示されていることを確認します。

⑪**《作成》**をクリックします。

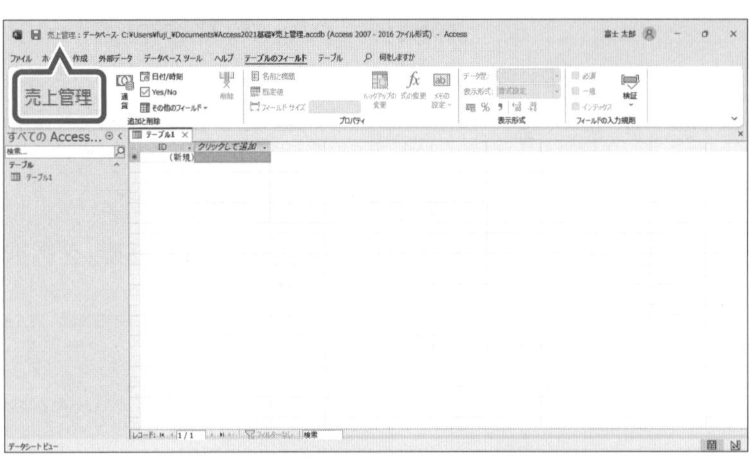

新しいデータベースが作成され、ナビゲーションウィンドウとテーブルが表示されます。

⑫タイトルバーにデータベース名が表示されていることを確認します。

POINT 新しいデータベースの作成

Accessのウィンドウが開いている状態で、新しいデータベースを作成する方法は、次のとおりです。

◆《ファイル》タブ→《ホーム》または《新規》→《空のデータベース》

第3章

テーブルによるデータの格納

第3章 この章で学ぶこと

学習前に習得すべきポイントを理解しておき、
学習後には確実に習得できたかどうかを振り返りましょう。

- ■ テーブルで何ができるかを説明できる。 → P.41 ☐☐☐
- ■ テーブルのビューの違いを理解し、使い分けることができる。 → P.42 ☐☐☐
- ■ データ型の違いを理解し、フィールドを設定できる。 → P.49 ☐☐☐
- ■ 主キーを設定できる。 → P.53 ☐☐☐
- ■ テーブルに名前を付けて保存できる。 → P.53 ☐☐☐
- ■ テーブルのビューの切り替えができる。 → P.55 ☐☐☐
- ■ レコードを入力できる。 → P.57 ☐☐☐
- ■ フィールドの列幅を調整できる。 → P.59 ☐☐☐
- ■ テーブルを上書き保存できる。 → P.60 ☐☐☐
- ■ 既存のテーブルにデータをインポートできる。 → P.64 ☐☐☐
- ■ 新しいテーブルにデータをインポートできる。 → P.70 ☐☐☐

STEP 1 テーブルの概要

1 テーブルの概要

「テーブル」とは、特定のテーマに関するデータを格納するためのオブジェクトです。Accessで作成するデータベースのデータは、すべてテーブルに格納されます。特定のテーマごとに個々のテーブルを作成し、データを分類して蓄積すると、データベースを効率よく構築できます。

1 レコード

「レコード」とは、テーブルに格納する1件分のデータのことです。
※レコードは「行」ともいいます。

2 フィールド

「フィールド」とは、レコードの中のひとつの項目で、**「商品コード」**や**「商品名」**など特定の種類のデータのことです。
※フィールドは「列」ともいいます。

T商品マスター

商品コード	商品名	単価	クリックして追加
1010	バット（木製）	¥18,000	
1020	バット（金属製）	¥15,000	
1030	野球グローブ	¥19,800	
2010	ゴルフクラブ	¥68,000	
2020	ゴルフボール	¥1,200	
2030	ゴルフシューズ	¥28,000	
3010	スキー板	¥55,000	
3020	スキーブーツ	¥23,000	
4010	テニスラケット	¥16,000	
4020	テニスボール	¥1,500	
5010	トレーナー	¥9,800	

フィールド　　レコード

3 主キー

「主キー」とは、**「商品コード」**のように各レコードを固有のものとして認識するためのフィールドです。主キーを設定すると、レコードの抽出や検索を高速に行うことができます。
主キーとして設定されるフィールドには、重複するデータを入力することはできません。

例：同姓同名の社員がいた場合

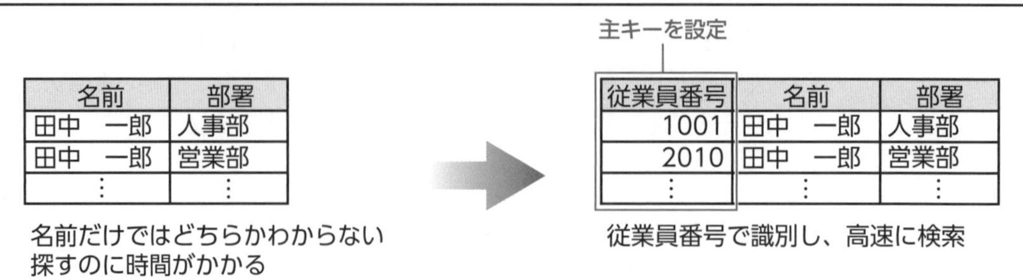

2 テーブルのビュー

テーブルには、次のようなビューがあります。

T商品マスター

商品コード	商品名	単価	クリックして追加
1010	バット（木製）	¥18,000	
1020	バット（金属製）	¥15,000	
1030	野球グローブ	¥19,800	
2010	ゴルフクラブ	¥68,000	
2020	ゴルフボール	¥1,200	
2030	ゴルフシューズ	¥28,000	
3010	スキー板	¥55,000	
3020	スキーブーツ	¥23,000	
4010	テニスラケット	¥16,000	
4020	テニスボール	¥1,500	
5010	トレーナー	¥9,800	
*		¥0	

レコード: 1 / 11　フィルターなし　検索

●データシートビュー
データシートビューは、データを入力したり、表示したりするビューです。データをExcelのようなワークシート形式で表示します。

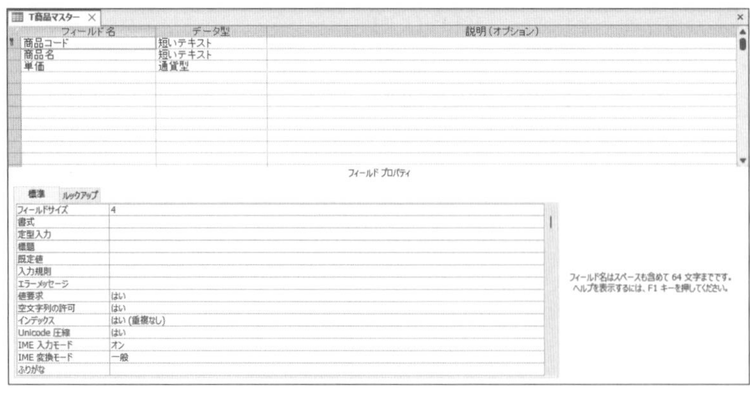

●デザインビュー
デザインビューは、テーブルの構造を定義するビューです。
データを入力したり、編集したりすることはできません。

STEP 2 テーブルとフィールドを検討する

1 テーブルの検討

データを効率よく利用できるようにテーブルの構成を検討しましょう。
同じデータが繰り返し入力される場合、そのフィールドを別のテーブルに分けます。データの入力を簡単にし、ディスク容量を節約できます。
次のような**「売上データ」**を作成する場合、**「T得意先マスター」「T担当者マスター」「T商品マスター」「T売上データ」**の4つのテーブルから構築します。

●売上データ

売上日	得意先コード	得意先名	担当者コード	担当者名	商品コード	商品名	単価	数量	金額
2023/04/01	10010	丸の内商事	110	山木　由美	1020	バット(金属製)	¥15,000	5	¥75,000
2023/04/01	10220	桜富士スポーツクラブ	130	安藤　百合子	2030	ゴルフシューズ	¥28,000	3	¥84,000
2023/04/02	20020	つるたスポーツ	110	山木　由美	3020	スキーブーツ	¥23,000	5	¥115,000
2023/04/02	10240	東販売サービス	150	福田　進	1010	バット(木製)	¥18,000	4	¥72,000
2023/04/03	10020	富士光スポーツ	140	吉岡　雄介	3010	スキー板	¥55,000	10	¥550,000

●T売上データ

売上番号	売上日	得意先コード	商品コード	数量
1	2023/04/01	10010	1020	5
2	2023/04/01	10220	2030	3
3	2023/04/02	20020	3020	5
4	2023/04/02	10240	1010	4
5	2023/04/03	10020	3010	10

●T得意先マスター

得意先コード	得意先名	フリガナ	〒	住所1	住所2	TEL	担当者コード	DM送付同意
10010	丸の内商事	……	…	………	………	…..	110	…
10020	富士光スポーツ	……	…	………	………	…..	140	…
10030	さくらテニス	……	…	………	………	…..	110	…
10040	マイスター広告社	……	…	………	………	…..	130	…
10050	足立スポーツ	……	…	………	………	…..	150	…
10060	関西販売	……	…	………	………	…..	150	…

●T商品マスター

商品コード	商品名	単価
1010	バット(木製)	¥18,000
1020	バット(金属製)	¥15,000
1030	野球グローブ	¥19,800
2010	ゴルフクラブ	¥68,000
2020	ゴルフボール	¥1,200
2030	ゴルフシューズ	¥28,000

●T担当者マスター

担当者コード	担当者名
110	山木　由美
120	佐伯　浩太
130	安藤　百合子
140	吉岡　雄介
150	福田　進

2 フィールドの検討

それぞれのテーブルに、必要なフィールドを検討します。

●T商品マスター

テーブル**「T商品マスター」**には、**「商品名」「単価」**フィールドを設定します。各レコードを固有のものとして識別するために**「商品コード」**フィールドを追加し、このフィールドに主キーを設定します。

T商品マスター
商品コード 商品名 単価

●T担当者マスター

テーブル**「T担当者マスター」**には、**「担当者名」**フィールドを設定します。各レコードを固有のものとして識別するために**「担当者コード」**フィールドを追加し、このフィールドに主キーを設定します。

T担当者マスター
担当者コード 担当者名

●T得意先マスター

テーブル**「T得意先マスター」**には、**「得意先名」「フリガナ」「〒」「住所1」「住所2」「TEL」「担当者コード」「DM送付同意」**フィールドを設定します。各レコードを固有のものとして識別するために**「得意先コード」**フィールドを追加し、このフィールドに主キーを設定します。
テーブル**「T得意先マスター」**とテーブル**「T担当者マスター」**を共通フィールドで関連付けることにより、**「担当者名」**を自動的に参照させます。
※テーブル間の関連付けについては、P.77「第4章 リレーションシップの作成」で学習します。

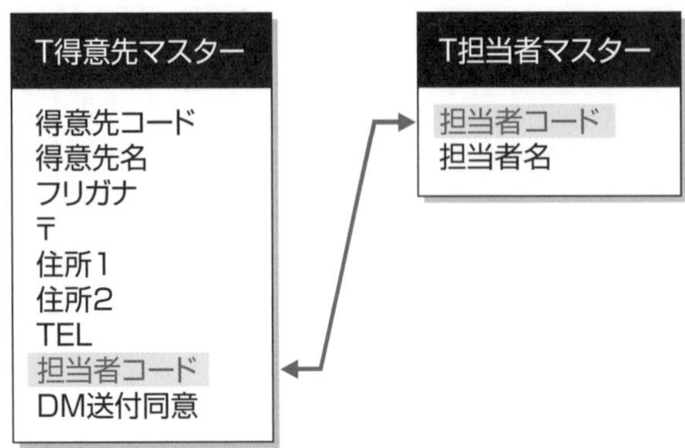

●T売上データ

テーブル**「T売上データ」**には、**「売上日」「得意先コード」「商品コード」「数量」**フィールドを設定します。
各レコードを固有のものとして識別するために**「売上番号」**フィールドを追加し、このフィールドに主キーを設定します。
［灰色の網掛け］の項目は、テーブル**「T売上データ」**とそのほかのテーブルを共通フィールドで関連付けることにより、自動的に参照させます。

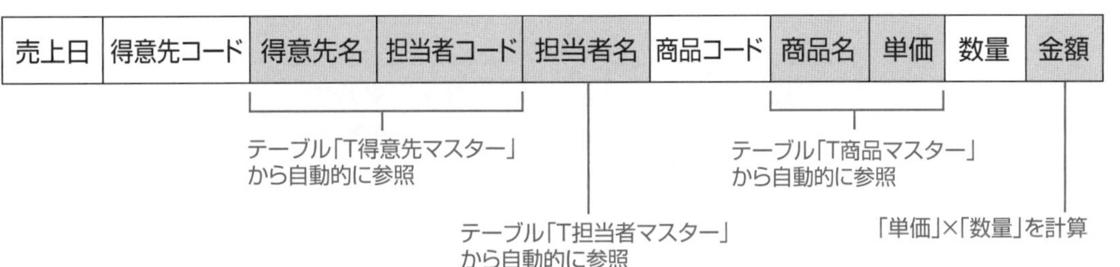

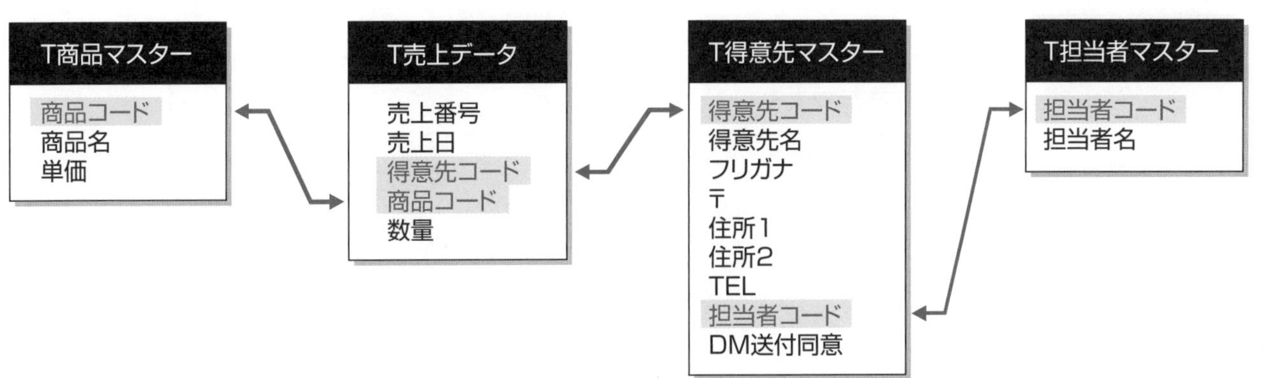

※既存のフィールドをもとに計算する方法については、P.85「第5章 クエリによるデータの加工」で学習します。

STEP 3 商品マスターを作成する

1 作成するテーブルの確認

次のようなテーブル**「T商品マスター」**を作成しましょう。

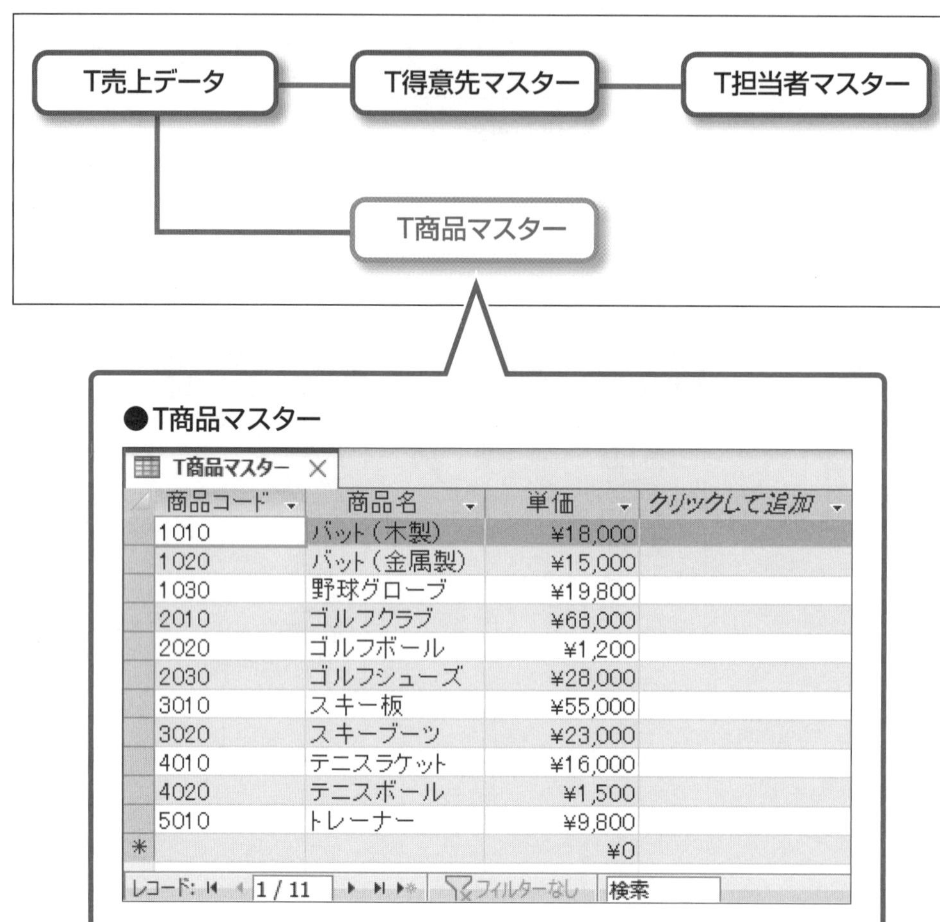

商品コード	商品名	単価	クリックして追加
1010	バット(木製)	¥18,000	
1020	バット(金属製)	¥15,000	
1030	野球グローブ	¥19,800	
2010	ゴルフクラブ	¥68,000	
2020	ゴルフボール	¥1,200	
2030	ゴルフシューズ	¥28,000	
3010	スキー板	¥55,000	
3020	スキーブーツ	¥23,000	
4010	テニスラケット	¥16,000	
4020	テニスボール	¥1,500	
5010	トレーナー	¥9,800	
*		¥0	

2 テーブルの作成

テーブル「**T商品マスター**」を作成しましょう。

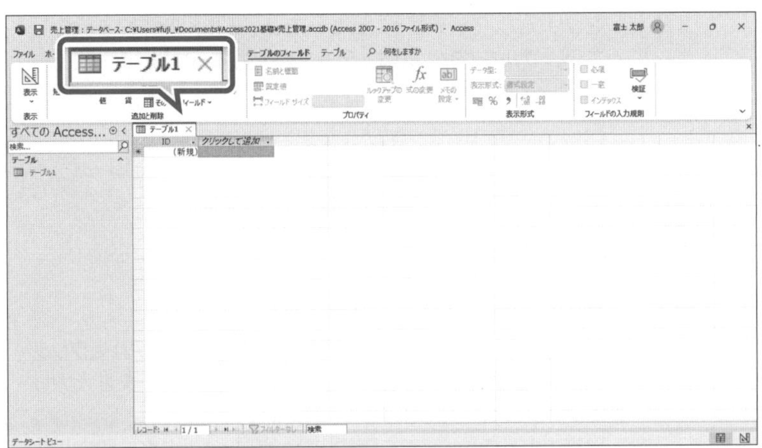

①オブジェクトウィンドウのタブの × をクリックします。

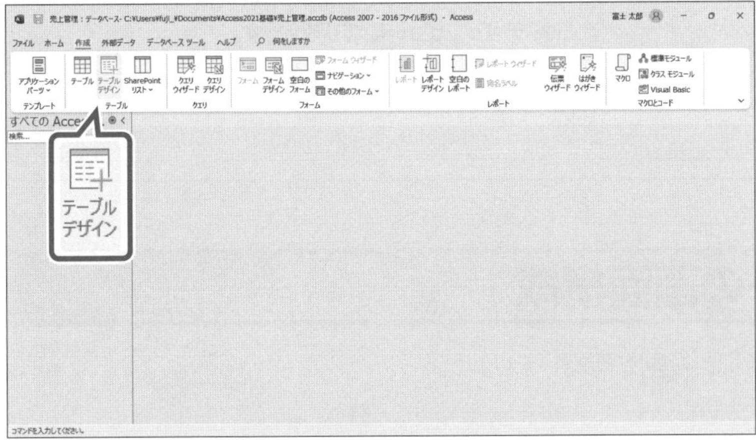

テーブルが閉じられます。

②**《作成》**タブを選択します。

③**《テーブル》**グループの (テーブルデザイン) をクリックします。

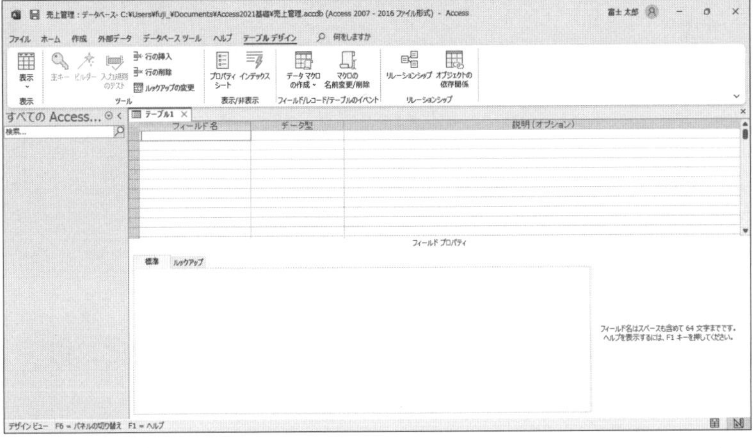

新しいテーブルがデザインビューで表示されます。

POINT 新しいテーブルの自動作成

《空のデータベース》でデータベースを作成すると、自動的に新しいテーブルが作成され、データシートビューで表示されます。オブジェクトウィンドウのタブの × をクリックすると、テーブルは閉じられます。

POINT テーブルの作成方法

テーブルを作成する方法には、次のようなものがあります。

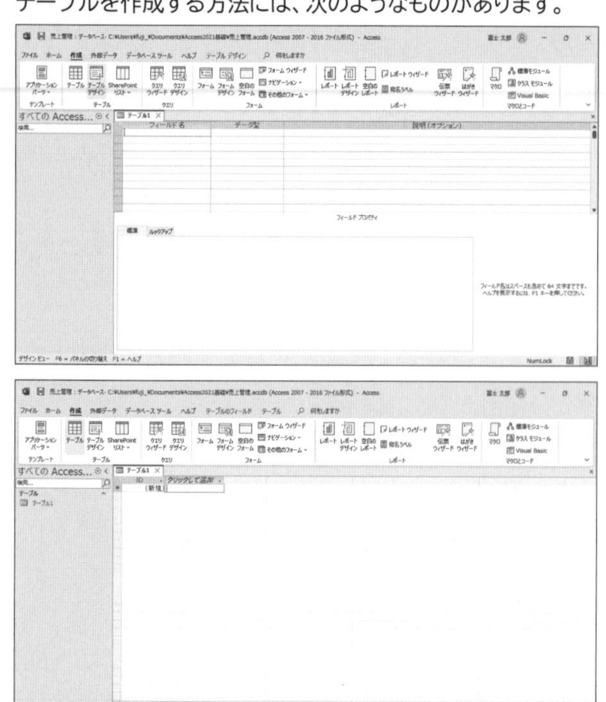

●デザインビューで作成

《作成》タブ→《テーブル》グループの (テーブルデザイン)をクリックして、デザインビューでフィールドの詳細を設定してテーブルを作成します。データを入力するには、データシートビューに切り替えます。

●データシートビューで作成

《作成》タブ→《テーブル》グループの (テーブル)をクリックして、データシートビューでフィールド名やデータを入力してテーブルを作成します。

出来上がりのイメージを確認しながらフィールド名を設定したり、データを入力したりできます。フィールドの詳細を設定するには、デザインビューに切り替えます。

3 デザインビューの画面構成

デザインビューの各部の名称と役割を確認しましょう。

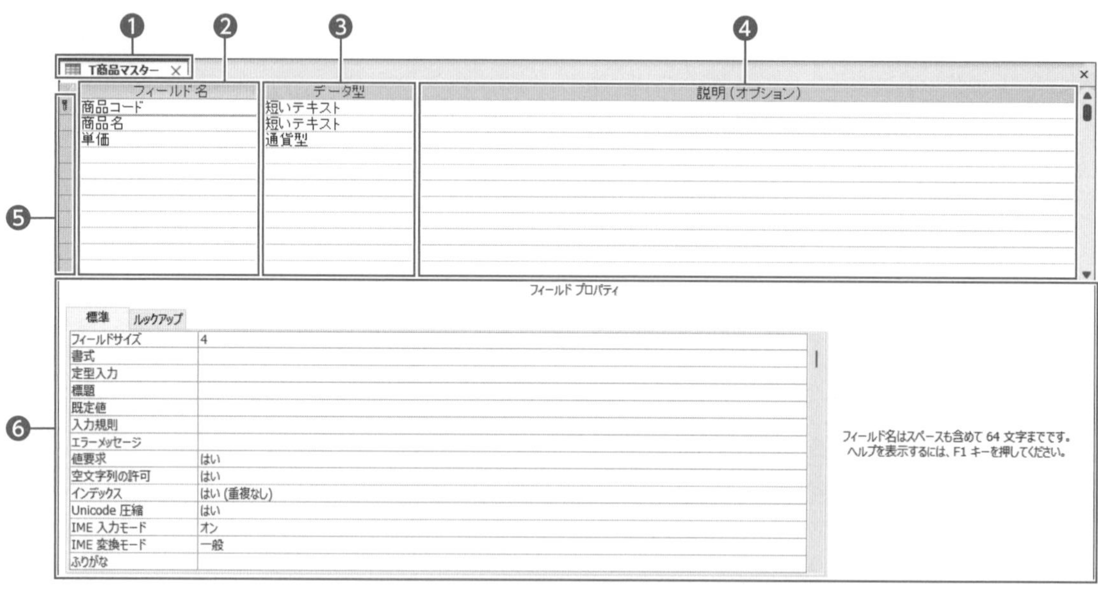

❶タブ

テーブル名が表示されます。

❷フィールド名

フィールドの名前を設定します。

❸データ型

フィールドに格納するデータの種類を設定します。

❹説明（オプション）

フィールドに対する説明を入力するときに使います。

❺行セレクター

フィールドを選択するときに使います。

❻フィールドプロパティ

フィールドサイズ（フィールドに入力できる最大文字数）や書式（データを表示する形式）などフィールドの属性を設定します。データ型によって、設定できる属性は異なります。

4 フィールドの設定

テーブル**「T商品マスター」**に、必要なフィールドを設定しましょう。

1 フィールドの概要

フィールドを設定するには、**「フィールド名」**と**「データ型」**を設定します。

●フィールド名

フィールドを区別するために、フィールドの名前を設定します。
フィールド名は全角または半角64文字以内で指定します。半角の**「.(ピリオド)」「!(感嘆符)」「[ ](角括弧)」**と先頭のスペースはフィールド名に含めることはできません。

●データ型

フィールドに格納するデータの種類を設定します。
データに合わせて適切なデータ型を設定すると、データを正確に入力できるだけでなく、検索や並べ替え速度が向上します。
データ型には、次のような種類があります。

データ型	説明
短いテキスト	文字(計算対象にならない郵便番号などの数字を含む)に使用する
長いテキスト	長文、または書式を設定している文字列に使用する
数値型	数値(整数、小数を含む)に使用する
大きい数値	大きい数値に使用する
日付/時刻型	日付と時刻に使用する 2023/04/01 23:59:59.999のようにデータには日付と時刻の両方が含まれる
拡張した日付/時刻	日付と時刻に使用する 2023/04/01 23:59:59.9999999のように精度が高いデータを扱うことができ、SQL Serverとやり取りするときなどに使用する
通貨型	金額に使用する
オートナンバー型	自動的に連番を付ける場合に使用する
Yes/No型	二者択一の場合に使用する
OLEオブジェクト型	Excelワークシートやword文書、音声、画像などのWindowsオブジェクトに使用する
ハイパーリンク型	ホームページのアドレス、メールのアドレス、ファイルへのリンクに使用する
添付ファイル	画像やOffice製品で作成したファイルなどを添付する場合に使用する
集計	同じテーブル内のほかのフィールドをもとに集計する場合に使用する
ルックアップウィザード	別のテーブルに格納されている値を参照する場合に使用する

●フィールドサイズ

データ型が**「短いテキスト」**または**「数値型」**の場合、フィールドサイズを設定します。
データに合わせて適切なサイズを設定すると、ディスク容量が節約でき、無駄のないテーブルが作成できます。

2 フィールドの設定（商品コード）

「商品コード」のフィールドを次のように設定しましょう。

フィールド名　　：商品コード
データ型　　　　：短いテキスト
フィールドサイズ：4

フィールド名を入力します。

①1行目の**《フィールド名》**にカーソルがあることを確認します。

②**「商品コード」**と入力します。

③【Tab】または【Enter】を押します。

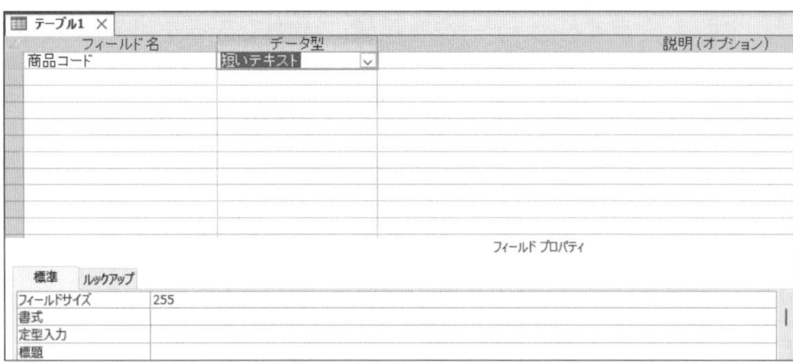

《データ型》にカーソルが移動します。

データ型を設定します。

④**《短いテキスト》**になっていることを確認します。

※「商品コード」フィールドは、計算の対象とならないので《短いテキスト》に設定します。

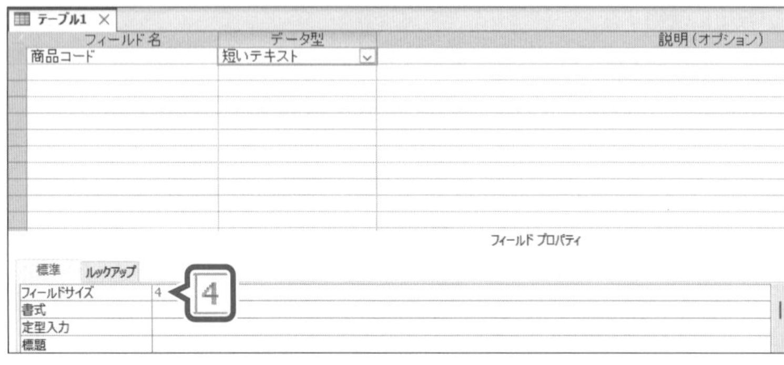

フィールドサイズを設定します。

⑤**《フィールドプロパティ》**の**《標準》**タブを選択します。

⑥**《フィールドサイズ》**プロパティに**「4」**と入力します。

3 フィールドの設定（商品名）

「商品名」のフィールドを次のように設定しましょう。

フィールド名　　：商品名
データ型　　　　：短いテキスト
フィールドサイズ：30

フィールド名を入力します。

①2行目の**《フィールド名》**に**「商品名」**と入力します。

②【Tab】または【Enter】を押します。

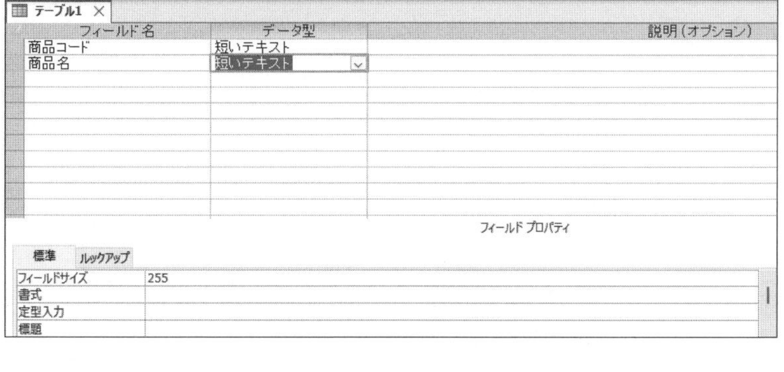

データ型を設定します。

③**《短いテキスト》**になっていることを確認します。

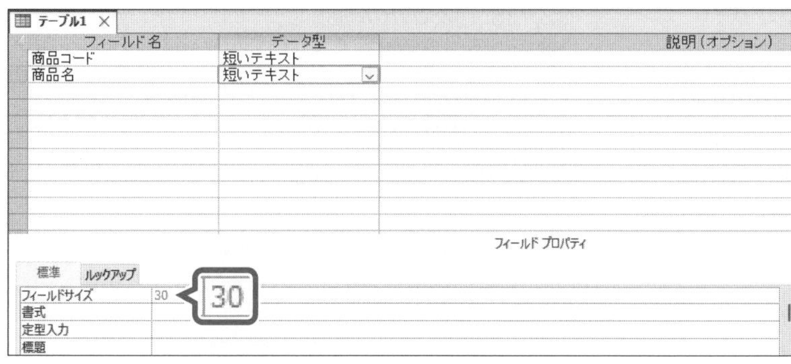

フィールドサイズを設定します。

④**《フィールドプロパティ》**の**《標準》**タブを選択します。

⑤**《フィールドサイズ》**プロパティに**「30」**と入力します。

4 フィールドの設定（単価）

「単価」のフィールドを次のように設定しましょう。

> **フィールド名：単価**
> **データ型　　：通貨型**

フィールド名を入力します。

①3行目の**《フィールド名》**に**「単価」**と入力します。

②【Tab】または【Enter】を押します。

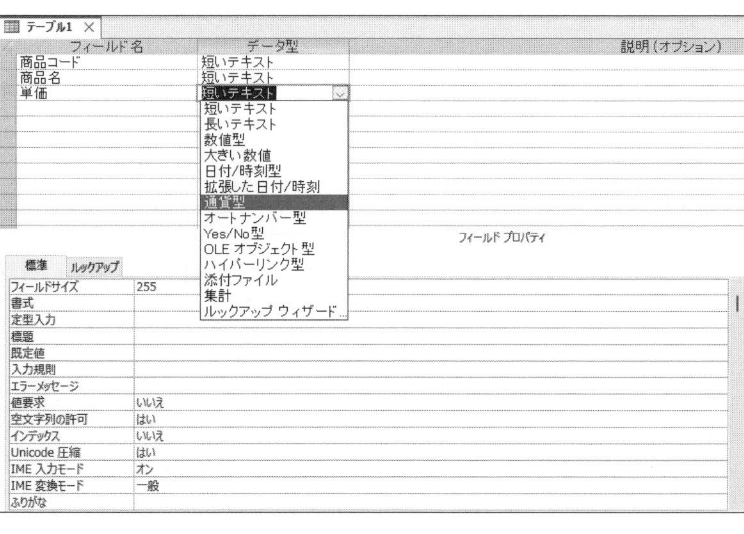

データ型を設定します。

③ [v] をクリックし、一覧から**「通貨型」**を選択します。

POINT データ型のサイズ

各データ型のフィールドサイズや使用するディスク容量などは、次のとおりです。

データ型	説明	
短いテキスト	最大255文字	
長いテキスト	最大1GB（ただし、ユーザーインターフェイスでデータを入力できる最大文字数は64,000文字まで）	
数値型	バイト型：1バイト	0～255の範囲 小数点以下の数値は扱えない
	整数型：2バイト	-32,768～32,767の範囲 小数点以下の数値は扱えない
	長整数型：4バイト	-2,147,483,648～2,147,483,647の範囲 小数点以下の数値は扱えない
	単精度浮動小数点型：4バイト	$-3.4 \times 10^{38} \sim 3.4 \times 10^{38}$
	倍精度浮動小数点型：8バイト	$-1.797 \times 10^{308} \sim 1.797 \times 10^{308}$
	レプリケーションID型：16バイト	日付と時間などから一意に生成される整数（グローバル一意識別子（GUID））
	十進型：12バイト	$-9.999\cdots \times 10^{27} \sim 9.999\cdots \times 10^{27}$ 小数点以下の数値が扱える
大きい数値	8バイト ※-2^{63}(-9,223,372,036,854,775,808)～$2^{63}-1$(9,223,372,036,854,775,807)の範囲	
日付/時刻型	100 ～ 9999年の日付と時刻の値	
拡張した日付/時刻	1 ～ 9999年の日付と時刻の値	
通貨型	8バイト	
オートナンバー型	4バイトまたは16バイト	
Yes/No型	1ビット	
OLEオブジェクト型	1GB	
ハイパーリンク型	格納される最大文字数は8,192文字まで	
ルックアップウィザード	4バイト	

※数値型では、フィールドに入力する数値の範囲に合わせてフィールドサイズを設定します。

STEP UP フィールドサイズの初期値

フィールドサイズの初期値は、短いテキストは「255」、数値型は「長整数型」です。
フィールドサイズの初期値を変更する方法は、次のとおりです。

◆《ファイル》タブ→《オプション》→《オブジェクトデザイナー》→《テーブルデザインビュー》の《テキスト型のフィールドサイズ》または《数値型のフィールドサイズ》

※お使いの環境によっては、《オプション》が表示されていない場合があります。その場合は、《その他》→《オプション》をクリックします。

5 主キーの設定

「商品コード」フィールドに主キーを設定しましょう。

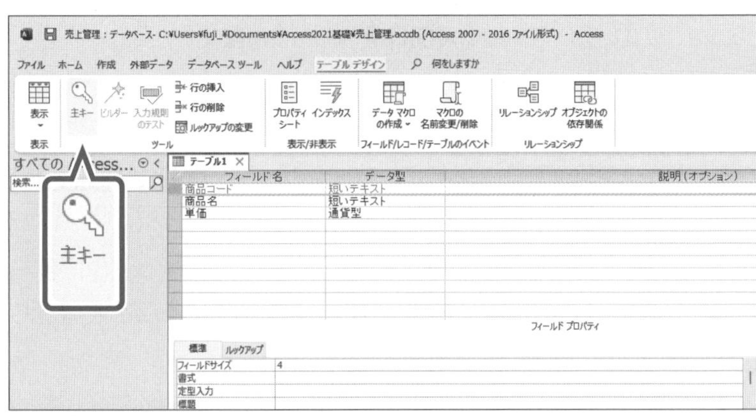

①**「商品コード」**フィールドの行セレクターをポイントします。
マウスポインターの形が➡に変わります。
②クリックします。
③**《テーブルデザイン》**タブを選択します。
④**《ツール》**グループの［主キー］（主キー）をクリックします。

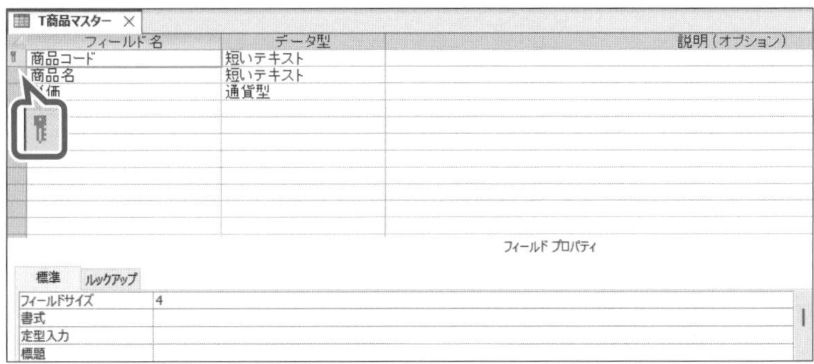

「商品コード」フィールドの行セレクターに［キー］（キーインジケーター）が表示されます。
※任意の場所をクリックし、選択を解除しておきましょう。

STEP UP その他の方法（主キーの設定）

◆フィールドの行セレクターを右クリック→《主キー》
◆フィールドを右クリック→《主キー》

6 テーブルの保存

作成したテーブルに**「T商品マスター」**と名前を付けて保存しましょう。

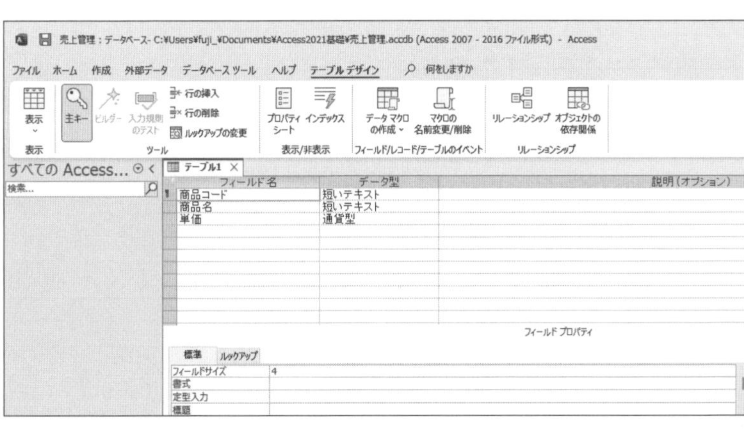

①［F12］を押します。

POINT オブジェクトの保存

オブジェクトを開いているとき、オブジェクトウィンドウ内にカーソルがある状態で［F12］を押すと、そのオブジェクトが保存の対象になります。

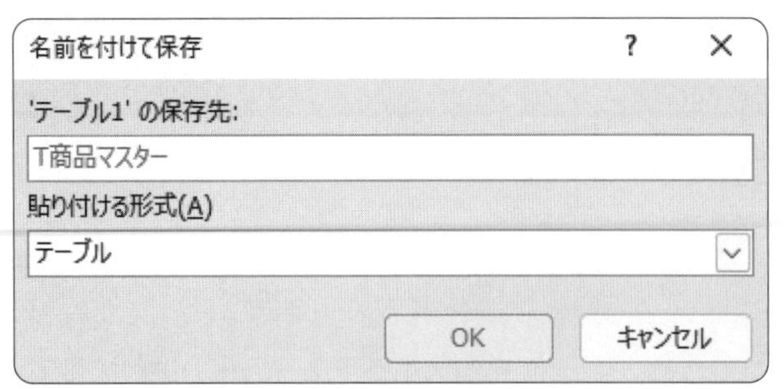

《名前を付けて保存》ダイアログボックスが表示されます。

②**《'テーブル1'の保存先》**に**「T商品マスター」**と入力します。

③**《OK》**をクリックします。

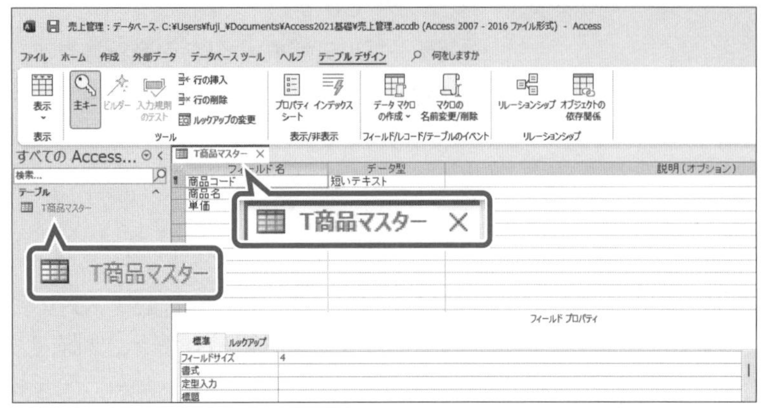

テーブルがデータベース**「売上管理.accdb」**に保存されます。

④タブとナビゲーションウィンドウにテーブル名が表示されていることを確認します。

STEP UP その他の方法（オブジェクトの保存）

◆《ファイル》タブ→《名前を付けて保存》→《オブジェクトに名前を付けて保存》→《オブジェクトに名前を付けて保存》→《名前を付けて保存》

STEP UP オブジェクトの名前の変更

テーブルやフォームなどのオブジェクトの名前を変更する方法は、次のとおりです。

◆ナビゲーションウィンドウのオブジェクトを右クリック→《名前の変更》

◆[F2]

STEP UP 主キーを設定しなかった場合

デザインビューでフィールドを作成し、主キーを設定せずに保存すると、次のようなメッセージが表示されます。

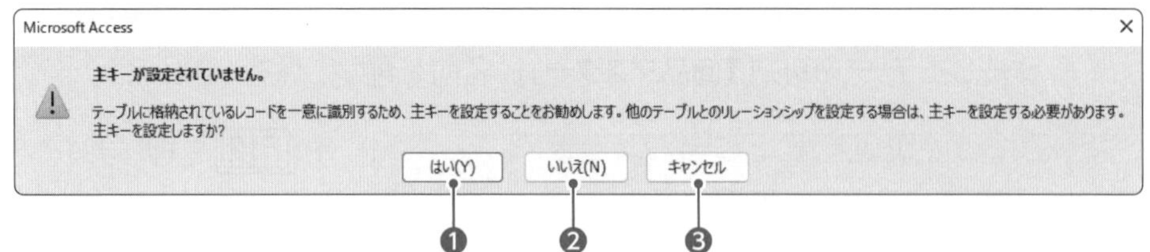

❶はい

オートナンバー型の「ID」フィールドが自動的に作成され、主キーとして設定されます。

❷いいえ

主キーは設定されずに保存されます。

❸キャンセル

保存をキャンセルします。

STEP UP オブジェクトの削除

テーブルやフォームなどのオブジェクトを削除する方法は、次のとおりです。

◆ナビゲーションウィンドウのオブジェクトを右クリック→《削除》

◆ナビゲーションウィンドウのオブジェクトを選択→[Delete]

7 ビューの切り替え

デザインビューでフィールドや主キーを設定したら、データシートビューに切り替えてデータを入力します。
デザインビューからデータシートビューに切り替えましょう。

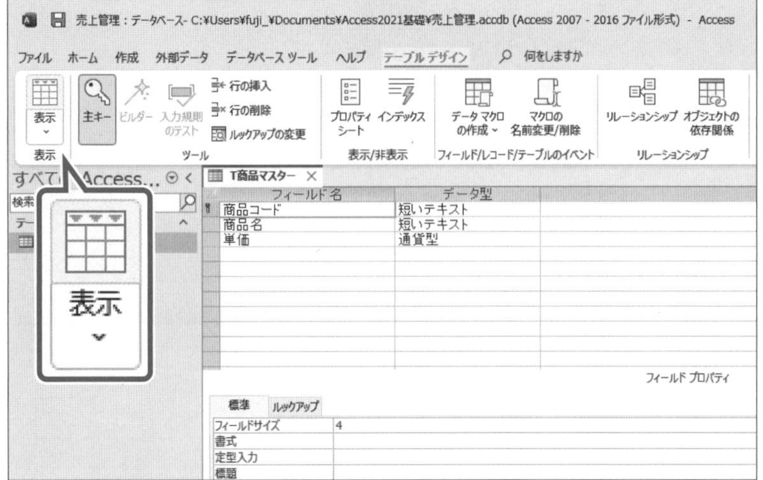

①《テーブルデザイン》タブを選択します。

※《ホーム》タブでもかまいません。

②《表示》グループの（表示）をクリックします。

※（表示）または（表示）はトグル（切り替え）ボタンになっています。ボタンをクリックするとデータシートビューとデザインビューが交互に切り替わります。

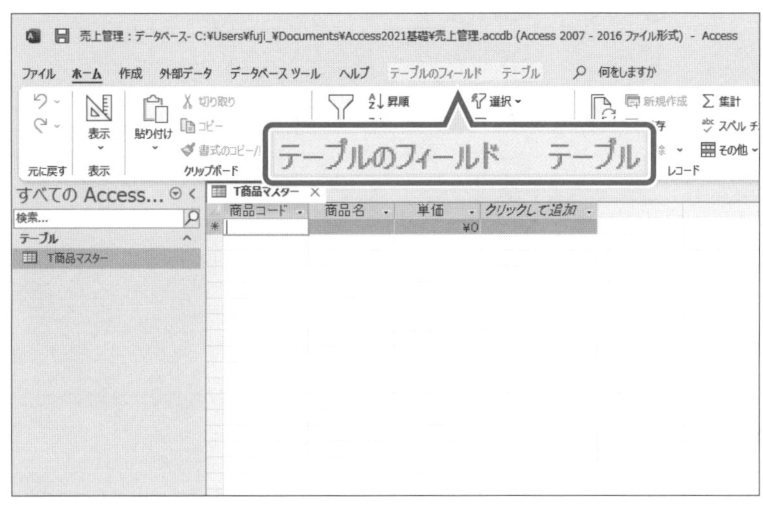

データシートビューに切り替わります。
リボンに《テーブルのフィールド》タブと《テーブル》タブが追加され、自動的に《ホーム》タブに切り替わります。

STEP UP その他の方法（ビューの切り替え）

◆《表示》グループの（表示）または（表示）の→《データシートビュー》／《デザインビュー》

◆ステータスバーの（データシートビュー）または（デザインビュー）

8 データシートビューの画面構成

データシートビューの各部の名称と役割を確認しましょう。

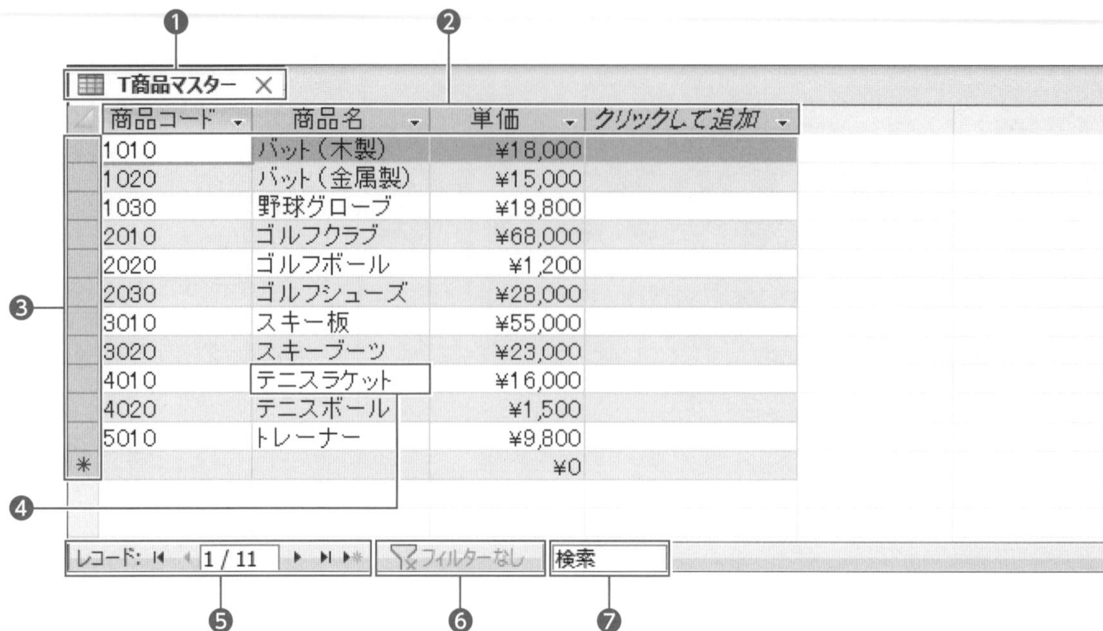

❶タブ

テーブル名が表示されます。

❷列見出し

フィールドを選択するときに使います。

❸レコードセレクター

レコードを選択するときに使います。

❹セル

フィールドとレコードで区切られた、ひとつひとつのマス目のことです。
データはセル単位で入力します。

❺レコード移動ボタン

レコード間でカーソルを移動するときに使います。

ボタン	説明
(先頭レコード)	先頭レコードへ移動する
(前のレコード)	前のレコードへ移動する
1 / 11 (カレントレコード)	現在選択されているレコードの番号と全レコード数が表示される
(次のレコード)	次のレコードへ移動する
(最終レコード)	最終レコードへ移動する
(新しい(空の)レコード)	最終レコードの次の新規レコードへ移動する

❻フィルター

フィールドに抽出条件が設定されている場合に、フィルターの適用と解除を切り替えます。

❼検索

検索するフィールドのキーワードを入力します。

9 レコードの入力

テーブル**「T商品マスター」**にレコードを入力しましょう。

1 データの入力

次のデータを入力しましょう。

商品コード	商品名	単価
1010	バット(木製)	¥18,000

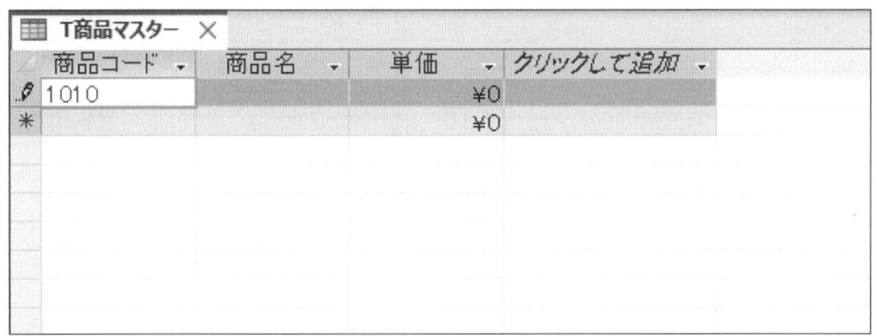

「商品コード」を入力します。

①1行目の**「商品コード」**のセルをクリックします。

②**「1010」**と入力します。

※半角で入力します。

③ Tab または Enter を押します。

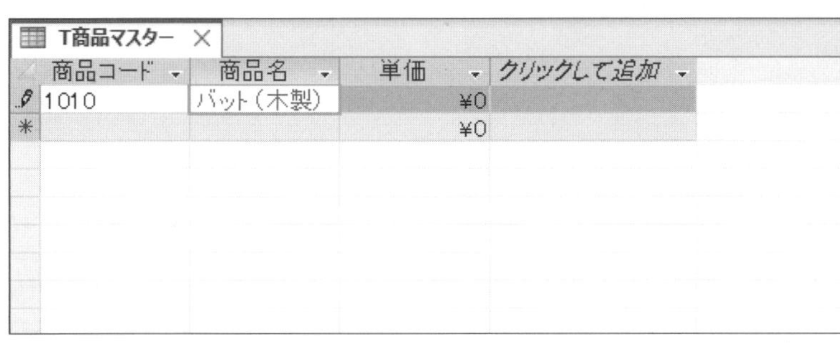

「商品名」を入力します。

④**「バット(木製)」**と入力します。

⑤ Tab または Enter を押します。

「単価」を入力します。

⑥**「18000」**と入力します。

⑦ Tab または Enter を押します。

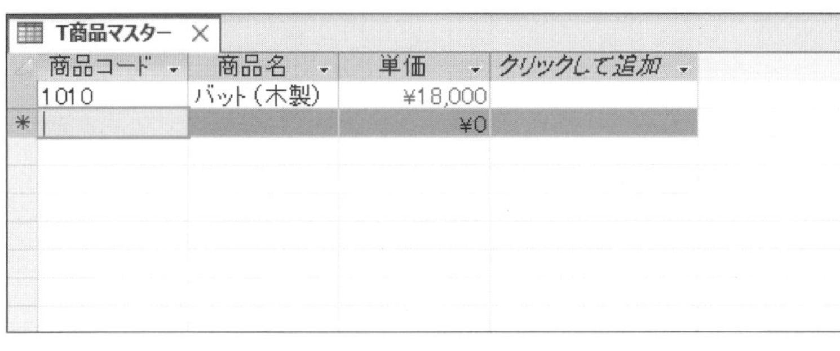

「単価」のセルに通貨記号と3桁区切りカンマが自動的に表示されていることを確認します。

1件目のレコードが確定し、2件目の商品コードのセルにカーソルが移動します。

⑧同様に、次のようにレコードを入力します。

商品コード	商品名	単価
1020	バット(金属製)	¥15,000
1030	野球グローブ	¥19,800
2010	ゴルフクラブ	¥68,000
2020	ゴルフボール	¥1,200
2030	ゴルフシューズ	¥28,000
3010	スキー板	¥55,000
3020	スキーブーツ	¥23,000
4010	テニスラケット	¥16,000
4020	テニスボール	¥1,500
5010	トレーナー	¥9,800

※数字は半角で入力します。

POINT レコードセレクターの表示

レコードセレクターに表示されるアイコンの意味は、次のとおりです。

アイコン	説明
(鉛筆アイコン)	入力中のレコード
＊	新規のレコード

POINT 主キーフィールドへのデータ入力

主キーを設定したフィールドには、次のような入力の制限があります。

- **重複する値は入力できない**
- **空の値(Null値)は入力できない**

POINT レコードの保存

入力中のレコードがテーブルに格納され、データベースに保存されるタイミングは、次のとおりです。

- **別のレコードにカーソルを移動する**
- **テーブルを閉じる**
- **データベースを閉じる**
- **Accessを終了する**

※自動的にレコードが保存される前に、入力をキャンセルしたいときは[Esc]を押します。

STEP UP レコードの削除

保存されたレコードを削除する方法は、次のとおりです。

◆削除するレコードのレコードセレクターを選択→《ホーム》タブ→《レコード》グループの[×削除](削除)
◆削除するレコードのレコードセレクターを右クリック→《レコードの削除》
◆削除するレコードのレコードセレクターを選択→[Delete]

STEP UP 添付ファイル型のデータの入力

データ型が添付ファイル型のフィールドには、画像やExcelブックなどのファイルをレコードに追加できます。レコードに添付ファイルを追加することで、商品画像や補足情報などもデータベースで管理できます。
添付ファイル型のフィールドは、データシートビューに📎(0)が表示されます。添付ファイルを挿入する方法は、次のとおりです。

◆データシートビューの📎(0)をダブルクリック→《追加》→ファイルを選択

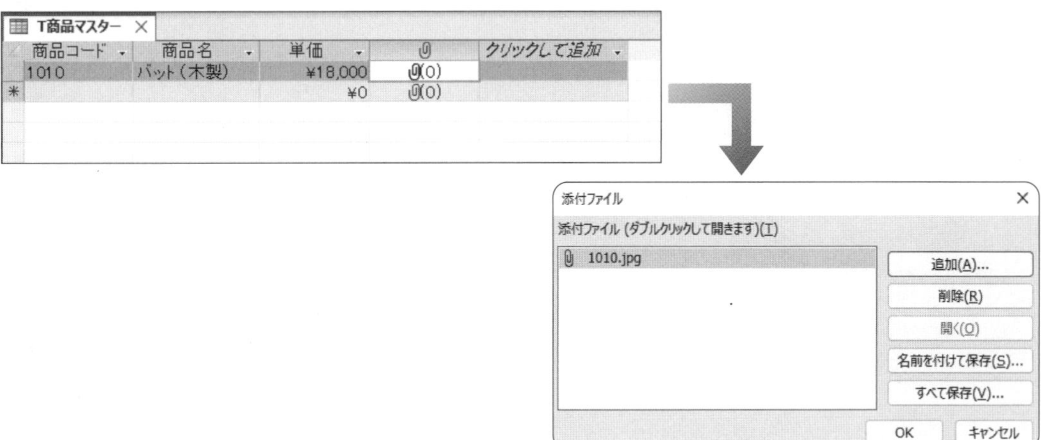

10 フィールドの列幅の調整

「商品名」のフィールドの列幅をデータの長さに合わせて調整しましょう。

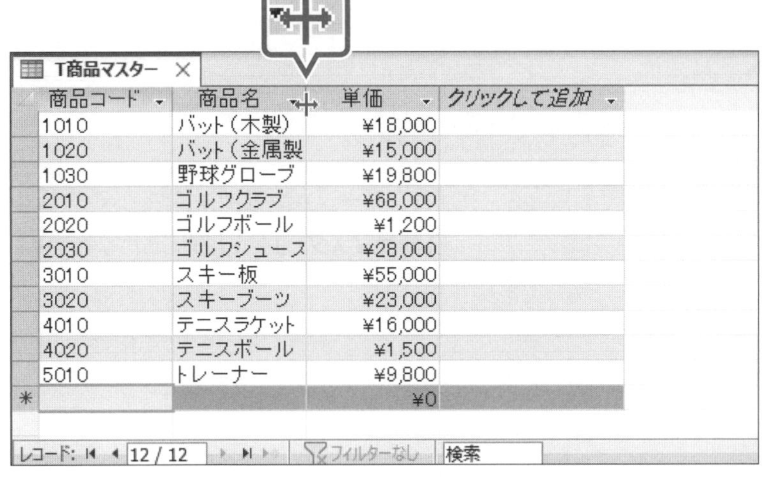

T商品マスター

商品コード	商品名	単価	クリックして追加
1010	バット（木製）	¥18,000	
1020	バット（金属製	¥15,000	
1030	野球グローブ	¥19,800	
2010	ゴルフクラブ	¥68,000	
2020	ゴルフボール	¥1,200	
2030	ゴルフシューズ	¥28,000	
3010	スキー板	¥55,000	
3020	スキーブーツ	¥23,000	
4010	テニスラケット	¥16,000	
4020	テニスボール	¥1,500	
5010	トレーナー	¥9,800	
*		¥0	

レコード: 12 / 12　フィルターなし　検索

①**「商品名」**フィールドの列見出しの右側の境界線をポイントします。
マウスポインターの形が✛に変わります。
②ダブルクリックします。

T商品マスター

商品コード	商品名	単価	クリックして追加
1010	バット（木製）	¥18,000	
1020	バット（金属製）	¥15,000	
1030	野球グローブ	¥19,800	
2010	ゴルフクラブ	¥68,000	
2020	ゴルフボール	¥1,200	
2030	ゴルフシューズ	¥28,000	
3010	スキー板	¥55,000	
3020	スキーブーツ	¥23,000	
4010	テニスラケット	¥16,000	
4020	テニスボール	¥1,500	
5010	トレーナー	¥9,800	
*		¥0	

レコード: 12 / 12　フィルターなし　検索

列幅が最長のデータに合わせて自動調整されます。

11 上書き保存

オブジェクトの内容を一部変更して、同じオブジェクト名で保存することを**「上書き保存」**といいます。
データシートビューでフィールドの列幅を調整したので、テーブル**「T商品マスター」**を上書き保存しましょう。

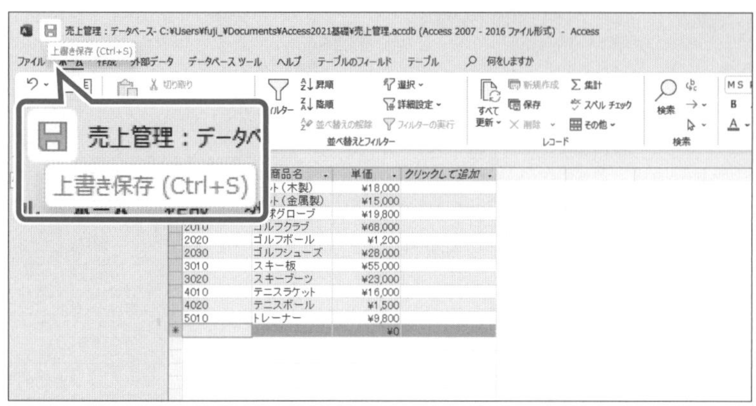

①タイトルバーの［上書き保存アイコン］(上書き保存)をクリックします。
※テーブルを閉じておきましょう。

STEP UP その他の方法（上書き保存）

◆《ファイル》タブ→《上書き保存》
◆ Ctrl ＋ S

STEP UP 名前を付けて保存と上書き保存

オブジェクトの内容を一部変更して、更新前のオブジェクトも更新後のオブジェクトも保存するには、「名前を付けて保存」で別のオブジェクト名で保存します。
「上書き保存」では、更新前のオブジェクトは保存されません。

12 テーブルを開く

テーブル**「T商品マスター」**をデータシートビューで開きましょう。

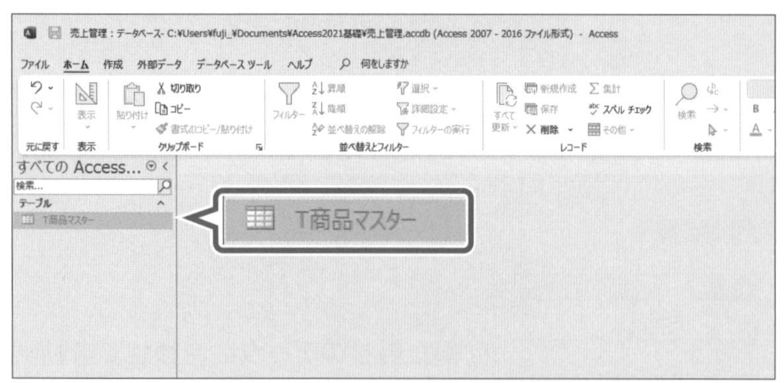

①ナビゲーションウィンドウのテーブル**「T商品マスター」**をダブルクリックします。

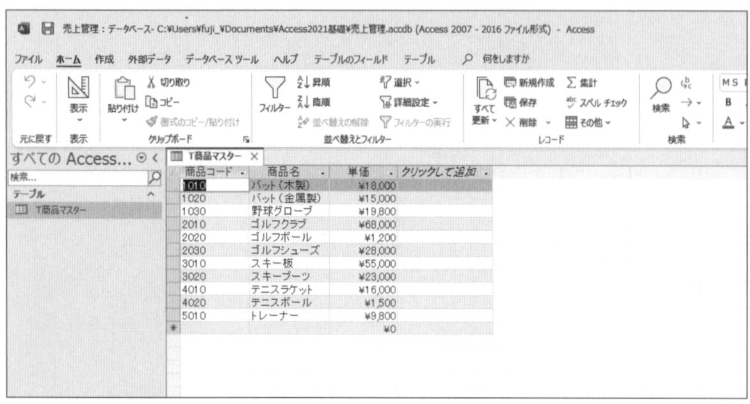

テーブルがデータシートビューで開かれます。
※テーブルを閉じておきましょう。

STEP UP その他の方法（テーブルをデータシートビューで開く）

◆ナビゲーションウィンドウのテーブルを右クリック→《開く》

POINT テーブルをデザインビューで開く

テーブルをデザインビューで開く方法は、次のとおりです。

◆ナビゲーションウィンドウのテーブルを右クリック→《デザインビュー》

Let's Try

ためしてみよう

①次のようにテーブルを作成しましょう。

主キー	フィールド名	データ型	フィールドサイズ
○	担当者コード	短いテキスト	3
	担当者名	短いテキスト	20

②テーブルに「T担当者マスター」と名前を付けて保存しましょう。

③データシートビューに切り替えて、次のようにレコードを入力しましょう。

担当者コード	担当者名
110	山木□由美
120	佐伯□浩太
130	安藤□百合子
140	吉岡□雄介
150	福田□進

※数字は半角で入力します。
※□は全角空白を表します。
※テーブルを上書き保存し、閉じておきましょう。

①

①《作成》タブを選択
②《テーブル》グループの(テーブルデザイン)をクリック
③1行目の《フィールド名》に「担当者コード」と入力
④[Tab]または[Enter]を押す
⑤《データ型》が《短いテキスト》になっていることを確認
⑥《フィールドプロパティ》の《標準》タブを選択
⑦《フィールドサイズ》プロパティに「3」と入力
⑧2行目の《フィールド名》に「担当者名」と入力
⑨[Tab]または[Enter]を押す
⑩《データ型》が《短いテキスト》になっていることを確認
⑪《フィールドプロパティ》の《標準》タブを選択
⑫《フィールドサイズ》プロパティに「20」と入力
⑬「担当者コード」フィールドの行セレクターをクリック
⑭《テーブルデザイン》タブを選択
⑮《ツール》グループの(主キー)をクリック

②

①[F12]を押す
②《'テーブル1'の保存先》に「T担当者マスター」と入力
③《OK》をクリック

③

①《テーブルデザイン》タブを選択
※《ホーム》タブでもかまいません。
②《表示》グループの(表示)をクリック
③1件目の「担当者コード」のセルをクリック
④「担当者コード」に「110」と入力
⑤[Tab]または[Enter]を押す
⑥「担当者名」に「山木　由美」と入力
⑦[Tab]または[Enter]を押す
⑧同様に、その他のレコードを入力
※各フィールドの列幅をデータの長さに合わせて調整しておきましょう。

STEP 4 得意先マスターを作成する

1 作成するテーブルの確認

次のようなテーブル**「T得意先マスター」**を作成しましょう。

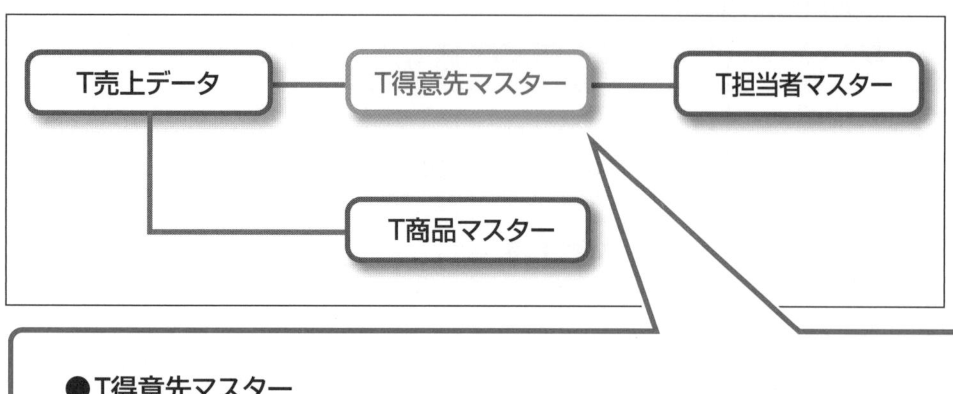

●T得意先マスター

得意先コード	得意先名	フリガナ	〒	住所1	住所2	TEL	担当者コード	DM送付同意
10010	丸の内商事	マルノウチショウジ	100-0005	東京都千代田区丸の内2-X-X	第3千代田ビル	03-3211-XXXX	110	✓
10020	富士光スポーツ	フジミツスポーツ	100-0005	東京都千代田区丸の内1-X-X	東京ビル	03-3213-XXXX	140	✓
10030	さくらスポーツ	サクラスポーツ	111-0031	東京都台東区千束1-X-X	大手町フラワービル7F	03-3244-XXXX	110	
10040	マイスター販売	マイスターハンバイ	176-0002	東京都練馬区桜台3-X-X		03-3286-XXXX	130	
10050	足立スポーツ	アダチスポーツ	131-0033	東京都墨田区向島1-X-X	足立ビル11F	03-3588-XXXX	150	✓
10060	関西販売	カンサイハンバイ	108-0075	東京都港区港南5-X-X	江戸ビル	03-5000-XXXX	150	✓
10070	スポーツ山岡	スポーツヤマオカ	100-0004	東京都千代田区大手町1-X-X	大手町第一ビル	03-3262-XXXX	110	✓
10080	日高販売店	ヒダカハンバイテン	100-0005	東京都千代田区丸の内2-X-X	平ビル	03-5252-XXXX	140	
10090	大江戸販売	オオエドハンバイ	100-0013	東京都千代田区霞が関2-X-X	大江戸ビル6F	03-5522-XXXX	110	✓
10100	山の手スポーツ用品	ヤマノテスポーツヨウヒン	103-0027	東京都中央区日本橋1-X-X	日本橋ビル	03-3297-XXXX	120	
10110	海山商事	ウミヤマショウジ	102-0083	東京都千代田区麹町3-X-X	NHビル	03-3299-XXXX	120	✓
10120	山猫スポーツ	ヤマネコスポーツ	102-0082	東京都千代田区一番町5-XX	ヤマネコガーデン4F	03-3388-XXXX	150	✓
10130	西郷スポーツ	サイゴウスポーツ	105-0001	東京都港区虎ノ門4-X-X	虎ノ門ビル17F	03-5555-XXXX	140	✓
10140	富士山物産	フジヤマブッサン	106-0031	東京都港区西麻布4-X-X		03-3330-XXXX	120	
10150	長治クラブ	チョウジクラブ	104-0032	東京都中央区八丁堀3-X-X	長治ビル	03-3766-XXXX	150	✓
10160	みどりスポーツ	ミドリスポーツ	150-0047	東京都渋谷区神山町1-XX		03-5688-XXXX	150	✓
10170	東京富士販売	トウキョウフジハンバイ	150-0046	東京都渋谷区松濤1-X-X	渋谷第2ビル	03-3888-XXXX	120	
10180	いろは通信販売	イロハツウシンハンバイ	151-0063	東京都渋谷区富ヶ谷2-X-X		03-5553-XXXX	130	✓
10190	目黒野球用品	メグロヤキュウヨウヒン	169-0071	東京都新宿区戸塚町1-X-X	目黒野球用品本社ビル	03-3532-XXXX	130	✓
10200	ミズホ販売	ミズホハンバイ	162-0811	東京都新宿区水道町5-XX	水道橋大通ビル	03-3111-XXXX	150	
10210	富士デパート	フジデパート	160-0001	東京都新宿区片町1-X-X	片町第6ビル	03-3203-XXXX	130	✓
10220	桜富士スポーツクラブ	サクラフジスポーツクラブ	135-0063	東京都江東区有明1-X-X	有明ISSビル7F	03-3367-XXXX	130	✓
10230	スポーツスクエア鳥居	スポーツスクエアトリイ	142-0053	東京都品川区中延5-X-X		03-3389-XXXX	150	✓
10240	東販売サービス	ヒガシハンバイサービス	143-0013	東京都大田区大森南3-X-X	大森ビル11F	03-3145-XXXX	150	
10250	富士通信販売	フジツウシンハンバイ	175-0093	東京都板橋区赤塚新町3-X-X	富士通信ビル	03-3212-XXXX	120	✓
20010	スポーツ富士	スポーツフジ	236-0021	神奈川県横浜市金沢区泥亀2-X-X		045-788-XXXX	140	✓
20020	つるたスポーツ	ツルタスポーツ	231-0051	神奈川県横浜市中区赤門町2-X-X		045-242-XXXX	110	✓
20030	富士スポーツ用品	フジスポーツヨウヒン	231-0045	神奈川県横浜市中区伊勢佐木町3-X-X	伊勢佐木モール	045-261-XXXX	150	
20040	浜辺スポーツ店	ハマベスポーツテン	221-0012	神奈川県横浜市神奈川区子安台1-X-X	子安台フルハートビル	045-421-XXXX	140	✓
30010	富士販売センター	フジハンバイセンター	264-0031	千葉県千葉市若葉区愛生町5-XX		043-228-XXXX	120	✓
30020	スポーツショップ富士	スポーツショップフジ	261-0012	千葉県千葉市美浜区磯辺4-X-X		043-278-XXXX	120	✓
40010	こあらスポーツ	コアラスポーツ	358-0002	埼玉県入間市東町1-X-X		04-2900-XXXX	110	

レコード: 1 / 32

2 テーブルの作成

テーブル**「T得意先マスター」**を作成しましょう。

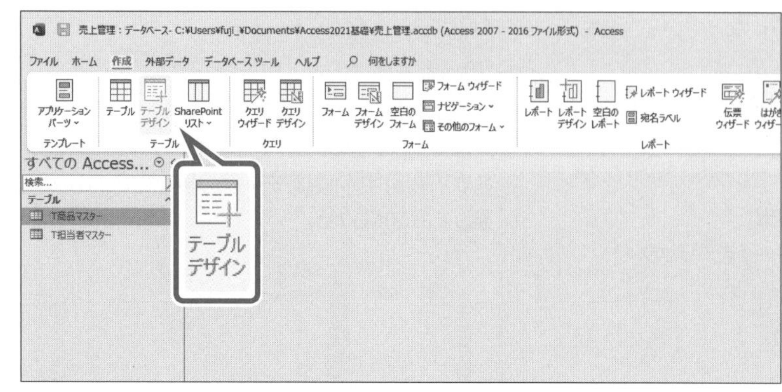

①**《作成》**タブを選択します。

②**《テーブル》**グループの（テーブルデザイン）をクリックします。

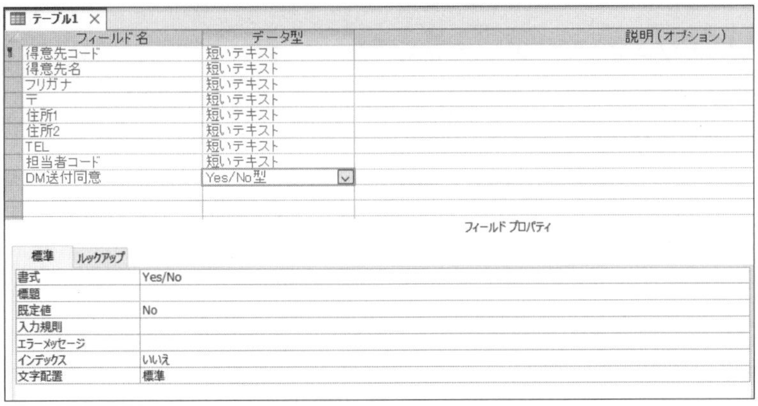

デザインビューで新しいテーブルが表示されます。

③次のように各フィールドを設定します。

フィールド名	データ型	フィールドサイズ
得意先コード	短いテキスト	5
得意先名	短いテキスト	30
フリガナ	短いテキスト	30
〒	短いテキスト	8
住所1	短いテキスト	50
住所2	短いテキスト	50
TEL	短いテキスト	13
担当者コード	短いテキスト	3
DM送付同意	Yes/No型	

※英数字は半角で入力します。
※「〒」は「ゆうびん」と入力して変換します。

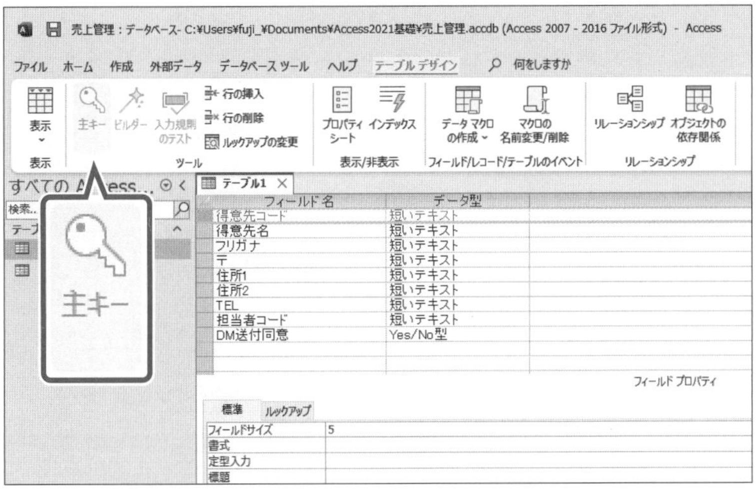

「得意先コード」フィールドに主キーを設定します。

④**「得意先コード」**フィールドの行セレクターをクリックします。

⑤**《テーブルデザイン》**タブを選択します。

⑥**《ツール》**グループの（主キー）をクリックします。

作成したテーブルを保存します。

⑦F12を押します。

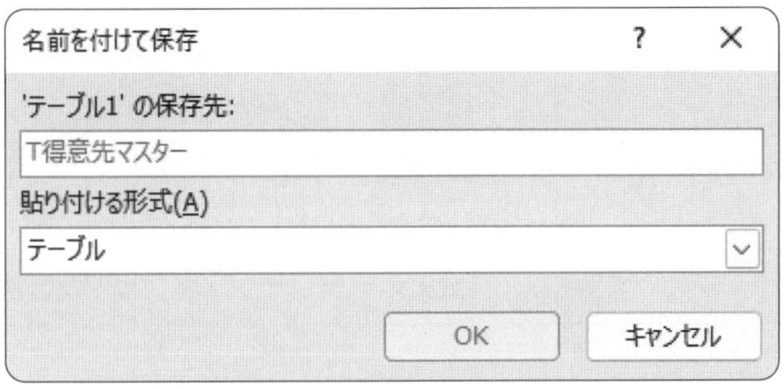

《名前を付けて保存》ダイアログボックスが表示されます。

⑧**《'テーブル1'の保存先》**に**「T得意先マスター」**と入力します。

⑨**《OK》**をクリックします。

※テーブルを閉じておきましょう。

3 既存のテーブルへのデータのインポート

Excelファイルやテキストファイルなどの外部データをAccessに取り込むことを**「インポート」**といいます。
外部データをインポートするとAccessのテーブルにデータがコピーされます。Accessでデータを編集しても、外部データには影響しません。

1 データのインポート

テーブル**「T得意先マスター」**に、Excelファイル**「得意先データ.xlsx」**のデータをインポートしましょう。

●得意先データ.xlsx

得意先コード	得意先名	フリガナ	〒	住所1	住所2	TEL	担当者コード	DM送付同意
10010	丸の内商事	マルノウチショウジ	100-0005	東京都千代田区丸の内2-X-X	第3千代田ビル	03-3211-XXXX	110	Yes
10020	富士光スポーツ	フジミツスポーツ	100-0005	東京都千代田区丸の内1-X-X	東京ビル	03-3213-XXXX	140	Yes
10030	さくらスポーツ	サクラスポーツ	111-0031	東京都台東区千束1-X-X	大手町フラワービル7F	03-3244-XXXX	110	No
10040	マイスター販売	マイスターハンバイ	176-0002	東京都練馬区桜台3-X-X		03-3286-XXXX	130	No
10050	足立スポーツ	アダチスポーツ	131-0033	東京都墨田区向島1-X-X	足立ビル11F	03-3588-XXXX	150	Yes
10060	関西販売	カンサイハンバイ	108-0075	東京都港区港南5-X-X	江戸ビル	03-5000-XXXX	150	Yes
10070	スポーツ山岡	スポーツヤマオカ	100-0004	東京都千代田区大手町1-X-X	大手町第一ビル	03-3262-XXXX	110	Yes
10080	日高販売店	ヒダカハンバイテン	100-0005	東京都千代田区丸の内2-X-X	平ビル	03-5252-XXXX	140	No
10090	大江戸販売	オオエドハンバイ	100-0013	東京都千代田区霞が関2-X-X	大江戸ビル6F	03-5522-XXXX	110	Yes
10100	山の手スポーツ用品	ヤマノテスポーツヨウヒン	103-0027	東京都中央区日本橋1-X-X	日本橋ビル	03-3297-XXXX	120	No
10110	海山商事	ウミヤマショウジ	102-0083	東京都千代田区麹町3-X-X	NHビル	03-3299-XXXX	120	Yes
10120	山猫スポーツ	ヤマネコスポーツ	102-0082	東京都千代田区一番町5-XX	ヤマネコガーデン4F	03-3388-XXXX	150	Yes
10130	西郷スポーツ	サイゴウスポーツ	105-0001	東京都港区虎ノ門4-X-X	虎ノ門ビル17F	03-5555-XXXX	140	Yes
10140	富士山物産	フジヤマブッサン	106-0031	東京都港区西麻布4-X-X		03-3330-XXXX	120	No
10150	長治クラブ	チョウジクラブ	104-0032	東京都中央区八丁堀3-X-X	長治ビル	03-3766-XXXX	150	Yes
10160	みどりスポーツ	ミドリスポーツ	150-0047	東京都渋谷区神山町1-XX		03-5688-XXXX	150	Yes
10170	東京富士販売	トウキョウフジハンバイ	150-0046	東京都渋谷区松濤1-X-X	渋谷第2ビル	03-3888-XXXX	120	No
10180	いろは通信販売	イロハツウシンハンバイ	151-0063	東京都渋谷区富ヶ谷2-X-X		03-5553-XXXX	130	Yes
10190	目黒野球用品	メグロヤキュウヨウヒン	169-0071	東京都新宿区戸塚町1-X-X	目黒野球用品本社ビル	03-3532-XXXX	130	Yes
10200	ミズホ販売	ミズホハンバイ	162-0811	東京都新宿区水道町5-XX	水道橋大通ビル	03-3111-XXXX	150	No
10210	富士デパート	フジデパート	160-0001	東京都新宿区片町1-X-X	片町第6ビル	03-3203-XXXX	130	Yes
10220	桜富士スポーツクラブ	サクラフジスポーツクラブ	135-0063	東京都江東区有明1-X-X	有明ISSビル7F	03-3367-XXXX	130	Yes
10230	スポーツスクエア鳥居	スポーツスクエアトリイ	142-0053	東京都品川区中延5-X-X		03-3389-XXXX	150	Yes
10240	東販売サービス	ヒガシハンバイサービス	143-0013	東京都大田区大森南3-X-X	大森ビル11F	03-3145-XXXX	150	No
10250	富士通信販売	フジツウシンハンバイ	175-0093	東京都板橋区赤塚新町3-X-X	富士通信ビル	03-3212-XXXX	120	Yes
20010	スポーツ富士	スポーツフジ	236-0021	神奈川県横浜市金沢区泥亀2-X-X		045-788-XXXX	140	Yes
20020	つるたスポーツ	ツルタスポーツ	231-0051	神奈川県横浜市中区赤門町2-X-X		045-242-XXXX	110	Yes
20030	富士スポーツ用品	フジスポーツヨウヒン	231-0045	神奈川県横浜市中区伊勢佐木町3-X-X	伊勢佐木モール	045-261-XXXX	150	No
20040	浜辺スポーツ店	ハマベスポーツテン	221-0012	神奈川県横浜市神奈川区子安台1-X-X	子安台フルハートビル	045-421-XXXX	140	Yes
30010	富士販売センター	フジハンバイセンター	264-0031	千葉県千葉市若葉区愛生町5-XX		043-228-XXXX	120	Yes
30020	スポーツショップ富士	スポーツショップフジ	261-0012	千葉県千葉市美浜区磯辺4-X-X		043-278-XXXX	120	Yes
40010	こあらスポーツ	コアラスポーツ	358-0002	埼玉県入間市東町1-X-X		04-2900-XXXX	110	No

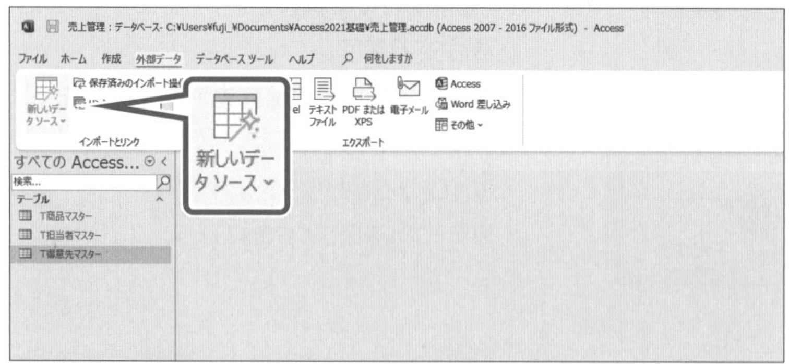

①テーブル**「T得意先マスター」**が閉じられていることを確認します。
②**《外部データ》**タブを選択します。
③**《インポートとリンク》**グループの（新しいデータソース）をクリックします。

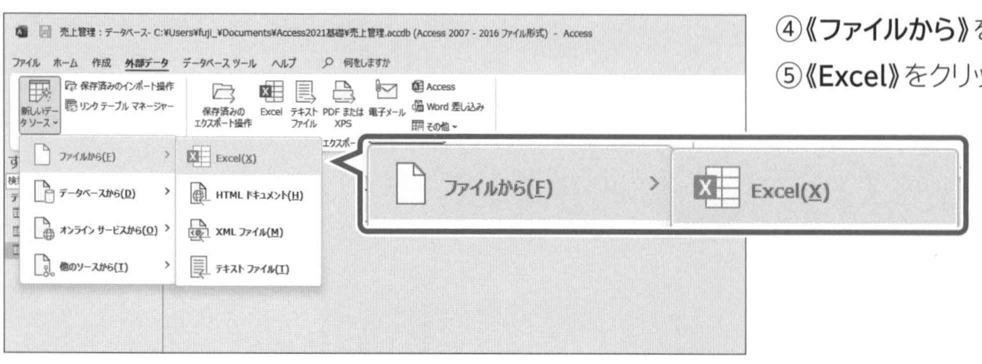

④**《ファイルから》**をポイントします。
⑤**《Excel》**をクリックします。

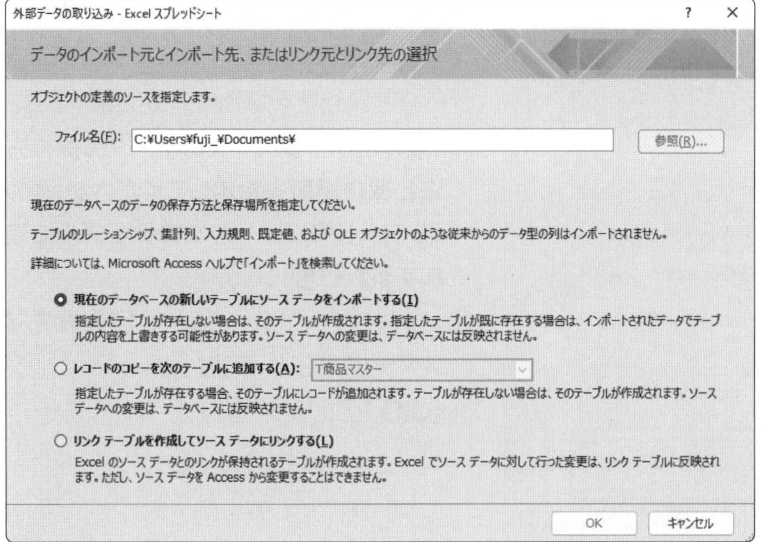

《外部データの取り込み-Excelスプレッドシート》ダイアログボックスが表示されます。

⑥**《オブジェクトの定義のソースを指定します。》**の**《ファイル名》**の**《参照》**をクリックします。

《ファイルを開く》ダイアログボックスが表示されます。

Excelファイルが保存されている場所を選択します。

⑦**《ドキュメント》**を選択します。

⑧一覧から**「Access2021基礎」**を選択します。

⑨**《開く》**をクリックします。

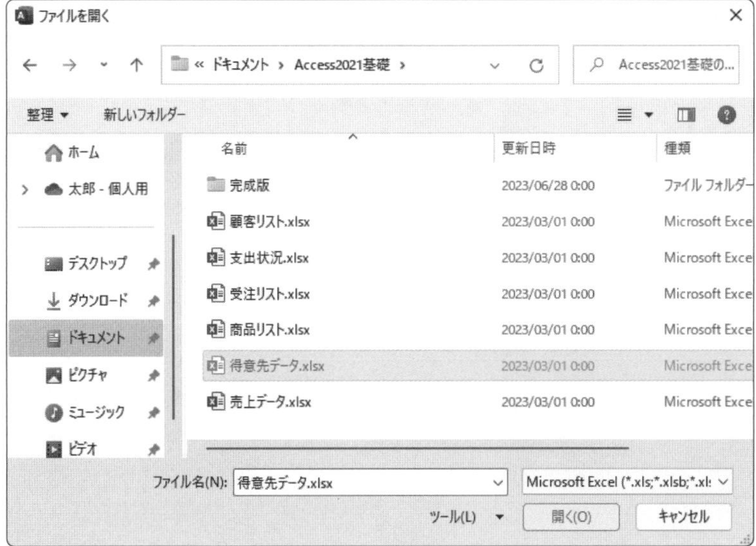

⑩一覧から**「得意先データ.xlsx」**を選択します。

⑪**《開く》**をクリックします。

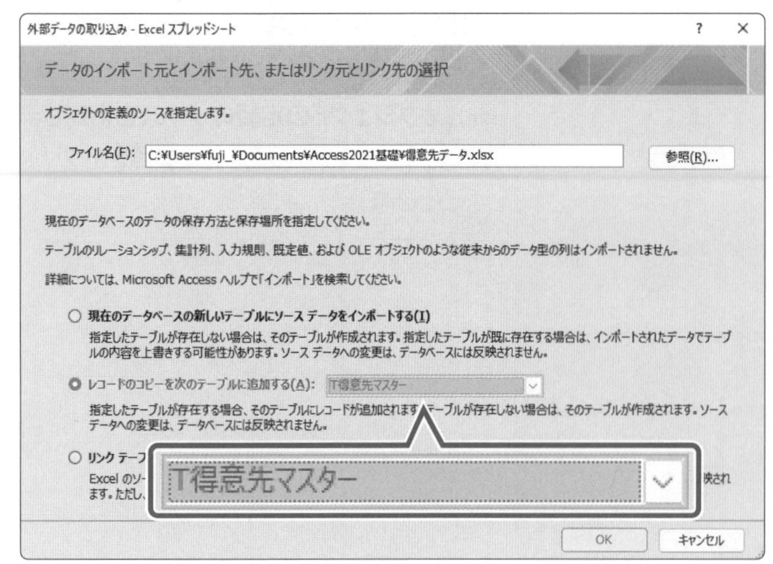

《外部データの取り込み-Excelスプレッドシート》ダイアログボックスに戻ります。

データを保存する場所を指定します。

⑫**《現在のデータベースのデータの保存方法と保存場所を指定してください。》**の**《レコードのコピーを次のテーブルに追加する》**を◉にします。

⑬ をクリックし、一覧から**「T得意先マスター」**を選択します。

⑭**《OK》**をクリックします。

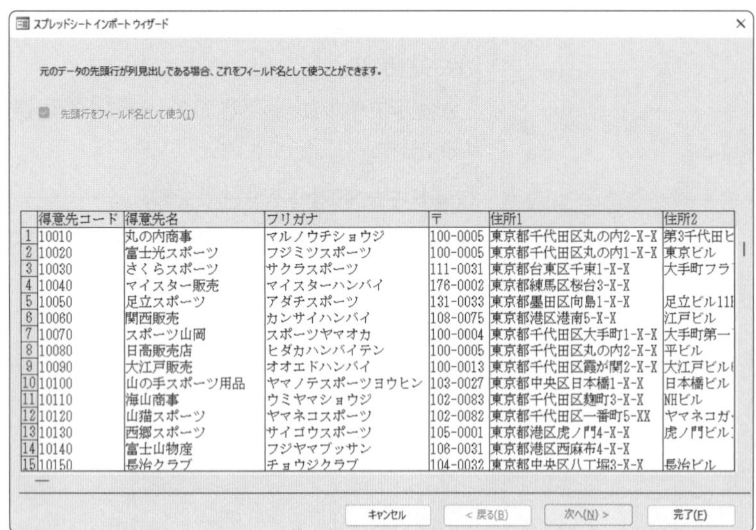

《スプレッドシートインポートウィザード》が表示されます。

インポート元のデータの先頭行をフィールド名として使うかどうかを指定する画面が表示されます。

※今回は、テーブルにフィールド名を作成しているので、先頭行をフィールド名として使うかどうかの指定はできません。

⑮**《次へ》**をクリックします。

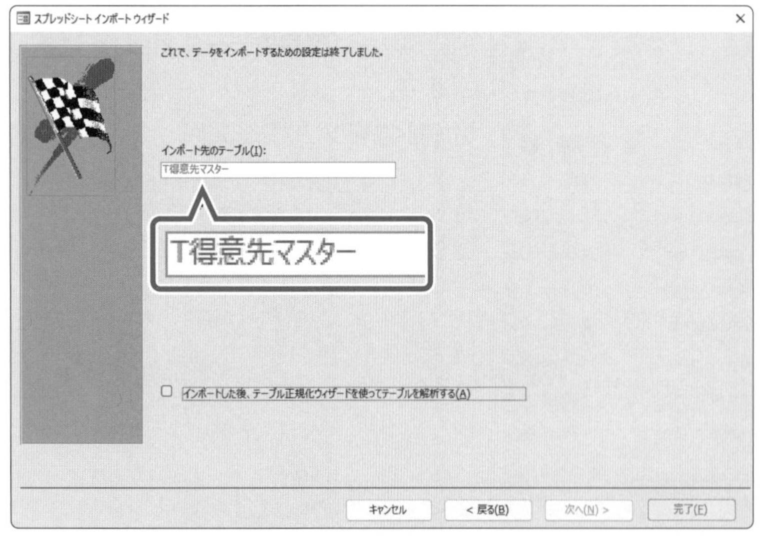

⑯**《インポート先のテーブル》**が**「T得意先マスター」**になっていることを確認します。

⑰**《完了》**をクリックします。

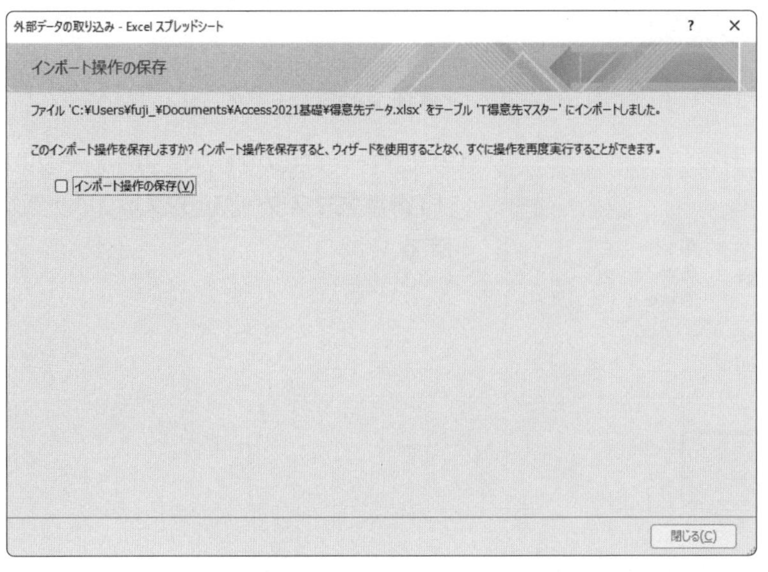

《外部データの取り込み-Excelスプレッドシート》ダイアログボックスに戻ります。

⑱**《閉じる》**をクリックします。

STEP UP その他の方法(Excelデータのインポート)

◆ナビゲーションウィンドウのテーブルを右クリック→《インポート》→《Excel》

POINT 既存のテーブルにインポートするときの注意点

既存のテーブルにExcelのデータを正しくインポートできない場合、インポート元のExcelのデータとインポート先のテーブルの構造やフィールドが一致していないことが考えられます。Excelのデータをインポートできる形式に編集してから、再度インポートしなおしましょう。

正しくインポートできない場合は、次のような点を確認します。

❶Accessのテーブルと Exceのシートのフィールド名が一致しているか
❷Excelのシートに不要なデータ(タイトルや見出し)がないか
❸Accessのテーブルにないフィールドが Excelのシートにないか
※先頭行をフィールド名として使う場合、❶❷❸に注意しましょう。
❹テーブルの主キーとして格納されるExcelデータに空白セルがないか
❺Excelのシートの各フィールドに異なる種類のデータが混在していないか
❻Excelのシートにエラー値が含まれていないか
❼Excelのシートに結合したセルはないか

	A	B	C	D	E	F	G	H	I	J
1	●得意先データ									
2	得意先番号		フリガナ	〒	住所1	住所2	TEL	担当者コード	担当者名	DM送付同意
3	10010	丸の内商事	マルノウチショウジ	100-0005	東京都千代田区丸の内2-X-X	第3千代田ビル	03-3211-XXXX	11	山木　由美	Yes
4	10020	富士光スポーツ	フジミツスポーツ	100-0005	東京都千代田区丸の内1-X-X	東京ビル	03-3213-XXXX	14	吉岡　雄介	はい
5	10030	さくらスポーツ	サクラスポーツ	111-0031	東京都台東区千束1-X-X	大手町フラワービル7F	03-3244-XXXX	11	山木　由美	No
6	10040	マイスター販売	マイスターハンバイ	176-0002	東京都練馬区桜台3-X-X		03-3286-XXXX	13	安藤　百合子	No
7	10050	足立スポーツ	アダチスポーツ	131-0033	東京都墨田区向島1-X-X	足立ビル11F	03-3588-XXXX		#N/A	Yes
8	10060	関西販売	カンサイハンバイ	108-0075	東京都港区港南5-X-X	江戸ビル	03-5000-XXXX	15	福田　進	Yes
9	10070	スポーツ山岡	スポーツヤマオカ	100-0004	東京都千代田区大手町1-X-X	大手町第一ビル	03-3262-XXXX	11	山木　由美	Yes
10	10080	日高販売店	ヒダカハンバイテン	100-0005	東京都千代田区丸の内2-X-X	平ビル	03-5252-XXXX	14	吉岡　雄介	No
11	10090	大江戸販売	オオエドハンバイ	100-0013	東京都千代田区霞が関2-X-X	大江戸ビル6F	03-5522-XXXX	11	山木　由美	Yes
12	10100	山の手スポーツ用品	ヤマノテスポーツヨウヒン	103-0027	東京都中央区日本橋1-X-X	日本橋ビル	03-3297-XXXX	12	佐伯　浩太	No
13	10110	海山商事	ウミヤマショウジ	102-0083	東京都千代田区麹町3-X-X	NHビル	03-3299-XXXX	12	佐伯　浩太	Yes
14		山猫スポーツ	ヤマネコスポーツ	102-0082	東京都千代田区一番町5-XX	ヤマネコガーデン4F	03-3388-XXXX	15	福田　進	Yes
15	10130	西郷スポーツ	サイゴウスポーツ	105-0001	東京都港区虎ノ門4-X-X	虎ノ門ビル17F	03-5555-XXXX	14	吉岡　雄介	Yes
16	10140	富士山物産	フジヤマブッサン	106-0031	東京都港区西麻布4-X-X		03-3330-XXXX	12	佐伯　浩太	No

2 インポート結果の確認

テーブル「**T得意先マスター**」にインポートされたデータを確認しましょう。

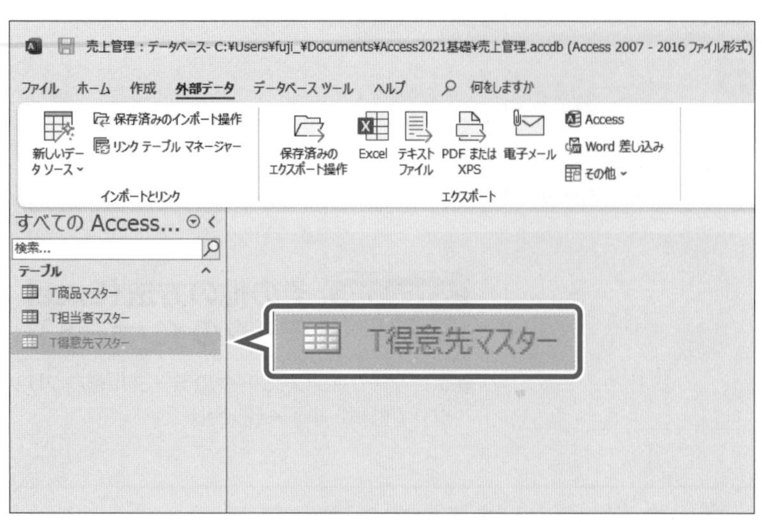

①ナビゲーションウィンドウのテーブル「**T得意先マスター**」をダブルクリックします。

テーブルがデータシートビューで開かれます。

②「**得意先データ.xlsx**」のデータがコピーされ、テーブルに追加されていることを確認します。

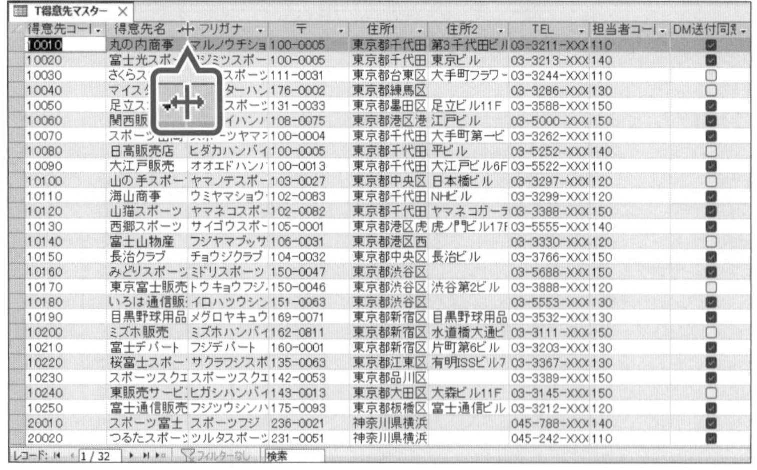

各フィールドの列幅をデータの長さに合わせて調整します。

③「**得意先名**」フィールドの列見出しの右側の境界線をポイントします。

マウスポインターの形が✛に変わります。

④ダブルクリックします。

得意先コード	得意先名	フリガナ	〒	住所1	住所2	TEL	担
10010	丸の内商事	マルノウチショウジ	100-0005	東京都千代田区丸の内2-X-X	第3千代田ビル	03-3211-XXXX	11
10020	富士光スポーツ	フジミツスポーツ	100-0005	東京都千代田区丸の内1-X-X	東京ビル	03-3213-XXXX	14
10030	さくらスポーツ	サクラスポーツ	111-0031	東京都台東区千束1-X-X	大手町フラワービル7F	03-3244-XXXX	11
10040	マイスター販売	マイスターハンバイ	176-0002	東京都練馬区桜台3-X-X		03-3286-XXXX	13
10050	足立スポーツ	アダチスポーツ	131-0033	東京都墨田区向島1-X-X	足立ビル11F	03-3588-XXXX	15
10060	関西販売	カンサイハンバイ	108-0075	東京都港区港南5-X-X	江戸ビル	03-5000-XXXX	15
10070	スポーツ山岡	スポーツヤマオカ	100-0004	東京都千代田区大手町1-X-X	大手町第一ビル	03-3262-XXXX	11
10080	日高販売店	ヒダカハンバイテン	100-0005	東京都千代田区丸の内2-X-X	平ビル	03-5252-XXXX	14
10090	大江戸販売	オオエドハンバイ	100-0013	東京都千代田区霞が関2-X-X	大江戸ビル6F	03-5522-XXXX	11
10100	山の手スポーツ用品	ヤマノテスポーツヨウヒン	103-0027	東京都中央区日本橋1-X-X	日本橋ビル	03-3297-XXXX	12
10110	海山商事	ウミヤマショウジ	102-0083	東京都千代田区麹町3-X-X	NHビル	03-3299-XXXX	12
10120	山猫スポーツ	ヤマネコスポーツ	102-0082	東京都千代田区一番町5-XX	ヤマネコガーデン4F	03-3388-XXXX	15
10130	西郷スポーツ	サイゴウスポーツ	105-0001	東京都港区虎ノ門4-X-X	虎ノ門ビル17F	03-5555-XXXX	14
10140	富士山物産	フジヤマブッサン	106-0031	東京都港区西麻布4-X-X		03-3330-XXXX	12
10150	長治クラブ	チョウジクラブ	104-0032	東京都中央区八丁堀3-X-X	長治ビル	03-3766-XXXX	15
10160	みどりスポーツ	ミドリスポーツ	150-0047	東京都渋谷区神山町1-XX		03-5688-XXXX	15
10170	東京富士販売	トウキョウフジハンバイ	150-0046	東京都渋谷区松濤1-X-X	渋谷第2ビル	03-3888-XXXX	12
10180	いろは通信販売	イロハツウシンハンバイ	151-0063	東京都渋谷区富ヶ谷2-X-X		03-5553-XXXX	13
10190	目黒野球用品	メグロヤキュウヨウヒン	169-0071	東京都新宿区戸塚町1-X-X	目黒野球用品本社ビル	03-3532-XXXX	13
10200	ミズホ販売	ミズホハンバイ	162-0811	東京都新宿区水道町5-XX	水道橋大通ビル	03-3111-XXXX	15
10210	富士デパート	フジデパート	160-0001	東京都新宿区片町1-X-X	片町第6ビル	03-3203-XXXX	13
10220	桜富士スポーツクラブ	サクラフジスポーツクラブ	135-0063	東京都江東区有明1-X-X	有明SSビル7F	03-3367-XXXX	13
10230	スポーツスクエア鳥居	スポーツスクエアトリイ	142-0053	東京都品川区中延5-X-X		03-3389-XXXX	15
10240	東販売サービス	ヒガシハンバイサービス	143-0013	東京都大田区大森南3-X-X	大森ビル11F	03-3145-XXXX	15
10250	富士通信販売	フジツウシンハンバイ	175-0093	東京都板橋区赤塚新町3-X-X	富士通信ビル	03-3212-XXXX	12
20010	スポーツ富士	スポーツフジ	236-0021	神奈川県横浜市金沢区泥亀2-X-X		045-788-XXXX	14
20020	つるたスポーツ	ツルタスポーツ	231-0051	神奈川県横浜市中区赤門町2-X-X		045-242-XXXX	11

T得意先マスター　レコード: 1 / 32　フィルターなし　検索

⑤同様に、ほかのフィールドの列幅を調整します。

※一覧に表示されていない場合は、スクロールして調整します。

※テーブルを上書き保存し、閉じておきましょう。

POINT 列幅の自動調整

列幅をダブルクリックして調整すると、画面に表示されているデータのうち最長のものに合わせて調整されます。上方向または下方向にスクロールしないと表示されないデータについては、調整の対象となりません。

STEP UP 数値を使った列幅の調整

列幅を数値を使って調整できます。

◆フィールドを選択→《ホーム》タブ→《レコード》グループの [その他] (その他)→《フィールド幅》

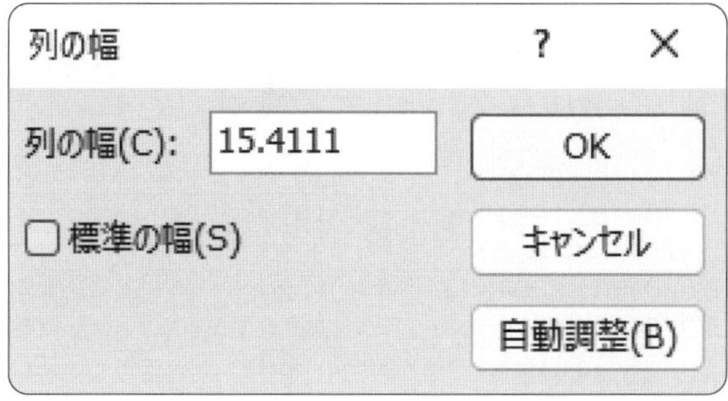

STEP UP フィールド(列)の固定

フィールドが多い場合、データシートを右方向にスクロールすると、左側のフィールドが見えなくなってしまうことがあります。データを入力したり、参照したりする際に、常に表示させておきたいフィールドは固定しておくとよいでしょう。

フィールドの固定

◆フィールドを選択→《ホーム》タブ→《レコード》グループの [その他] (その他)→《フィールドの固定》

※固定したフィールドは一番左に移動します。

フィールドの固定の解除

◆《ホーム》タブ→《レコード》グループの [その他] (その他)→《すべてのフィールドの固定解除》

※フィールドの固定を解除しても、フィールドは元の位置に戻りません。フィールド名を選択し、フィールド名をドラッグします。

STEP 5 売上データを作成する

1 作成するテーブルの確認

次のようなテーブル**「T売上データ」**を作成しましょう。

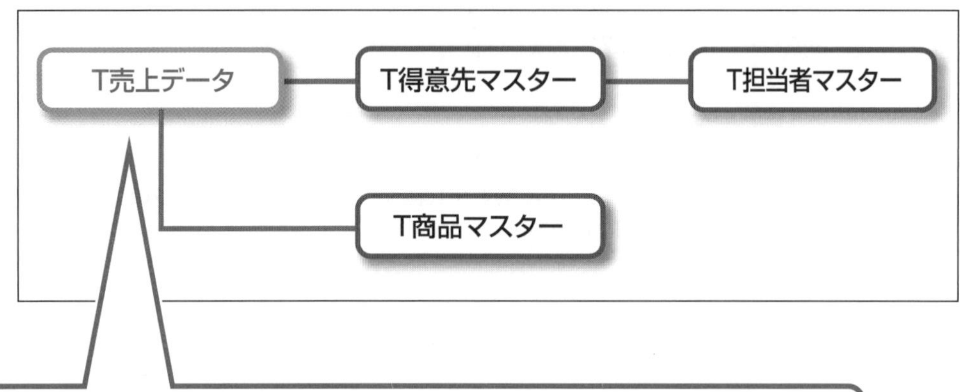

●T売上データ

T売上データ

売上番号	売上日	得意先コード	商品コード	数量
1	2023/04/01	10010	1020	5
2	2023/04/01	10220	2030	3
3	2023/04/02	20020	3020	5
4	2023/04/02	10240	1010	4
5	2023/04/03	10020	3010	10
6	2023/04/04	20040	1020	4
7	2023/04/05	10220	4010	15
8	2023/04/05	10210	1030	20
9	2023/04/08	30010	1020	30
10	2023/04/08	10020	5010	10
11	2023/04/09	10120	2010	15
12	2023/04/09	10110	2030	4
13	2023/04/10	20020	3010	4
14	2023/04/10	10020	2010	2
15	2023/04/10	10010	4020	50
16	2023/04/11	20040	3020	10
17	2023/04/11	10050	1020	5
18	2023/04/12	10010	2010	25
19	2023/04/12	10180	3020	6
20	2023/04/12	10020	2010	30
21	2023/04/15	40010	4020	2
22	2023/04/15	10060	1030	2
23	2023/04/16	10080	1010	10
24	2023/04/16	10100	1020	12
25	2023/04/17	10120	1030	5
26	2023/04/17	10020	1010	3
27	2023/04/18	10020	5010	5

レコード: 1 / 161 フィルターなし 検索

2 新しいテーブルへのデータのインポート

Excelファイル**「売上データ.xlsx」**のデータをインポートし、テーブル**「T売上データ」**として保存しましょう。

●売上データ.xlsx

	A	B	C	D
1	売上日	得意先コード	商品コード	数量
2	2023/4/1	10010	1020	5
3	2023/4/1	10220	2030	3
4	2023/4/2	20020	3020	5
5	2023/4/2	10240	1010	4
6	2023/4/3	10020	3010	10
7	2023/4/4	20040	1020	4
8	2023/4/5	10220	4010	15
9	2023/4/5	10210	1030	20
10	2023/4/8	30010	1020	30
154	2023/6/26	10180	2030	4
155	2023/6/26	20020	4010	12
156	2023/6/27	30010	2020	100
157	2023/6/27	10050	4010	6
158	2023/6/27	10220	3020	15
159	2023/6/28	10090	1020	5
160	2023/6/28	10230	3020	10
161	2023/6/28	10210	2020	50
162	2023/6/28	10020	2010	5
163				

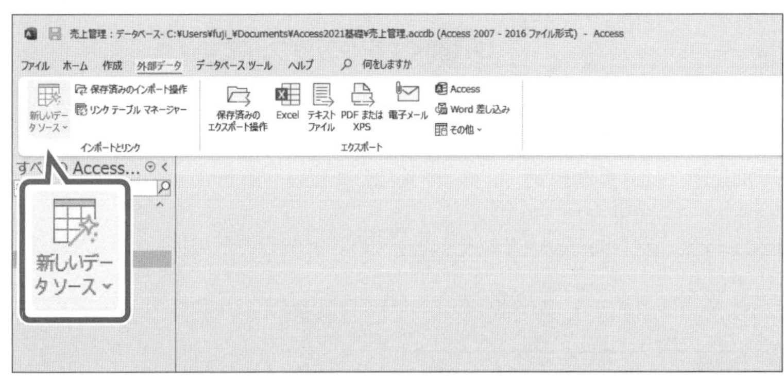

①**《外部データ》**タブを選択します。

②**《インポートとリンク》**グループの（新しいデータソース）をクリックします。

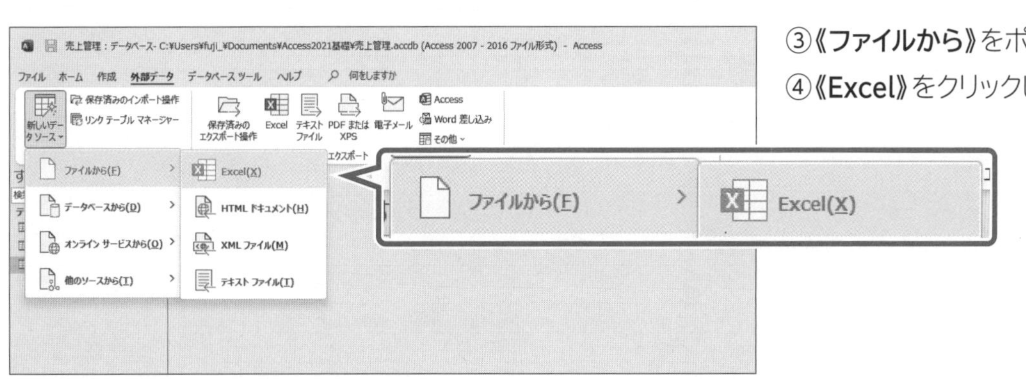

③**《ファイルから》**をポイントします。

④**《Excel》**をクリックします。

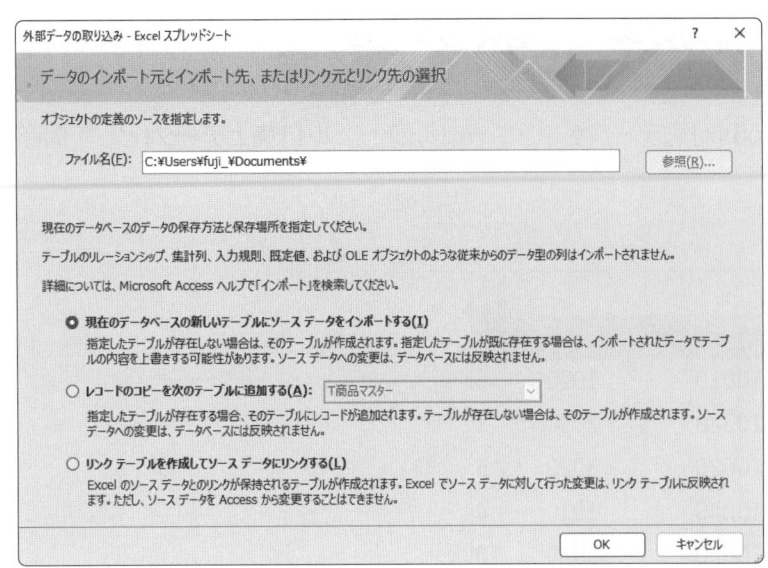

《外部データの取り込み-Excelスプレッドシート》ダイアログボックスが表示されます。

⑤**《オブジェクトの定義のソースを指定します。》**の**《ファイル名》**の**《参照》**をクリックします。

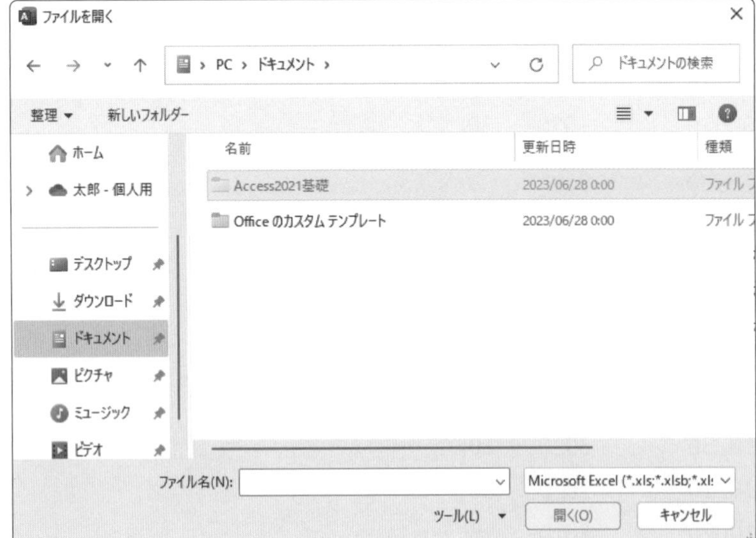

《ファイルを開く》ダイアログボックスが表示されます。

Excelファイルが保存されている場所を選択します。

⑥フォルダー「**Access2021基礎**」を選択します。

※「Access2021基礎」が表示されていない場合は、《ドキュメント》→「Access2021基礎」をクリックします。

⑦**《開く》**をクリックします。

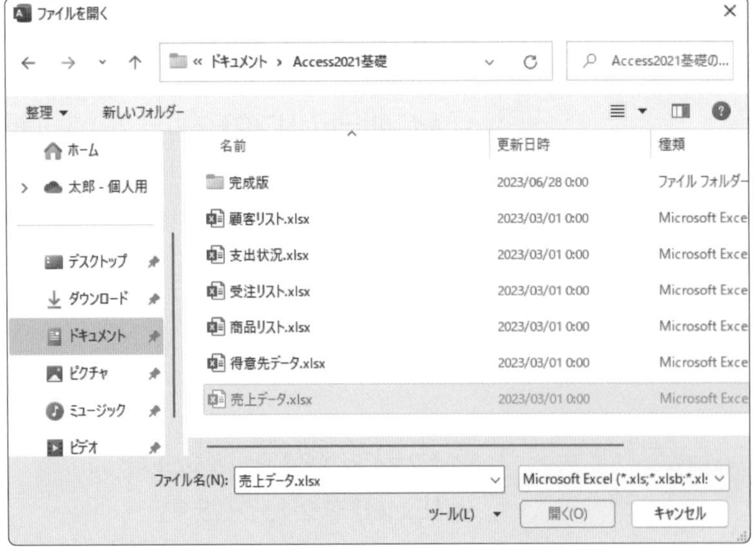

⑧一覧から「**売上データ.xlsx**」を選択します。

⑨**《開く》**をクリックします。

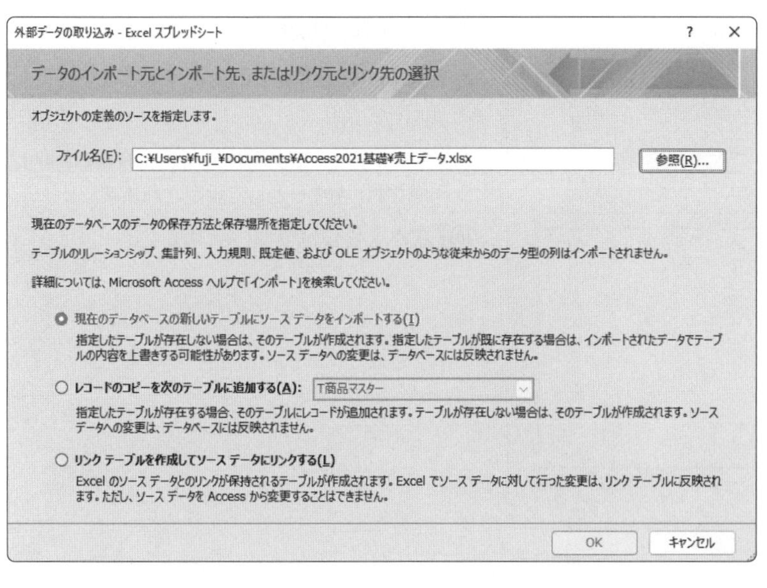

《外部データの取り込み-Excelスプレッドシート》ダイアログボックスに戻ります。
データを保存する場所を指定します。

⑩**《現在のデータベースのデータの保存方法と保存場所を指定してください。》**の**《現在のデータベースの新しいテーブルにソースデータをインポートする》**を◉にします。

⑪**《OK》**をクリックします。

スプレッドシート インポート ウィザード

元のデータの先頭行が列見出しである場合、これをフィールド名として使うことができます。

先頭行をフィールド名として使う(I)

	売上日	得意先コード	商品コード	数量
1	2023/04/01	10010	1020	5
2	2023/04/01	10220	2030	3
3	2023/04/02	20020	3020	5
4	2023/04/02	10240	1010	4
5	2023/04/03	10020	3010	10
6	2023/04/04	20040	1020	4
7	2023/04/05	10220	4010	15
8	2023/04/05	10210	1030	20
9	2023/04/08	30010	1020	30
10	2023/04/08	10020	5010	10
11	2023/04/09	10120	2010	15
12	2023/04/09	10110	2030	4
13	2023/04/10	20020	3010	4
14	2023/04/10	10020	2010	2
15	2023/04/10	10010	4020	50

キャンセル　< 戻る(B)　次へ(N) >　完了(F)

《スプレッドシートインポートウィザード》が表示されます。
インポート元のデータの先頭行をフィールド名として使うかどうかを指定します。

⑫**《先頭行をフィールド名として使う》**を☑にします。

⑬**《次へ》**をクリックします。

スプレッドシート インポート ウィザード

インポートのオプションをフィールドごとに指定できます。下の部分でフィールドを選択し、[フィールドのオプション] でオプションを指定してください。

フィールドのオプション
フィールド名(M): 売上日　データ型(T): 日付/時刻型
インデックス(I): いいえ　このフィールドをインポートしない(S)

	売上日	得意先コード	商品コード	数量
1	2023/04/01	10010	1020	5
2	2023/04/01	10220	2030	3
3	2023/04/02	20020	3020	5
4	2023/04/02	10240	1010	4
5	2023/04/03	10020	3010	10
6	2023/04/04	20040	1020	4
7	2023/04/05	10220	4010	15
8	2023/04/05	10210	1030	20
9	2023/04/08	30010	1020	30
10	2023/04/08	10020	5010	10
11	2023/04/09	10120	2010	15
12	2023/04/09	10110	2030	4
13	2023/04/10	20020	3010	4
14	2023/04/10	10020	2010	2
15	2023/04/10	10010	4020	50

キャンセル　< 戻る(B)　次へ(N) >　完了(F)

フィールド名やデータ型などのオプションを指定する画面が表示されます。
※今回、オプションは指定しません。

⑭**《次へ》**をクリックします。

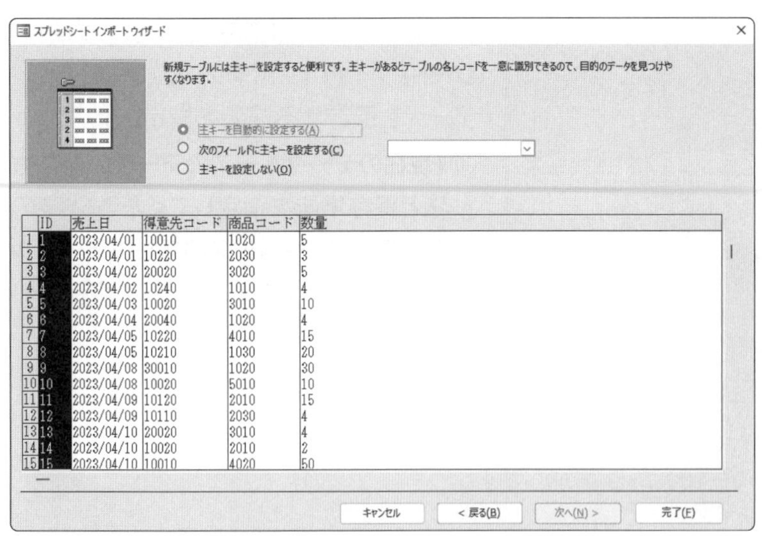

主キーを設定します。

⑮**《主キーを自動的に設定する》**を◉にします。

※オートナンバー型の「ID」フィールドが自動的に作成され、主キーとして設定されます。

⑯**《次へ》**をクリックします。

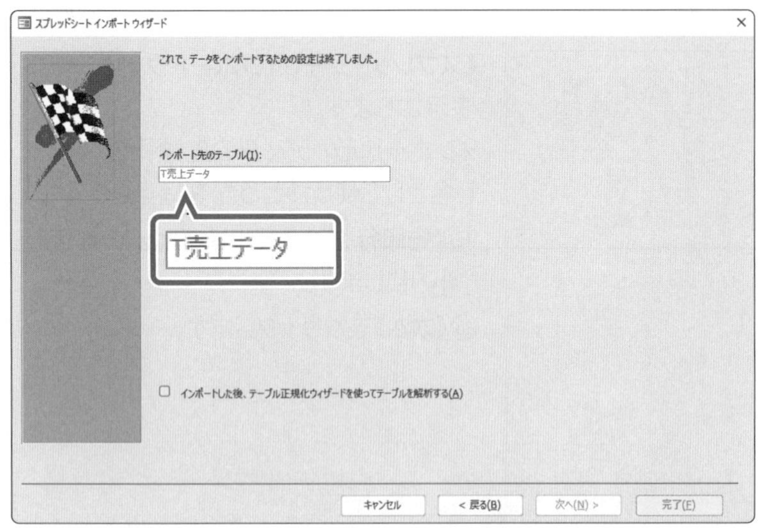

インポート先のテーブル名を指定します。

⑰**《インポート先のテーブル》**に**「T売上データ」**と入力します。

⑱**《完了》**をクリックします。

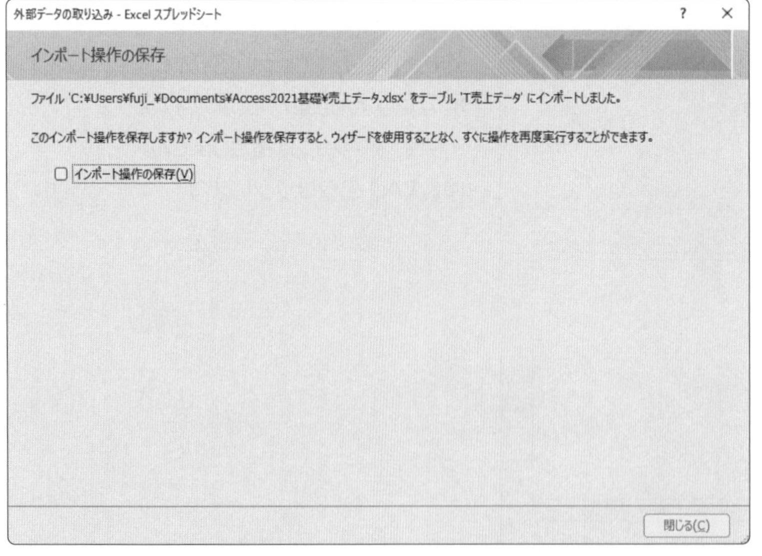

《外部データの取り込み-Excelスプレッドシート》ダイアログボックスに戻ります。

⑲**《閉じる》**をクリックします。

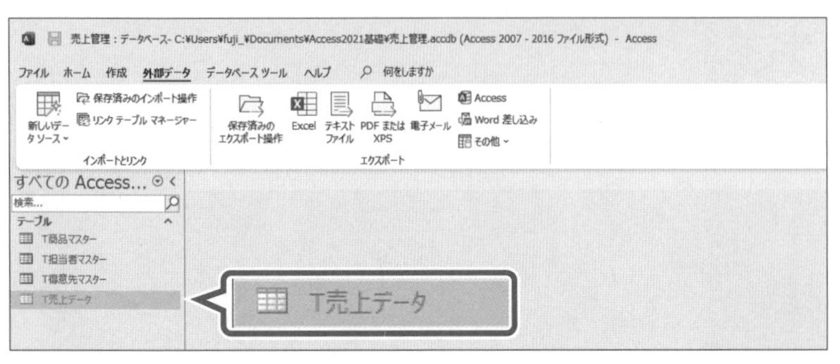

⑳ナビゲーションウィンドウにテーブル**「T売上データ」**が作成されていることを確認します。

インポートされたデータを確認します。

㉑ナビゲーションウィンドウのテーブル**「T売上データ」**をダブルクリックします。

T売上データ

ID	売上日	得意先コード	商品コード	数量	クリックして追加
1	2023/04/01	10010	1020	5	
2	2023/04/01	10220	2030	3	
3	2023/04/02	20020	3020	5	
4	2023/04/02	10240	1010	4	
5	2023/04/03	10020	3010	10	
6	2023/04/04	20040	1020	4	
7	2023/04/05	10220	4010	15	
8	2023/04/05	10210	1030	20	
9	2023/04/08	30010	1020	30	
10	2023/04/08	10020	5010	10	
11	2023/04/09	10120	2010	15	
12	2023/04/09	10110	2030	4	
13	2023/04/10	20020	3010	4	
14	2023/04/10	10020	2010	2	
15	2023/04/10	10010	4020	50	
16	2023/04/11	20040	3020	10	
17	2023/04/11	10050	1020	5	
18	2023/04/12	10010	2010	25	
19	2023/04/12	10180	3020	6	
20	2023/04/12	10020	2010	30	
21	2023/04/15	40010	4020	2	
22	2023/04/15	10060	1030	2	
23	2023/04/16	10080	1010	10	
24	2023/04/16	10100	1020	12	
25	2023/04/17	10120	1030	5	
26	2023/04/17	10020	1010	3	
27	2023/04/18	10020	5010	5	

レコード: 1 / 161 フィルターなし 検索

テーブルがデータシートビューで開かれます。

㉒**「売上データ.xlsx」**のデータがコピーされていることを確認します。

※「得意先コード」フィールドと「数量」フィールドの列幅を調整しておきましょう。

3 フィールドの設定

デザインビューに切り替えて、フィールドを設定しましょう。

①**《テーブルのフィールド》**タブを選択します。

※《ホーム》タブでもかまいません。

②**《表示》**グループの（表示）をクリックします。

T売上データ

フィールド名	データ型	説明（オプション）
売上番号	オートナンバー型	
売上日	日付/時刻型	
得意先コード	短いテキスト	
商品コード	短いテキスト	
数量	数値型	

フィールド プロパティ

標準　ルックアップ

フィールドサイズ	整数型
書式	数値
小数点以下表示桁数	自動
定型入力	
標題	
既定値	
入力規則	
エラーメッセージ	
値要求	いいえ
インデックス	いいえ
文字配置	標準

デザインビューに切り替わります。

③次のように各フィールドを変更します。

主キー	フィールド名	データ型	フィールドサイズ
○	売上番号	オートナンバー型	長整数型
	売上日	日付/時刻型	
	得意先コード	短いテキスト	5
	商品コード	短いテキスト	4
	数量	数値型	整数型

※「数量」フィールドのフィールドサイズを変更するには、《フィールドサイズ》プロパティのをクリックし、一覧から選択します。

POINT オートナンバー型

フィールドのデータ型を「オートナンバー型」にすると、「1」「2」「3」「4」・・・と連番が自動的に割り当てられ、各レコードに固有の値が作成されます。

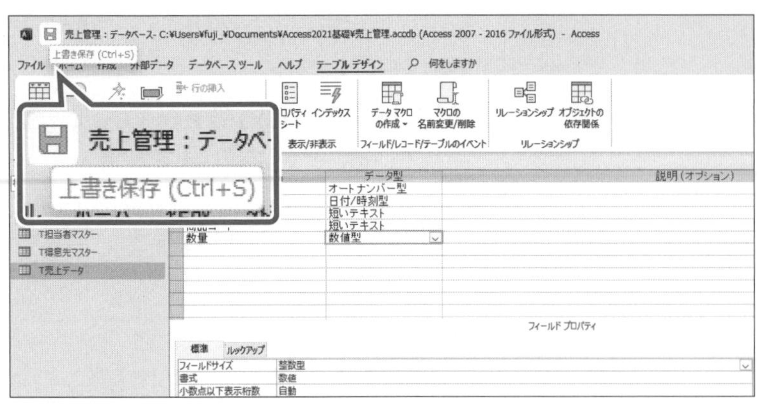

作成したテーブルを上書き保存します。

④タイトルバーの（上書き保存）をクリックします。

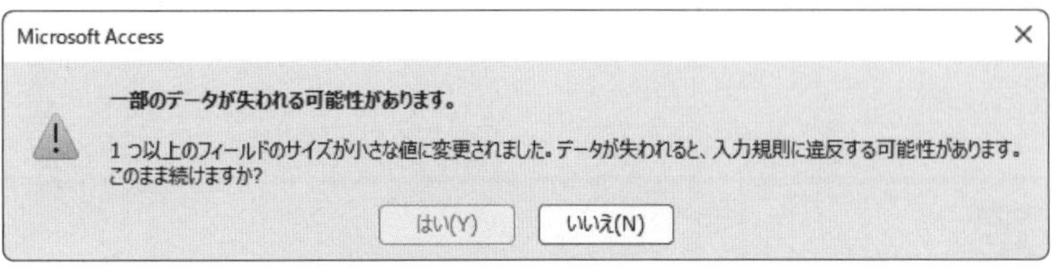

図のようなメッセージが表示されます。

⑤《**はい**》をクリックします。

上書き保存されます。

※テーブルを閉じておきましょう。

POINT　フィールドサイズの変更

フィールドサイズを小さくして保存すると、《一部のデータが失われる可能性があります。》というメッセージが表示されます。設定したフィールドサイズより大きいデータは、データの一部が削除されます。

POINT　オブジェクト間のデータの流れ

テーブルに格納されたデータは、次のように各オブジェクト間で利用されます。

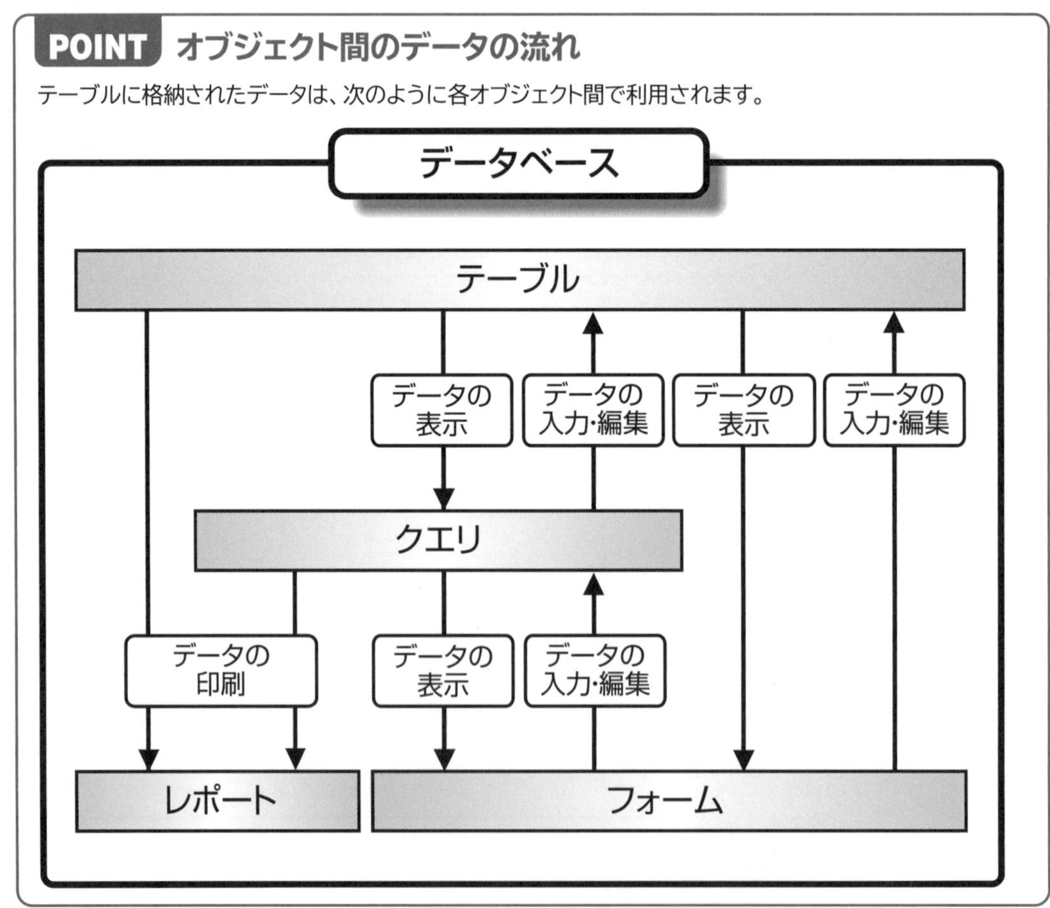

第4章

リレーションシップの作成

第4章 この章で学ぶこと

学習前に習得すべきポイントを理解しておき、
学習後には確実に習得できたかどうかを振り返りましょう。

■ 主キーと外部キーについて説明できる。 → P.79 ☑☑☑

■ 参照整合性について説明できる。 → P.79 ☑☑☑

■ テーブル間にリレーションシップを作成できる。 → P.80 ☑☑☑

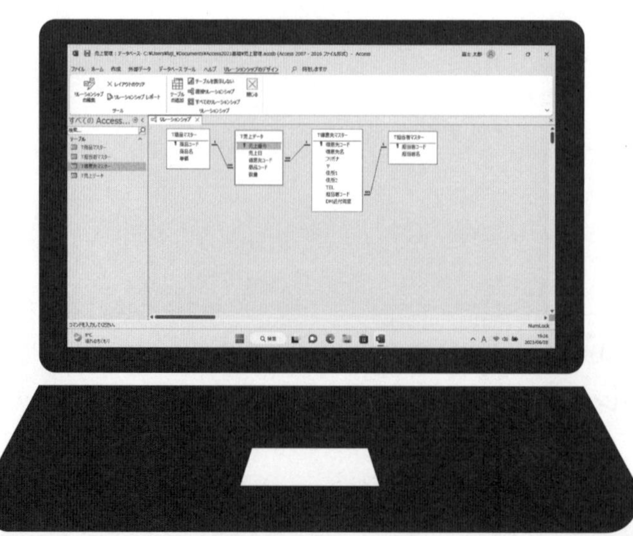

STEP 1 リレーションシップを作成する

1 リレーションシップ

Accessでは、複数に分けたテーブル間の共通フィールドを関連付けることができます。この関連付けを**「リレーションシップ」**といいます。

1 主キーと外部キー

2つのテーブル間にリレーションシップを作成するには、共通のフィールドが必要です。
共通のフィールドのうち、**「主キー」**側のフィールドに対して、もう一方のフィールドを**「外部キー」**といいます。また、主キーを含むテーブルを**「主テーブル」**、外部キーを含むテーブルを**「関連テーブル」**または**「リレーションテーブル」**といいます。

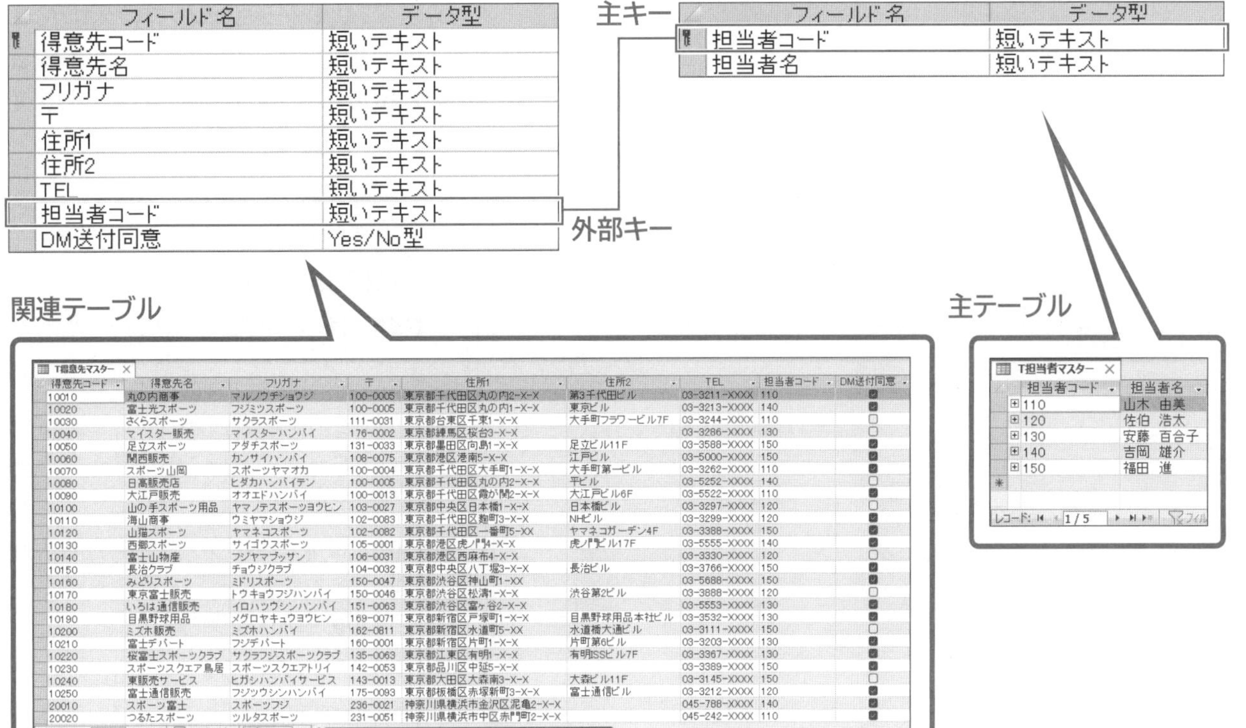

●T得意先マスター

フィールド名	データ型
得意先コード	短いテキスト
得意先名	短いテキスト
フリガナ	短いテキスト
〒	短いテキスト
住所1	短いテキスト
住所2	短いテキスト
TEL	短いテキスト
担当者コード	短いテキスト
DM送付同意	Yes/No型

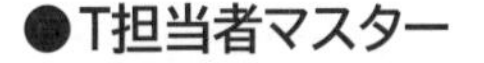

●T担当者マスター

フィールド名	データ型
担当者コード	短いテキスト
担当者名	短いテキスト

T得意先マスター

得意先コード	得意先名	フリガナ	〒	住所1	住所2	TEL	担当者コード	DM送付同意
10010	丸の内商事	マルノウチショウジ	100-0005	東京都千代田区丸の内2-X-X	第3千代田ビル	03-3211-XXXX	110	☑
10020	富士光スポーツ	フジミツスポーツ	100-0005	東京都千代田区丸の内1-X-X	東京ビル	03-3213-XXXX	140	☑
10030	さくらスポーツ	サクラスポーツ	111-0031	東京都台東区千束1-X-X	大手町フラワービル7F	03-3244-XXXX	110	☐
10040	マイスター販売	マイスターハンバイ	176-0002	東京都練馬区桜台3-X-X		03-3286-XXXX	130	☐
10050	足立スポーツ	アダチスポーツ	131-0033	東京都墨田区向島1-X-X	足立ビル11F	03-3588-XXXX	150	☑
10060	関西販売	カンサイハンバイ	108-0075	東京都港区港南5-X-X	江戸ビル	03-5000-XXXX	150	☑
10070	スポーツ山岡	スポーツヤマオカ	100-0004	東京都千代田区大手町1-X-X	大手町第一ビル	03-3262-XXXX	110	☑
10080	日高販売店	ヒダカハンバイテン	100-0005	東京都千代田区丸の内2-X-X	平ビル	03-5252-XXXX	140	☐
10090	大江戸販売	オオエドハンバイ	100-0013	東京都千代田区霞が関2-X-X	大江戸ビル6F	03-5522-XXXX	110	☑
10100	山の手スポーツ用品	ヤマノテスポーツヨウヒン	103-0027	東京都中央区日本橋1-X-X	日本橋ビル	03-3297-XXXX	120	☐
10110	海山商事	ウミヤマショウジ	102-0083	東京都千代田区麹町3-X-X	NHビル	03-3299-XXXX	120	☑
10120	山猫スポーツ	ヤマネコスポーツ	102-0082	東京都千代田区一番町5-XX	ヤマネコガーデン4F	03-3388-XXXX	150	☑
10130	西郷スポーツ	サイゴウスポーツ	105-0001	東京都港区虎ノ門4-X-X	虎ノ門ビル17F	03-5555-XXXX	140	☑
10140	富士山物産	フジヤマブッサン	106-0031	東京都港区西麻布4-X-X		03-3330-XXXX	120	☐
10150	長治クラブ	チョウジクラブ	104-0032	東京都中央区八丁堀3-X-X	長治ビル	03-3766-XXXX	150	☑
10160	みどりスポーツ	ミドリスポーツ	150-0047	東京都渋谷区神山町1-XX		03-5688-XXXX	150	☑
10170	東京富士販売	トウキョウフジハンバイ	150-0046	東京都渋谷区松濤1-X-X	渋谷第2ビル	03-3888-XXXX	120	☐
10180	いろは通信販売	イロハツウシンハンバイ	151-0063	東京都渋谷区富ヶ谷2-X-X		03-5553-XXXX	130	☑
10190	目黒野球用品	メグロヤキュウヨウヒン	169-0071	東京都新宿区戸塚町1-X-X	目黒野球用品本社ビル	03-3532-XXXX	130	☑
10200	ミズホ販売	ミズホハンバイ	162-0811	東京都新宿区水道町5-XX	水道橋大通ビル	03-3111-XXXX	150	☐
10210	富士デパート	フジデパート	160-0001	東京都新宿区片町1-X-X	片町第6ビル	03-3203-XXXX	130	☑
10220	桜富士スポーツクラブ	サクラフジスポーツクラブ	135-0063	東京都江東区有明1-X-X	有明SSビル7F	03-3367-XXXX	130	☑
10230	スポーツスクエア鳥居	スポーツスクエアトリイ	142-0053	東京都品川区中延5-X-X		03-3389-XXXX	150	☑
10240	東販売サービス	ヒガシハンバイサービス	143-0013	東京都大田区大森南3-X-X	大森ビル11F	03-3145-XXXX	150	☐
10250	富士通信販売	フジツウシンハンバイ	175-0093	東京都板橋区赤塚新町3-X-X	富士通信ビル	03-3212-XXXX	120	☑
20010	スポーツ富士	スポーツフジ	236-0021	神奈川県横浜市金沢区泥亀2-X-X		045-788-XXXX	140	☑
20020	つるたスポーツ	ツルタスポーツ	231-0051	神奈川県横浜市中区赤門町2-X-X		045-242-XXXX	110	☑

レコード: 1 / 32　フィルターなし　検索

T担当者マスター

担当者コード	担当者名
110	山木 由美
120	佐伯 浩太
130	安藤 百合子
140	吉岡 雄介
150	福田 進

レコード: 1 / 5

2 参照整合性

リレーションシップが作成されたテーブル間に**「参照整合性」**を設定できます。参照整合性とは、矛盾のないデータ管理をするための規則のことです。
例えば、**「T担当者マスター」**（主テーブル）側に存在しない**「担当者コード」**を**「T得意先マスター」**（関連テーブル）側に入力してしまうといったデータの矛盾を制御します。

2 リレーションシップの作成

「T商品マスター」「T担当者マスター」「T得意先マスター」「T売上データ」の4つのテーブル間にリレーションシップを作成しましょう。

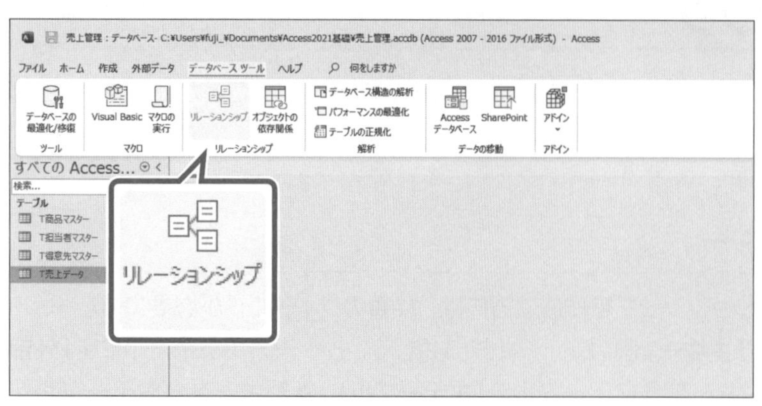

①テーブルが閉じられていることを確認します。

②**《データベースツール》**タブを選択します。

③**《リレーションシップ》**グループの（リレーションシップ）をクリックします。

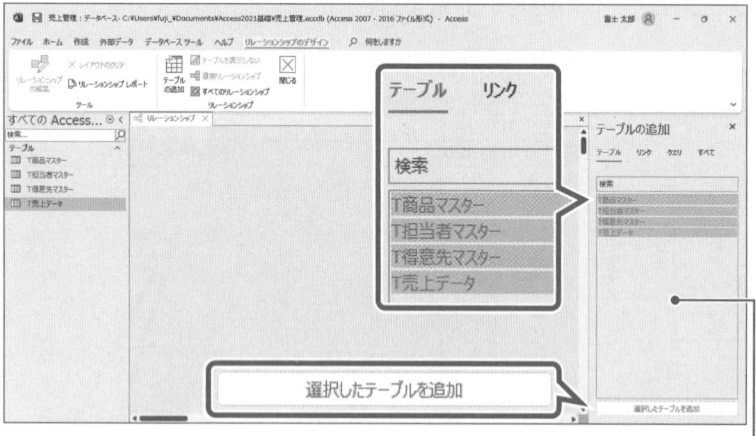

リレーションシップウィンドウと**《テーブルの追加》**が表示されます。

リボンに**《リレーションシップのデザイン》**タブが追加され、自動的に**《リレーションシップのデザイン》**タブに切り替わります。

④**《テーブル》**タブを選択します。

⑤**「T商品マスター」**を選択します。

⑥ Shift を押しながら、**「T売上データ」**を選択します。

⑦**《選択したテーブルを追加》**をクリックします。

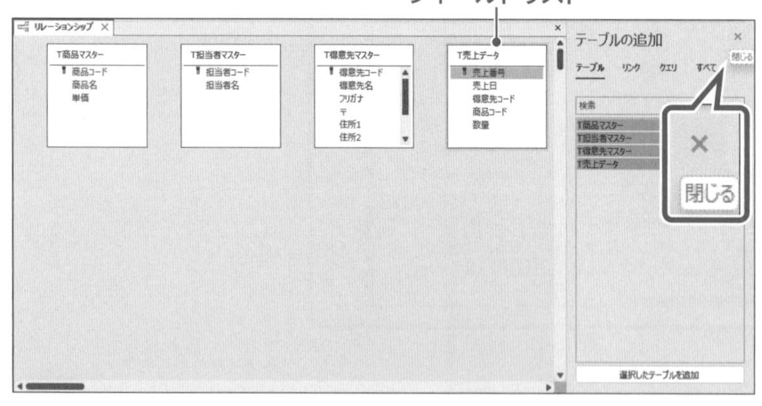

リレーションシップウィンドウに4つのテーブルのフィールドリストが表示されます。

※主キーには（キーインジケーター）が表示されます。

《テーブルの追加》を閉じます。

⑧**《テーブルの追加》**の ×（閉じる）をクリックします。

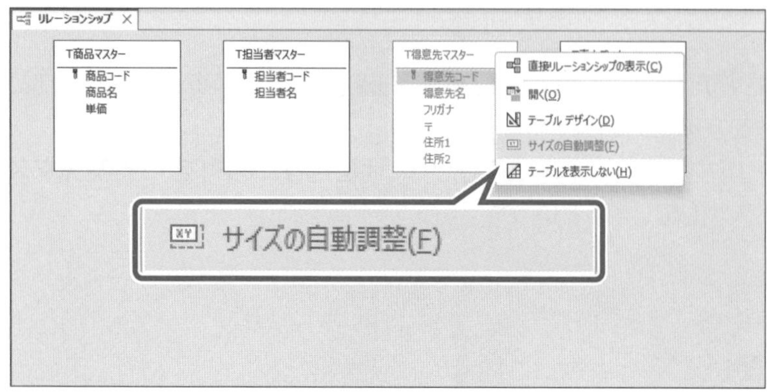

テーブル**「T得意先マスター」**のフィールド名がすべて表示されるように、フィールドリストのサイズを調整します。

⑨フィールドリストのタイトルバーを右クリックします。

⑩**《サイズの自動調整》**をクリックします。

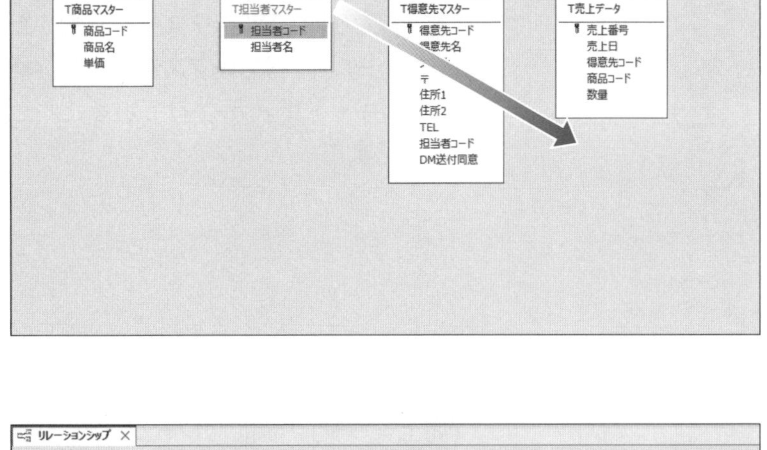

フィールドリストのサイズが調整され、すべてのフィールド名が表示されます。

⑪同様に、その他のフィールドリストのサイズを調整します。

リレーションシップの設定を見やすくするためにフィールドリストの配置を調整します。

⑫テーブル**「T担当者マスター」**のフィールドリストのタイトルバーを図のようにドラッグします。

⑬テーブル**「T売上データ」**のフィールドリストのタイトルバーを図のようにドラッグします。

フィールドリストが移動されます。

※図のように、フィールドリストを配置しておきましょう。

テーブル**「T担当者マスター」**とテーブル**「T得意先マスター」**の間にリレーションシップを作成します。

⑭**「T担当者マスター」**の**「担当者コード」**を**「T得意先マスター」**の**「担当者コード」**までドラッグします。

ドラッグ中、フィールドリスト内でマウスポインターの形がに変わります。

※ドラッグ元のフィールドとドラッグ先のフィールドは入れ替わってもかまいません。

《リレーションシップ》ダイアログボックスが表示されます。

⑮**《テーブル/クエリ》**が**「T担当者マスター」**、**《リレーションテーブル/クエリ》**が**「T得意先マスター」**になっていることを確認します。

⑯**《参照整合性》**を☑にします。

⑰**《作成》**をクリックします。

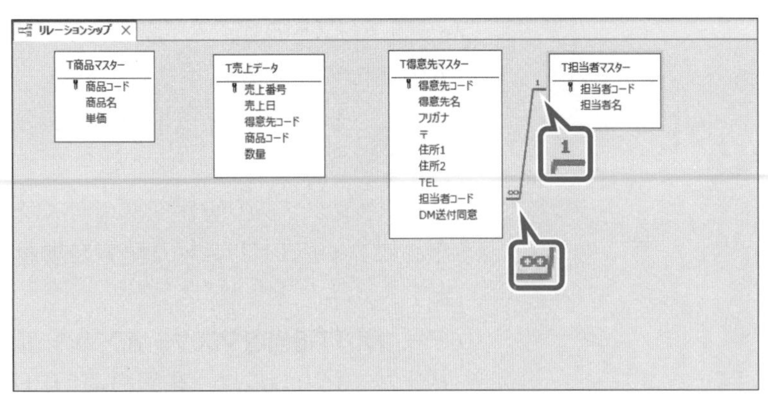

テーブル間に結合線が表示されます。

⑱結合線の**「T担当者マスター」**側に**1**（主キー）、**「T得意先マスター」**側に**∞**（外部キー）が表示されていることを確認します。

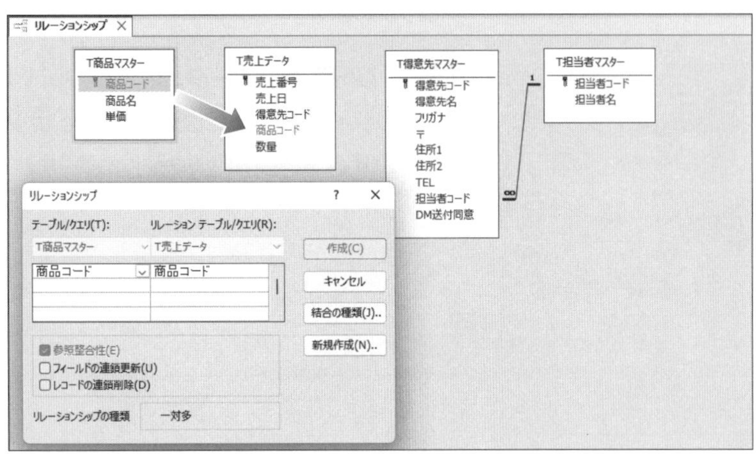

テーブル**「T商品マスター」**とテーブル**「T売上データ」**の間にリレーションシップを作成します。

⑲**「T商品マスター」**の**「商品コード」**を**「T売上データ」**の**「商品コード」**までドラッグします。

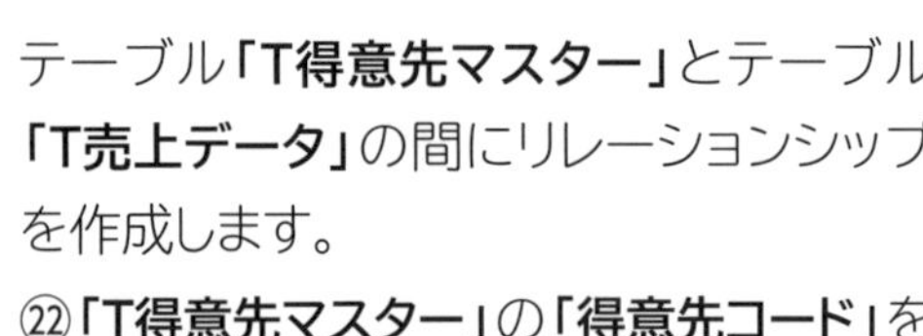

《リレーションシップ》ダイアログボックスが表示されます。

⑳**《参照整合性》**を☑にします。

㉑**《作成》**をクリックします。

テーブル**「T得意先マスター」**とテーブル**「T売上データ」**の間にリレーションシップを作成します。

㉒**「T得意先マスター」**の**「得意先コード」**を**「T売上データ」**の**「得意先コード」**までドラッグします。

《リレーションシップ》ダイアログボックスが表示されます。

㉓**《参照整合性》**を☑にします。

㉔**《作成》**をクリックします。

4つのテーブル間にリレーションシップが作成されます。

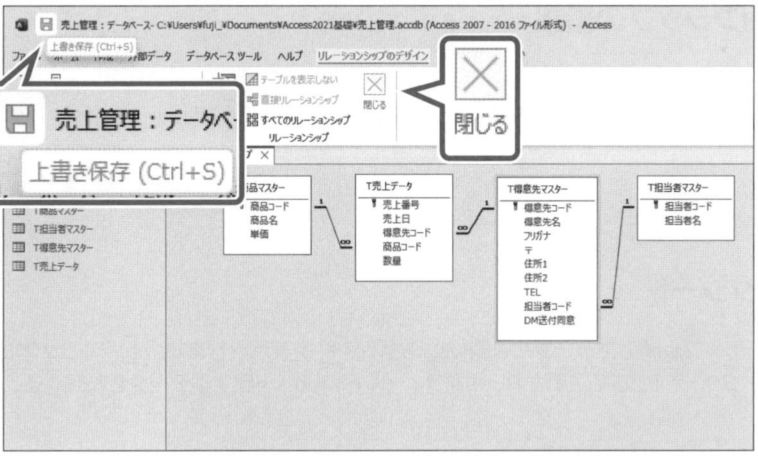

リレーションシップウィンドウのレイアウトを保存します。

㉕タイトルバーの[保存アイコン]（上書き保存）をクリックします。

リレーションシップウィンドウを閉じます。

㉖**《リレーションシップのデザイン》**タブを選択します。

㉗**《リレーションシップ》**グループの[閉じるアイコン]（閉じる）をクリックします。

POINT 《テーブルの追加》

《テーブルの追加》には《テーブル》タブ、《リンク》タブ、《クエリ》タブ、《すべて》タブがあります。タブを選択して、それぞれのオブジェクトをリレーションシップウィンドウに追加できます。

POINT 複数のオブジェクトの選択

《テーブルの追加》で複数のオブジェクトをまとめて選択する方法は、次のとおりです。

連続するオブジェクト

◆最初のオブジェクトを選択→Shiftを押しながら、最終のオブジェクトを選択

連続しないテーブル

◆1つ目のオブジェクトを選択→Ctrlを押しながら、2つ目以降のオブジェクトを選択

POINT フィールドリストの削除

リレーションシップウィンドウからフィールドリストを削除する方法は、次のとおりです。

◆フィールドリストを選択→Delete

POINT フィールドリストの追加

リレーションシップウィンドウにフィールドリストを追加する方法は、次のとおりです。

◆《リレーションシップのデザイン》タブ→《リレーションシップ》グループの[テーブルの追加アイコン]（テーブルの追加）→追加するオブジェクトを選択→《選択したテーブルを追加》

STEP UP リレーションシップの編集

リレーションシップを編集する方法は、次のとおりです。

◆結合線をクリック→《リレーションシップのデザイン》タブ→《ツール》グループの（リレーションシップの編集）

◆結合線をダブルクリック

STEP UP サブデータシート

リレーションシップが作成されたテーブル間の主テーブルを開くと、左側に⊞が表示されます。⊞をクリックすると、関連テーブルが「サブデータシート」として表示され、共通フィールドの値が一致するデータを参照することができます。

※サブデータシートを閉じるには、⊟をクリックします。

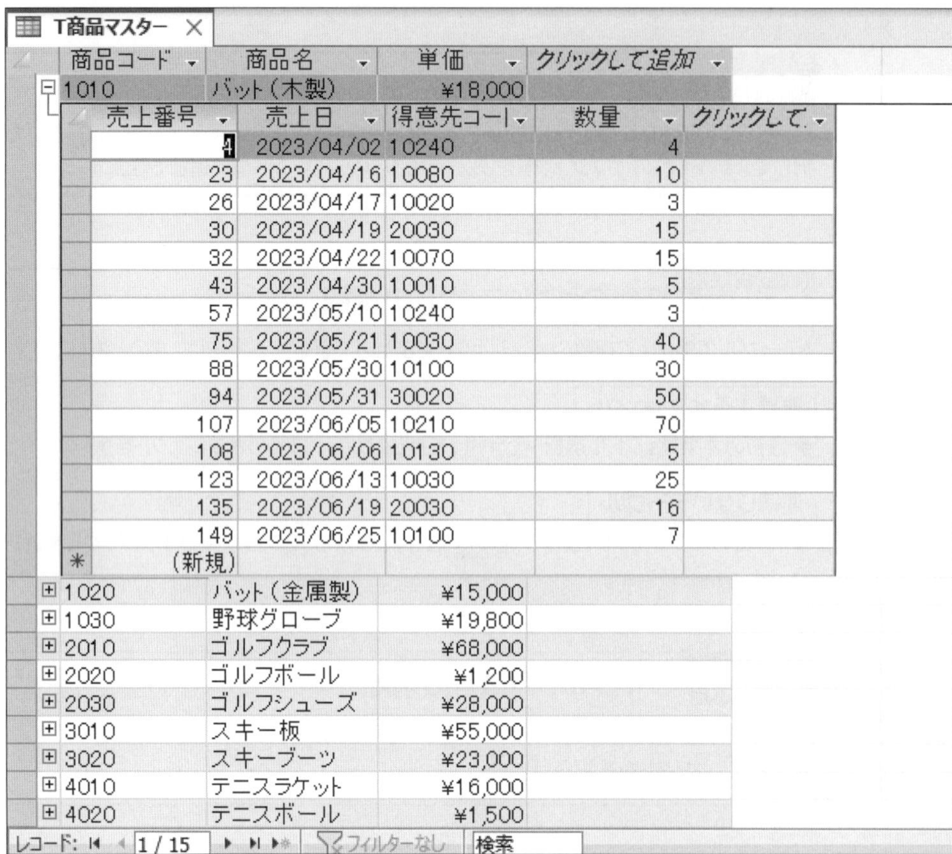

T商品マスター

商品コード	商品名	単価	クリックして追加
⊟ 1010	バット（木製）	¥18,000	

売上番号	売上日	得意先コード	数量	クリックして
4	2023/04/02	10240	4	
23	2023/04/16	10080	10	
26	2023/04/17	10020	3	
30	2023/04/19	20030	15	
32	2023/04/22	10070	15	
43	2023/04/30	10010	5	
57	2023/05/10	10240	3	
75	2023/05/21	10030	40	
88	2023/05/30	10100	30	
94	2023/05/31	30020	50	
107	2023/06/05	10210	70	
108	2023/06/06	10130	5	
123	2023/06/13	10030	25	
135	2023/06/19	20030	16	
149	2023/06/25	10100	7	
(新規)				

商品コード	商品名	単価
⊞ 1020	バット（金属製）	¥15,000
⊞ 1030	野球グローブ	¥19,800
⊞ 2010	ゴルフクラブ	¥68,000
⊞ 2020	ゴルフボール	¥1,200
⊞ 2030	ゴルフシューズ	¥28,000
⊞ 3010	スキー板	¥55,000
⊞ 3020	スキーブーツ	¥23,000
⊞ 4010	テニスラケット	¥16,000
⊞ 4020	テニスボール	¥1,500

レコード: 1 / 15　フィルターなし　検索

第5章

クエリによるデータの加工

第5章 この章で学ぶこと

学習前に習得すべきポイントを理解しておき、
学習後には確実に習得できたかどうかを振り返りましょう。

■ クエリで何ができるかを説明できる。 → P.87 ☑☑☑

■ クエリのビューの違いを理解し、使い分けることができる。 → P.89 ☑☑☑

■ デザインビューでクエリを作成できる。 → P.91 ☑☑☑

■ クエリにフィールドを追加できる。 → P.93 ☑☑☑

■ フィールドを基準に、レコードを並べ替えることができる。 → P.95 ☑☑☑

■ フィールドを入れ替えて、表示順を変更できる。 → P.96 ☑☑☑

■ クエリに名前を付けて保存できる。 → P.97 ☑☑☑

■ 演算フィールドを作成できる。 → P.104 ☑☑☑

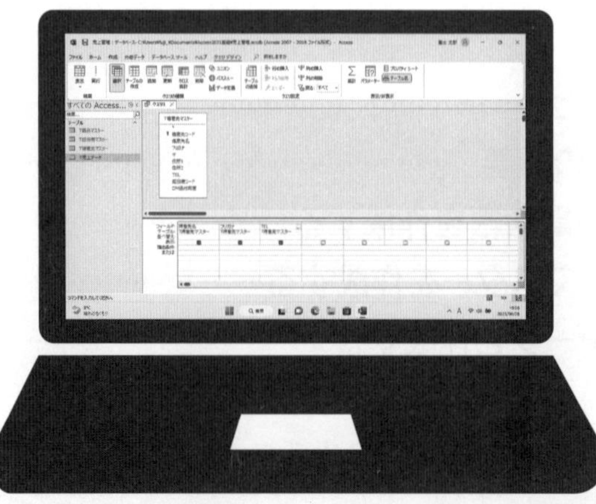

STEP 1 クエリの概要

1 クエリの概要

「クエリ」とは、テーブルに格納されたデータを加工するためのオブジェクトです。
クエリを使うと、フィールドやレコードを次のように加工できます。

1 フィールドの加工

必要なフィールドを組み合わせて仮想テーブルを編成できます。

●あるテーブルから必要なフィールドを選択し、仮想テーブルを編成する

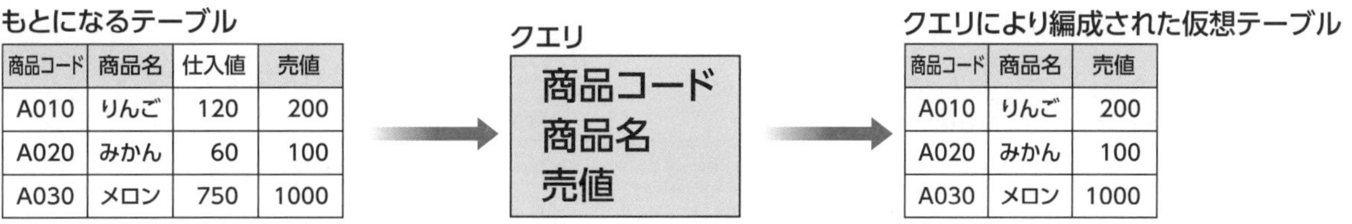

商品コード	商品名	仕入値	売値
A010	りんご	120	200
A020	みかん	60	100
A030	メロン	750	1000

商品コード	商品名	売値
A010	りんご	200
A020	みかん	100
A030	メロン	1000

●複数のテーブルを結合し、仮想テーブルを編成する

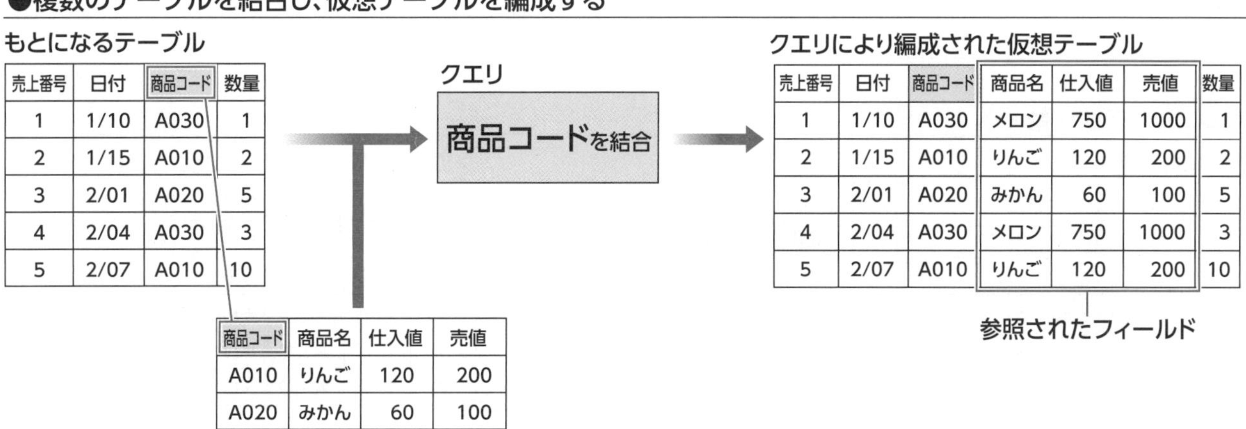

売上番号	日付	商品コード	数量
1	1/10	A030	1
2	1/15	A010	2
3	2/01	A020	5
4	2/04	A030	3
5	2/07	A010	10

商品コード	商品名	仕入値	売値
A010	りんご	120	200
A020	みかん	60	100
A030	メロン	750	1000

売上番号	日付	商品コード	商品名	仕入値	売値	数量
1	1/10	A030	メロン	750	1000	1
2	1/15	A010	りんご	120	200	2
3	2/01	A020	みかん	60	100	5
4	2/04	A030	メロン	750	1000	3
5	2/07	A010	りんご	120	200	10

●フィールドのデータをもとに計算し、仮想テーブルを編成する

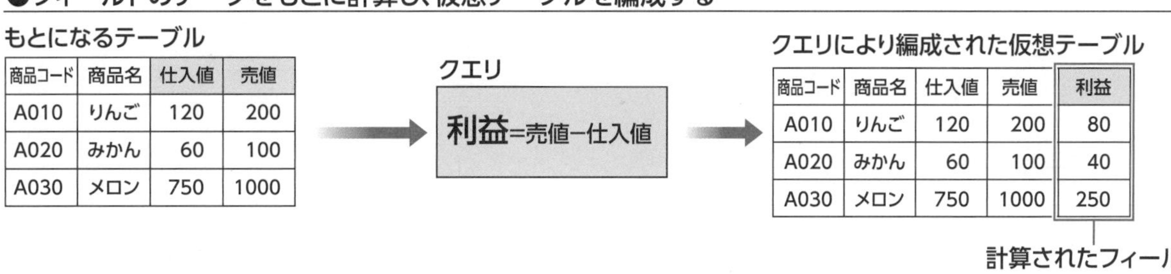

商品コード	商品名	仕入値	売値
A010	りんご	120	200
A020	みかん	60	100
A030	メロン	750	1000

商品コード	商品名	仕入値	売値	利益
A010	りんご	120	200	80
A020	みかん	60	100	40
A030	メロン	750	1000	250

2 レコードの加工

レコードの抽出、集計、並べ替えができます。

※レコードの抽出と集計については、P.147「第7章 クエリによるデータの抽出と集計」で学習します。

●抽出条件を設定してレコードを抽出する

もとになるテーブル

売上番号	日付	商品コード	商品名	売値	数量	金額
1	1/10	A030	メロン	1000	1	1000
2	1/15	A010	りんご	200	2	400
3	2/01	A020	みかん	100	5	500
4	2/04	A030	メロン	1000	3	3000
5	2/07	A010	りんご	200	10	2000

クエリ

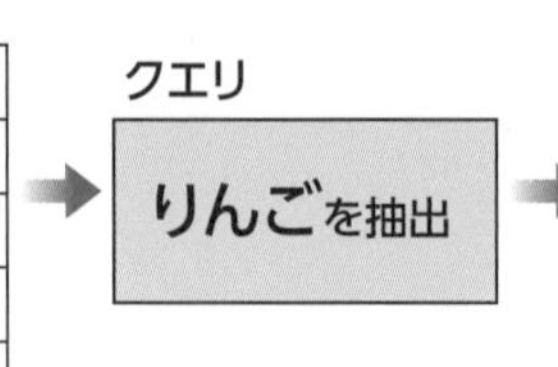

クエリにより編成された仮想テーブル

売上番号	日付	商品コード	商品名	売値	数量	金額
2	1/15	A010	りんご	200	2	400
5	2/07	A010	りんご	200	10	2000

抽出されたレコード

●レコードをグループ化して集計する

もとになるテーブル

売上番号	日付	商品コード	商品名	売値	数量	金額
1	1/10	A030	メロン	1000	1	1000
2	1/15	A010	りんご	200	2	400
3	2/01	A020	みかん	100	5	500
4	2/04	A030	メロン	1000	3	3000
5	2/07	A010	りんご	200	10	2000

クエリ

クエリにより編成された仮想テーブル

商品名	金額
りんご	2400
みかん	500
メロン	4000

集計されたフィールド

●レコードを並べ替える

もとになるテーブル

売上番号	日付	商品コード	商品名	売値	数量	金額
1	1/10	A030	メロン	1000	1	1000
2	1/15	A010	りんご	200	2	400
3	2/01	A020	みかん	100	5	500
4	2/04	A030	メロン	1000	3	3000
5	2/07	A010	りんご	200	10	2000

クエリ

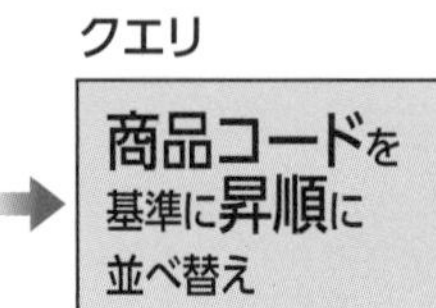

クエリにより並べ替えられたレコード

売上番号	日付	商品コード	商品名	売値	数量	金額
2	1/15	A010	りんご	200	2	400
5	2/07	A010	りんご	200	10	2000
3	2/01	A020	みかん	100	5	500
1	1/10	A030	メロン	1000	1	1000
4	2/04	A030	メロン	1000	3	3000

並べ替えの基準としたフィールド

2 クエリのビュー

クエリには、次のようなビューがあります。

●データシートビュー

データシートビューは、クエリの実行によって編成された仮想テーブルを表形式で表示するビューです。
データを入力したり、編集したりすることもできます。

Q売上データ

売上番号	売上日	得意先コード	得意先名	担当者コード	担当者名	商品コード	商品名	単価	数量
1	2023/04/01	10010	丸の内商事	110	山木 由美	1020	バット(金属製)	¥15,000	5
2	2023/04/01	10220	桜富士スポーツクラブ	130	安藤 百合子	2030	ゴルフシューズ	¥28,000	3
3	2023/04/02	20020	つるたスポーツ	110	山木 由美	3020	スキーブーツ	¥23,000	5
4	2023/04/02	10240	東販売サービス	150	福田 進	1010	バット(木製)	¥18,000	4
5	2023/04/03	10020	富士光スポーツ	140	吉岡 雄介	3010	スキー板	¥55,000	10
6	2023/04/04	20040	浜辺スポーツ店	140	吉岡 雄介	1020	バット(金属製)	¥15,000	4
7	2023/04/05	10220	桜富士スポーツクラブ	130	安藤 百合子	4010	テニスラケット	¥16,000	15
8	2023/04/05	10210	富士デパート	130	安藤 百合子	1030	野球グローブ	¥19,800	20
9	2023/04/08	30010	富士販売センター	120	佐伯 浩太	1020	バット(金属製)	¥15,000	30
10	2023/04/08	10020	富士光スポーツ	140	吉岡 雄介	5010	トレーナー	¥9,800	10
11	2023/04/09	10120	山猫スポーツ	150	福田 進	2010	ゴルフクラブ	¥68,000	15
12	2023/04/09	10110	海山商事	120	佐伯 浩太	2030	ゴルフシューズ	¥28,000	4
13	2023/04/10	20020	つるたスポーツ	110	山木 由美	3010	スキー板	¥55,000	4
14	2023/04/10	10020	富士光スポーツ	140	吉岡 雄介	2010	ゴルフクラブ	¥68,000	2
15	2023/04/10	10010	丸の内商事	110	山木 由美	4020	テニスボール	¥1,500	50
16	2023/04/11	20040	浜辺スポーツ店	140	吉岡 雄介	3020	スキーブーツ	¥23,000	10
17	2023/04/11	10050	足立スポーツ	150	福田 進	1020	バット(金属製)	¥15,000	5
18	2023/04/12	10010	丸の内商事	110	山木 由美	2010	ゴルフクラブ	¥68,000	25
19	2023/04/12	10180	いろは通信販売	130	安藤 百合子	3020	スキーブーツ	¥23,000	6
20	2023/04/12	10020	富士光スポーツ	140	吉岡 雄介	2010	ゴルフクラブ	¥68,000	30
21	2023/04/15	40010	こあらスポーツ	110	山木 由美	4020	テニスボール	¥1,500	2
22	2023/04/15	10060	関西販売	150	福田 進	1030	野球グローブ	¥19,800	2
23	2023/04/16	10080	日高販売店	140	吉岡 雄介	1010	バット(木製)	¥18,000	10
24	2023/04/16	10100	山の手スポーツ用品	120	佐伯 浩太	1020	バット(金属製)	¥15,000	12
25	2023/04/17	10120	山猫スポーツ	150	福田 進	1030	野球グローブ	¥19,800	5
26	2023/04/17	10020	富士光スポーツ	140	吉岡 雄介	1010	バット(木製)	¥18,000	3
27	2023/04/18	10020	富士光スポーツ	140	吉岡 雄介	5010	トレーナー	¥9,800	5

レコード: 1 / 161　フィルターなし　検索

●デザインビュー

デザインビューは、テーブルから必要なフィールドを選択したり、レコードを抽出するための条件を設定したりするビューです。
データを入力したり、表示したりすることはできません。

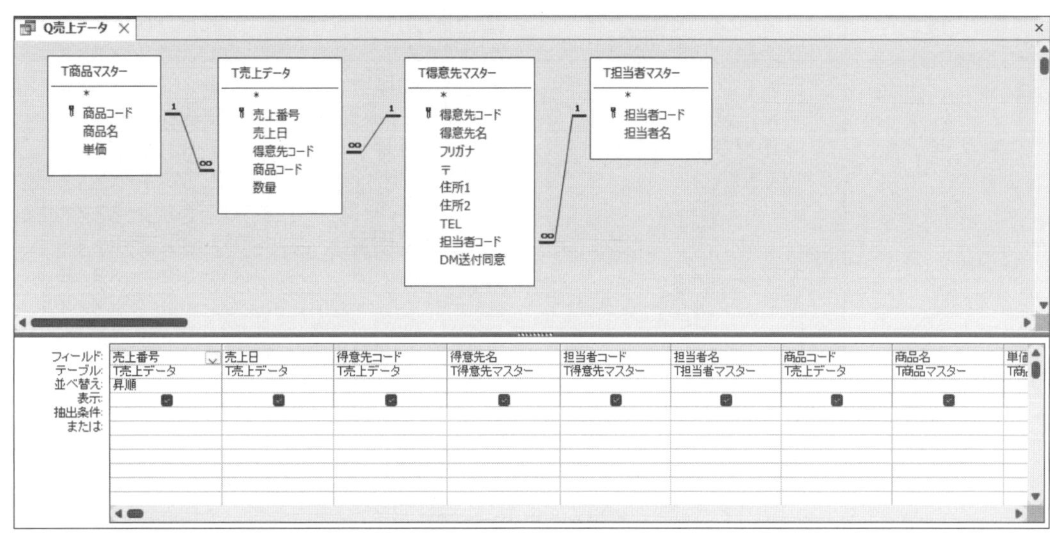

STEP UP その他のビュー

クエリにはデータシートビューとデザインビューのほかに、次のビューがあります。

●SQLビュー

クエリをSQL文で表示するビューです。
クエリを作成すると、SQLビューにSQL文が自動的に生成されます。
※Accessの内部では、SQL(Structured Query Language)と呼ばれる言語が使われています。

STEP 2 得意先電話帳を作成する

1 作成するクエリの確認

次のようなクエリ「**Q得意先電話帳**」を作成しましょう。

Q得意先電話帳

フリガナ	得意先名	TEL
アダチスポーツ	足立スポーツ	03-3588-XXXX
イロハツウシンハンバイ	いろは通信販売	03-5553-XXXX
ウミヤマショウジ	海山商事	03-3299-XXXX
オオエドハンバイ	大江戸販売	03-5522-XXXX
カンサイハンバイ	関西販売	03-5000-XXXX
コアラスポーツ	こあらスポーツ	04-2900-XXXX
サイゴウスポーツ	西郷スポーツ	03-5555-XXXX
サクラスポーツ	さくらスポーツ	03-3244-XXXX
サクラフジスポーツクラブ	桜富士スポーツクラブ	03-3367-XXXX
スポーツショップフジ	スポーツショップ富士	043-278-XXXX
スポーツスクエアトリイ	スポーツスクエア鳥居	03-3389-XXXX
スポーツフジ	スポーツ富士	045-788-XXXX
スポーツヤマオカ	スポーツ山岡	03-3262-XXXX
チョウジクラブ	長治クラブ	03-3766-XXXX
ツルタスポーツ	つるたスポーツ	045-242-XXXX
トウキョウフジハンバイ	東京富士販売	03-3888-XXXX
ハマベスポーツテン	浜辺スポーツ店	045-421-XXXX
ヒガシハンバイサービス	東販売サービス	03-3145-XXXX
ヒダカハンバイテン	日高販売店	03-5252-XXXX
フジスポーツヨウヒン	富士スポーツ用品	045-261-XXXX
フジツウシンハンバイ	富士通信販売	03-3212-XXXX
フジデパート	富士デパート	03-3203-XXXX
フジハンバイセンター	富士販売センター	043-228-XXXX
フジミツスポーツ	富士光スポーツ	03-3213-XXXX
フジヤマブッサン	富士山物産	03-3330-XXXX
マイスターハンバイ	マイスター販売	03-3286-XXXX
マルノウチショウジ	丸の内商事	03-3211-XXXX
ミズホハンバイ	ミズホ販売	03-3111-XXXX
ミドリスポーツ	みどりスポーツ	03-5688-XXXX
メグロヤキュウヨウヒン	目黒野球用品	03-3532-XXXX
ヤマネコスポーツ	山猫スポーツ	03-3388-XXXX
ヤマノテスポーツヨウヒン	山の手スポーツ用品	03-3297-XXXX

レコード: 1 / 32 フィルターなし 検索

フリガナを基準に五十音順で並べ替え

2 クエリの作成

テーブル**「T得意先マスター」**をもとに、デザインビューでクエリを作成しましょう。

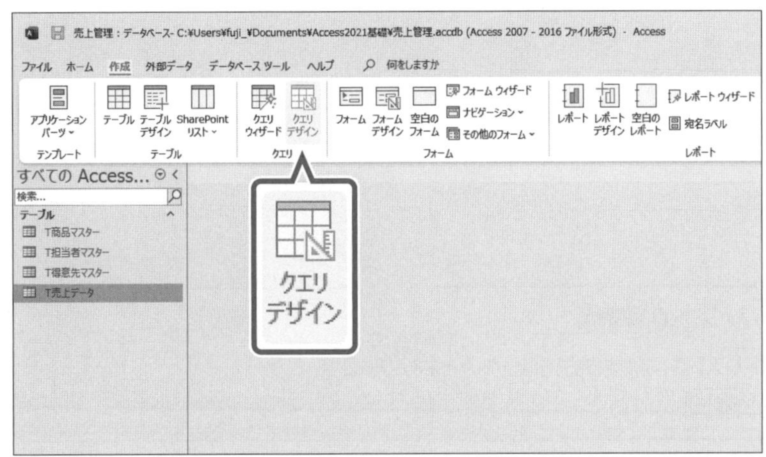

①**《作成》**タブを選択します。

②**《クエリ》**グループの（クエリデザイン）をクリックします。

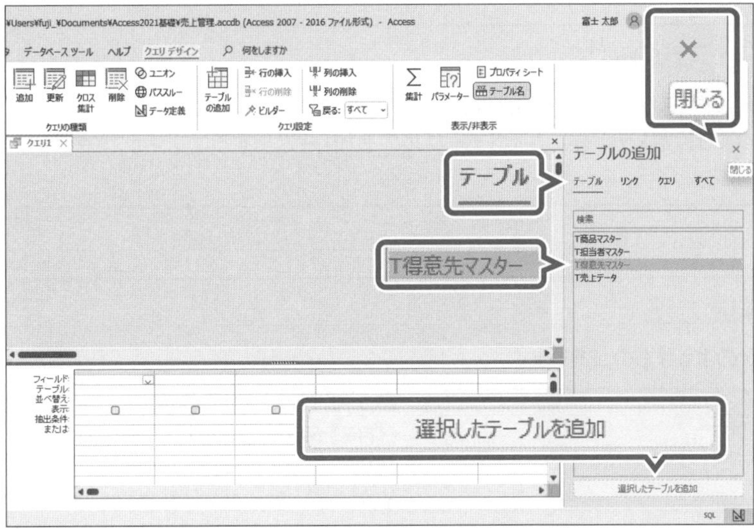

クエリウィンドウと**《テーブルの追加》**が表示されます。

リボンに**《クエリデザイン》**タブが追加され、自動的に**《クエリデザイン》**タブに切り替わります。

③**《テーブル》**タブを選択します。

④一覧から**「T得意先マスター」**を選択します。

⑤**《選択したテーブルを追加》**をクリックします。

《テーブルの追加》を閉じます。

⑥**《テーブルの追加》**の ×（閉じる）をクリックします。

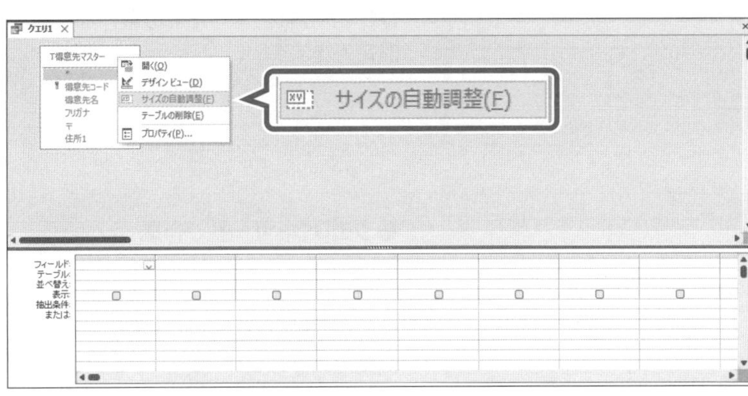

オブジェクトウィンドウにテーブル**「T得意先マスター」**のフィールドリストが表示されます。

フィールドリストのフィールド名がすべて表示されるように、フィールドリストのサイズを調整します。

⑦フィールドリストのタイトルバーを右クリックします。

⑧**《サイズの自動調整》**をクリックします。

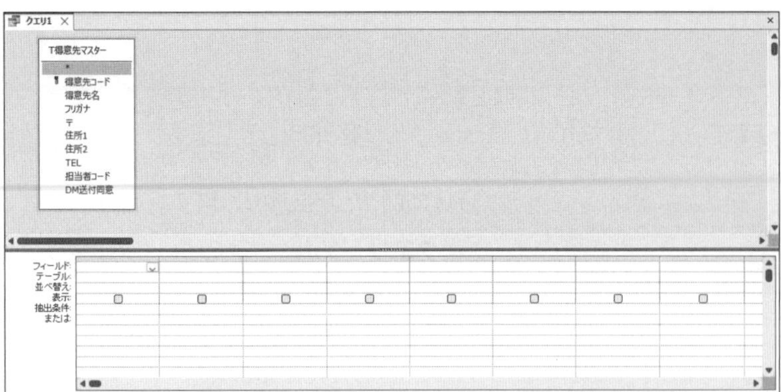

フィールド名がすべて表示されます。

POINT フィールドリストの削除

クエリウィンドウからフィールドリストを削除する方法は、次のとおりです。

◆フィールドリストを選択→【Delete】

POINT フィールドリストの追加

オブジェクトウィンドウにフィールドリストを追加する方法は、次のとおりです。

◆《クエリデザイン》タブ→《クエリ設定》グループの（テーブルの追加）→追加するオブジェクトを選択→《選択したテーブルを追加》

POINT クエリの作成方法

クエリを作成する方法には、次のようなものがあります。

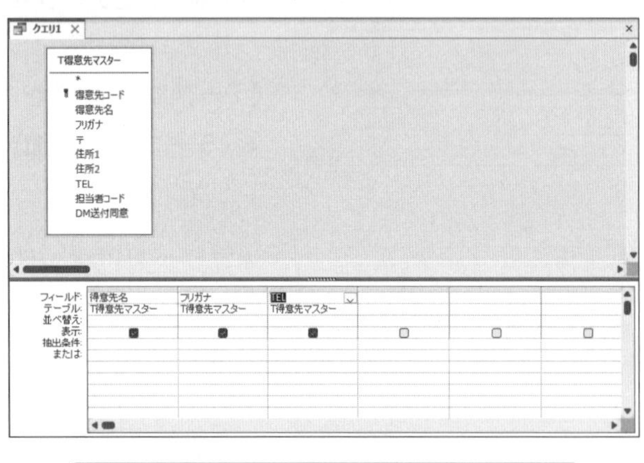

●デザインビューで作成

《作成》タブ→《クエリ》グループの（クエリデザイン）をクリックして、デザインビューからクエリを作成します。テーブルから必要なフィールドを選択し、目的に合わせて加工します。また、レコードを抽出するための条件なども設定できます。

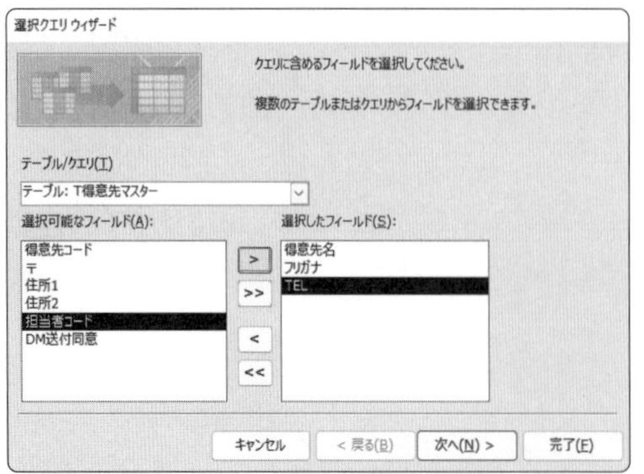

●クエリウィザードで作成

《作成》タブ→《クエリ》グループの（クエリウィザード）をクリックして、クエリウィザードからクエリを作成します。対話形式で必要なフィールドを選択し、クエリを作成します。

3 デザインビューの画面構成

デザインビューの各部の名称と役割を確認しましょう。

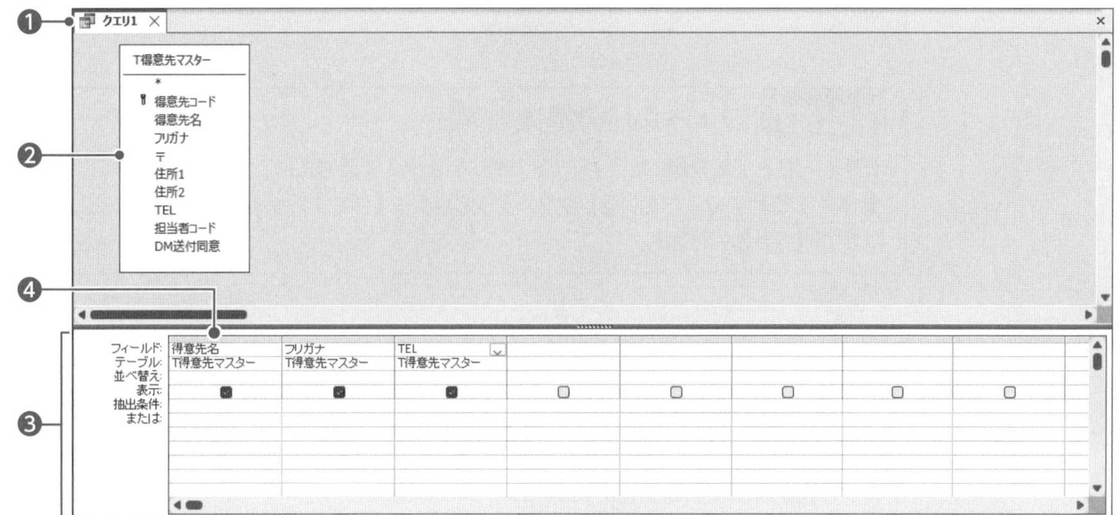

❶タブ

クエリ名が表示されます。

❷フィールドリスト

クエリのもとになるテーブルのフィールド名が一覧で表示されます。

デザイングリッドにフィールドを登録するときに使います。

❸デザイングリッド

データシートビューで表示するフィールドを登録し、並べ替えや抽出条件などを設定します。デザイングリッドのひとつひとつのマス目を**「セル」**といいます。

❹フィールドセレクター

デザイングリッドのフィールドを選択するときに使います。

4 フィールドの登録

「得意先名」「フリガナ」「TEL」フィールドを、デザイングリッドに登録しましょう。

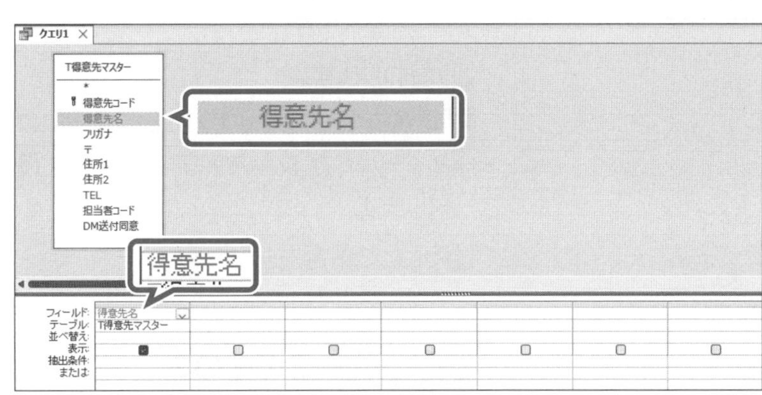

①フィールドリストの**「得意先名」**をダブルクリックします。

「得意先名」がデザイングリッドに登録されます。

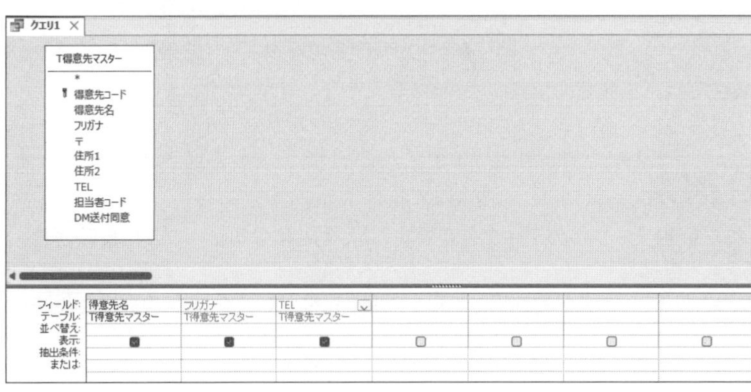

②同様に、**「フリガナ」**と**「TEL」**を登録します。

STEP UP その他の方法（フィールドの登録）

◆フィールドを選択→デザイングリッドへドラッグ

POINT フィールドの削除

デザイングリッドに登録したフィールドを削除する方法は、次のとおりです。

◆フィールドセレクターをクリック→【Delete】

※デザイングリッドからフィールドを削除しても、実際のデータは削除されません。

POINT フィールドの挿入

デザイングリッドに登録したフィールドの間に列を挿入する方法は、次のとおりです。

◆挿入する列のフィールドセレクターをクリック→《クエリデザイン》タブ→《クエリ設定》グループの【列の挿入】(列の挿入)

5 クエリの実行

クエリの実行結果を確認しましょう。
データシートビューに切り替えることで、クエリを実行できます。

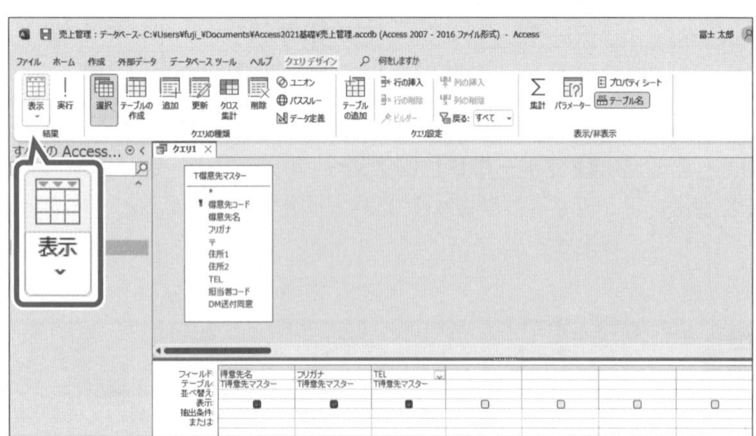

①《**クエリデザイン**》タブを選択します。

②《**結果**》グループの【表示】(表示)をクリックします。

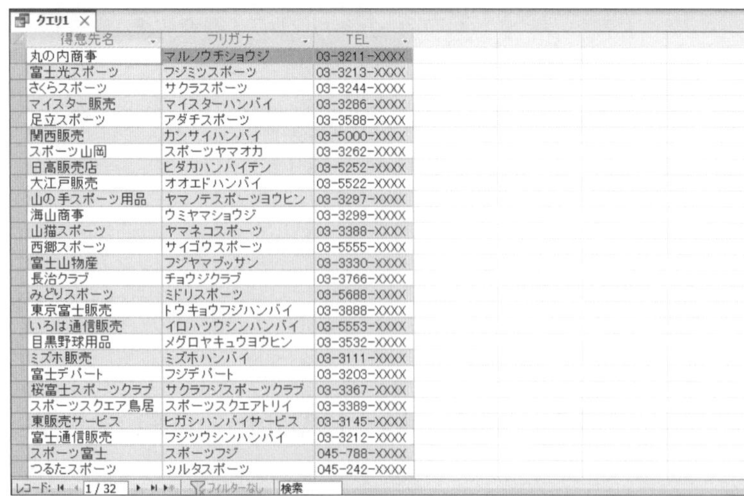

得意先名	フリガナ	TEL
丸の内商事	マルノウチショウジ	03-3211-XXXX
富士光スポーツ	フジミツスポーツ	03-3213-XXXX
さくらスポーツ	サクラスポーツ	03-3244-XXXX
マイスター販売	マイスターハンバイ	03-3286-XXXX
足立スポーツ	アダチスポーツ	03-3588-XXXX
関西販売	カンサイハンバイ	03-5000-XXXX
スポーツ山岡	スポーツヤマオカ	03-3262-XXXX
日高販売店	ヒダカハンバイテン	03-5252-XXXX
大江戸販売	オオエドハンバイ	03-5522-XXXX
山の手スポーツ用品	ヤマノテスポーツヨウヒン	03-3297-XXXX
海山商事	ウミヤマショウジ	03-3299-XXXX
山猫スポーツ	ヤマネコスポーツ	03-3388-XXXX
西郷スポーツ	サイゴウスポーツ	03-5555-XXXX
富士山物産	フジヤマブッサン	03-3330-XXXX
長治クラブ	チョウジクラブ	03-3766-XXXX
みどりスポーツ	ミドリスポーツ	03-5688-XXXX
東京富士販売	トウキョウフジハンバイ	03-3888-XXXX
いろは通信販売	イロハツウシンハンバイ	03-5553-XXXX
目黒野球用品	メグロヤキュウヨウヒン	03-3532-XXXX
ミズホ販売	ミズホハンバイ	03-3111-XXXX
富士デパート	フジデパート	03-3203-XXXX
桜富士スポーツクラブ	サクラフジスポーツクラブ	03-3367-XXXX
スポーツスクエア鳥居	スポーツスクエアトリイ	03-3389-XXXX
東販売サービス	ヒガシハンバイサービス	03-3145-XXXX
富士通信販売	フジツウシンハンバイ	03-3212-XXXX
スポーツ富士	スポーツフジ	045-788-XXXX
つるたスポーツ	ツルタスポーツ	045-242-XXXX

クエリが実行され、データシートビューに切り替わります。

③「**得意先名**」「**フリガナ**」「**TEL**」の3つのフィールドが表示されていることを確認します。

STEP UP その他の方法（クエリの実行）

◆《クエリデザイン》タブ→《結果》グループの【実行】(実行)

POINT クエリの実行結果

クエリの実行によって編成された仮想テーブルのデータを変更すると、もとになるテーブルに反映されます。
また、クエリの実行によって表示されるフィールドの列幅は、テーブルで調整したフィールドの列幅が反映されます。

6 並べ替え

クエリでは、特定のフィールドを基準に、レコードを並べ替えることができます。

1 並べ替えの順序

並べ替えの順序には**「昇順」**と**「降順」**があります。

●昇順

数値：0→9
英字：A→Z
日付：古→新
かな：あ→ん

●降順

数値：9→0
英字：Z→A
日付：新→古
かな：ん→あ

2 並べ替え

「フリガナ」フィールドを基準に五十音順（あ→ん）に並べ替えましょう。

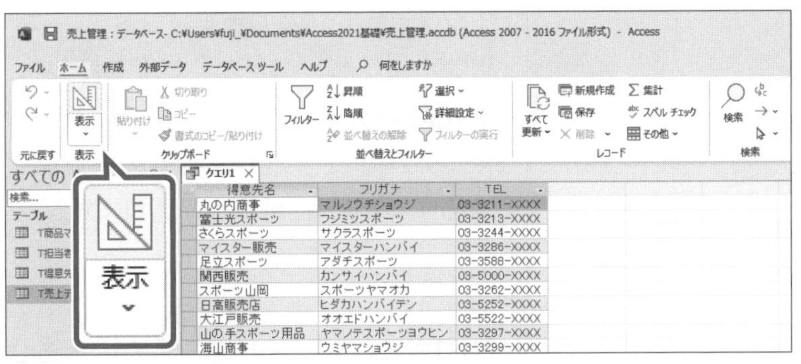

デザインビューに切り替えます。

①**《ホーム》**タブを選択します。

②**《表示》**グループの（表示）をクリックします。

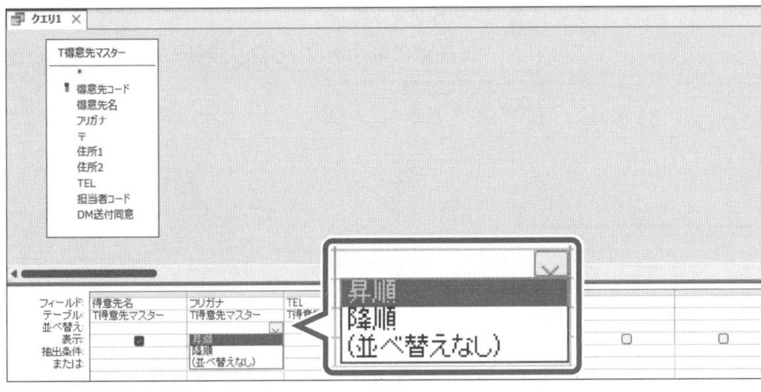

並べ替えを設定します。

③デザイングリッドの**「フリガナ」**フィールドの**《並べ替え》**セルをクリックします。

が表示されます。

④をクリックし、一覧から**《昇順》**を選択します。

クエリ1

得意先名	フリガナ	TEL
足立スポーツ	アダチスポーツ	03-3588-XXXX
いろは通信販売	イロハツウシンハンバイ	03-5553-XXXX
海山商事	ウミヤマショウジ	03-3299-XXXX
大江戸販売	オオエドハンバイ	03-5522-XXXX
関西販売	カンサイハンバイ	03-5000-XXXX
こあらスポーツ	コアラスポーツ	04-2900-XXXX
西郷スポーツ	サイゴウスポーツ	03-5555-XXXX
さくらスポーツ	サクラスポーツ	03-3244-XXXX
桜富士スポーツクラブ	サクラフジスポーツクラブ	03-3367-XXXX
スポーツショップ富士	スポーツショップフジ	043-278-XXXX
スポーツスクエア鳥居	スポーツスクエアトリイ	03-3389-XXXX
スポーツ富士	スポーツフジ	045-788-XXXX
スポーツ山岡	スポーツヤマオカ	03-3262-XXXX
長治クラブ	チョウジクラブ	03-3766-XXXX
つるたスポーツ	ツルタスポーツ	045-242-XXXX
東京富士販売	トウキョウフジハンバイ	03-3888-XXXX
浜辺スポーツ店	ハマベスポーツテン	045-421-XXXX
東販売サービス	ヒガシハンバイサービス	03-3145-XXXX
日高販売店	ヒダカハンバイテン	03-5252-XXXX
富士スポーツ用品	フジスポーツヨウヒン	045-261-XXXX
富士通信販売	フジツウシンハンバイ	03-3212-XXXX
富士デパート	フジデパート	03-3203-XXXX
富士販売センター	フジハンバイセンター	043-228-XXXX
富士光スポーツ	フジミツスポーツ	03-3213-XXXX
富士山物産	フジヤマブッサン	03-3330-XXXX
マイスター販売	マイスターハンバイ	03-3286-XXXX
丸の内商事	マルノウチショウジ	03-3211-XXXX

レコード: 1 / 32　フィルターなし　検索

クエリを実行して、結果を確認します。

⑤**《クエリデザイン》**タブを選択します。

⑥**《結果》**グループの（表示）をクリックします。

データシートビューに切り替わり、**「フリガナ」**フィールドの五十音順で、レコードが並び替わります。

7 フィールドの入れ替え

フィールドを入れ替えて、表示順を変更しましょう。
「フリガナ」フィールドを一番左に移動します。

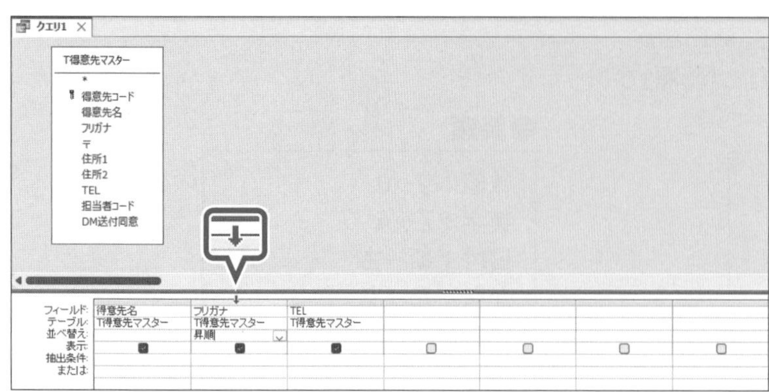

デザインビューに切り替えます。

①**《ホーム》**タブを選択します。

②**《表示》**グループの[表示ボタン]（表示）をクリックします。

③**「フリガナ」**フィールドのフィールドセレクターをポイントします。

マウスポインターの形が⬇に変わります。

④クリックします。

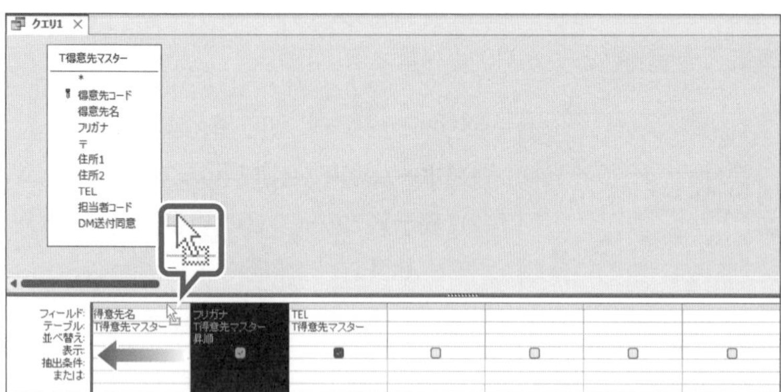

「フリガナ」フィールドが選択されます。

⑤**「フリガナ」**フィールドのフィールドセレクターをポイントします。

マウスポインターの形が[ポインター]に変わります。

⑥図のように、左方向にドラッグします。

ドラッグ中、マウスポインターの形が[ポインター]に変わり、移動先に線が表示されます。

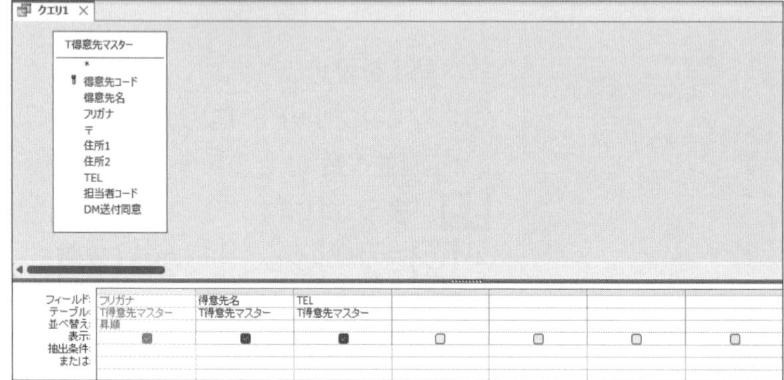

「フリガナ」フィールドが一番左に移動されます。

※任意の場所をクリックし、選択を解除しておきましょう。

クエリ1

フリガナ	得意先名	TEL
アダチスポーツ	足立スポーツ	03-3588-XXXX
イロハツウシンハンバイ	いろは通信販売	03-5553-XXXX
ウミヤマショウジ	海山商事	03-3299-XXXX
オオエドハンバイ	大江戸販売	03-5522-XXXX
カンサイハンバイ	関西販売	03-5000-XXXX
コアラスポーツ	こあらスポーツ	04-2900-XXXX
サイゴウスポーツ	西郷スポーツ	03-5555-XXXX
サクラスポーツ	さくらスポーツ	03-3244-XXXX
サクラフジスポーツクラブ	桜富士スポーツクラブ	03-3367-XXXX
スポーツショップフジ	スポーツショップ富士	043-278-XXXX
スポーツスクエアトリイ	スポーツスクエア鳥居	03-3389-XXXX
スポーツフジ	スポーツ富士	045-788-XXXX
スポーツヤマオカ	スポーツ山岡	03-3262-XXXX
チョウジクラブ	長治クラブ	03-3766-XXXX
ツルタスポーツ	つるたスポーツ	045-242-XXXX
トウキョウフジハンバイ	東京富士販売	03-3888-XXXX
ハマベスポーツテン	浜辺スポーツ店	045-421-XXXX
ヒガシハンバイサービス	東販売サービス	03-3145-XXXX
ヒダカハンバイテン	日高販売店	03-5252-XXXX
フジスポーツヨウヒン	富士スポーツ用品	045-261-XXXX
フジツウシンハンバイ	富士通信販売	03-3212-XXXX
フジデパート	富士デパート	03-3203-XXXX
フジハンバイセンター	富士販売センター	043-228-XXXX
フジミツスポーツ	富士光スポーツ	03-3213-XXXX
フジヤマブッサン	富士山物産	03-3330-XXXX
マイスターハンバイ	マイスター販売	03-3286-XXXX
マルノウチショウジ	丸の内商事	03-3211-XXXX

レコード: 1 / 32　フィルターなし　検索

クエリを実行して、結果を確認します。

⑦**《クエリデザイン》**タブを選択します。

⑧**《結果》**グループの[表示ボタン]（表示）をクリックします。

⑨**「フリガナ」**フィールドが移動されたことを確認します。

8 クエリの保存

作成したクエリに**「Q得意先電話帳」**と名前を付けて保存しましょう。

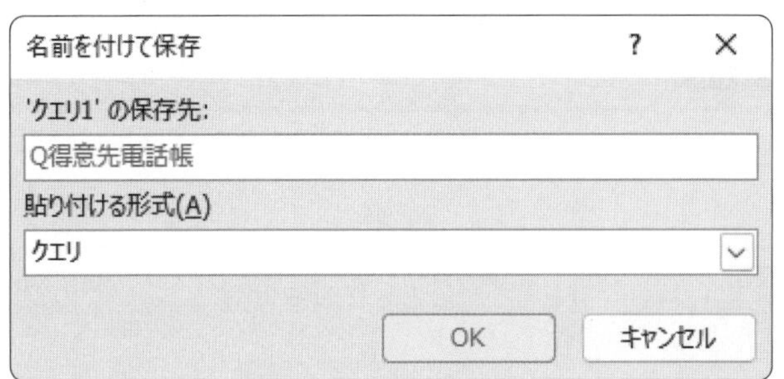

① F12 を押します。

《名前を付けて保存》ダイアログボックスが表示されます。

②**《'クエリ1'の保存先》**に**「Q得意先電話帳」**と入力します。

③**《OK》**をクリックします。

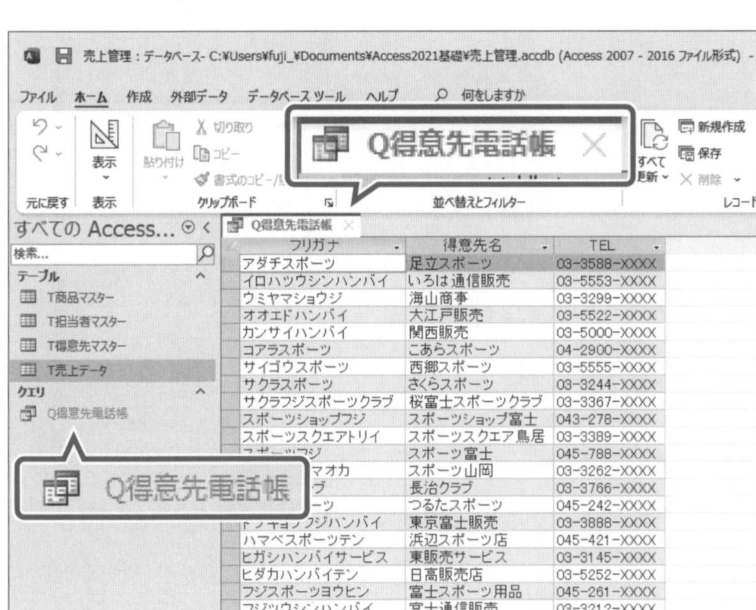

クエリが保存されます。

④タブとナビゲーションウィンドウにクエリ名が表示されていることを確認します。

※クエリ名が表示されていない場合は、ナビゲーションウィンドウのメニューの一覧から《すべてのAccessオブジェクト》を選択します。

クエリを閉じます。

⑤オブジェクトウィンドウのタブの ☒ をクリックします。

STEP UP クエリの保存

クエリを保存すると、データそのものではなく、表示するフィールドや並べ替え、計算式などの設定情報が保存されます。クエリは、実行時にこれらの設定情報を利用して、テーブルに格納されたデータを表示します。
テーブルのデータが変更されると、クエリの抽出結果や計算結果に反映されます。

Step 3 得意先マスターを作成する

第5章　クエリによるデータの加工

1 作成するクエリの確認

次のようなクエリ「**Q得意先マスター**」を作成しましょう。

Q得意先マスター

得意先コード	得意先名	フリガナ	〒	住所1	住所2	TEL	担当者コード	担当者名	DM送付同意
10010	丸の内商事	マルノウチショウジ	100-0005	東京都千代田区丸の内2-X-X	第3千代田ビル	03-3211-XXXX	110	山木　由美	☑
10020	富士光スポーツ	フジミツスポーツ	100-0005	東京都千代田区丸の内1-X-X	東京ビル	03-3213-XXXX	140	吉岡　雄介	☑
10030	さくらスポーツ	サクラスポーツ	111-0031	東京都台東区千束1-X-X	大手町フラワービル7F	03-3244-XXXX	110	山木　由美	☐
10040	マイスター販売	マイスターハンバイ	176-0002	東京都練馬区桜台3-X-X		03-3286-XXXX	130	安藤　百合子	☐
10050	足立スポーツ	アダチスポーツ	131-0033	東京都墨田区向島1-X-X	足立ビル11F	03-3588-XXXX	150	福田　進	☑
10060	関西販売	カンサイハンバイ	108-0075	東京都港区港南5-X-X	江戸ビル	03-5000-XXXX	150	福田　進	☑
10070	スポーツ山岡	スポーツヤマオカ	100-0004	東京都千代田区大手町1-X-X	大手町第一ビル	03-3262-XXXX	110	山木　由美	☑
10080	日高販売店	ヒダカハンバイテン	100-0005	東京都千代田区丸の内2-X-X	平ビル	03-5252-XXXX	140	吉岡　雄介	☐
10090	大江戸販売	オオエドハンバイ	100-0013	東京都千代田区霞が関2-X-X	大江戸ビル6F	03-5522-XXXX	110	山木　由美	☑
10100	山の手スポーツ用品	ヤマノテスポーツヨウヒン	103-0027	東京都中央区日本橋1-X-X	日本橋ビル	03-3297-XXXX	120	佐伯　浩太	☐
10110	海山商事	ウミヤマショウジ	102-0083	東京都千代田区麹町3-X-X	NHビル	03-3299-XXXX	120	佐伯　浩太	☑
10120	山猫スポーツ	ヤマネコスポーツ	102-0082	東京都千代田区一番町5-XX	ヤマネコガーデン4F	03-3388-XXXX	150	福田　進	☑
10130	西郷スポーツ	サイゴウスポーツ	105-0001	東京都港区虎ノ門4-X-X	虎ノ門ビル17F	03-5555-XXXX	140	吉岡　雄介	☑
10140	富士山物産	フジヤマブッサン	106-0031	東京都港区西麻布4-X-X		03-3330-XXXX	120	佐伯　浩太	☐
10150	長治クラブ	チョウジクラブ	104-0032	東京都中央区八丁堀3-X-X	長治ビル	03-3766-XXXX	150	福田　進	☑
10160	みどりスポーツ	ミドリスポーツ	150-0047	東京都渋谷区神山町1-XX		03-5688-XXXX	150	福田　進	☑
10170	東京富士販売	トウキョウフジハンバイ	150-0046	東京都渋谷区松濤1-X-X	渋谷第2ビル	03-3888-XXXX	120	佐伯　浩太	☐
10180	いろは通信販売	イロハツウシンハンバイ	151-0063	東京都渋谷区富ヶ谷2-X-X		03-5553-XXXX	130	安藤　百合子	☑
10190	目黒野球用品	メグロヤキュウヨウヒン	169-0071	東京都新宿区戸塚町1-X-X	目黒野球用品本社ビル	03-3532-XXXX	130	安藤　百合子	☑
10200	ミズホ販売	ミズホハンバイ	162-0811	東京都新宿区水道町5-XX	水道橋大通ビル	03-3111-XXXX	150	福田　進	☐
10210	富士デパート	フジデパート	160-0001	東京都新宿区片町1-X-X	片町第6ビル	03-3203-XXXX	130	安藤　百合子	☑
10220	桜富士スポーツクラブ	サクラフジスポーツクラブ	135-0063	東京都江東区有明1-X-X	有明ISSビル7F	03-3367-XXXX	130	安藤　百合子	☑
10230	スポーツスクエア鳥居	スポーツスクエアトリイ	142-0053	東京都品川区中延5-X-X		03-3389-XXXX	150	福田　進	☑
10240	東販売サービス	ヒガシハンバイサービス	143-0013	東京都大田区大森南3-X-X	大森ビル11F	03-3145-XXXX	150	福田　進	☐
10250	富士通信販売	フジツウシンハンバイ	175-0093	東京都板橋区赤塚新町3-X-X	富士通信ビル	03-3212-XXXX	120	佐伯　浩太	☑
20010	スポーツ富士	スポーツフジ	236-0021	神奈川県横浜市金沢区泥亀2-X-X		045-788-XXXX	140	吉岡　雄介	☑
20020	つるたスポーツ	ツルタスポーツ	231-0051	神奈川県横浜市中区赤門町2-X-X		045-242-XXXX	110	山木　由美	☑
20030	富士スポーツ用品	フジスポーツヨウヒン	231-0045	神奈川県横浜市中区伊勢佐木町3-X-X	伊勢佐木モール	045-261-XXXX	150	福田　進	☐
20040	浜辺スポーツ店	ハマベスポーツテン	221-0012	神奈川県横浜市神奈川区子安台1-X-X	子安台フルハートビル	045-421-XXXX	140	吉岡　雄介	☑
30010	富士販売センター	フジハンバイセンター	264-0031	千葉県千葉市若葉区愛生町5-XX		043-228-XXXX	120	佐伯　浩太	☑
30020	スポーツショップ富士	スポーツショップフジ	261-0012	千葉県千葉市美浜区磯辺4-X-X		043-278-XXXX	120	佐伯　浩太	☑
40010	こあらスポーツ	コアラスポーツ	358-0002	埼玉県入間市東町1-X-X		04-2900-XXXX	110	山木　由美	☐

レコード: 1 / 32　フィルターなし　検索

テーブル「T担当者マスター」から自動的に参照

2 クエリの作成

テーブル「**T得意先マスター**」とテーブル「**T担当者マスター**」をもとに、クエリ「**Q得意先マスター**」を作成しましょう。

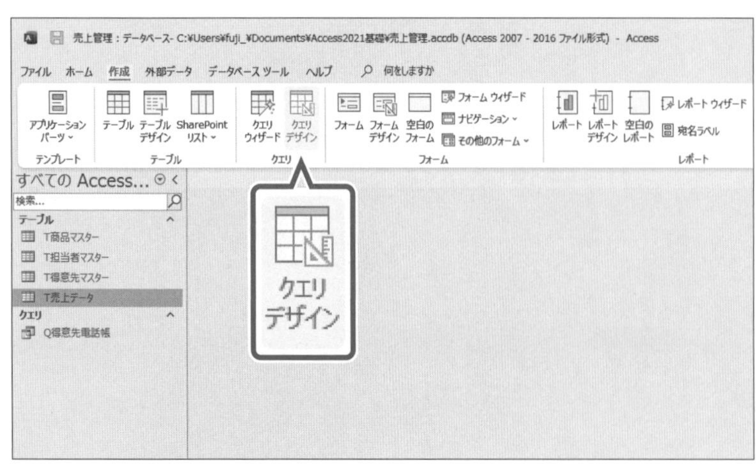

①《**作成**》タブを選択します。

②《**クエリ**》グループの（クエリデザイン）をクリックします。

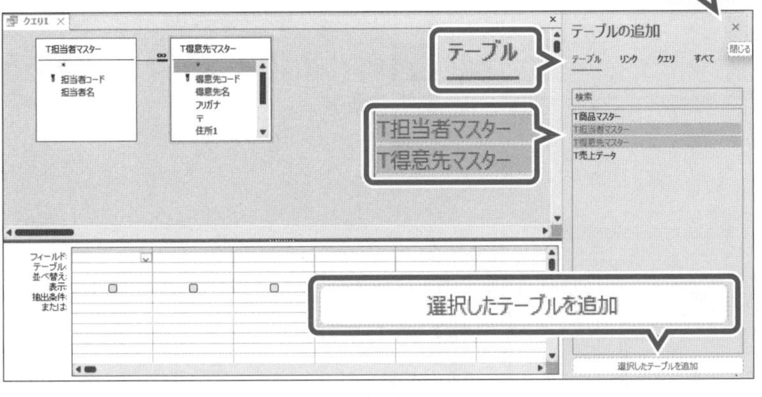

クエリウィンドウと**《テーブルの追加》**が表示されます。

③**《テーブル》**タブを選択します。

④一覧から**「T担当者マスター」**を選択します。

⑤ Shift を押しながら、**「T得意先マスター」**を選択します。

⑥**《選択したテーブルを追加》**をクリックします。

《テーブルの追加》を閉じます。

⑦**《テーブルの追加》**の × (閉じる) をクリックします。

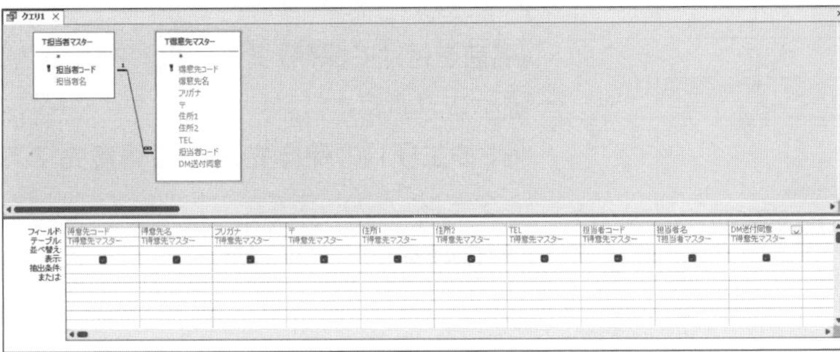

クエリウィンドウに2つのテーブルのフィールドリストが表示されます。

⑧リレーションシップの結合線が表示されていることを確認します。

※図のように、フィールドリストのサイズを調整しておきましょう。

⑨次の順番でフィールドをデザイングリッドに登録します。

テーブル	フィールド
T得意先マスター	得意先コード
〃	得意先名
〃	フリガナ
〃	〒
〃	住所1
〃	住所2
〃	TEL
〃	担当者コード
T担当者マスター	担当者名
T得意先マスター	DM送付同意

※スクロールして、デザイングリッドに登録したフィールドを確認しましょう。

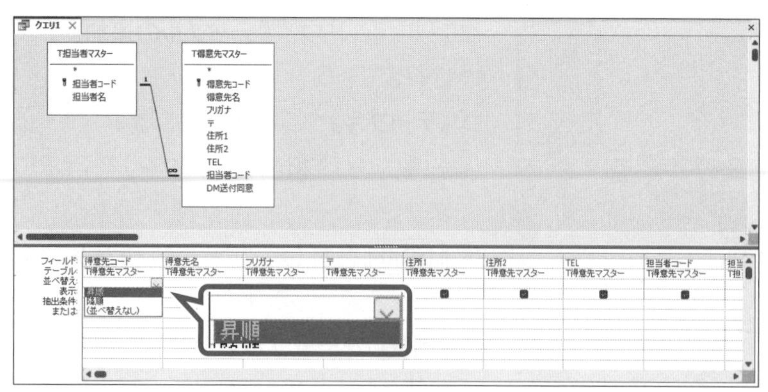

得意先コードを基準に昇順に並べ替えます。

⑩**「得意先コード」**フィールドの**《並べ替え》**セルをクリックします。

⑪ [∨] をクリックし、一覧から**《昇順》**を選択します。

クエリを実行して、結果を確認します。

⑫**《クエリデザイン》**タブを選択します。

⑬**《結果》**グループの [表示アイコン]（表示）をクリックします。

データシートビューに切り替わります。

⑭**「得意先コード」**フィールドの昇順にレコードが並び替わり、**「担当者名」**フィールドが自動的に参照されていることを確認します。

※一覧に表示されていない場合は、スクロールして調整します。

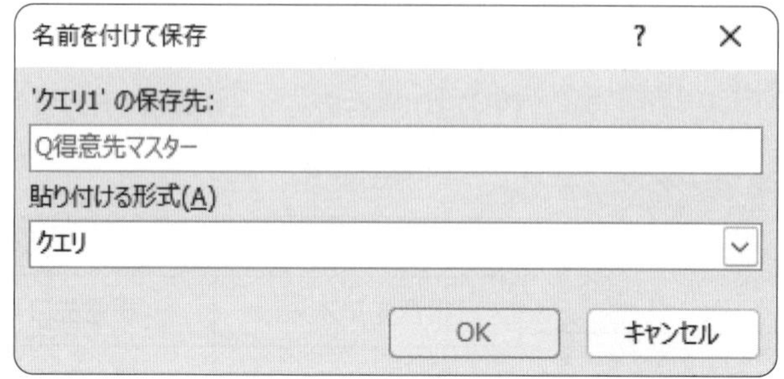

作成したクエリを保存します。

⑮ [F12] を押します。

《名前を付けて保存》ダイアログボックスが表示されます。

⑯**《'クエリ1'の保存先》**に**「Q得意先マスター」**と入力します。

⑰**《OK》**をクリックします。

クエリが保存されます。

※クエリを閉じておきましょう。

STEP 4 売上データを作成する

1 作成するクエリの確認

次のようなクエリ「**Q売上データ**」を作成しましょう。

Q売上データ

売上番号	売上日	得意先コード	得意先名	担当者コード	担当者名	商品コード	商品名	単価	数量	金額	消費税	税込金額
1	2023/04/01	10010	丸の内商事	110	山木 由美	1020	バット（金属製）	¥15,000	5	¥75,000	7500	¥82,500
2	2023/04/01	10220	桜富士スポーツクラブ	130	安藤 百合子	2030	ゴルフシューズ	¥28,000	3	¥84,000	8400	¥92,400
3	2023/04/02	20020	つるたスポーツ	110	山木 由美	3020	スキーブーツ	¥23,000	5	¥115,000	11500	¥126,500
4	2023/04/02	10240	東販売サービス	150	福田 進	1010	バット（木製）	¥18,000	4	¥72,000	7200	¥79,200
5	2023/04/03	10020	富士光スポーツ	140	吉岡 雄介	3010	スキー板	¥55,000	10	¥550,000	55000	¥605,000
6	2023/04/04	20040	浜辺スポーツ店	140	吉岡 雄介	1020	バット（金属製）	¥15,000	4	¥60,000	6000	¥66,000
7	2023/04/05	10220	桜富士スポーツクラブ	130	安藤 百合子	4010	テニスラケット	¥16,000	15	¥240,000	24000	¥264,000
8	2023/04/05	10210	富士デパート	130	安藤 百合子	1030	野球グローブ	¥19,800	20	¥396,000	39600	¥435,600
9	2023/04/08	30010	富士販売センター	120	佐伯 浩太	1020	バット（金属製）	¥15,000	30	¥450,000	45000	¥495,000
10	2023/04/08	10020	富士光スポーツ	140	吉岡 雄介	5010	トレーナー	¥9,800	10	¥98,000	9800	¥107,800
11	2023/04/09	10120	山猫スポーツ	150	福田 進	2010	ゴルフクラブ	¥68,000	15	¥1,020,000	102000	¥1,122,000
12	2023/04/09	10110	海山商事	120	佐伯 浩太	2030	ゴルフシューズ	¥28,000	4	¥112,000	11200	¥123,200
13	2023/04/10	20020	つるたスポーツ	110	山木 由美	3010	スキー板	¥55,000	4	¥220,000	22000	¥242,000
14	2023/04/10	10020	富士光スポーツ	140	吉岡 雄介	2010	ゴルフクラブ	¥68,000	2	¥136,000	13600	¥149,600
15	2023/04/10	10010	丸の内商事	110	山木 由美	4020	テニスボール	¥1,500	50	¥75,000	7500	¥82,500
16	2023/04/11	20040	浜辺スポーツ店	140	吉岡 雄介	3020	スキーブーツ	¥23,000	10	¥230,000	23000	¥253,000
17	2023/04/11	10050	足立スポーツ	150	福田 進	1020	バット（金属製）	¥15,000	5	¥75,000	7500	¥82,500
18	2023/04/12	10010	丸の内商事	110	山木 由美	2010	ゴルフクラブ	¥68,000	25	¥1,700,000	170000	¥1,870,000
19	2023/04/12	10180	いろは通信販売	130	安藤 百合子	3020	スキーブーツ	¥23,000	6	¥138,000	13800	¥151,800
20	2023/04/12	10020	富士光スポーツ	140	吉岡 雄介	2010	ゴルフクラブ	¥68,000	30	¥2,040,000	204000	¥2,244,000
21	2023/04/15	40010	こあらスポーツ	110	山木 由美	4020	テニスボール	¥1,500	2	¥3,000	300	¥3,300
22	2023/04/15	10060	関西販売	150	福田 進	1030	野球グローブ	¥19,800	2	¥39,600	3960	¥43,560
23	2023/04/16	10080	日高販売店	140	吉岡 雄介	1010	バット（木製）	¥18,000	10	¥180,000	18000	¥198,000
24	2023/04/16	10100	山の手スポーツ用品	120	佐伯 浩太	1020	バット（金属製）	¥15,000	12	¥180,000	18000	¥198,000
25	2023/04/17	10120	山猫スポーツ	150	福田 進	1030	野球グローブ	¥19,800	5	¥99,000	9900	¥108,900
26	2023/04/17	10020	富士光スポーツ	140	吉岡 雄介	1010	バット（木製）	¥18,000	3	¥54,000	5400	¥59,400
27	2023/04/18	10020	富士光スポーツ	140	吉岡 雄介	5010	トレーナー	¥9,800	5	¥49,000	4900	¥53,900

レコード: 1 / 161 フィルターなし 検索

テーブル「T得意先マスター」から自動的に参照

テーブル「T担当者マスター」から自動的に参照

テーブル「T商品マスター」から自動的に参照

既存のフィールドをもとに計算

2 クエリの作成

「**T売上データ**」「**T得意先マスター**」「**T担当者マスター**」「**T商品マスター**」の4つのテーブルをもとに、クエリ「**Q売上データ**」を作成しましょう。

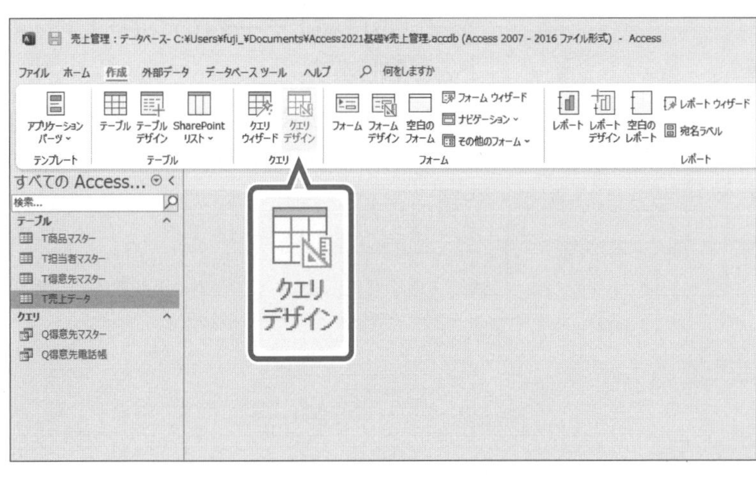

①《**作成**》タブを選択します。

②《**クエリ**》グループの（クエリデザイン）をクリックします。

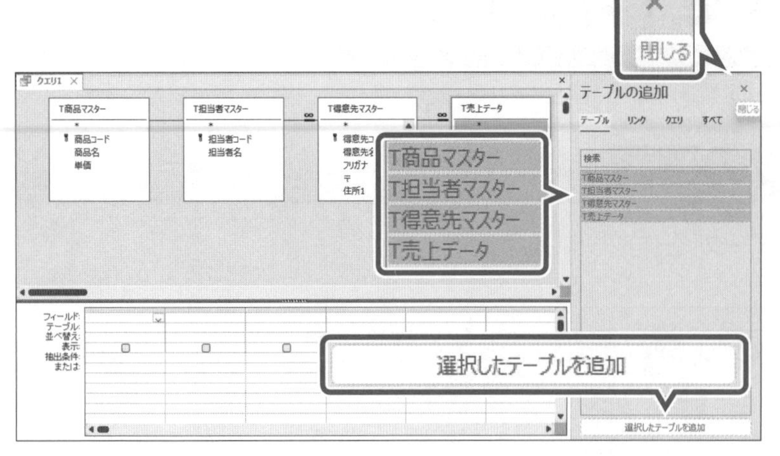

クエリウィンドウと**《テーブルの追加》**が表示されます。

③**《テーブル》**タブを選択します。

④一覧から**「T商品マスター」**を選択します。

⑤ Shift を押しながら、**「T売上データ」**を選択します。

⑥**《選択したテーブルを追加》**をクリックします。

《テーブルの追加》を閉じます。

⑦**《テーブルの追加》**の × (閉じる) をクリックします。

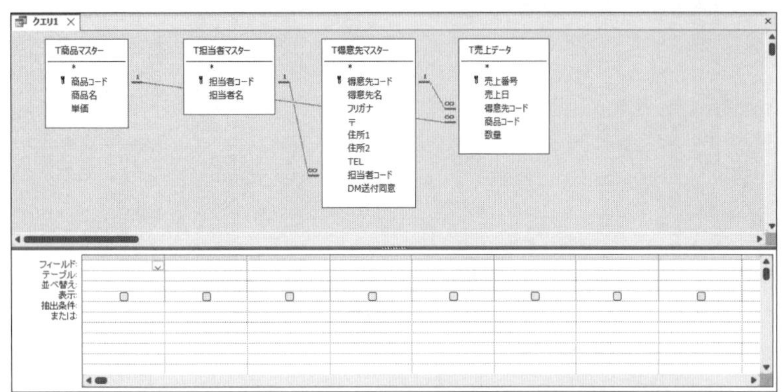

クエリウィンドウに4つのテーブルのフィールドリストが表示されます。

⑧リレーションシップの結合線が表示されていることを確認します。

※図のように、フィールドリストのサイズを調整しておきましょう。

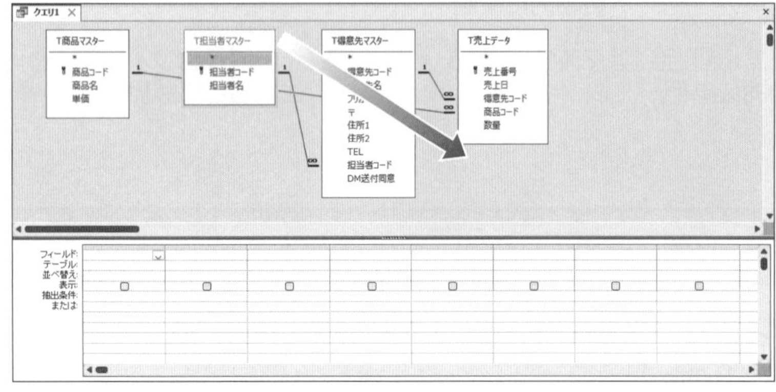

リレーションシップの設定を見やすくするために、フィールドリストの配置を変更します。

テーブル**「T担当者マスター」**のフィールドリストを移動します。

⑨フィールドリストのタイトルバーを図のようにドラッグします。

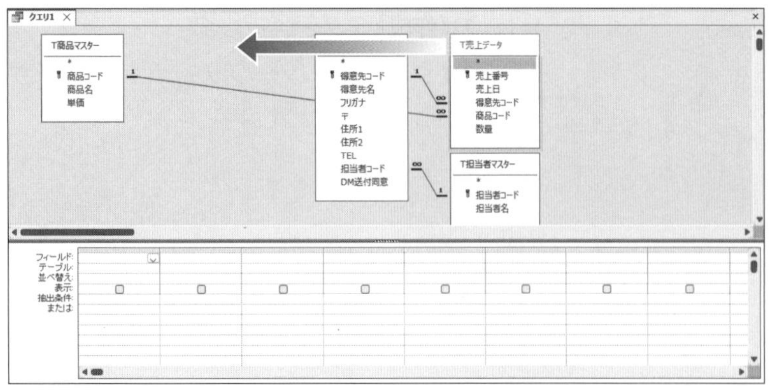

テーブル**「T売上データ」**のフィールドリストを移動します。

⑩フィールドリストのタイトルバーを図のようにドラッグします。

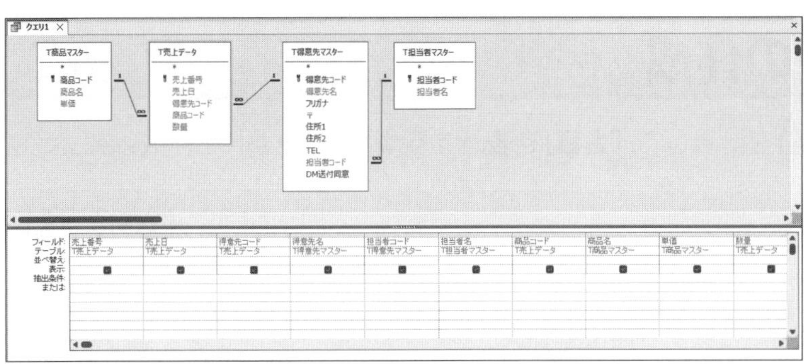

フィールドリストが移動されます。

※図のようにフィールドリストを配置しておきましょう。

⑪次の順番でフィールドをデザイングリッドに登録します。

テーブル	フィールド
T売上データ	売上番号
〃	売上日
〃	得意先コード
T得意先マスター	得意先名
〃	担当者コード
T担当者マスター	担当者名
T売上データ	商品コード
T商品マスター	商品名
〃	単価
T売上データ	数量

※スクロールして、デザイングリッドに登録したフィールドを確認しましょう。

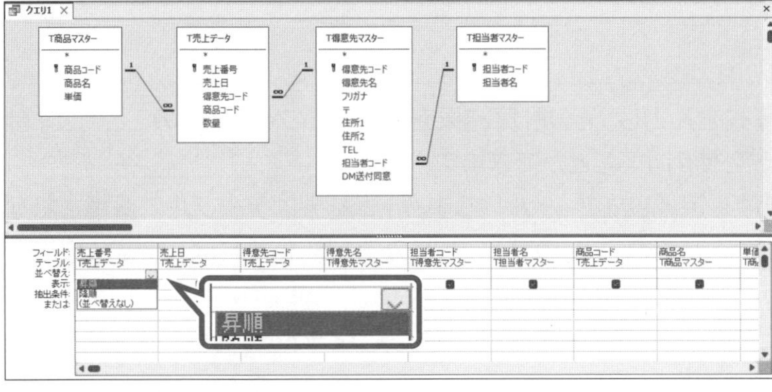

「売上番号」フィールドを基準に昇順に並べ替えます。

⑫**「売上番号」**フィールドの**《並べ替え》**セルをクリックします。

⑬ をクリックし、一覧から**《昇順》**を選択します。

売上番号	売上日	得意先コード	得意先名	担当者コード	担当者名	商品コード	商品名	単価	数量
1	2023/04/01	10010	丸の内商事	110	山木 由美	1020	バット(金属製)	¥15,000	5
2	2023/04/01	10220	桜富士スポーツクラブ	130	安藤 百合子	2030	ゴルフシューズ	¥28,000	3
3	2023/04/02	20020	つるたスポーツ	110	山木 由美	3020	スキーブーツ	¥23,000	5
4	2023/04/02	10240	東販売サービス	150	福田 進	1010	バット(木製)	¥18,000	4
5	2023/04/03	10020	富士光スポーツ	140	吉岡 雄介	3010	スキー板	¥55,000	10
6	2023/04/04	20040	浜辺スポーツ店	140	吉岡 雄介	1020	バット(金属製)	¥15,000	4
7	2023/04/05	10220	桜富士スポーツクラブ	130	安藤 百合子	4010	テニスラケット	¥16,000	15
8	2023/04/05	10210	富士デパート	130	安藤 百合子	1030	野球グローブ	¥19,800	20
9	2023/04/08	30010	富士販売センター	120	佐伯 浩太	1020	バット(金属製)	¥15,000	30
10	2023/04/08	10020	富士光スポーツ	140	吉岡 雄介	5010	トレーナー	¥9,800	10
11	2023/04/09	10120	山猫スポーツ	150	福田 進	2010	ゴルフクラブ	¥68,000	15
12	2023/04/09	10110	海山商事	120	佐伯 浩太	2030	ゴルフシューズ	¥28,000	4
13	2023/04/10	20020	つるたスポーツ	110	山木 由美	3010	スキー板	¥55,000	4
14	2023/04/10	10020	富士光スポーツ	140	吉岡 雄介	2010	ゴルフクラブ	¥68,000	2
15	2023/04/10	10010	丸の内商事	110	山木 由美	4020	テニスボール	¥1,500	50
16	2023/04/11	20040	浜辺スポーツ店	140	吉岡 雄介	3020	スキーブーツ	¥23,000	10
17	2023/04/11	10050	足立スポーツ	150	福田 進	1020	バット(金属製)	¥15,000	5
18	2023/04/12	10010	丸の内商事	110	山木 由美	2010	ゴルフクラブ	¥68,000	25
19	2023/04/12	10180	いろは通信販売	130	安藤 百合子	3020	スキーブーツ	¥23,000	6
20	2023/04/12	10020	富士光スポーツ	140	吉岡 雄介	2010	ゴルフクラブ	¥68,000	30
21	2023/04/15	40010	こあらスポーツ	110	山木 由美	4020	テニスボール	¥1,500	2
22	2023/04/15	10060	関西販売	150	福田 進	1030	野球グローブ	¥19,800	2
23	2023/04/16	10080	日高販売店	140	吉岡 雄介	1010	バット(木製)	¥18,000	10
24	2023/04/16	10100	山の手スポーツ用品	120	佐伯 浩太	1020	バット(金属製)	¥15,000	12
25	2023/04/17	10120	山猫スポーツ	150	福田 進	1030	野球グローブ	¥19,800	5
26	2023/04/17	10020	富士光スポーツ	140	吉岡 雄介	1010	バット(木製)	¥18,000	3
27	2023/04/18	10020	富士光スポーツ	140	吉岡 雄介	5010	トレーナー	¥9,800	5

レコード: 1 / 161

クエリを実行して、結果を確認します。

⑭**《クエリデザイン》**タブを選択します。

⑮**《結果》**グループの (表示) をクリックします。

データシートビューに切り替わります。

⑯**「売上番号」**フィールドの昇順にレコードが並び替わり、次の各フィールドが自動的に参照されていることを確認します。

得意先名
担当者名
商品名
単価

1 2 3 4 5 6 7 8 9 総合問題 索引

3 演算フィールドの作成

次のように、**「単価」**×**「数量」**を計算して、**「金額」**を表示する演算フィールドを作成しましょう。

演算フィールド

クエリ1

売上番号	売上日	得意先コード	得意先名	担当者コード	担当者名	商品コード	商品名	単価	数量	金額
1	2023/04/01	10010	丸の内商事	110	山木　由美	1020	バット（金属製）	¥15,000	5	¥75,000
2	2023/04/01	10220	桜富士スポーツクラブ	130	安藤　百合子	2030	ゴルフシューズ	¥28,000	3	¥84,000
3	2023/04/02	20020	つるたスポーツ	110	山木　由美	3020	スキーブーツ	¥23,000	5	¥115,000
4	2023/04/02	10240	東販売サービス	150	福田　進	1010	バット（木製）	¥18,000	4	¥72,000
5	2023/04/03	10020	富士光スポーツ	140	吉岡　雄介	3010	スキー板	¥55,000	10	¥550,000
6	2023/04/04	20040	浜辺スポーツ店	140	吉岡　雄介	1020	バット（金属製）	¥15,000	4	¥60,000
7	2023/04/05	10220	桜富士スポーツクラブ	130	安藤　百合子	4010	テニスラケット	¥16,000	15	¥240,000
8	2023/04/05	10210	富士デパート	130	安藤　百合子	1030	野球グローブ	¥19,800	20	¥396,000
9	2023/04/08	30010	富士販売センター	120	佐伯　浩太	1020	バット（金属製）	¥15,000	30	¥450,000
10	2023/04/08	10020	富士光スポーツ	140	吉岡　雄介	5010	トレーナー	¥9,800	10	¥98,000
11	2023/04/09	10120	山猫スポーツ	150	福田　進	2010	ゴルフクラブ	¥68,000	15	¥1,020,000
12	2023/04/09	10110	海山商事	120	佐伯　浩太	2030	ゴルフシューズ	¥28,000	4	¥112,000
13	2023/04/10	20020	つるたスポーツ	110	山木　由美	3010	スキー板	¥55,000	4	¥220,000
14	2023/04/10	10020	富士光スポーツ	140	吉岡　雄介	2010	ゴルフクラブ	¥68,000	2	¥136,000
15	2023/04/10	10010	丸の内商事	110	山木　由美	4020	テニスボール	¥1,500	50	¥75,000
16	2023/04/11	20040	浜辺スポーツ店	140	吉岡　雄介	3020	スキーブーツ	¥23,000	10	¥230,000
17	2023/04/11	10050	足立スポーツ	150	福田　進	1020	バット（金属製）	¥15,000	5	¥75,000
18	2023/04/12	10010	丸の内商事	110	山木　由美	2010	ゴルフクラブ	¥68,000	25	¥1,700,000
19	2023/04/12	10180	いろは通信販売	130	安藤　百合子	3020	スキーブーツ	¥23,000	6	¥138,000
20	2023/04/12	10020	富士光スポーツ	140	吉岡　雄介	2010	ゴルフクラブ	¥68,000	30	¥2,040,000
21	2023/04/15	40010	こあらスポーツ	110	山木　由美	4020	テニスボール	¥1,500	2	¥3,000
22	2023/04/15	10060	関西販売	150	福田　進	1030	野球グローブ	¥19,800	2	¥39,600
23	2023/04/16	10080	日高販売店	140	吉岡　雄介	1010	バット（木製）	¥18,000	10	¥180,000
24	2023/04/16	10100	山の手スポーツ用品	120	佐伯　浩太	1020	バット（金属製）	¥15,000	12	¥180,000
25	2023/04/17	10120	山猫スポーツ	150	福田　進	1030	野球グローブ	¥19,800	5	¥99,000
26	2023/04/17	10020	富士光スポーツ	140	吉岡　雄介	1010	バット（木製）	¥18,000	3	¥54,000
27	2023/04/18	10020	富士光スポーツ	140	吉岡　雄介	5010	トレーナー	¥9,800	5	¥49,000

レコード: 1 / 161　フィルターなし　検索

1 演算フィールド

「演算フィールド」とは、計算式を入力し、その計算結果を表示するフィールドのことです。計算式には、既存のフィールドを使用することができます。

演算フィールドは計算式だけを定義したフィールドです。計算結果はテーブルに蓄積されないので、ディスク容量を節約できます。もとのフィールドの値が変化すれば、計算結果に反映されます。

クエリのデザイングリッドに演算フィールドを作成するには、**《フィールド》**セルに次のように入力します。

❶作成するフィールド名

❷：（コロン）

❸計算式

※フィールド名の[ ]は省略できます。「：（コロン）」や算術演算子は半角で入力します。

POINT 算術演算子

演算フィールドでは、次のような算術演算子を使います。

算術演算子	意味
+	加算
−	減算
*	乗算
/	除算
^	べき乗

2 演算フィールドの作成

「金額」フィールドを作成しましょう。**「金額」**は**「単価」**×**「数量」**で求めます。

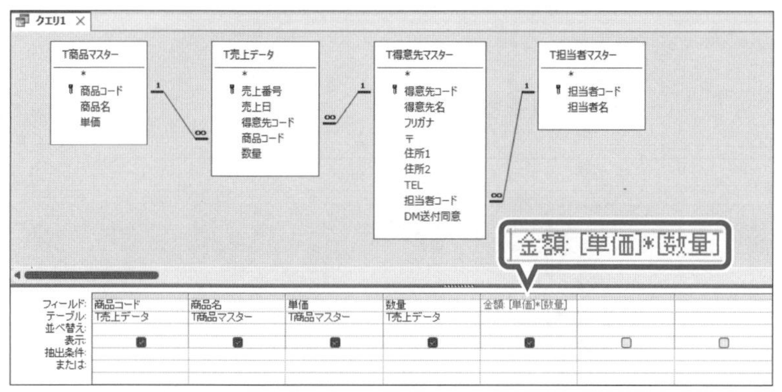

デザインビューに切り替えます。

①**《ホーム》**タブを選択します。

②**《表示》**グループの（表示）をクリックします。

③**「数量」**フィールドの右の**《フィールド》**セルに次のように入力します。

金額：[単価]*[数量]

※記号は半角で入力します。入力の際、[ ]は省略できます。

クエリを実行して、結果を確認します。

④**《クエリデザイン》**タブを選択します。

⑤**《結果》**グループの（表示）をクリックします。

⑥**「金額」**フィールドが作成され、計算結果が表示されていることを確認します。

※一覧に表示されていない場合は、スクロールして調整します。

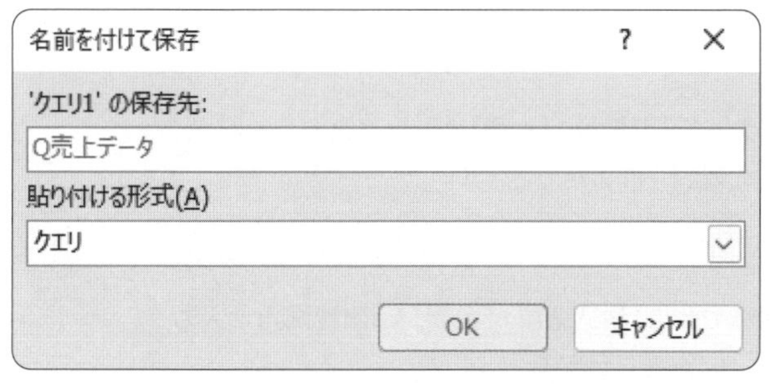

作成したクエリを保存します。

⑦ F12 を押します。

《名前を付けて保存》ダイアログボックスが表示されます。

⑧**《'クエリ1'の保存先》**に**「Q売上データ」**と入力します。

⑨**《OK》**をクリックします。

クエリが保存されます。

※クエリを閉じておきましょう。

ためしてみよう

①クエリ「Q売上データ」をデザインビューで開きましょう。

HINT ナビゲーションウィンドウのクエリ名を右クリック→《デザインビュー》を使います。

②「金額」フィールドの右に「消費税」フィールドを作成しましょう。「金額×0.1」を表示します。
③「消費税」フィールドの右に「税込金額」フィールドを作成しましょう。「金額+消費税」を表示します。
※クエリを実行して、結果を確認しましょう。一覧に表示されていない場合は、スクロールして調整します。
※クエリを上書き保存し、閉じておきましょう。

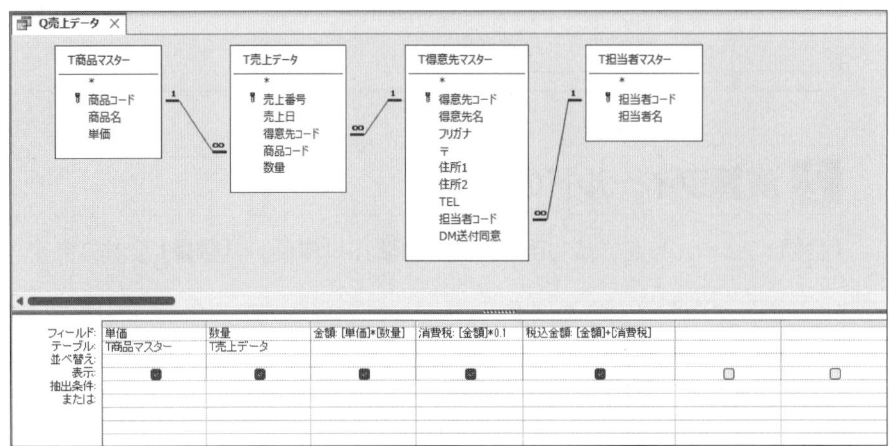

Q売上データ

売上番号	売上日	得意先コード	得意先名	担当者コード	担当者名	商品コード	商品名	単価	数量	金額	消費税	税込金額
1	2023/04/01	10010	丸の内商事	110	山木 由美	1020	バット(金属製)	¥15,000	5	¥75,000	7500	¥82,500
2	2023/04/01	10220	桜富士スポーツクラブ	130	安藤 百合子	2030	ゴルフシューズ	¥28,000	3	¥84,000	8400	¥92,400
3	2023/04/02	20020	つるたスポーツ	110	山木 由美	3020	スキーブーツ	¥23,000	5	¥115,000	11500	¥126,500
4	2023/04/02	10240	東販売サービス	150	福田 進	1010	バット(木製)	¥18,000	4	¥72,000	7200	¥79,200
5	2023/04/03	10020	富士光スポーツ	140	吉岡 雄介	3010	スキー板	¥55,000	10	¥550,000	55000	¥605,000
6	2023/04/04	20040	浜辺スポーツ店	140	吉岡 雄介	1020	バット(金属製)	¥15,000	4	¥60,000	6000	¥66,000
7	2023/04/05	10220	桜富士スポーツクラブ	130	安藤 百合子	4010	テニスラケット	¥16,000	15	¥240,000	24000	¥264,000
8	2023/04/05	10210	富士デパート	130	安藤 百合子	1030	野球グローブ	¥19,800	20	¥396,000	39600	¥435,600
9	2023/04/08	30010	富士販売センター	120	佐伯 浩太	1020	バット(金属製)	¥15,000	30	¥450,000	45000	¥495,000
10	2023/04/08	10020	富士光スポーツ	140	吉岡 雄介	5010	トレーナー	¥9,800	10	¥98,000	9800	¥107,800
11	2023/04/09	10120	山猫スポーツ	150	福田 進	2010	ゴルフクラブ	¥68,000	15	¥1,020,000	102000	¥1,122,000
12	2023/04/09	10110	海山商事	120	佐伯 浩太	2030	ゴルフシューズ	¥28,000	4	¥112,000	11200	¥123,200
13	2023/04/10	20020	つるたスポーツ	110	山木 由美	3010	スキー板	¥55,000	4	¥220,000	22000	¥242,000
14	2023/04/10	10020	富士光スポーツ	140	吉岡 雄介	2010	ゴルフクラブ	¥68,000	2	¥136,000	13600	¥149,600
15	2023/04/10	10010	丸の内商事	110	山木 由美	4020	テニスボール	¥1,500	50	¥75,000	7500	¥82,500
16	2023/04/11	20040	浜辺スポーツ店	140	吉岡 雄介	3020	スキーブーツ	¥23,000	10	¥230,000	23000	¥253,000
17	2023/04/11	10050	足立スポーツ	150	福田 進	1020	バット(金属製)	¥15,000	5	¥75,000	7500	¥82,500
18	2023/04/12	10010	丸の内商事	110	山木 由美	2010	ゴルフクラブ	¥68,000	25	¥1,700,000	170000	¥1,870,000
19	2023/04/12	10180	いろは通信販売	130	安藤 百合子	3020	スキーブーツ	¥23,000	6	¥138,000	13800	¥151,800
20	2023/04/12	10020	富士光スポーツ	140	吉岡 雄介	2010	ゴルフクラブ	¥68,000	30	¥2,040,000	204000	¥2,244,000
21	2023/04/15	40010	こあらスポーツ	110	山木 由美	4020	テニスボール	¥1,500	2	¥3,000	300	¥3,300
22	2023/04/15	10060	関西販売	150	福田 進	1030	野球グローブ	¥19,800	2	¥39,600	3960	¥43,560
23	2023/04/16	10080	日高販売店	140	吉岡 雄介	1010	バット(木製)	¥18,000	10	¥180,000	18000	¥198,000
24	2023/04/16	10100	山の手スポーツ用品	120	佐伯 浩太	1020	バット(金属製)	¥15,000	12	¥180,000	18000	¥198,000
25	2023/04/17	10120	山猫スポーツ	150	福田 進	1030	野球グローブ	¥19,800	5	¥99,000	9900	¥108,900
26	2023/04/17	10020	富士光スポーツ	140	吉岡 雄介	1010	バット(木製)	¥18,000	3	¥54,000	5400	¥59,400
27	2023/04/18	10020	富士光スポーツ	140	吉岡 雄介	5010	トレーナー	¥9,800	5	¥49,000	4900	¥53,900

レコード: 1 / 161 フィルターなし 検索

①

①ナビゲーションウィンドウのクエリ「Q売上データ」を右クリック
②《デザインビュー》をクリック

②

①「金額」フィールドの右の《フィールド》セルに「消費税:[金額]*0.1」と入力
※数字と記号は半角で入力します。入力の際、[ ]は省略できます。

③

①「消費税」フィールドの右の《フィールド》セルに「税込金額:[金額]+[消費税]」と入力
※記号は半角で入力します。入力の際、[ ]は省略できます。
※「税込金額」フィールドのフィールドセレクターの右側の境界線をダブルクリックし、列幅を調整して、計算式を確認しましょう。

第6章

フォームによる データの入力

第6章 この章で学ぶこと

学習前に習得すべきポイントを理解しておき、
学習後には確実に習得できたかどうかを振り返りましょう。

■ フォームで何ができるかを説明できる。 →P.109 ☐☐☐

■ フォームのビューの違いを理解し、使い分けることができる。 →P.110 ☐☐☐

■ フォームウィザードでフォームを作成できる。 →P.111 ☐☐☐

■ フォームにデータを入力できる。 →P.118 ☐☐☐

■ コントロールを削除できる。 →P.126 ☐☐☐

■ コントロールのサイズを変更できる。 →P.127 ☐☐☐

■ コントロールを移動できる。 →P.127 ☐☐☐

■ コントロールの書式を設定できる。 →P.129 ☐☐☐

■ データを書き換えることのないように、コントロールにプロパティを設定できる。 →P.131 ☐☐☐

■ カーソルが移動しないように、コントロールにプロパティを設定できる。 →P.132 ☐☐☐

■ 複数のレコードを一覧で表示するフォームを作成できる。 →P.145 ☐☐☐

■ フォームのタイトルを編集できる。 →P.146 ☐☐☐

STEP 1 フォームの概要

1 フォームの概要

「フォーム」とは、効率よくデータを入力したり、更新したりするためのオブジェクトです。
フォームを利用すると、1レコードや複数レコードを1画面に表示したり、帳票形式で表示したりできるので、データの入力が容易になります。

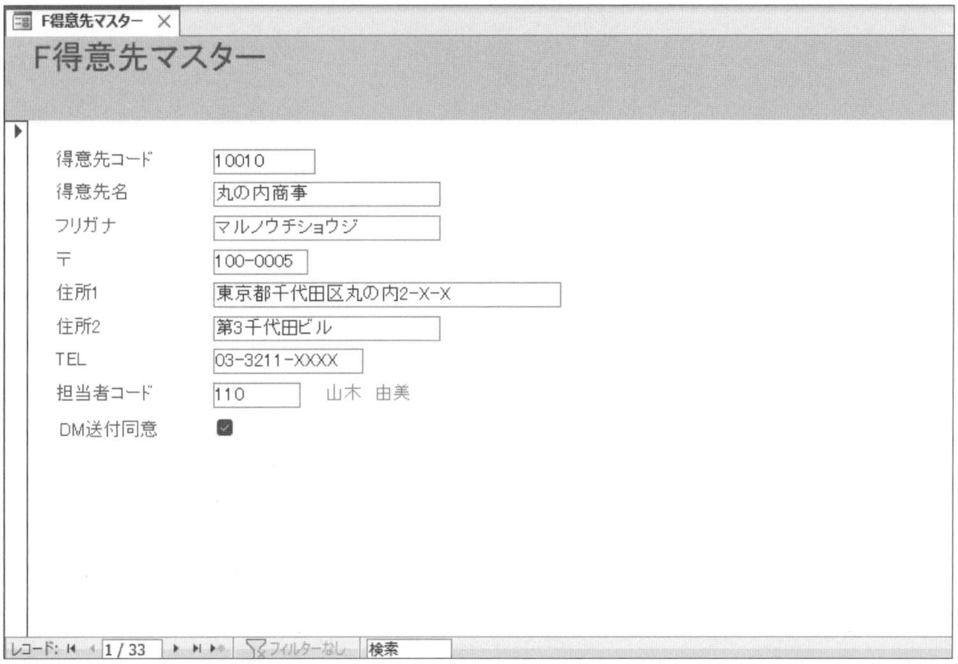

F得意先マスター

F得意先マスター

得意先コード	10010
得意先名	丸の内商事
フリガナ	マルノウチショウジ
〒	100-0005
住所1	東京都千代田区丸の内2-X-X
住所2	第3千代田ビル
TEL	03-3211-XXXX
担当者コード	110 山木 由美
DM送付同意	☑

レコード: 1 / 33 フィルターなし 検索

F商品マスター

F商品マスター

商品コード	商品名	単価
1010	バット（木製）	¥18,000

レコード: 1 / 12 フィルターなし 検索

2 フォームのビュー

フォームには、次のようなビューがあります。

●フォームビュー

フォームビューは、データ入力用のビューです。
データを入力したり、更新したりします。
フォームのレイアウトを変更したり、構造を定義したりすることはできません。

●レイアウトビュー

レイアウトビューは、フォームの基本的なレイアウトを変更するビューです。実際のデータを表示した状態で、データに合わせてサイズや位置を調整することができます。
データを入力することはできません。

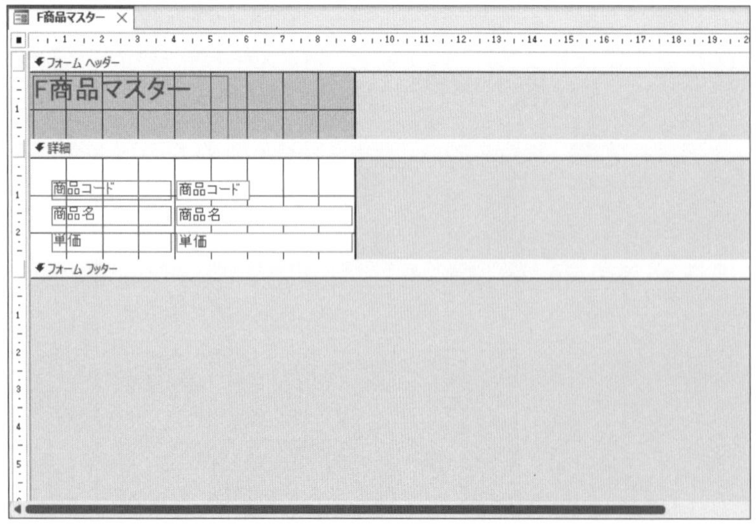

●デザインビュー

デザインビューは、フォームの構造の詳細を変更するビューです。実際のデータは表示されませんが、レイアウトビューよりもより細かくデザインを変更することができます。
データを入力することはできません。

Step 2 商品マスターの入力画面を作成する

1 作成するフォームの確認

次のようなフォーム**「F商品マスター」**を作成しましょう。

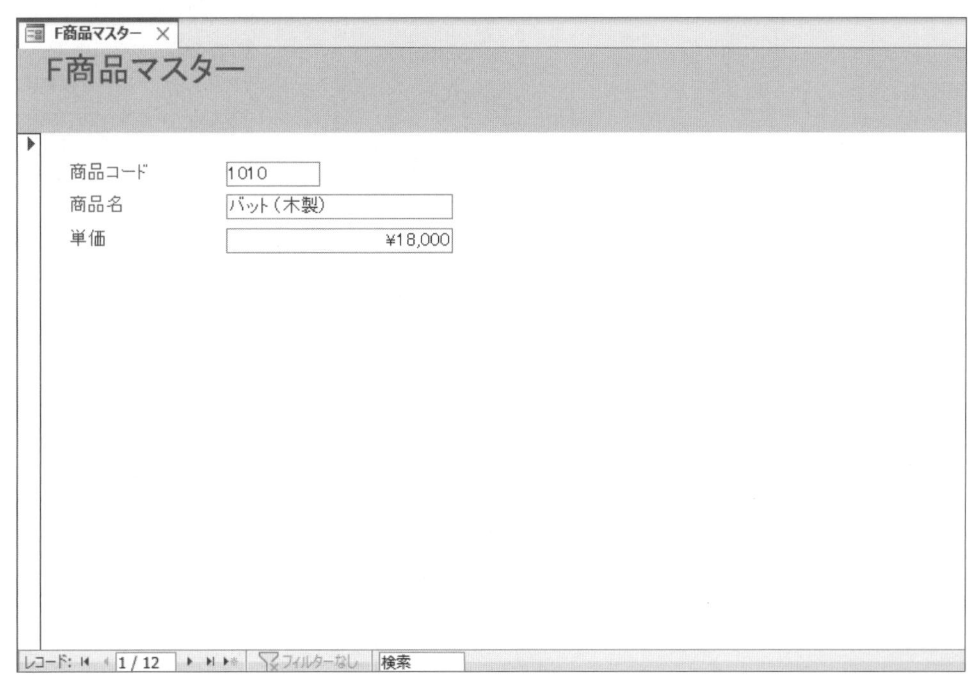

2 フォームの作成

フォームウィザードを使って、テーブル**「T商品マスター」**をもとに、フォーム**「F商品マスター」**を作成しましょう。

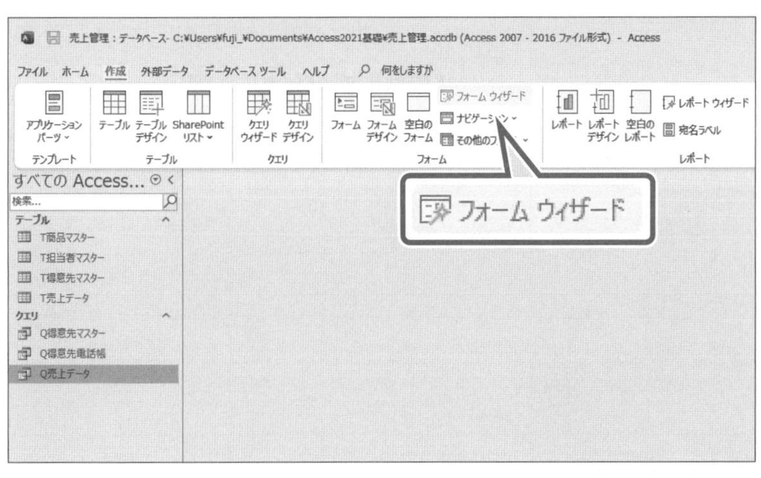

①**《作成》**タブを選択します。
②**《フォーム》**グループの フォーム ウィザード （フォームウィザード）をクリックします。

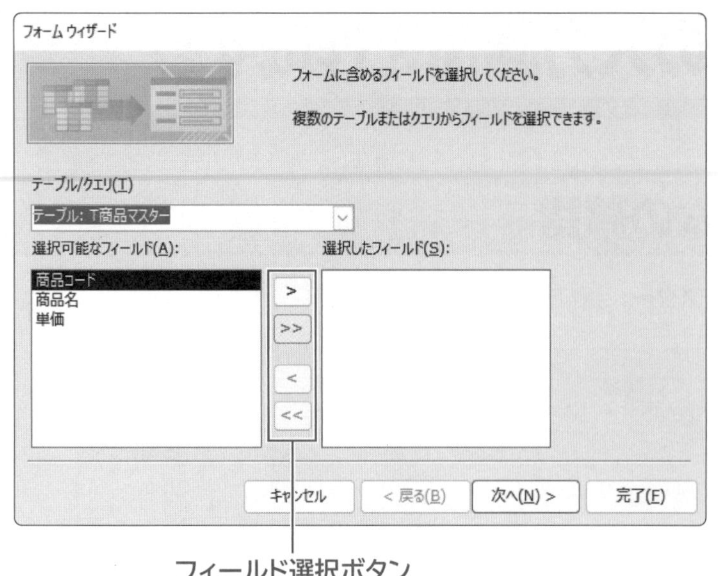

フィールド選択ボタン

《フォームウィザード》が表示されます。

③**《テーブル/クエリ》**の[v]をクリックし、一覧から**「テーブル：T商品マスター」**を選択します。

すべてのフィールドを選択します。

④[>>]をクリックします。

POINT　フィールド選択ボタン

すべてのフィールドを一度に選択したり、選択したフィールドを解除したりできます。

ボタン	説明
[>]	フィールドを選択する
[>>]	すべてのフィールドを選択する
[<]	選択したフィールドを解除する
[<<]	選択したすべてのフィールドを解除する

《選択したフィールド》にすべてのフィールドが移動します。

⑤**《次へ》**をクリックします。

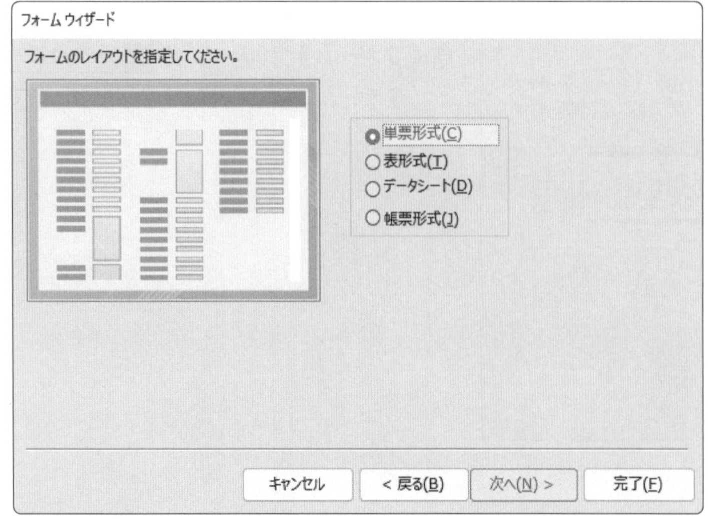

フォームのレイアウトを指定します。

⑥**《単票形式》**を(●)にします。

⑦**《次へ》**をクリックします。

フォーム名を入力します。

⑧**《フォーム名を指定してください。》**に**「F商品マスター」**と入力します。

⑨**《フォームを開いてデータを入力する》**を◉にします。

⑩**《完了》**をクリックします。

作成したフォームがフォームビューで表示されます。

データをフォームビューで確認します。

⑪1件目のレコードが表示されていることを確認します。

⑫ ▶ （次のレコード）をクリックします。

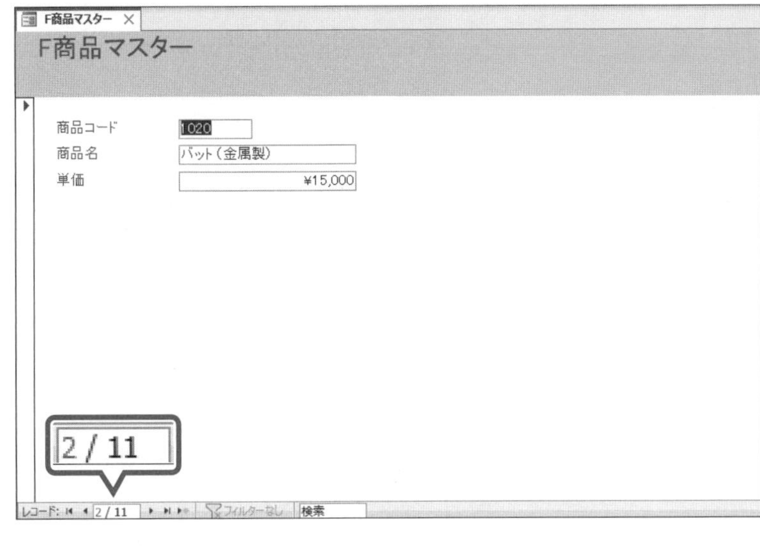

2件目のレコードが表示されます。

⑬同様に、最終のレコードまで確認します。

POINT フォームの作成方法

フォームを作成する方法には、次のようなものがあります。

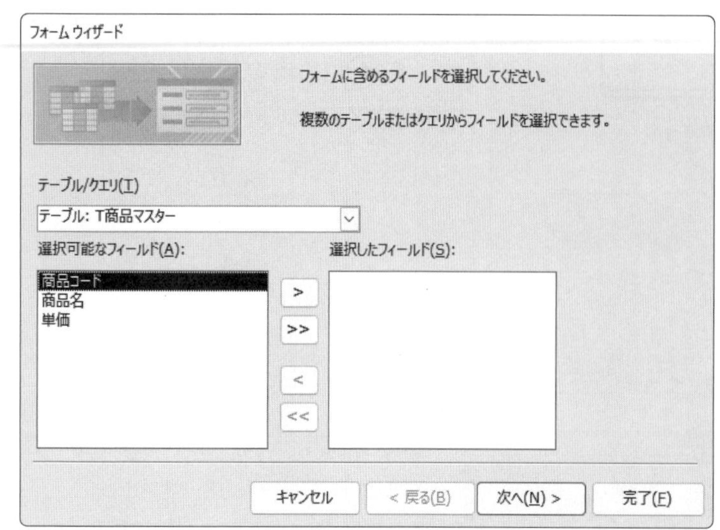

●フォームウィザードで作成

《作成》タブ→《フォーム》グループの［フォーム ウィザード］（フォームウィザード）をクリックして対話形式で設問に答えることにより、もとになるテーブルやクエリ、フィールド、表示形式などが設定され、フォームが作成されます。

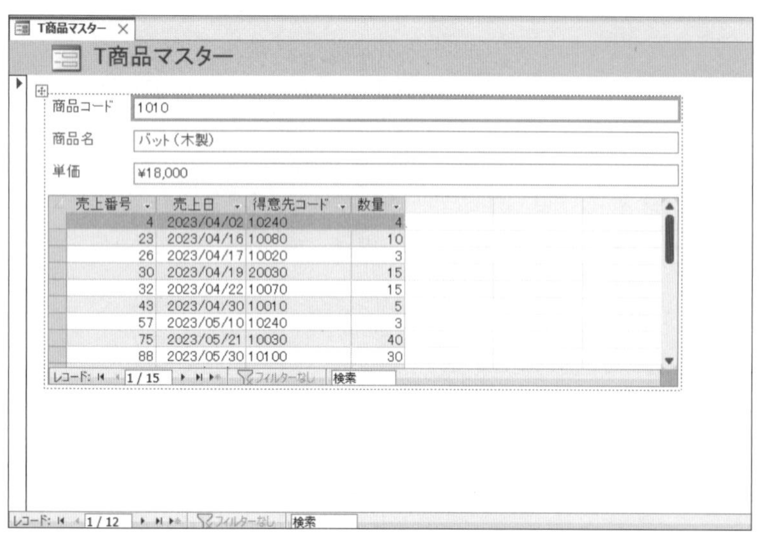

●フォームで作成

ナビゲーションウィンドウのテーブルやクエリを選択して《作成》タブ→《フォーム》グループの［フォーム］（フォーム）をクリックすると、フォームが自動的に作成されます。
もとになるテーブルやクエリのすべてのフィールドがフォームに表示されます。

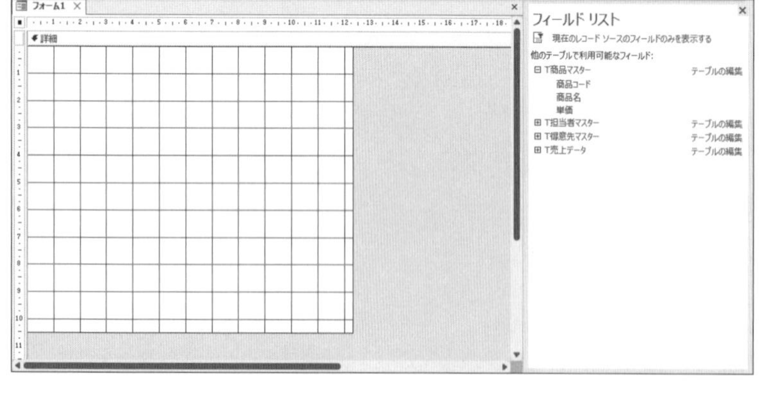

●デザインビューで作成

《作成》タブ→《フォーム》グループの［フォームデザイン］（フォームデザイン）をクリックして、デザインビューから空白のフォームを作成します。
もとになるテーブルやフィールド、表示形式などを手動で設定し、フォームを作成します。

●レイアウトビューで作成

《作成》タブ→《フォーム》グループの 空白のフォーム (空白のフォーム)をクリックして、レイアウトビューから空白のフォームを作成します。
もとになるテーブルやフィールド、表示形式などを手動で設定し、フォームを作成します。

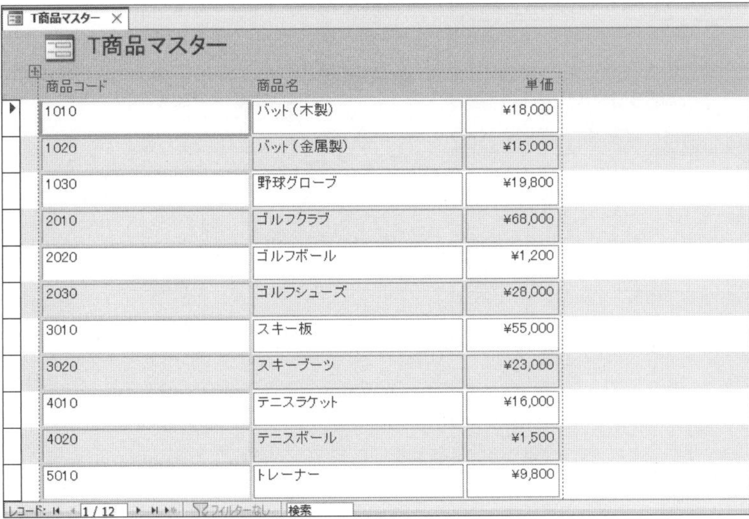

●《複数のアイテム》で作成

ナビゲーションウィンドウのテーブルやクエリを選択して《作成》タブ→《フォーム》グループの その他のフォーム (その他のフォーム)の《複数のアイテム》をクリックするだけで、複数のレコードを表示する表形式のフォームが自動的に作成されます。
もとになるテーブルやクエリのすべてのフィールドがフォームに表示されます。

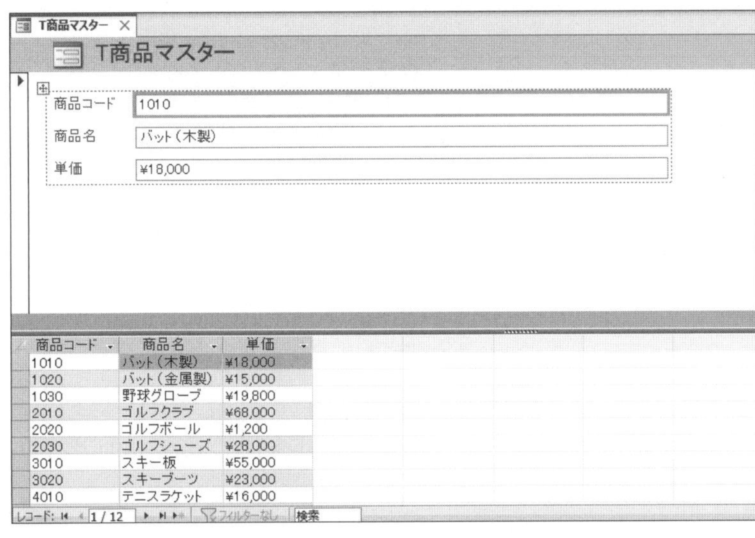

●《分割フォーム》で作成

ナビゲーションウィンドウのテーブルやクエリを選択して《作成》タブ→《フォーム》グループの その他のフォーム (その他のフォーム)の《分割フォーム》をクリックすると、フォームレイアウトとデータシートをひとつの画面に表示した分割フォームが自動的に作成されます。フォームレイアウトとデータシートは連動しているので、一方でデータの入力、更新を行うと、もう一方にも自動的に反映されます。
もとになるテーブルやクエリのすべてのフィールドがフォームに表示されます。

POINT フォームのレイアウト

フォームのレイアウトには、次の4つの形式があります。

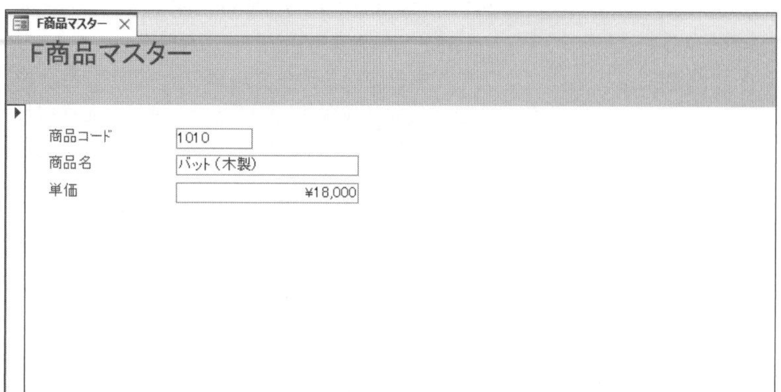

●単票形式

1件のレコードを1枚のカードのように表示します。

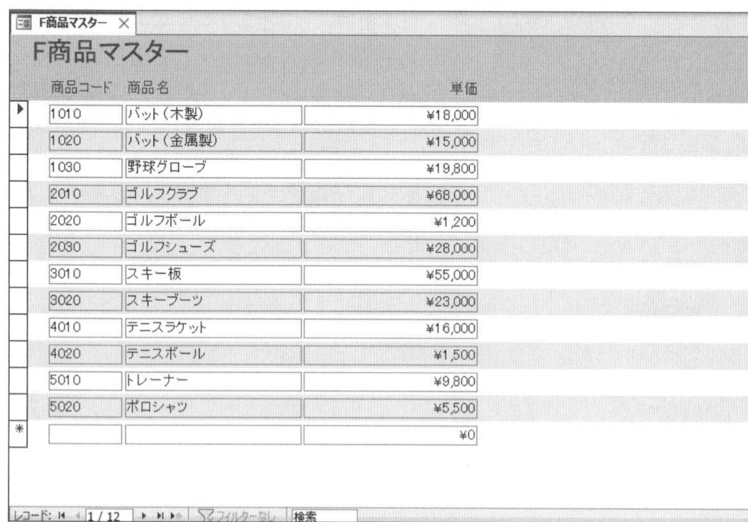

●表形式

レコードを一覧で表示します。

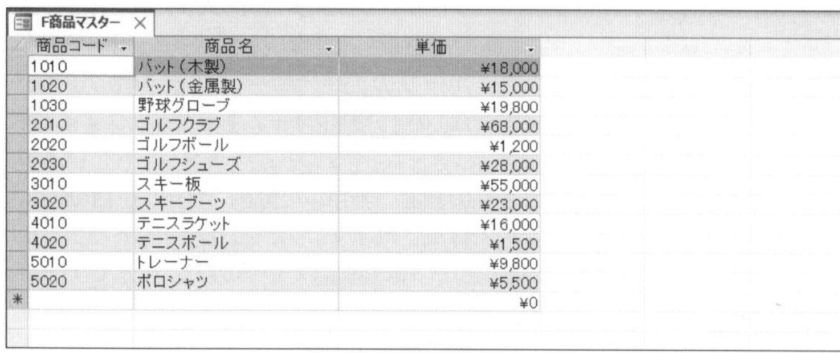

●データシート

レコードを一覧で表示します。
表形式より多くのレコードを表示できます。

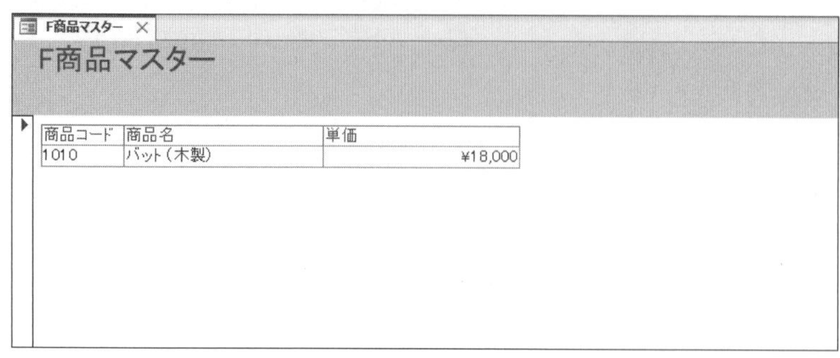

●帳票形式

1件のレコードを1枚の帳票のように表示します。

3 フォームビューの画面構成

フォームビューの各部の名称と役割を確認しましょう。

❶レコードセレクター

レコードを選択するときに使います。

❷ラベル

タイトルやフィールド名を表示します。

❸テキストボックス

文字列や数値などのデータを表示したり入力したりする領域です。

❹コントロール

ラベルやテキストボックスなどの各要素の総称です。

❺レコード移動ボタン

レコード間でカーソルを移動するときに使います。

ボタン	説明
(先頭レコード)	先頭レコードへ移動する
(前のレコード)	前のレコードへ移動する
11 / 11 (カレントレコード)	現在選択されているレコードの番号と全レコード数を表示する
(次のレコード)	次のレコードへ移動する
(最終レコード)	最終レコードへ移動する
(新しい(空の)レコード)	最終レコードの次の新規レコードへ移動する

❻フィルター

フィールドに抽出条件が設定されている場合に、フィルターの適用と解除を切り替えます。

❼検索

検索するキーワードを入力します。

4 データの入力

フォーム**「F商品マスター」**はテーブル**「T商品マスター」**をもとに作成されています。入力したデータは、もとになるテーブル**「T商品マスター」**に格納されます。
次のようにデータを入力しましょう。

商品コード	商品名	単価
5020	ポロシャツ	¥5,500

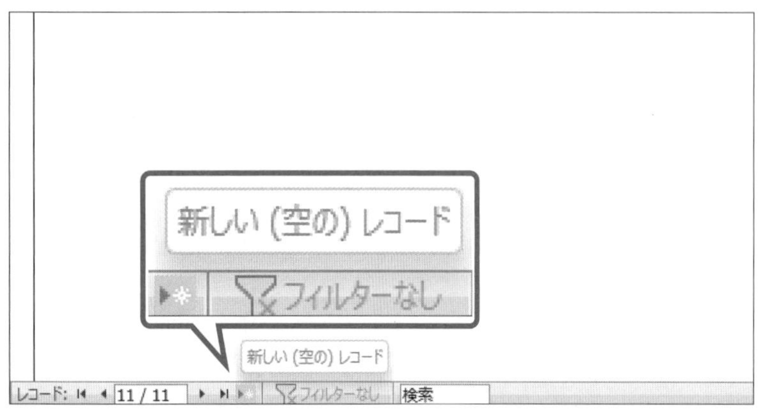

新規レコードの入力画面を表示します。

①（新しい（空の）レコード）をクリックします。

F商品マスター

商品コード 5020
商品名 ポロシャツ
単価 5500

②**「商品コード」**テキストボックスに**「5020」**と入力します。

※半角で入力します。

③ Tab または Enter を押します。

カーソルが**「商品名」**テキストボックスに移動します。

④**「ポロシャツ」**と入力します。

⑤ Tab または Enter を押します。

カーソルが**「単価」**テキストボックスに移動します。

⑥**「5500」**と入力します。

⑦ Tab または Enter を押します。

F商品マスター

商品コード
商品名
単価 ¥0

次のレコードの入力画面が表示されます。
フォームを閉じます。

⑧オブジェクトウィンドウのタブの × をクリックします。

STEP UP その他の方法（新しい（空の）レコード）

◆ Ctrl ＋ ＋

POINT レコードセレクターの表示

レコードセレクターに表示されるアイコンの意味は、次のとおりです。

アイコン	説明
▶	処理対象のレコード
✎	入力中のレコード

POINT レコードの保存

レコードを入力すると、自動的にテーブルに保存されます。保存されるタイミングは、次のとおりです。

- ●別のレコードにカーソルを移動する
- ●フォームを閉じる
- ●データベースを閉じる
- ●Accessを終了する

※自動的にレコードが保存される前に、入力をキャンセルしたいときは Esc を押します。

STEP UP レコードの削除

保存されたレコードを削除する方法は、次のとおりです。

※リレーションシップが設定されたレコードが関連テーブルにある場合、レコードを削除できません。

◆削除するレコードのレコードセレクターを選択→《ホーム》タブ→《レコード》グループの ✕削除 （削除）

◆削除するレコードのレコードセレクターを選択→ Delete

5 テーブルの確認

入力したデータがテーブル「**T商品マスター**」に格納されていることを確認しましょう。

T商品マスター

	商品コード	商品名	単価	クリックして追加
	⊞ 1010	バット（木製）	¥18,000	
	⊞ 1020	バット（金属製）	¥15,000	
	⊞ 1030	野球グローブ	¥19,800	
	⊞ 2010	ゴルフクラブ	¥68,000	
	⊞ 2020	ゴルフボール	¥1,200	
	⊞ 2030	ゴルフシューズ	¥28,000	
	⊞ 3010	スキー板	¥55,000	
	⊞ 3020	スキーブーツ	¥23,000	
	⊞ 4010	テニスラケット	¥16,000	
	⊞ 4020	テニスボール	¥1,500	
	⊞ 5010	トレーナー	¥9,800	
	⊞ 5020	ポロシャツ	¥5,500	
*			¥0	

テーブル「**T商品マスター**」をデータシートビューで開きます。

①ナビゲーションウィンドウのテーブル「**T商品マスター**」をダブルクリックします。

②最終行に、入力したデータが格納されていることを確認します。

※確認後、テーブルを閉じておきましょう。

STEP 3 得意先マスターの入力画面を作成する

1 作成するフォームの確認

次のようなフォーム**「F得意先マスター」**を作成しましょう。

F得意先マスター

F得意先マスター

得意先コード	10010
得意先名	丸の内商事
フリガナ	マルノウチショウジ
〒	100-0005
住所1	東京都千代田区丸の内2-X-
住所2	第3千代田ビル
TEL	03-3211-XX
担当者コード	110
担当者名	山木　由美
DM送付同意	☑

レコード: 1 / 33　フィルターなし　検索

2 フォームの作成

フォームウィザードを使って、クエリ**「Q得意先マスター」**をもとに、フォーム**「F得意先マスター」**を作成しましょう。

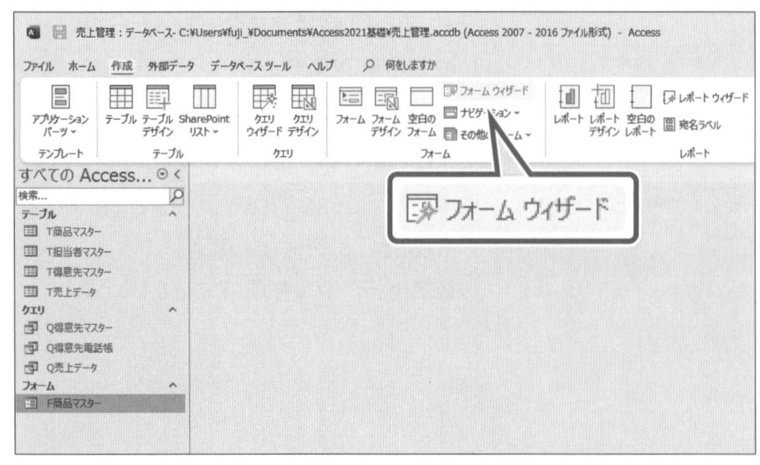

①**《作成》**タブを選択します。

②**《フォーム》**グループの フォーム ウィザード （フォームウィザード）をクリックします。

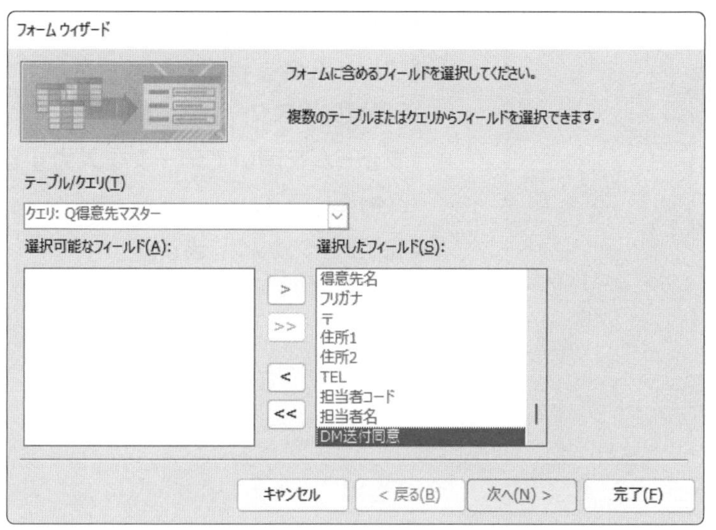

《**フォームウィザード**》が表示されます。

③《**テーブル/クエリ**》の ∨ をクリックし、一覧から「**クエリ：Q得意先マスター**」を選択します。

すべてのフィールドを選択します。

④ >> をクリックします。

《**選択したフィールド**》にすべてのフィールドが移動します。

⑤《**次へ**》をクリックします。

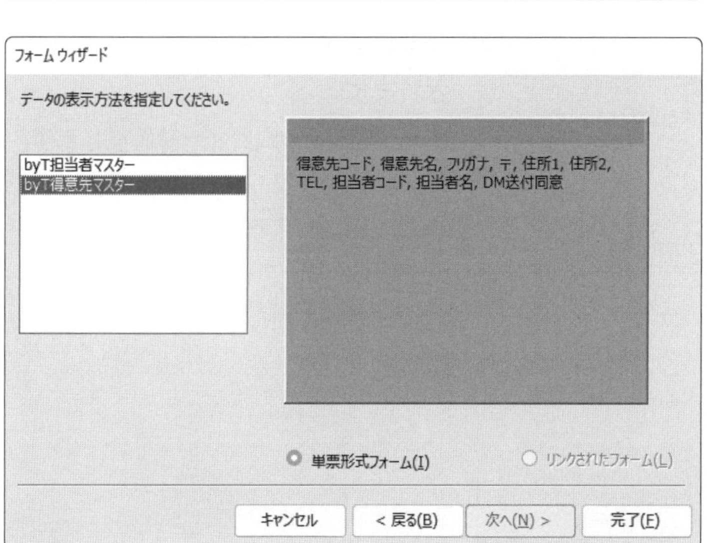

データの表示方法を指定します。

⑥「**byT得意先マスター**」が選択されていることを確認します。

⑦《**次へ**》をクリックします。

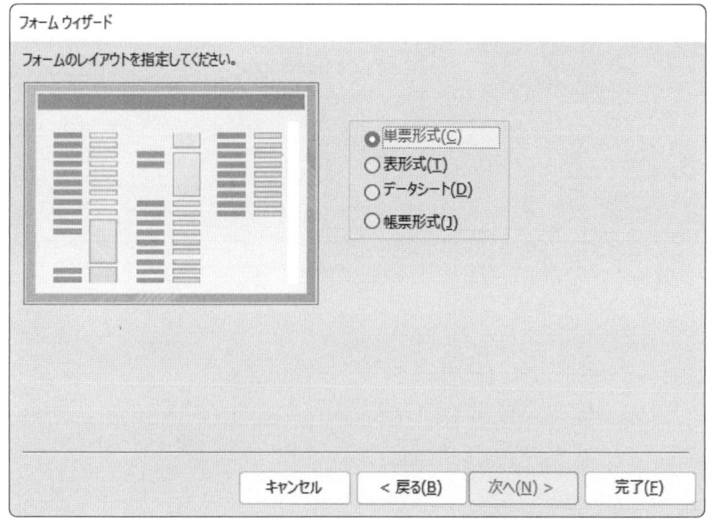

フォームのレイアウトを指定します。

⑧《**単票形式**》を◉にします。

⑨《**次へ**》をクリックします。

フォーム名を入力します。

⑩**《フォーム名を指定してください。》**に**「F得意先マスター」**と入力します。

⑪**《フォームを開いてデータを入力する》**を◉にします。

⑫**《完了》**をクリックします。

F得意先マスター
得意先コード 10010
得意先名 丸の内商事
フリガナ マルノウチショウジ
〒 100-0005
住所1 東京都千代田区丸の内2-X-
住所2 第3千代田ビル
TEL 03-3211-XX
担当者コード 110
担当者名 山木 由美
次のレコード
1 / 32

作成したフォームがフォームビューで表示されます。

データをフォームビューで確認します。

⑬1件目のレコードが表示されていることを確認します。

⑭ ▶ (次のレコード)をクリックします。

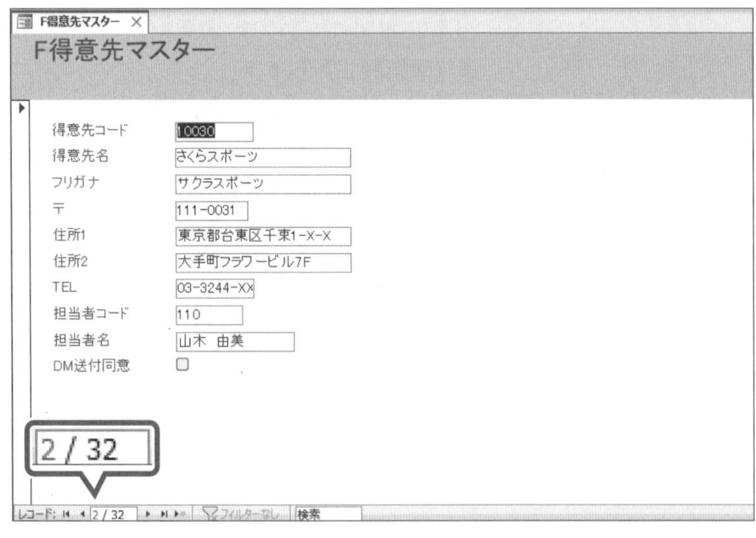

2件目のレコードが表示されます。

⑮同様に、最終のレコードまで確認します。

3 データの入力

フォーム**「F得意先マスター」**はクエリ**「Q得意先マスター」**をもとに作成されています。入力したデータは、クエリ**「Q得意先マスター」**のもとになるテーブル**「T得意先マスター」**に格納されます。
次のようにデータを入力しましょう。

得意先コード	得意先名	フリガナ	〒	住所1	住所2	TEL	担当者コード	担当者名	DM送付同意
40020	草場スポーツ	クサバスポーツ	350-0001	埼玉県川越市古谷上1-X-X	川越ガーデンビル	049-233-XXXX	140	吉岡　雄介	☑

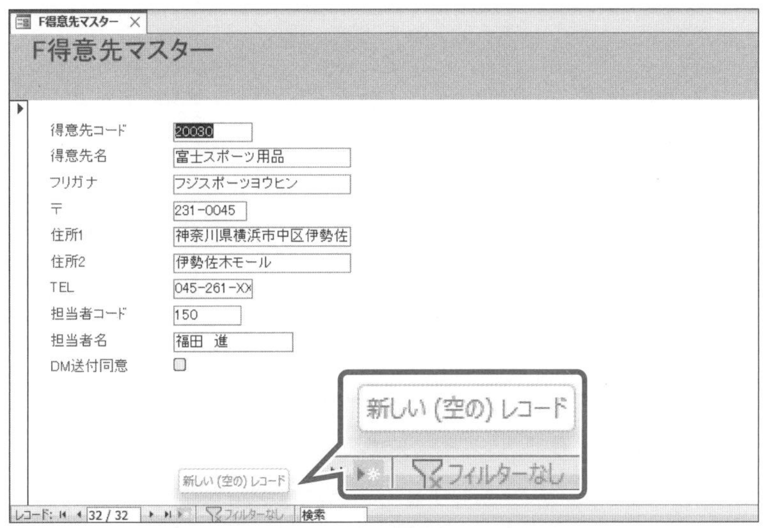

新規レコードの入力画面を表示します。

① (新しい(空の)レコード)をクリックします。

②**「得意先コード」**から**「TEL」**まで入力します。

※数字と記号は半角で入力します。

③**「担当者コード」**に**「140」**と入力します。

※半角で入力します。

④ Tab または Enter を押します。

テーブル**「T得意先マスター」**とテーブル**「T担当者マスター」**にはリレーションシップが作成されているので、**「担当者名」**は自動的に参照されます。

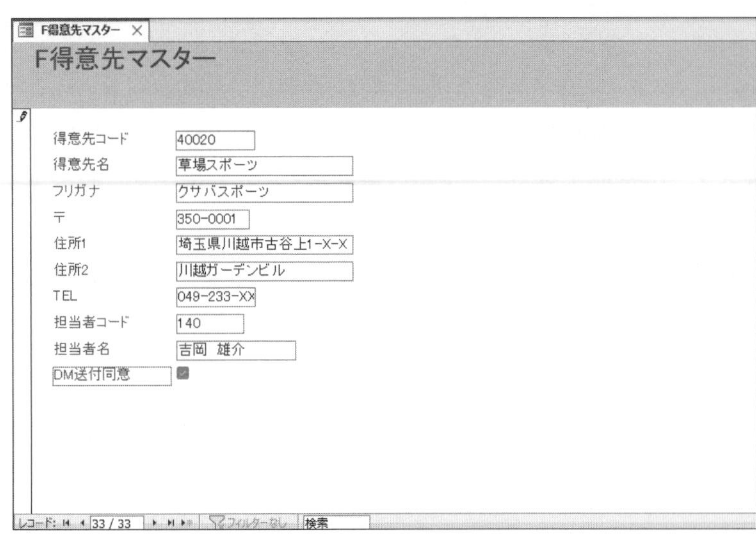

⑤**「DM送付同意」**チェックボックスを☑にします。

※Tab または Enter を押して、入力中のレコードを保存しておきましょう。

4　テーブルの確認

入力したデータがテーブル**「T得意先マスター」**に格納されていることを確認しましょう。

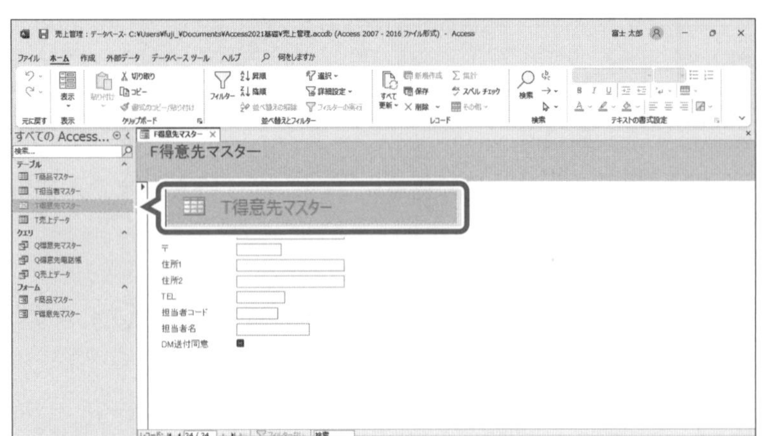

テーブル**「T得意先マスター」**をデータシートビューで開きます。

①ナビゲーションウィンドウのテーブル**「T得意先マスター」**をダブルクリックします。

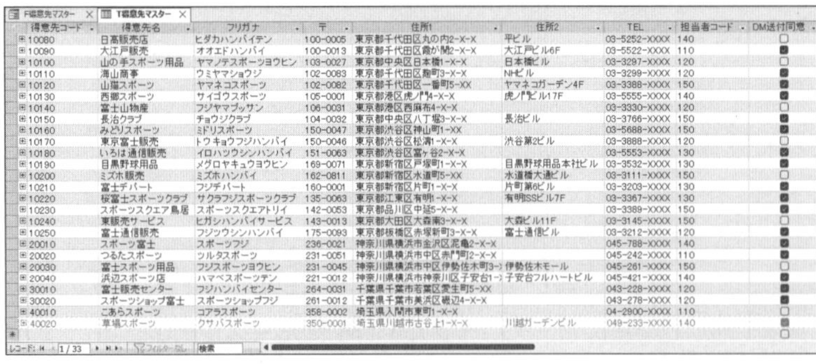

得意先コード	得意先名	フリガナ	〒	住所1	住所2	TEL	担当者コード	DM送付同意
10080	日高販売店	ヒダカハンバイテン	100-0005	東京都千代田区丸の内2-X-X	平ビル	03-5252-XXXX	140	☐
10090	大江戸販売	オオエドハンバイ	100-0013	東京都千代田区霞が関2-X-X	大江戸ビル6F	03-5522-XXXX	110	☑
10100	山の手スポーツ用品	ヤマノテスポーツヨウヒン	103-0027	東京都中央区日本橋1-X-X	日本橋ビル	03-3297-XXXX	120	☐
10110	海山商事	ウミヤマショウジ	102-0083	東京都千代田区麹町3-X-X	NHビル	03-3299-XXXX	120	☑
10120	山猫スポーツ	ヤマネコスポーツ	102-0082	東京都千代田区一番町5-XX	ヤマネコガーデン4F	03-3388-XXXX	150	☑
10130	西郷スポーツ	サイゴウスポーツ	105-0001	東京都港区虎ノ門4-X-X	虎ノ門ビル17F	03-5555-XXXX	140	☑
10140	富士山物産	フジヤマブッサン	106-0031	東京都港区西麻布4-X-X		03-3330-XXXX	120	☐
10150	長治クラブ	チョウジクラブ	104-0032	東京都中央区八丁堀3-X-X	長治ビル	03-3766-XXXX	150	☑
10160	みどりスポーツ	ミドリスポーツ	150-0047	東京都渋谷区神山町1-XX		03-5688-XXXX	150	☑
10170	東京富士販売	トウキョウフジハンバイ	150-0046	東京都渋谷区松濤1-X-X	渋谷第2ビル	03-3888-XXXX	120	☐
10180	いろは通信販売	イロハツウシンハンバイ	151-0063	東京都渋谷区富ヶ谷2-X-X		03-5553-XXXX	130	☑
10190	目黒野球用品	メグロヤキュウヨウヒン	169-0071	東京都新宿区戸塚町1-X-X	目黒野球用品本社ビル	03-3532-XXXX	130	☑
10200	ミズホ販売	ミズホハンバイ	162-0811	東京都新宿区水道町5-XX	水道橋大通ビル	03-3111-XXXX	150	☐
10210	富士デパート	フジデパート	160-0001	東京都新宿区片町1-X-X	片町第6ビル	03-3203-XXXX	130	☑
10220	桜富士スポーツクラブ	サクラフジスポーツクラブ	135-0063	東京都江東区有明1-X-X	有明SSビル7F	03-3367-XXXX	130	☑
10230	スポーツスクエア鳥居	スポーツスクエアトリイ	142-0053	東京都品川区中延5-X-X		03-3389-XXXX	150	☑
10240	東販売サービス	ヒガシハンバイサービス	143-0013	東京都大田区大森南3-X-X	大森ビル11F	03-3145-XXXX	150	☐
10250	富士通信販売	フジツウシンハンバイ	175-0093	東京都板橋区赤塚新町3-X-X	富士通信ビル	03-3212-XXXX	120	☑
20010	スポーツ富士	スポーツフジ	236-0021	神奈川県横浜市金沢区泥亀2-X-X		045-788-XXXX	140	☑
20020	つるたスポーツ	ツルタスポーツ	231-0051	神奈川県横浜市中区赤門町2-X-X		045-242-XXXX	110	☑
20030	富士スポーツ用品	フジスポーツヨウヒン	231-0045	神奈川県横浜市中区伊勢佐木町3-X	伊勢佐木モール	045-261-XXXX	150	☐
20040	浜辺スポーツ店	ハマベスポーツテン	221-0012	神奈川県横浜市神奈川区子安台1-X	子安台フルハートビル	045-421-XXXX	140	☑
30010	富士販売センター	フジハンバイセンター	264-0031	千葉県千葉市若葉区愛生町5-XX		043-228-XXXX	120	☑
30020	スポーツショップ富士	スポーツショップフジ	261-0012	千葉県千葉市美浜区磯辺4-X-X		043-278-XXXX	120	☑
40010	こあらスポーツ	コアラスポーツ	358-0002	埼玉県入間市東町1-X-X		04-2900-XXXX	110	☐
40020	草場スポーツ	クサバスポーツ	350-0001	埼玉県川越市古谷上1-X-X	川越ガーデンビル	049-233-XXXX	140	☑

②最終行に、入力したデータが格納されていることを確認します。

※確認後、テーブルを閉じておきましょう。

Step 4 得意先マスターの入力画面を編集する

1 編集するフォームの確認

次のようにフォーム**「F得意先マスター」**を編集しましょう。

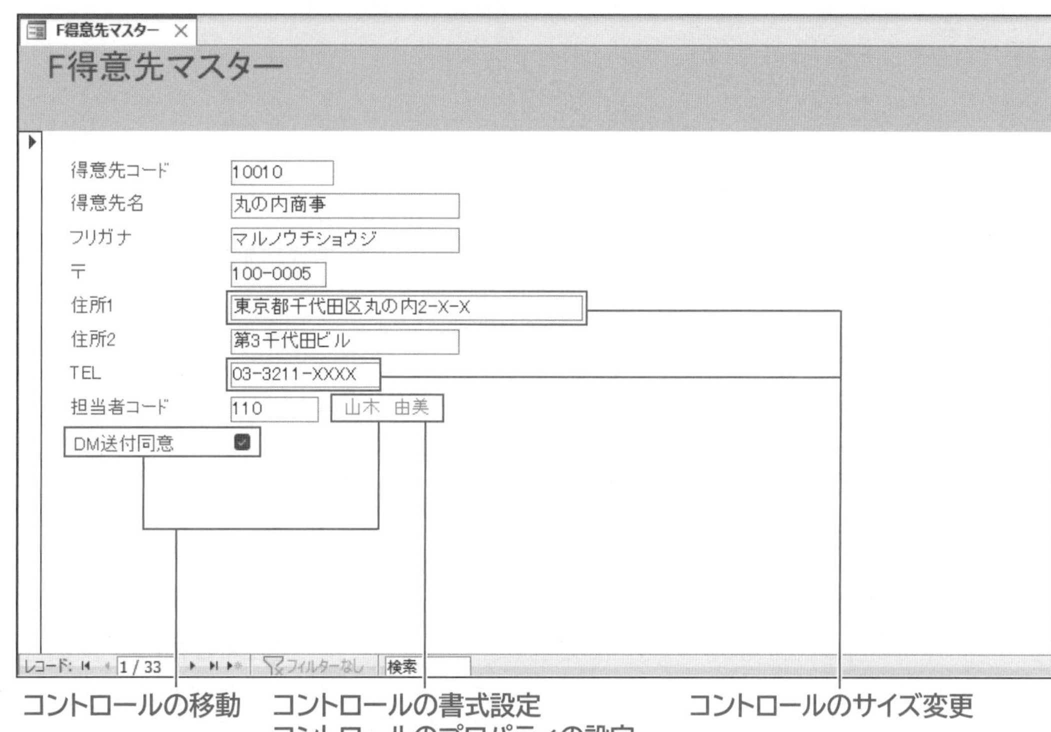

2 レイアウトビューで開く

レイアウトビューでは、フォームの基本的なレイアウトを変更できます。実際のデータが表示されるので、データに合わせてコントロールのサイズや位置を調整することができます。
フォーム**「F得意先マスター」**をレイアウトビューに切り替えましょう。

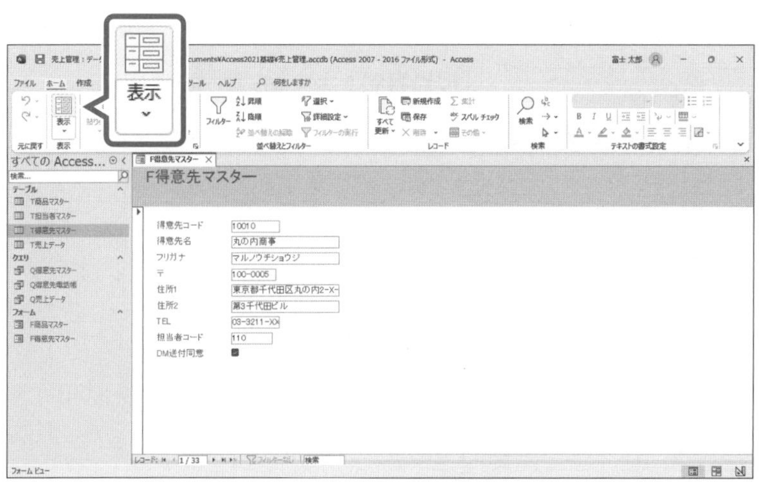

レイアウトビューに切り替えます。

①**《ホーム》**タブを選択します。

②**《表示》**グループの（表示）をクリックします。

※レコード移動ボタンを使って、1件目のレコードを表示しておきましょう。

1
2
3
4
5
6
7
8
9
総合問題
索引

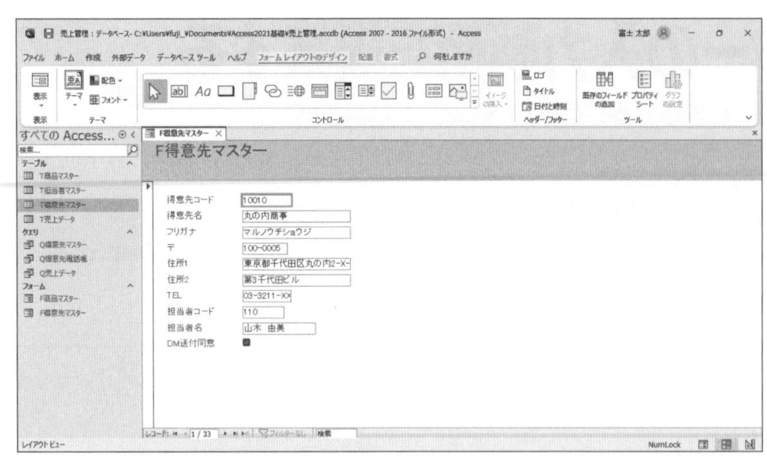

レイアウトビューに切り替わります。
リボンに《フォームレイアウトのデザイン》タブ・《配置》タブ・《書式》タブが追加され、自動的に《フォームレイアウトのデザイン》タブに切り替わります。

※《フィールドリスト》や《プロパティシート》が表示された場合は、✕(閉じる)をクリックして閉じておきましょう。

POINT　レイアウトビューの画面構成

レイアウトビューの画面構成は、フォームビューの画面構成と同様です。詳しくは、P.117「3　フォームビューの画面構成」を参照してください。

3　コントロールの削除

コントロールは必要に応じて削除できます。
「担当者名」ラベルを削除しましょう。

「担当者名」ラベルを削除します。

①**「担当者名」**ラベルを選択します。

②【Delete】を押します。

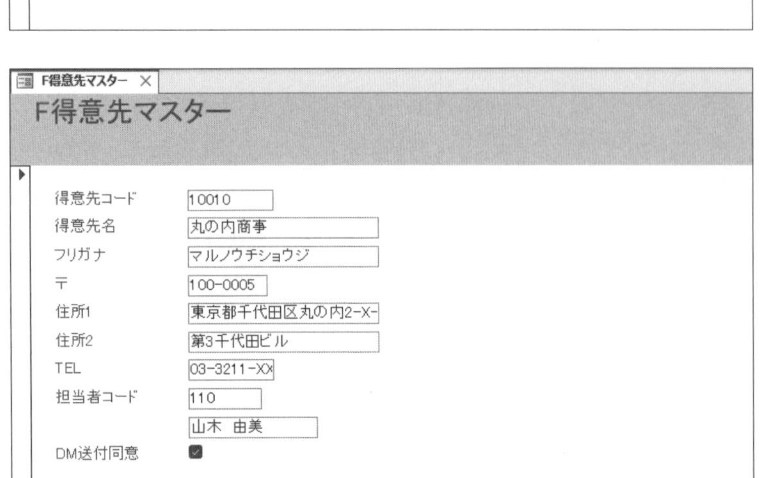

「担当者名」ラベルが削除されます。

4 コントロールのサイズ変更と移動

コントロールのサイズや位置を変更できます。
各テキストボックスのサイズを調整し、**「担当者名」**テキストボックスを移動しましょう。

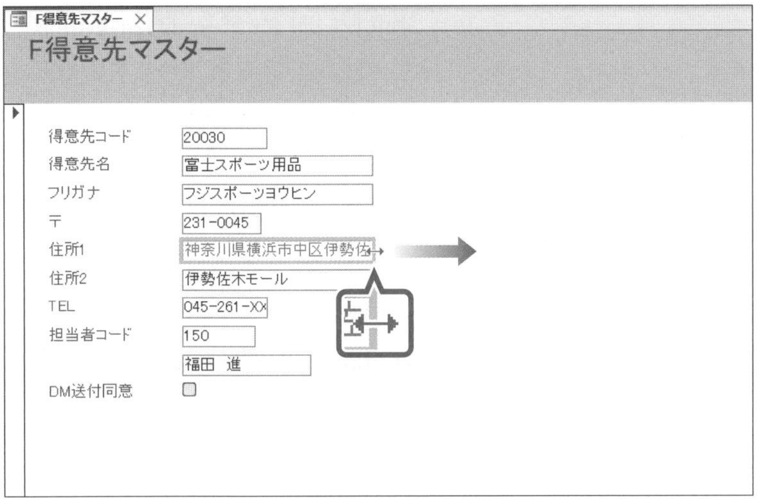

「住所1」テキストボックスのサイズを調整します。

※「住所1」のデータが最長のレコードは、32件目（得意先コード「20030」のレコード）です。レコード移動ボタンを使って、32件目のレコードを表示しておきましょう。

①**「住所1」**テキストボックスを選択します。

②テキストボックスの右端をポイントします。

マウスポインターの形が↔に変わります。

③図のようにドラッグします。

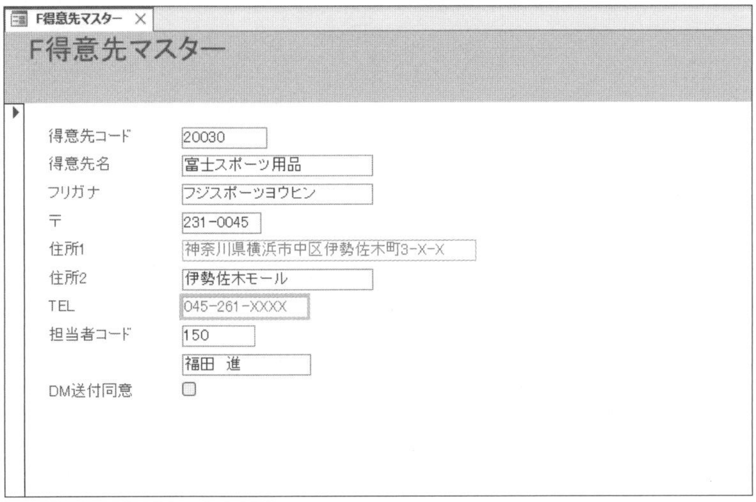

「住所1」テキストボックスのサイズが変更されます。

④同様に、**「TEL」**テキストボックスのサイズを調整します。

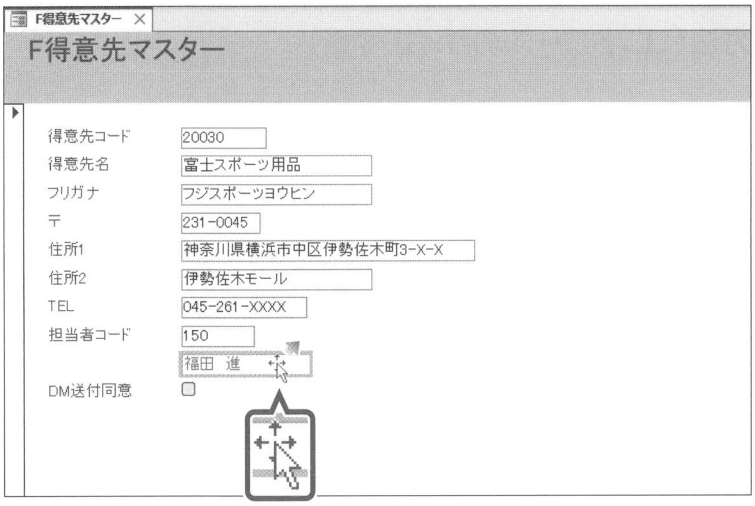

「担当者名」テキストボックスを**「担当者コード」**テキストボックスの右に移動します。

⑤**「担当者名」**テキストボックスを選択します。

⑥枠線内をポイントします。

マウスポインターの形が✥に変わります。

⑦図のようにドラッグします。

1
2
3
4
5
6
7
8
9
総合問題
索引

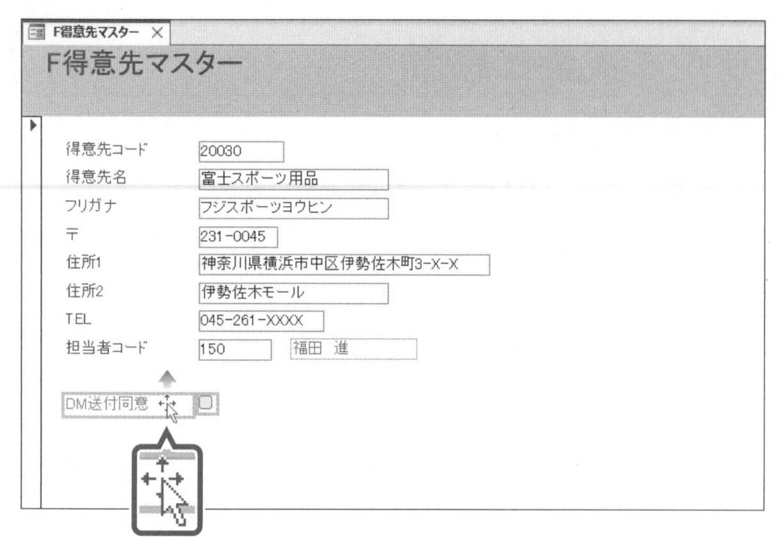

「担当者名」テキストボックスが移動されます。

「DM送付同意」ラベルとチェックボックスを移動します。

⑧**「DM送付同意」**ラベルを選択します。

⑨ [Shift] を押しながら、**「DM送付同意」**チェックボックスを選択します。

⑩枠線内をポイントします。

マウスポインターの形が✥に変わります。

⑪図のようにドラッグします。

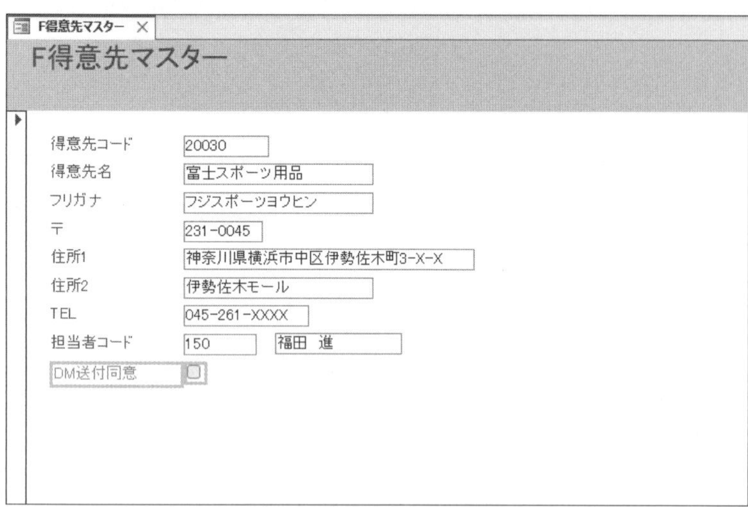

「DM送付同意」ラベルとチェックボックスが移動されます。

STEP UP　その他の方法（コントロールの移動）

◆[↑][↓][←][→]

STEP UP　その他の方法（コントロールのサイズ変更）

◆[Shift]＋[↑][↓][←][→]

STEP UP　コントロールの選択の解除

選択された複数のコントロールのうちのひとつを[Ctrl]を押しながらクリックすると、そのコントロールの選択を解除できます。

5 コントロールの書式設定

入力する必要がない「**担当者名**」テキストボックスの書式を変更し、データを入力する際に見分けがつくようにしましょう。

1 コントロールの文字列の色の変更

「**担当者名**」テキストボックスの文字列の色を「**薄い灰色4**」に変更しましょう。

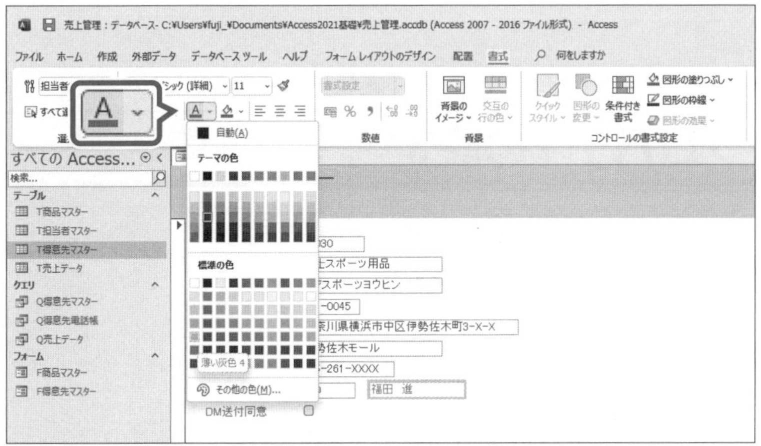

①「**担当者名**」テキストボックスを選択します。

②《**書式**》タブを選択します。

③《**フォント**》グループの A（フォントの色）の ▾ をクリックします。

④《**標準の色**》の《**薄い灰色4**》をクリックします。

F得意先マスター

得意先コード 20030
得意先名 富士スポーツ用品
フリガナ フジスポーツヨウヒン
〒 231-0045
住所1 神奈川県横浜市中区伊勢佐木町3-X-X
住所2 伊勢佐木モール
TEL 045-261-XXXX
担当者コード 150 福田 進
DM送付同意

文字列の色が変更されます。

2 コントロールの枠線の色の変更

「**担当者名**」テキストボックスの枠線の色を透明に変更しましょう。

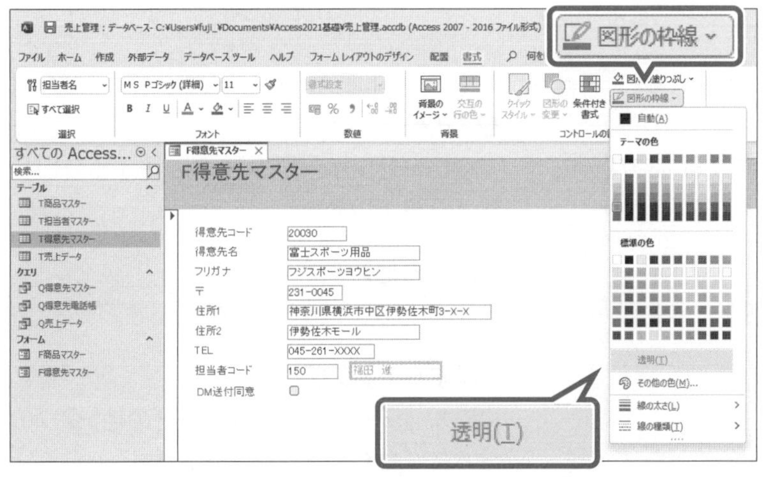

①「**担当者名**」テキストボックスが選択されていることを確認します。

②《**書式**》タブを選択します。

③《**コントロールの書式設定**》グループの 図形の枠線（図形の枠線）をクリックします。

④《**透明**》をクリックします。

F得意先マスター

F得意先マスター

得意先コード 20030
得意先名 富士スポーツ用品
フリガナ フジスポーツヨウヒン
〒 231-0045
住所1 神奈川県横浜市中区伊勢佐木町3-X-X
住所2 伊勢佐木モール
TEL 045-261-XXXX
担当者コード 150 福田 進
DM送付同意

枠線の色が透明になります。

※任意の場所をクリックし、選択を解除しておきましょう。

6 コントロールのプロパティの設定

プロパティを設定すると、コントロールの外観や動作を細かく指定できます。

1 プロパティシート

コントロールのプロパティ（属性）は、**「プロパティシート」**で設定します。
プロパティシートはカテゴリーごとに分類されています。タブを切り替えて、各プロパティを設定します。

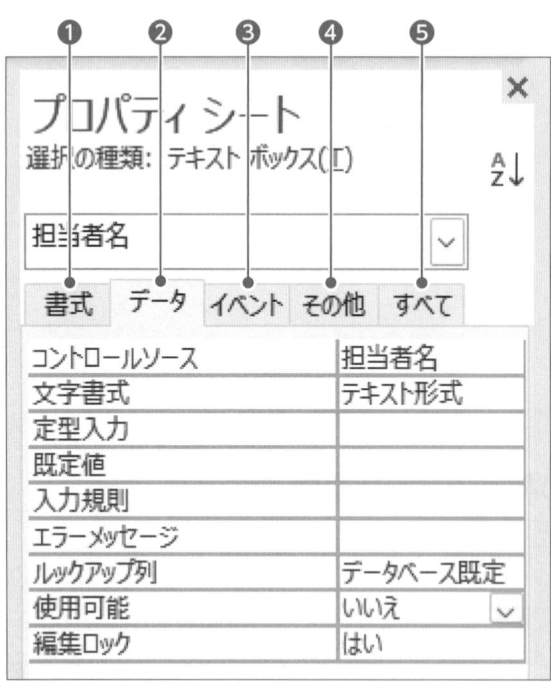

❶《書式》タブ
コントロールのデザインに関するプロパティを設定します。

❷《データ》タブ
コントロールに表示されるデータに関するプロパティを設定します。

❸《イベント》タブ
マクロ・モジュールの動作に関するプロパティを設定します。

❹《その他》タブ
その他のプロパティを設定します。

❺《すべて》タブ
《書式》《データ》《イベント》《その他》タブのすべてのプロパティを設定します。

2 《編集ロック》プロパティ

《編集ロック》プロパティは、コントロールのデータを編集可能な状態にするかどうかを指定します。

「担当者名」テキストボックスは自動的に参照されるので、フォームで入力したり、更新したりすることはありません。担当者名を誤って書き換えることのないように、編集ロックを設定しましょう。

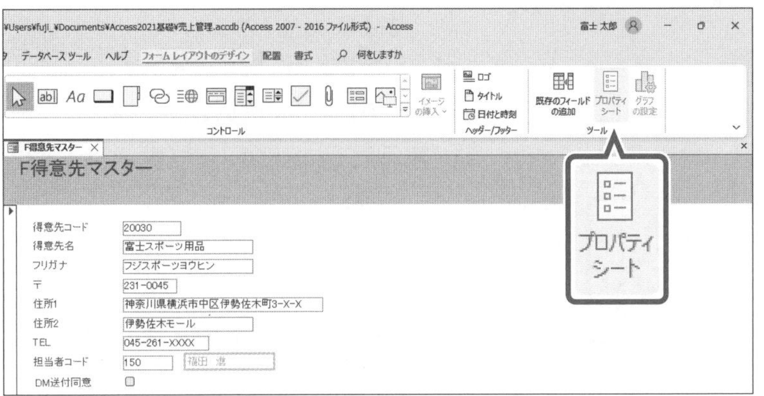

①**「担当者名」**テキストボックスを選択します。

②**《フォームレイアウトのデザイン》**タブを選択します。

③**《ツール》**グループの（プロパティシート）をクリックします。

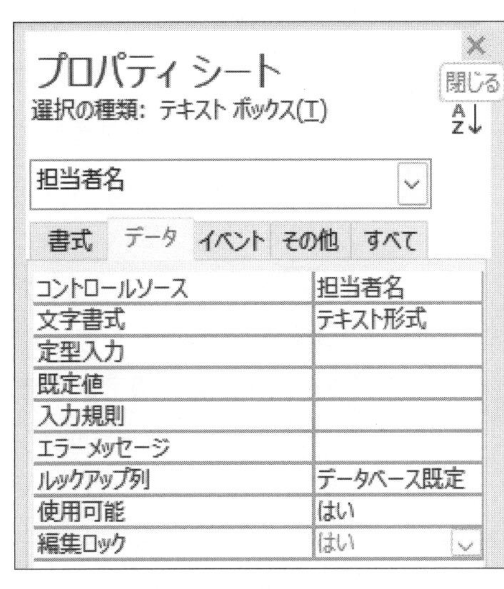

《プロパティシート》が表示されます。

④**《データ》**タブを選択します。

⑤**《編集ロック》**プロパティをクリックします。

⑥ をクリックし、一覧から**《はい》**を選択します。

《プロパティシート》を閉じます。

⑦（閉じる）をクリックします。

F得意先マスター
得意先コード 20030
得意先名 富士スポーツ用品
フリガナ フジスポーツヨウヒン
〒 231-0045
住所1 神奈川県横浜市中区伊勢佐木町3-X-X
住所2 伊勢佐木モール
TEL 045-261-XXXX
担当者コード 150
DM送付同意

フォームビューに切り替えて、プロパティの設定を確認します。

⑧**《フォームレイアウトのデザイン》**タブを選択します。

※《ホーム》タブでもかまいません。

⑨**《表示》**グループの（表示）をクリックします。

⑩**「担当者名」**テキストボックスをクリックします。

カーソルが**「担当者名」**テキストボックスに移動します。

⑪任意の文字を入力し、修正できないことを確認します。

STEP UP その他の方法（プロパティシートの表示）

◆デザインビューまたはレイアウトビューで表示→コントロールを右クリック→《プロパティ》

◆デザインビューまたはレイアウトビューで表示→コントロールを選択→F4

3 《使用可能》プロパティ

《使用可能》プロパティは、コントロールにカーソルを移動させるかどうかを指定するプロパティです。

「担当者名」テキストボックスは編集できないので、カーソルが移動しないように設定して、効率よく入力できるようにしましょう。**《使用可能》**プロパティを**《いいえ》**に設定しておくと、コントロールにカーソルが移動しなくなります。

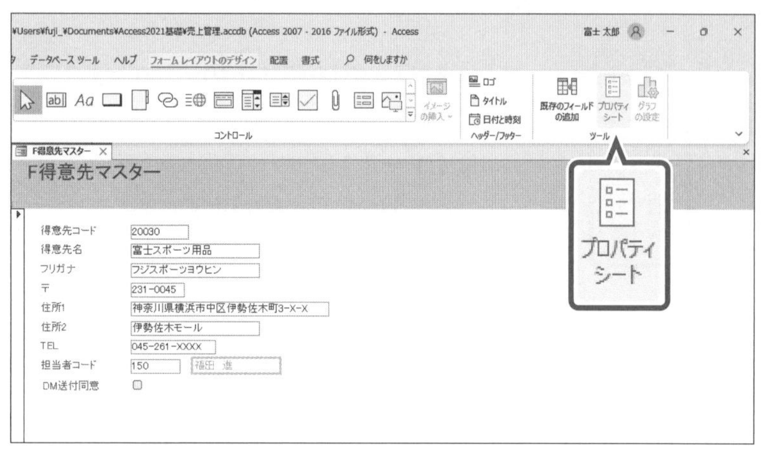

レイアウトビューに切り替えます。

①**《ホーム》**タブを選択します。

②**《表示》**グループの（表示）をクリックします。

③**「担当者名」**テキストボックスを選択します。

④**《フォームレイアウトのデザイン》**タブを選択します。

⑤**《ツール》**グループの（プロパティシート）をクリックします。

プロパティ シート
選択の種類: テキスト ボックス(T)

担当者名

書式 データ イベント その他 すべて

コントロールソース	担当者名
文字書式	テキスト形式
定型入力	
既定値	
入力規則	
エラーメッセージ	
ルックアップ列	データベース既定
使用可能	いいえ
編集ロック	はい

閉じる

《プロパティシート》が表示されます。

⑥**《データ》**タブを選択します。

⑦**《使用可能》**プロパティをクリックします。

⑧をクリックし、一覧から**《いいえ》**を選択します。

《プロパティシート》を閉じます。

⑨（閉じる）をクリックします。

F得意先マスター

得意先コード	20030
得意先名	富士スポーツ用品
フリガナ	フジスポーツヨウヒン
〒	231-0045
住所1	神奈川県横浜市中区伊勢佐木町3-X-X
住所2	伊勢佐木モール
TEL	045-261-XXXX
担当者コード	150 福田 進
DM送付同意	

フォームビューに切り替えて、プロパティの設定を確認します。

⑩**《フォームレイアウトのデザイン》**タブを選択します。

※《ホーム》タブでもかまいません。

⑪**《表示》**グループの（表示）をクリックします。

⑫**「担当者名」**テキストボックスをクリックし、カーソルが移動しないことを確認します。

※フォームを上書き保存し、閉じておきましょう。

POINT 《使用可能》プロパティと《編集ロック》プロパティ

《使用可能》プロパティと《編集ロック》プロパティの設定結果は、次のとおりです。

		使用可能	
		はい	いいえ
編集ロック	はい	カーソルの移動は可 データの編集は不可	カーソルの移動・データの編集ともに不可
	いいえ	カーソルの移動・データの編集ともに可	カーソルの移動・データの編集ともに不可 ※コントロールの色が薄い灰色に変わります。

※《使用可能》プロパティを《いいえ》に設定すると、《編集ロック》プロパティの設定にかかわらず、編集不可となります。

STEP UP フォームのもとになるクエリの設定

フォームウィザードで指定したクエリは、作成したフォーム上で完全には認識されない場合があります。
例えば、クエリ「Q得意先マスター」で得意先コードを基準に昇順で並べ替えていますが、フォームには反映されていません。クエリでの並べ替えを有効にする場合、次の方法で設定しなおしましょう。

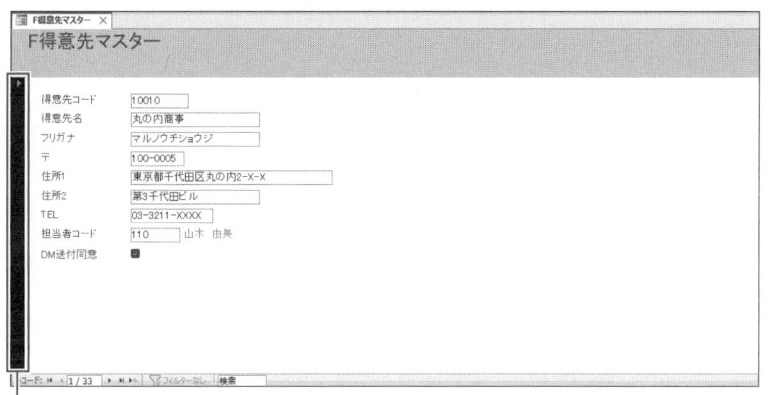

レコードセレクター

①フォームをレイアウトビューで開きます。
②レコードセレクターをクリックします。
③《フォームレイアウトのデザイン》タブを選択します。
④《ツール》グループの（プロパティシート）をクリックします。

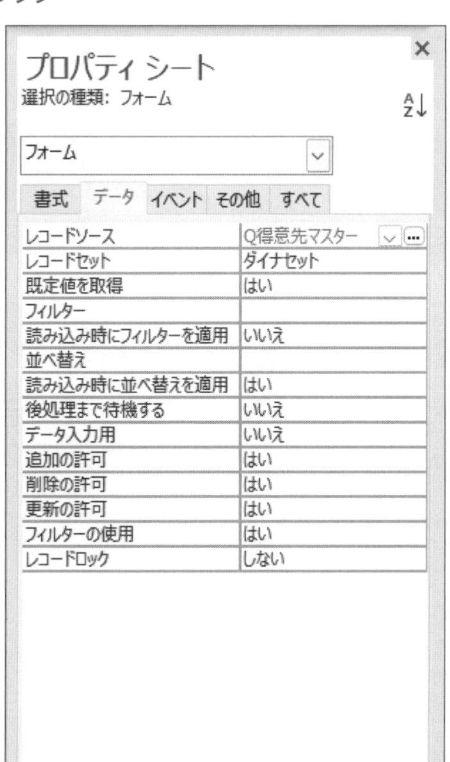

⑤《データ》タブを選択します。
⑥《レコードソース》プロパティをクリックします。
⑦ をクリックし、一覧からもとになるクエリを選択します。
※得意先コードの昇順に表示されることを確認しましょう。

STEP 5 売上データの入力画面を作成する

1 作成するフォームの確認

次のようなフォーム**「F売上データ」**を作成しましょう。

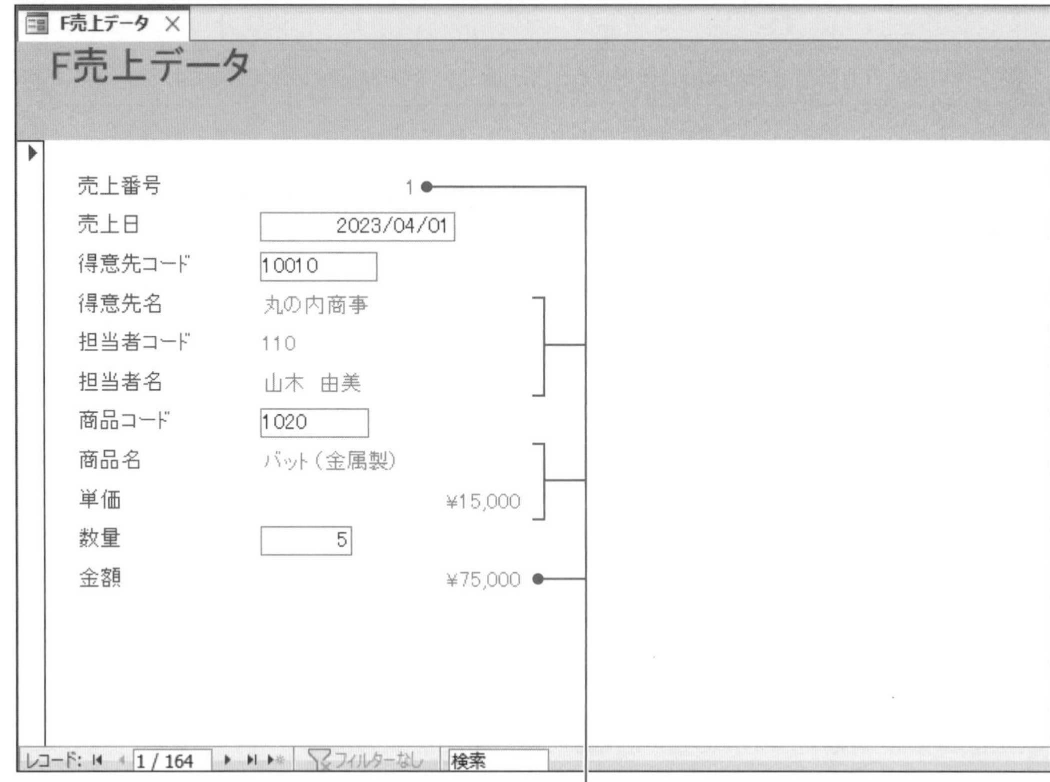

2 フォームの作成

フォームウィザードを使って、クエリ**「Q売上データ」**をもとに、フォーム**「F売上データ」**を作成しましょう。

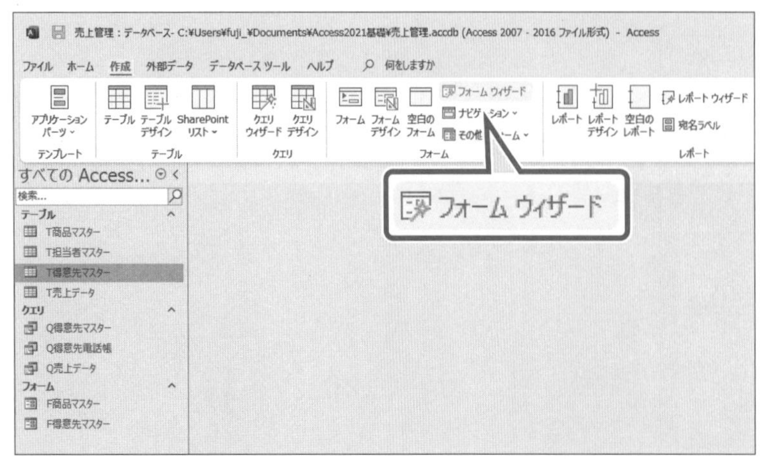

①**《作成》**タブを選択します。

②**《フォーム》**グループの フォーム ウィザード (フォームウィザード)をクリックします。

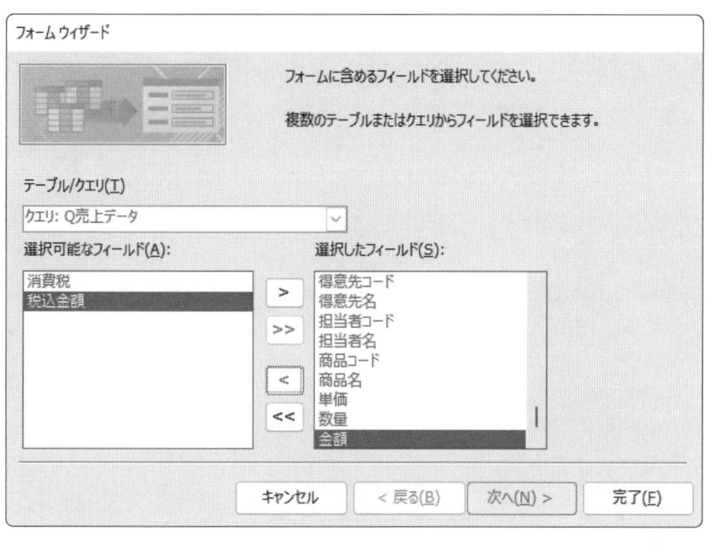

《フォームウィザード》が表示されます。

③《テーブル/クエリ》の ⌄ をクリックし、一覧から「クエリ：Q売上データ」を選択します。

すべてのフィールドを選択します。

④ >> をクリックします。

「消費税」フィールドの選択を解除します。

⑤《選択したフィールド》の一覧から「消費税」を選択します。

⑥ < をクリックします。

《選択可能なフィールド》に「消費税」が移動します。

⑦同様に、「税込金額」フィールドの選択を解除します。

⑧《次へ》をクリックします。

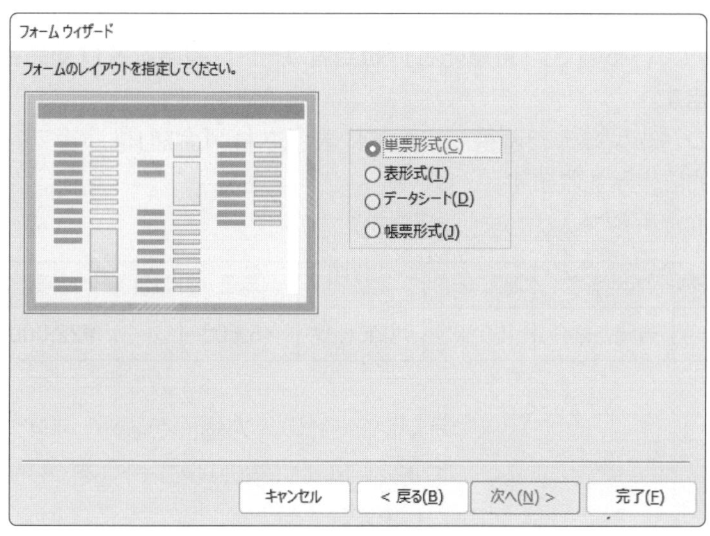

フォームのレイアウトを指定します。

⑨《単票形式》を◉にします。

⑩《次へ》をクリックします。

フォーム名を入力します。

⑪《フォーム名を指定してください。》に「F売上データ」と入力します。

⑫《フォームを開いてデータを入力する》を◉にします。

⑬《完了》をクリックします。

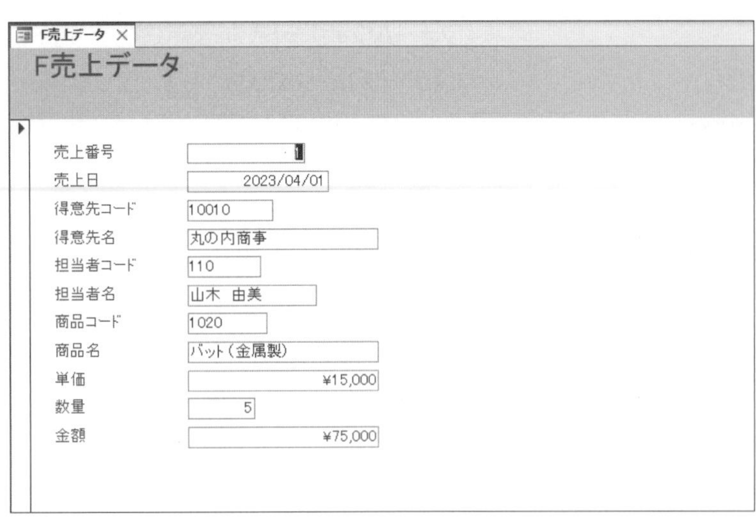

作成したフォームがフォームビューで表示されます。

3 データの入力

「T売上データ」「T得意先マスター」「T担当者マスター」「T商品マスター」の4つのテーブルにはリレーションシップが作成されているので、**「得意先名」「担当者コード」「担当者名」「商品名」「単価」**は自動的に参照されます。
また、**「売上番号」**はオートナンバー型なので連番が自動的に表示され、**「金額」**は演算フィールドなので計算結果が自動的に表示されます。
作成したフォームに次のようにデータを入力しましょう。

売上日	得意先コード	得意先名	担当者コード	担当者名	商品コード	商品名	単価	数量	金額
2023/06/28	40020	草場スポーツ	140	吉岡　雄介	5020	ポロシャツ	¥5,500	4	¥22,000

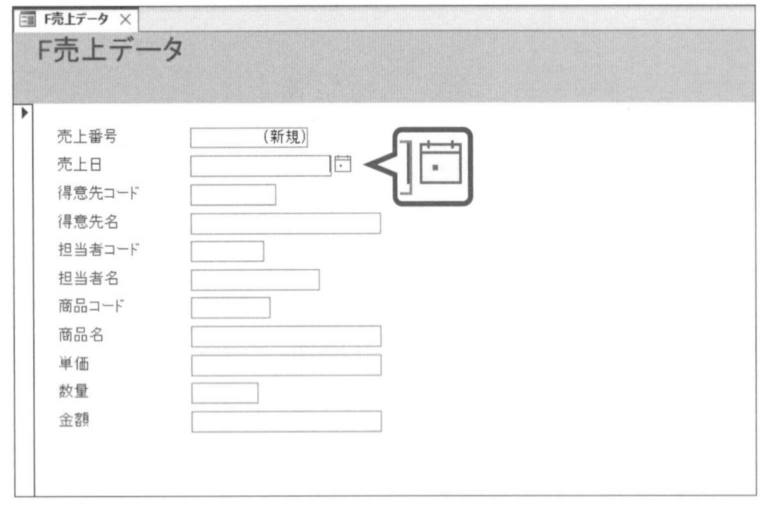

新規レコードの入力画面を表示します。
① ▶* (新しい(空の)レコード)をクリックします。
②**「売上日」**にカーソルを移動します。
③ 📅 をクリックします。

カレンダーが表示されます。

④ ◁または▷をクリックし、**「2023年6月」**を表示します。

⑤**「28」**をクリックします。

※カレンダーを表示せずに、テキストボックスに「2023/06/28」と入力してもかまいません。

「売上日」に**「2023/06/28」**と表示されます。

⑥ Tab または Enter を押します。

「売上番号」テキストボックスに自動的に連番が表示されます。

⑦**「得意先コード」**に**「40020」**と入力します。

※半角で入力します。

⑧ Tab または Enter を押します。

「得意先名」「担当者コード」「担当者名」が自動的に参照されます。

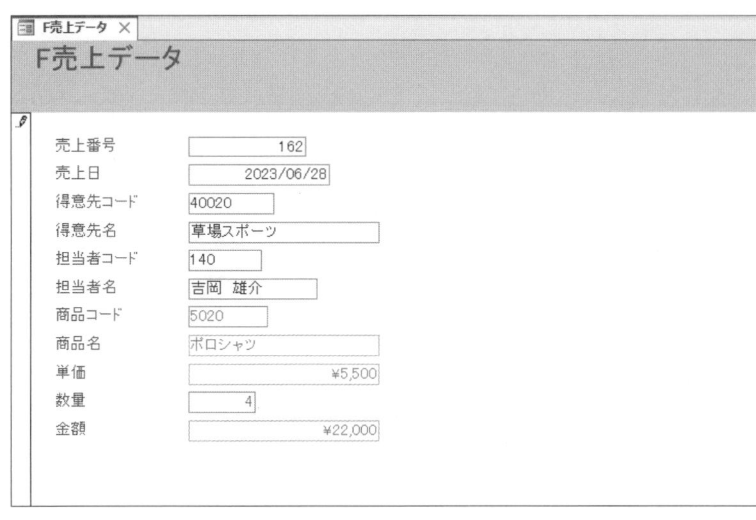

⑨**「商品コード」**に**「5020」**と入力します。

※半角で入力します。

⑩ Tab または Enter を押します。

「商品名」と**「単価」**が自動的に参照されます。

⑪**「数量」**に**「4」**と入力します。

⑫ Tab または Enter を押します。

「金額」が自動的に表示されます。

4 コントロールの書式設定

自動的に参照されるテキストボックスの文字列の色を**「薄い灰色4」**に変更しましょう。
また、枠線の色を**「透明」**に変更しましょう。

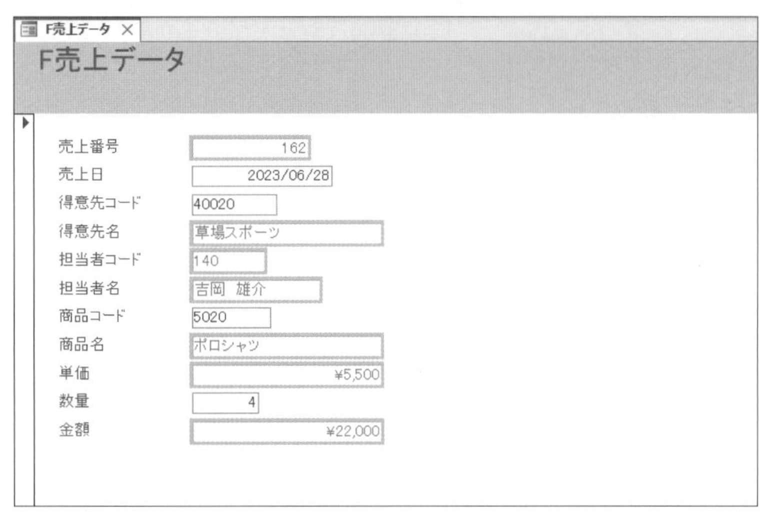

レイアウトビューに切り替えます。

①**《ホーム》**タブを選択します。

②**《表示》**グループの（表示）をクリックします。

設定するテキストボックスをすべて選択します。

③**「売上番号」**テキストボックスを選択します。

④ Shift を押しながら、**「得意先名」「担当者コード」「担当者名」「商品名」「単価」「金額」**の各テキストボックスを選択します。

⑤**《書式》**タブを選択します。

⑥**《フォント》**グループの（フォントの色）のをクリックします。

⑦**《標準の色》**の**《薄い灰色4》**をクリックします。

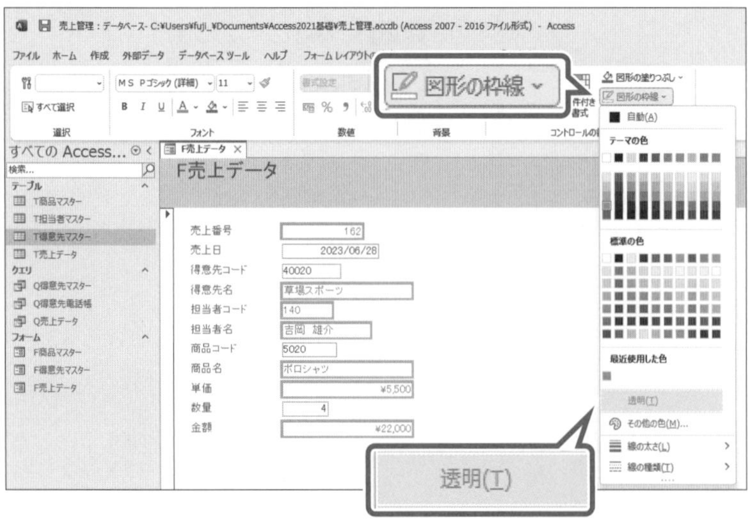

文字列の色が変更されます。

⑧**《コントロールの書式設定》**グループの（図形の枠線）をクリックします。

⑨**《透明》**をクリックします。

F売上データ

F売上データ

売上番号 162
売上日 2023/06/28
得意先コード 40020
得意先名 草場スポーツ
担当者コード 140
担当者名 吉岡 雄介
商品コード 5020
商品名 ポロシャツ
単価 ¥5,500
数量 4
金額 ¥22,000

枠線の色が透明になります。

※任意の場所をクリックし、選択を解除しておきましょう。

5 コントロールのプロパティの設定

次のテキストボックスのデータを更新できないように設定しましょう。
また、カーソルが移動しないようにします。

売上番号
得意先名
担当者コード
担当者名
商品名
単価
金額

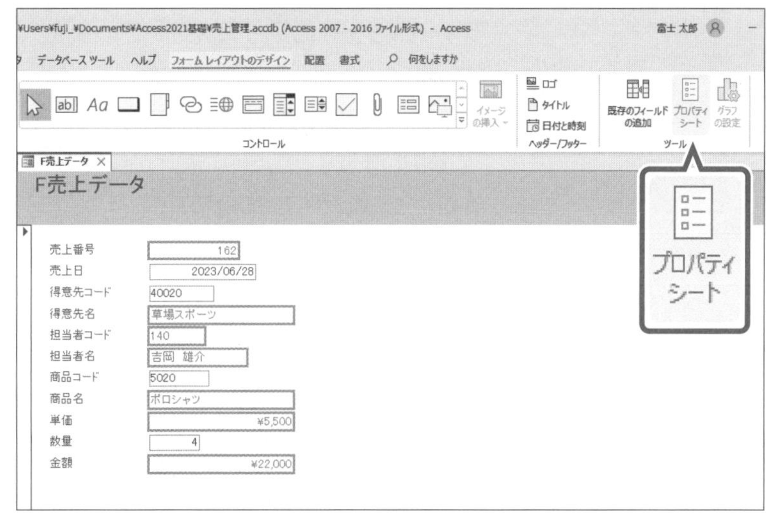

設定するテキストボックスをすべて選択します。

①**「売上番号」**テキストボックスを選択します。

②Shiftを押しながら、**「得意先名」「担当者コード」「担当者名」「商品名」「単価」「金額」**の各テキストボックスを選択します。

③**《フォームレイアウトのデザイン》**タブを選択します。

④**《ツール》**グループの（プロパティシート）をクリックします。

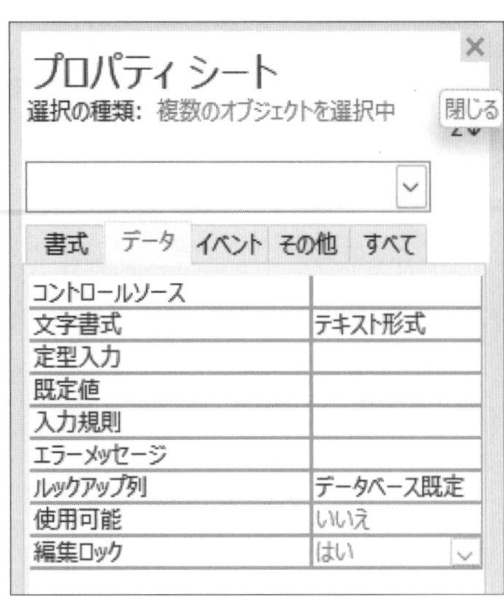

《プロパティシート》が表示されます。

⑤**《選択の種類》**に**《複数のオブジェクトを選択中》**と表示されていることを確認します。

⑥**《データ》**タブを選択します。

⑦**《使用可能》**プロパティをクリックします。

⑧ をクリックし、一覧から**《いいえ》**を選択します。

⑨**《編集ロック》**プロパティをクリックします。

⑩ をクリックし、一覧から**《はい》**を選択します。

《プロパティシート》を閉じます。

⑪ (閉じる)をクリックします。

6 データの入力

データを入力し、フォームの動作を確認しましょう。

1 データの入力

次のようにデータを入力しましょう。

売上日	得意先コード	得意先名	担当者コード	担当者名	商品コード	商品名	単価	数量	金額
2023/06/28	10180	いろは通信販売	130	安藤　百合子	1030	野球グローブ	¥19,800	10	¥198,000

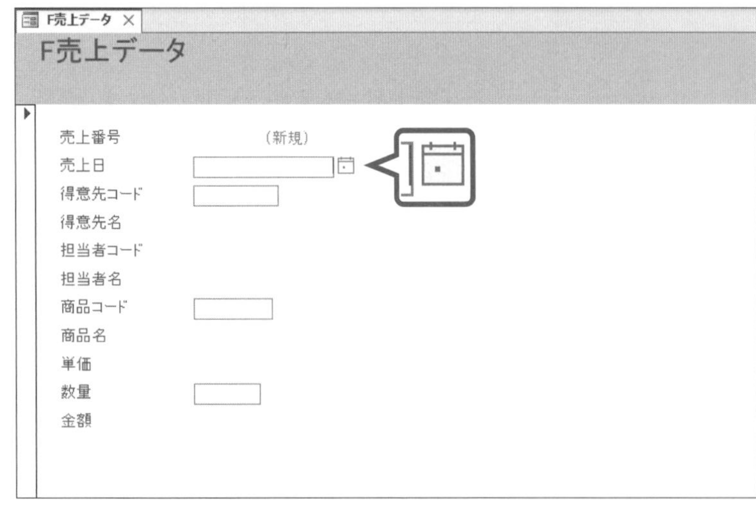

フォームビューに切り替えて、データを入力します。

①**《フォームレイアウトのデザイン》**タブを選択します。

※《ホーム》タブでもかまいません。

②**《表示》**グループの (表示)をクリックします。

新規レコードの入力画面を表示します。

③ (新しい(空の)レコード)をクリックします。

④**「売上日」**にカーソルがあることを確認します。

⑤ をクリックします。

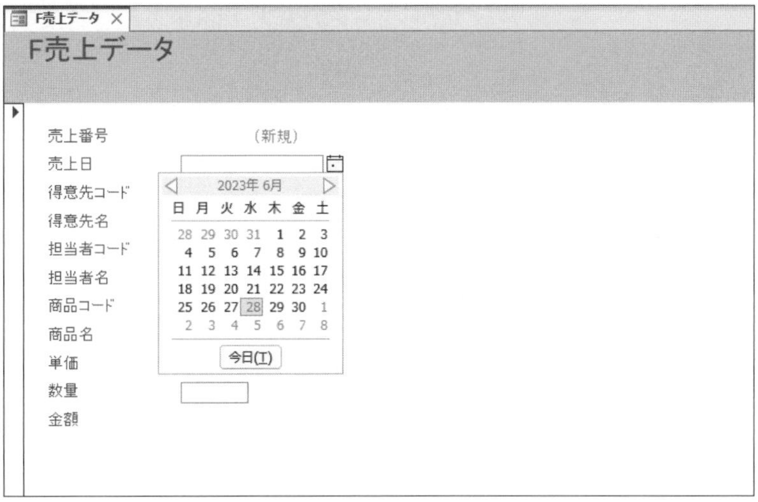

カレンダーが表示されます。

⑥ ◁または▷をクリックし、**「2023年6月」**を表示します。

⑦**「28」**をクリックします。

※カレンダーを表示せずに、テキストボックスに「2023/06/28」と入力してもかまいません。

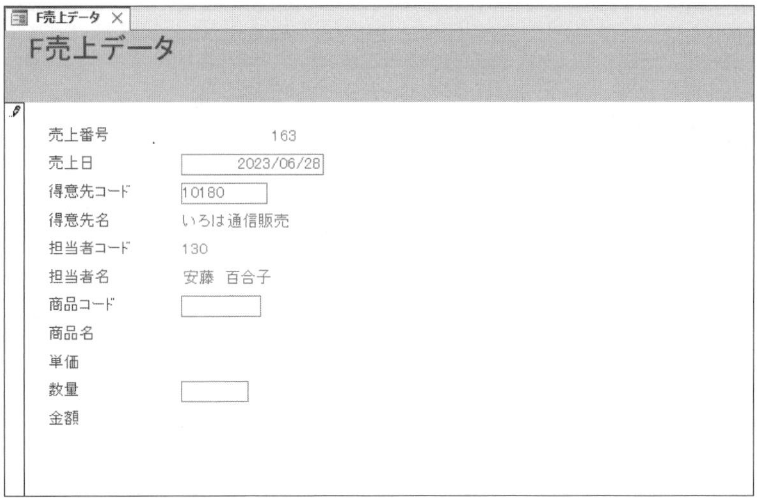

「売上日」に**「2023/06/28」**と表示されます。

⑧ Tab または Enter を押します。

「売上番号」テキストボックスに自動的に連番が表示されます。

⑨**「得意先コード」**に**「10180」**と入力します。

※半角で入力します。

⑩ Tab または Enter を押します。

「得意先名」「担当者コード」「担当者名」が自動的に参照されます。

⑪**「商品コード」**に**「1030」**と入力します。

※半角で入力します。

⑫ Tab または Enter を押します。

「商品名」と**「単価」**が自動的に参照されます。

⑬**「数量」**に**「10」**と入力します。

⑭ Tab または Enter を押します。

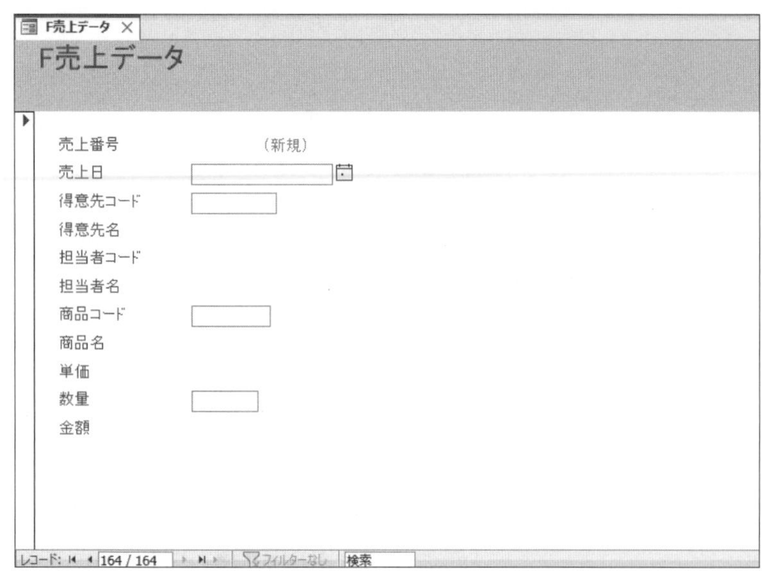

次のレコードの入力画面が表示されます。

2 プロパティの変更と確認

現在のフォームでは、**「数量」**を入力して【Tab】または【Enter】を押すと、押した時点で次のレコードの入力画面が表示されてしまいます。**「金額」**の値を確認するには、◀(前のレコード)をクリックしなければなりません。

「金額」テキストボックスにカーソルが移動し、次のレコードの入力画面が表示される前に**「金額」**の値を確認できるように、**《使用可能》**プロパティを**《はい》**に変更しましょう。

《使用可能》プロパティを**《はい》**に変更しても、**《編集ロック》**プロパティを**《はい》**に設定しているので、データを誤って書き換えることはありません。

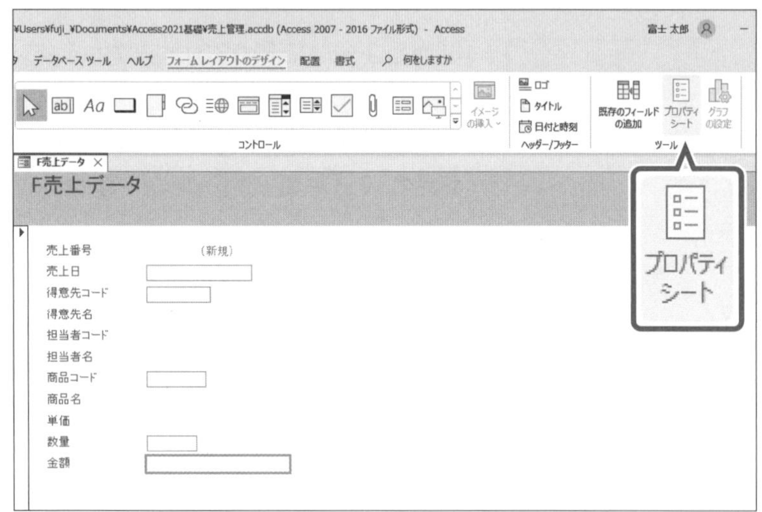

レイアウトビューに切り替えます。

①**《ホーム》**タブを選択します。

②**《表示》**グループの(表示)をクリックします。

③**「金額」**テキストボックスを選択します。

④**《フォームレイアウトのデザイン》**タブを選択します。

⑤**《ツール》**グループの(プロパティシート)をクリックします。

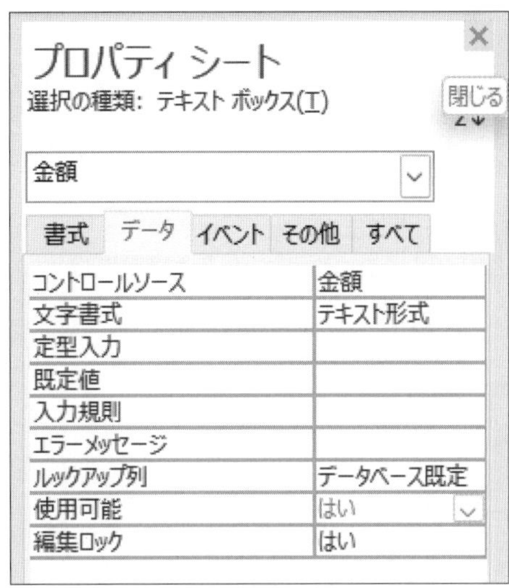

《プロパティシート》が表示されます。

⑥《データ》タブを選択します。

⑦《使用可能》プロパティをクリックします。

⑧ [∨] をクリックし、一覧から《はい》を選択します。

《プロパティシート》を閉じます。

⑨ [×] (閉じる)をクリックします。

フォームビューに切り替えて、次のようにデータを入力します。

売上日	得意先コード	得意先名	担当者コード	担当者名	商品コード	商品名	単価	数量	金額
2023/06/28	30020	スポーツショップ富士	120	佐伯　浩太	3010	スキー板	¥55,000	2	¥110,000

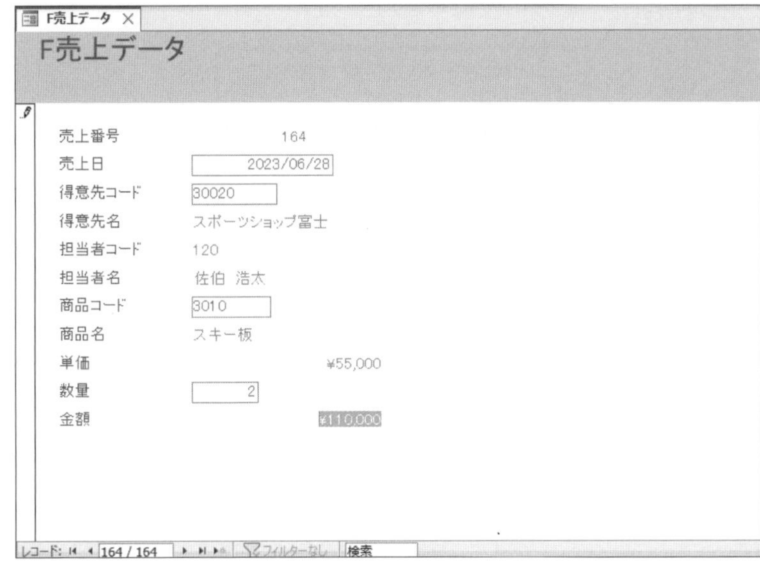

⑩《フォームレイアウトのデザイン》タブを選択します。

※《ホーム》タブでもかまいません。

⑪《表示》グループの [表示] (表示)をクリックします。

⑫新規レコードの入力画面が表示されていることを確認します。

※表示されていない場合は、[新しい(空の)レコード] (新しい(空の)レコード)をクリックします。

⑬「売上日」「得意先コード」「商品コード」を入力します。

※半角で入力します。

⑭「数量」に「2」と入力します。

⑮ [Tab] または [Enter] を押します。

「金額」テキストボックスにカーソルが移動し、「金額」の値が表示されます。

※フォームを上書き保存し、閉じておきましょう。

STEP UP 便利なプロパティ

よく使う便利なプロパティには、次のようなものがあります。

●《書式》プロパティ

データを表示する書式を設定します。
《日付（L）》を設定すると、「○○○○年○月○日」で表示されます。

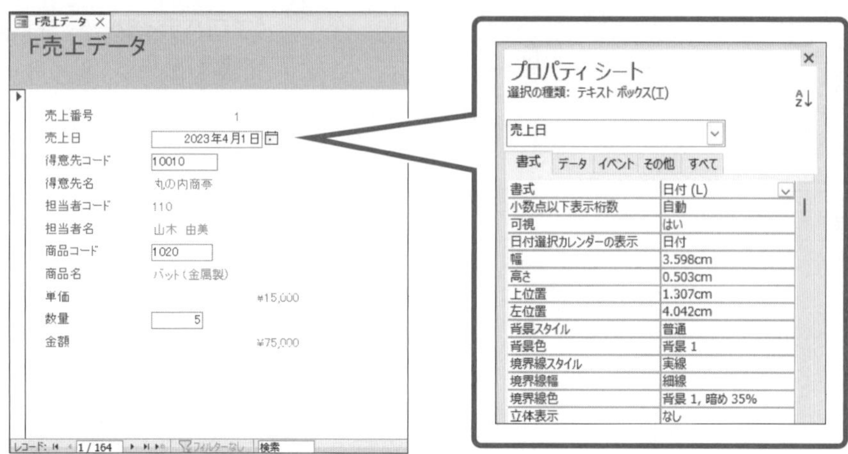

●《既定値》プロパティ

自動的にコントロールに入力される値を指定します。
「Date（）」を設定するとパソコンの本日の日付が自動的に入力されます。

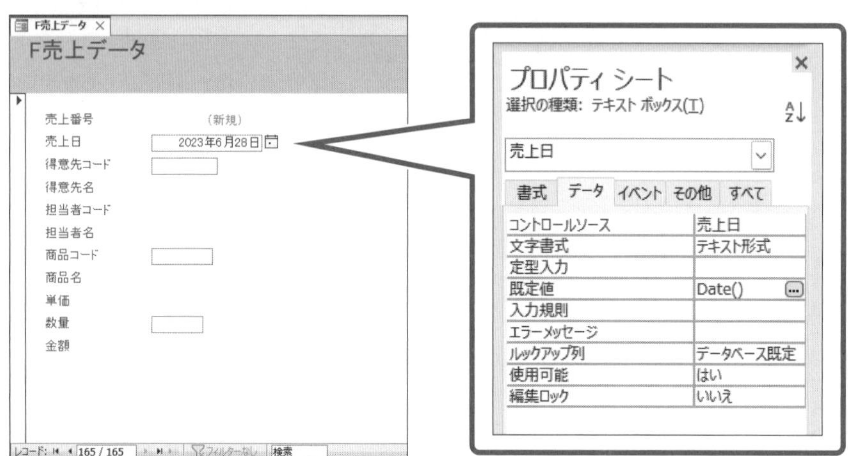

●《タブストップ》プロパティ

[Tab]または[Enter]を使ってコントロールにカーソルを移動させるかどうかを指定します。
《いいえ》を設定すると、[Tab]または[Enter]では「売上日」テキストボックスにカーソルが移動しません。売上日を入力する場合は、クリックしてカーソルを移動させます。

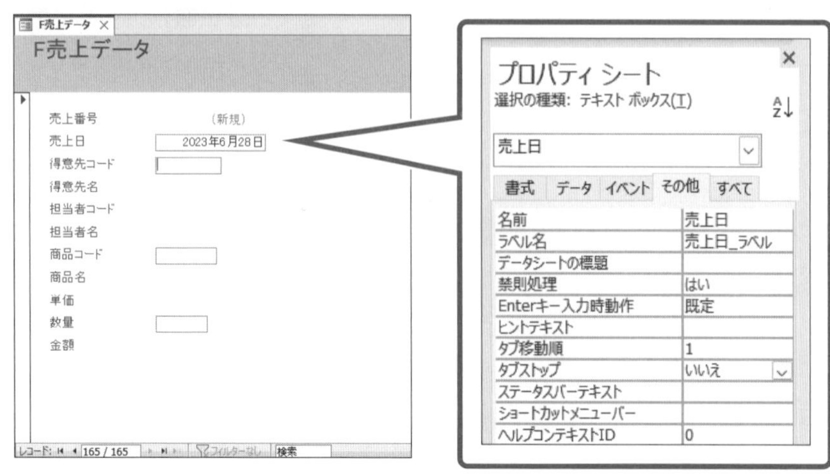

Step 6 担当者マスターの入力画面を作成する

1 作成するフォームの確認

次のようなフォーム**「F担当者マスター」**を作成しましょう。

F担当者マスター

担当者コード	担当者名
110	山木 由美
120	佐伯 浩太
130	安藤 百合子
140	吉岡 雄介
150	福田 進

レコード: 1 / 5　フィルターなし　検索

2 フォームの作成

《複数のアイテム》を使って、テーブル**「T担当者マスター」**をもとに、複数のレコードが一覧で表示されるフォーム**「F担当者マスター」**を作成しましょう。

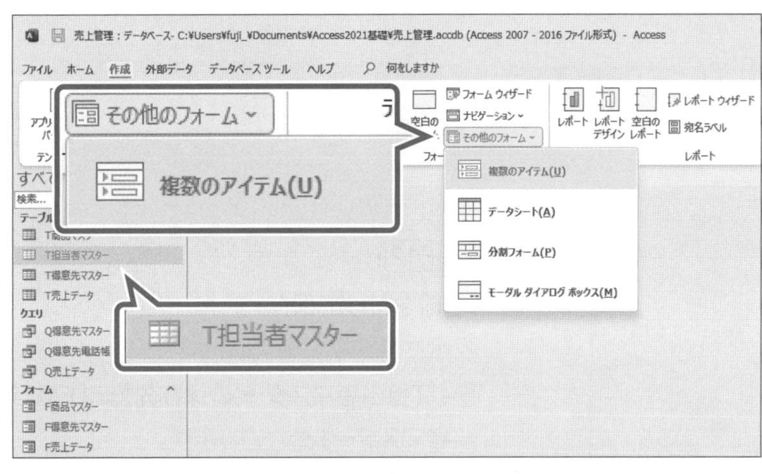

①ナビゲーションウィンドウのテーブル**「T担当者マスター」**を選択します。

②**《作成》**タブを選択します。

③**《フォーム》**グループの その他のフォーム（その他のフォーム）をクリックします。

④**《複数のアイテム》**をクリックします。

T担当者マスター

担当者コード	担当者名
110	山木 由美
120	佐伯 浩太
130	安藤 百合子
140	吉岡 雄介
150	福田 進

フォームが自動的に作成され、レイアウトビューで表示されます。

1
2
3
4
5
6
7
8
9
総合問題
索引

3 タイトルの変更

《複数のアイテム》を使ってフォームを作成すると、タイトルとして、もとになるテーブル名が自動的に配置されます。
タイトルを**「T担当者マスター」**から**「F担当者マスター」**に変更しましょう。

①**「T担当者マスター」**ラベルを2回クリックします。
②**「T」**をドラッグします。

F担当者マスター

担当者コード	担当者名
110	山木 由美
120	佐伯 浩太
130	安藤 百合子
140	吉岡 雄介
150	福田 進

③**「F」**と入力します。
※半角で入力します。
タイトルが変更されます。
※任意の場所をクリックし、選択を解除しておきましょう。
※フォームビューに切り替えて、結果を確認しておきましょう。

名前を付けて保存
'T担当者マスター' の保存先:
F担当者マスター
貼り付ける形式(A)
フォーム
OK キャンセル

作成したフォームを保存します。
④ F12 を押します。
《名前を付けて保存》ダイアログボックスが表示されます。
⑤**《'T担当者マスター'の保存先》**に**「F担当者マスター」**と入力します。
⑥**《OK》**をクリックします。
※フォームを閉じておきましょう。

第7章

クエリによるデータの抽出と集計

第7章 この章で学ぶこと

学習前に習得すべきポイントを理解しておき、
学習後には確実に習得できたかどうかを振り返りましょう。

- ■ クエリに単一条件を設定できる。 → P.149 ☐☐☐
- ■ クエリにAND条件を設定できる。 → P.151 ☐☐☐
- ■ クエリにOR条件を設定できる。 → P.152 ☐☐☐
- ■ クエリにワイルドカードを使った条件を設定できる。 → P.154 ☐☐☐
- ■ パラメータークエリを作成できる。 → P.156 ☐☐☐
- ■ クエリに比較演算子を使った条件を設定できる。 → P.158 ☐☐☐
- ■ クエリにBetween And 演算子を使った条件を設定できる。 → P.159 ☐☐☐
- ■ Between And 演算子を使ったパラメータークエリを作成できる。 → P.161 ☐☐☐
- ■ フィールドごとにグループ化して集計できる。 → P.163 ☐☐☐
- ■ Where条件を設定して、条件に合致するデータだけを集計できる。 → P.166 ☐☐☐
- ■ Where条件を使ったパラメータークエリを作成できる。 → P.167 ☐☐☐

STEP 1 条件に合致する得意先を抽出する

1 レコードの抽出

様々な条件を設定して、必要なレコードを抽出できます。
クエリのデザインビューの**《抽出条件》**セルに条件を入力し、クエリを実行すると、レコードを抽出できます。

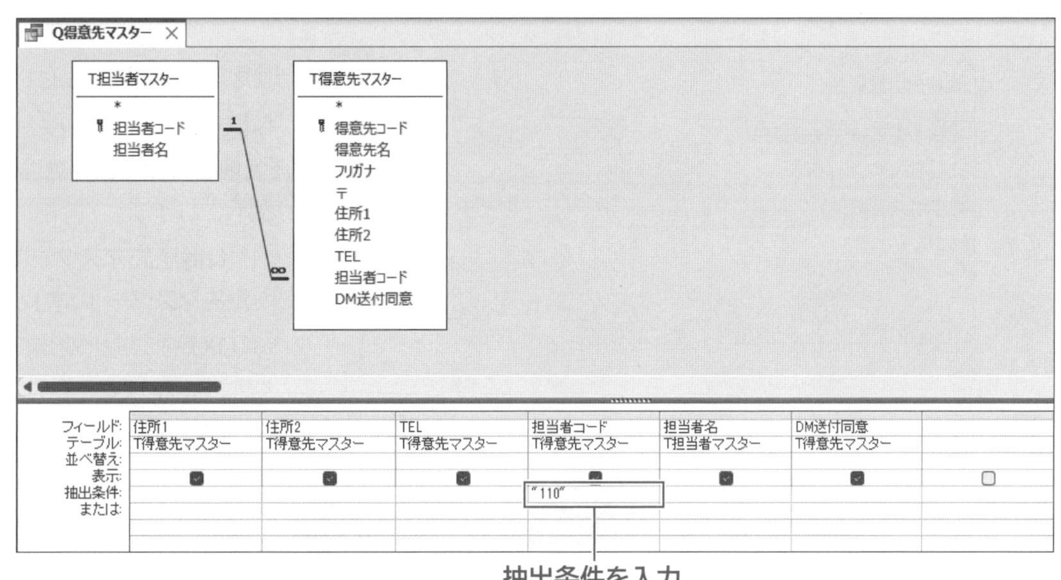

2 単一条件の設定

クエリ**「Q得意先マスター」**を編集して、**「担当者コード」**が**「110」**の得意先のレコードを抽出しましょう。

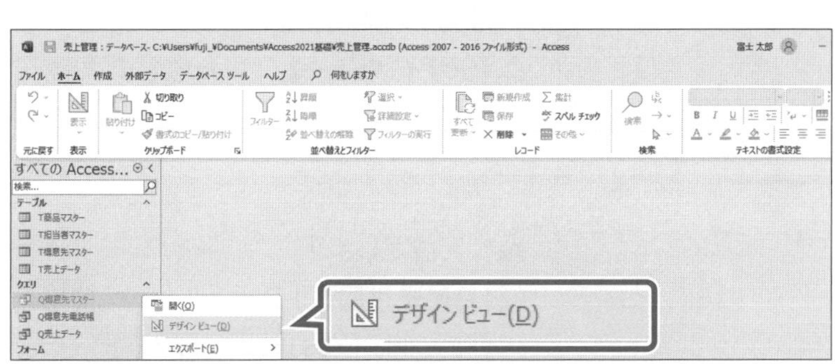

クエリ**「Q得意先マスター」**をデザインビューで開きます。

①ナビゲーションウィンドウのクエリ**「Q得意先マスター」**を右クリックします。

②**《デザインビュー》**をクリックします。

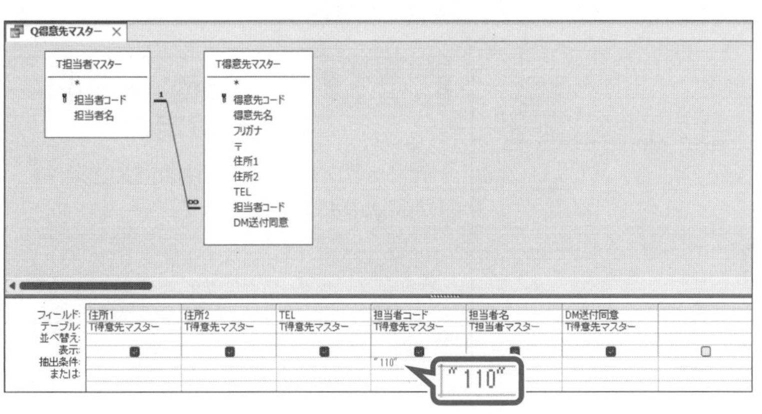

条件を設定します。

③**「担当者コード」**フィールドの**《抽出条件》**セルに**「"110"」**と入力します。

※半角で入力します。入力の際、「"」は省略できます。

クエリを実行して、結果を確認します。

④《**クエリデザイン**》タブを選択します。

⑤《**結果**》グループの（表示）をクリックします。

「**担当者コード**」が「**110**」のレコードが抽出されます。

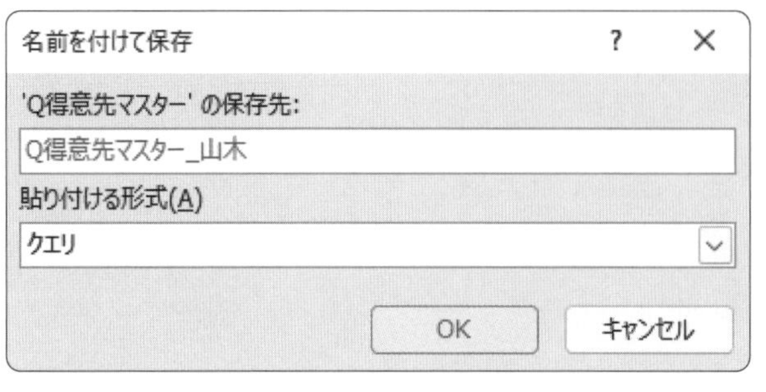

編集したクエリを保存します。

⑥ F12 を押します。

《**名前を付けて保存**》ダイアログボックスが表示されます。

⑦《**'Q得意先マスター'の保存先**》に「**Q得意先マスター_山木**」と入力します。

⑧《**OK**》をクリックします。

※クエリを閉じておきましょう。

3 単一条件の設定（Yes/No型）

クエリ「**Q得意先マスター**」を編集して、「**DM送付同意**」が☑の得意先のレコードを抽出しましょう。

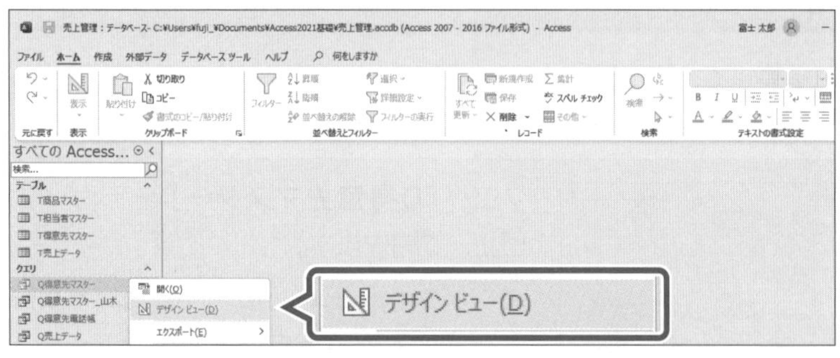

クエリ「**Q得意先マスター**」をデザインビューで開きます。

①ナビゲーションウィンドウのクエリ「**Q得意先マスター**」を右クリックします。

②《**デザインビュー**》をクリックします。

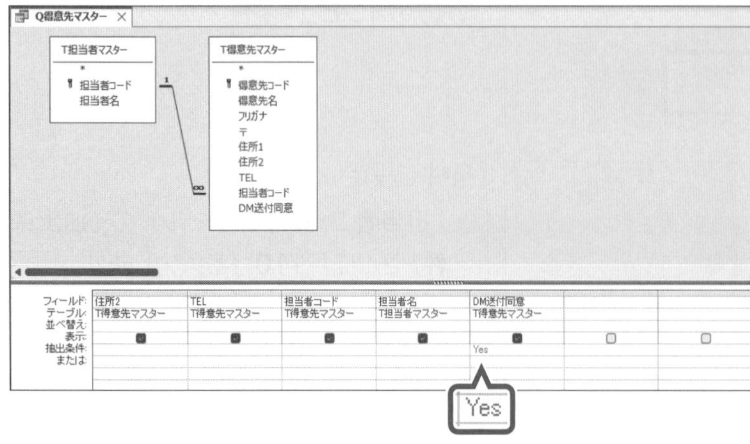

条件を設定します。

③「**DM送付同意**」フィールドの《**抽出条件**》セルに「**Yes**」と入力します。

※半角で入力します。

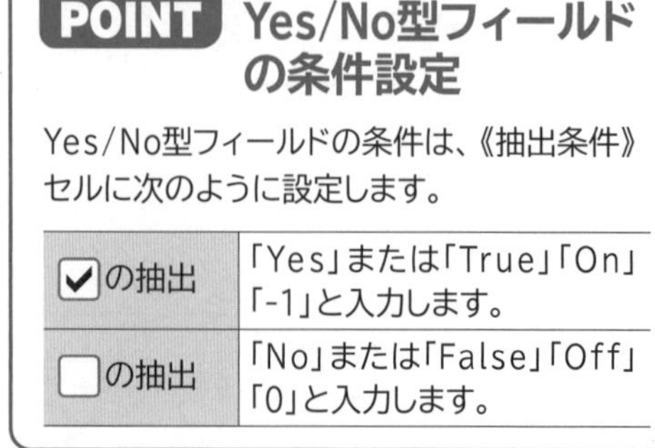

POINT Yes/No型フィールドの条件設定

Yes/No型フィールドの条件は、《抽出条件》セルに次のように設定します。

☑の抽出	「Yes」または「True」「On」「-1」と入力します。
☐の抽出	「No」または「False」「Off」「0」と入力します。

住所1	住所2	TEL	担当者コード	担当者名	DM送付同意
東京都千代田区丸の内2-X-X	第3千代田ビル	03-3211-XXXX	110	山木 由美	☑
東京都千代田区丸の内1-X-X	東京ビル	03-3213-XXXX	140	吉岡 雄介	☑
東京都墨田区向島1-X-X	足立ビル11F	03-3588-XXXX	150	福田 進	☑
東京都港区港南5-X-X	江戸ビル	03-5000-XXXX	150	福田 進	☑
東京都千代田区大手町1-X-X	大手町第一ビル	03-3262-XXXX	110	山木 由美	☑
東京都千代田区霞が関2-X-X	大江戸ビル6F	03-5522-XXXX	110	山木 由美	☑
東京都千代田区麹町3-X-X	NHビル	03-3299-XXXX	120	佐伯 浩太	☑
東京都千代田区一番町5-XX	ヤマネコガーデン4F	03-3388-XXXX	150	福田 進	☑
東京都港区虎ノ門4-X-X	虎ノ門ビル17F	03-5555-XXXX	140	吉岡 雄介	☑
東京都中央区八丁堀3-X-X	長治ビル	03-3766-XXXX	150	福田 進	☑
東京都渋谷区神山町1-XX		03-5688-XXXX	150	福田 進	☑
東京都渋谷区富ヶ谷2-X-X		03-5553-XXXX	130	安藤 百合子	☑
東京都新宿区戸塚町1-X-X	目黒野球用品本社ビル	03-3532-XXXX	130	安藤 百合子	☑
東京都新宿区片町1-X-X	片町第6ビル	03-3203-XXXX	130	安藤 百合子	☑
東京都江東区有明1-X-X	有明ISSビル7F	03-3367-XXXX	130	安藤 百合子	☑
東京都品川区中延5-X-X		03-3389-XXXX	150	福田 進	☑
東京都板橋区赤塚新町3-X-X	富士通信ビル	03-3212-XXXX	120	佐伯 浩太	☑
神奈川県横浜市金沢区泥亀2-X-X		045-788-XXXX	140	吉岡 雄介	☑
神奈川県横浜市中区赤門町2-X-X		045-242-XXXX	110	山木 由美	☑
神奈川県横浜市神奈川区子安台1-X-X	子安台フルハートビル	045-421-XXXX	140	吉岡 雄介	☑
千葉県千葉市若葉区愛生町5-XX		043-228-XXXX	120	佐伯 浩太	☑
千葉県千葉市美浜区磯辺4-X-X		043-278-XXXX	120	佐伯 浩太	☑
埼玉県川越市古谷上1-X-X	川越ガーデンビル	049-233-XXXX	140	吉岡 雄介	☑

クエリを実行して、結果を確認します。

④**《クエリデザイン》**タブを選択します。

⑤**《結果》**グループの（表示）をクリックします。

「DM送付同意」が☑のレコードが抽出されます。

編集したクエリを保存します。

⑥ F12 を押します。

《名前を付けて保存》ダイアログボックスが表示されます。

⑦**《'Q得意先マスター'の保存先》**に**「Q得意先マスター_DM送付」**と入力します。

⑧**《OK》**をクリックします。

※クエリを閉じておきましょう。

4 複合条件の設定（AND条件）

条件をすべて満たすレコードを抽出する場合、**「AND条件」**を設定します。
AND条件を設定するには、同じ行に条件を入力します。
クエリ**「Q得意先マスター」**を編集して、**「担当者コード」**が**「110」**かつ**「DM送付同意」**が☑のレコードを抽出しましょう。

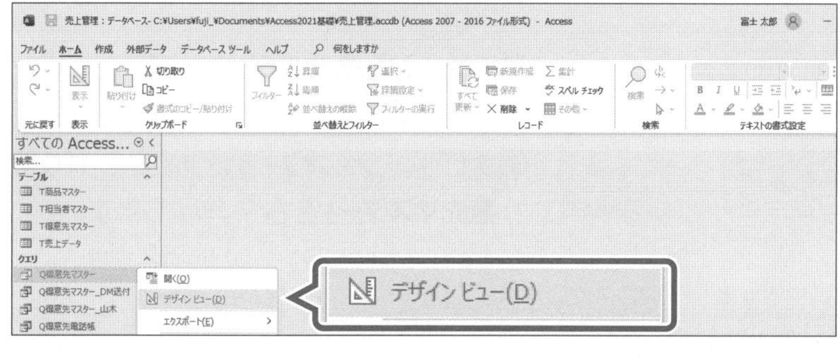

クエリ**「Q得意先マスター」**をデザインビューで開きます。

①ナビゲーションウィンドウのクエリ**「Q得意先マスター」**を右クリックします。

②**《デザインビュー》**をクリックします。

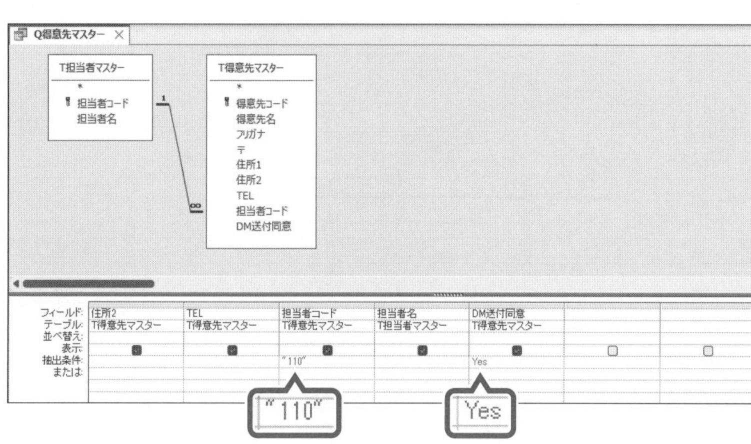

2つの条件を同じ行に設定します。

③**「担当者コード」**フィールドの**《抽出条件》**セルに**「"110"」**と入力します。

※半角で入力します。入力の際、「"」は省略できます。

④**「DM送付同意」**フィールドの**《抽出条件》**セルに**「Yes」**と入力します。

※半角で入力します。

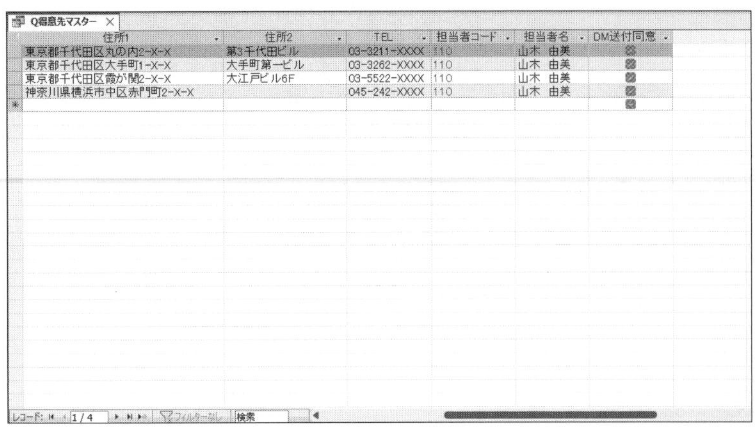

クエリを実行して、結果を確認します。

⑤《**クエリデザイン**》タブを選択します。

⑥《**結果**》グループの（表示）をクリックします。

「**担当者コード**」が「**110**」かつ「**DM送付同意**」がのレコードが抽出されます。

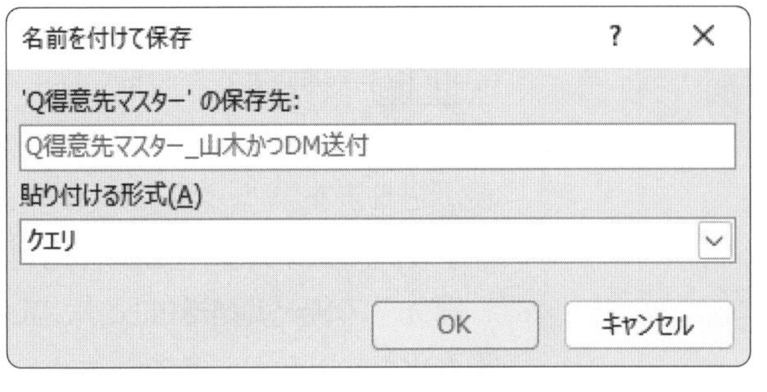

編集したクエリを保存します。

⑦ F12 を押します。

《**名前を付けて保存**》ダイアログボックスが表示されます。

⑧《**'Q得意先マスター'の保存先**》に「**Q得意先マスター_山木かつDM送付**」と入力します。

⑨《**OK**》をクリックします。

※クエリを閉じておきましょう。

5 複合条件の設定（OR条件）

どれかひとつの条件を満たすレコードを抽出する場合、「**OR条件**」を設定します。
OR条件を設定するには、異なる行に条件を入力します。
クエリ「**Q得意先マスター**」を編集して、「**担当者コード**」が「**110**」または「**140**」のレコードを抽出しましょう。

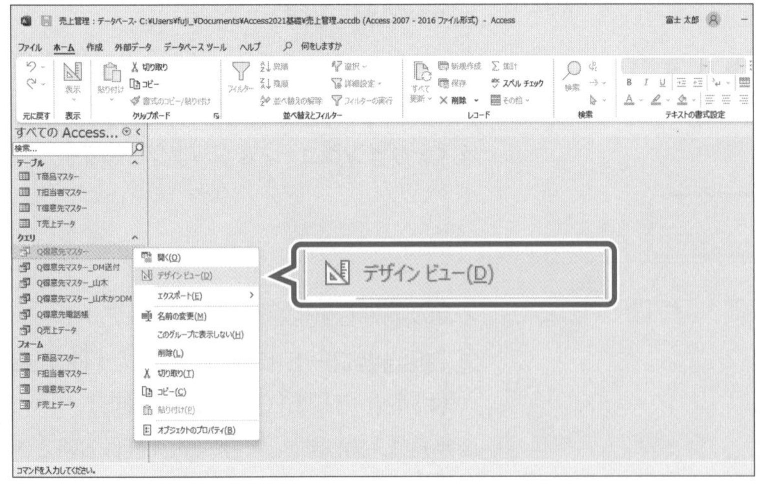

クエリ「**Q得意先マスター**」をデザインビューで開きます。

①ナビゲーションウィンドウのクエリ「**Q得意先マスター**」を右クリックします。

②《**デザインビュー**》をクリックします。

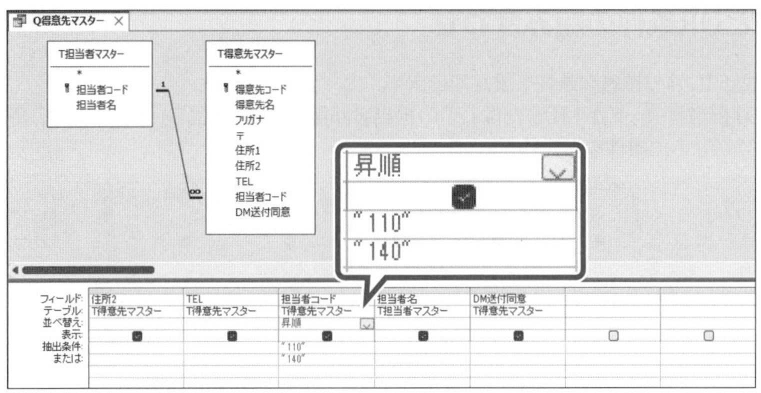

2つの条件を異なる行に設定します。

③**「担当者コード」**フィールドの**《抽出条件》**セルに**「"110"」**と入力します。

※半角で入力します。入力の際、「"」は省略できます。

④**《または》**セルに**「"140"」**と入力します。

※半角で入力します。入力の際、「"」は省略できます。

抽出結果を見やすくするために**「担当者コード」**を基準に昇順に並べ替えます。

⑤**「担当者コード」**フィールドの**《並べ替え》**セルをクリックします。

⑥ ▼ をクリックし、一覧から**《昇順》**を選択します。

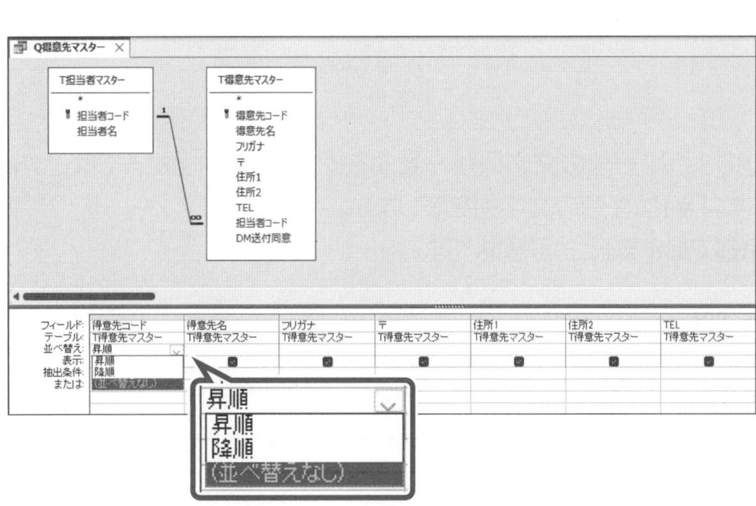

前回の並べ替えを解除します。

⑦**「得意先コード」**フィールドの**《並べ替え》**セルをクリックします。

⑧ ▼ をクリックし、一覧から**《(並べ替えなし)》**を選択します。

住所1	住所2	TEL	担当者コード	担当者名	DM送付同意
埼玉県入間市東町1-X-X		04-2900-XXXX	110	山木 由美	☐
神奈川県横浜市中区赤門町2-X-X		045-242-XXXX	110	山木 由美	☑
東京都千代田区霞が関2-X-X	大江戸ビル6F	03-5522-XXXX	110	山木 由美	☑
東京都千代田区大手町1-X-X	大手町第一ビル	03-3262-XXXX	110	山木 由美	☑
東京都台東区千束1-X-X	大手町フラワービル7F	03-3244-XXXX	110	山木 由美	☐
東京都千代田区丸の内2-X-X	第3千代田ビル	03-3211-XXXX	110	山木 由美	☑
埼玉県川越市古谷上1-X-X	川越ガーデンビル	049-233-XXXX	140	吉岡 雄介	☑
神奈川県横浜市神奈川区子安台1-X-X	子安台フルハートビル	045-421-XXXX	140	吉岡 雄介	☑
神奈川県横浜市金沢区泥亀2-X-X		045-788-XXXX	140	吉岡 雄介	☑
東京都港区虎ノ門4-X-X	虎ノ門ビル17F	03-5555-XXXX	140	吉岡 雄介	☑
東京都千代田区丸の内2-X-X	平ビル	03-5252-XXXX	140	吉岡 雄介	☐
東京都千代田区丸の内1-X-X	東京ビル	03-3213-XXXX	140	吉岡 雄介	☑

クエリを実行して、結果を確認します。

⑨**《クエリデザイン》**タブを選択します。

⑩**《結果》**グループの ▦ (表示)をクリックします。

「担当者コード」が**「110」**または**「140」**のレコードが抽出されます。

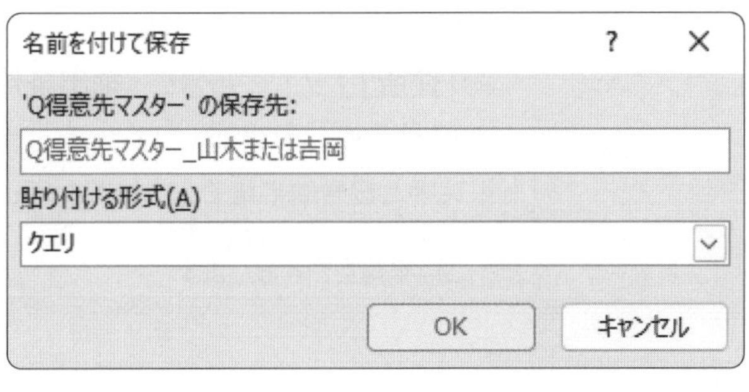

編集したクエリを保存します。

⑪ F12 を押します。

《名前を付けて保存》ダイアログボックスが表示されます。

⑫**《'Q得意先マスター'の保存先》**に**「Q得意先マスター_山木または吉岡」**と入力します。

⑬**《OK》**をクリックします。

※クエリを閉じておきましょう。

STEP UP AND条件とOR条件の組み合わせ

AND条件とOR条件を組み合わせると、より複雑な条件を設定できます。
例えば、クエリ「Q売上データ」の「担当者コードが110または120の担当者が販売した、商品コードが1020の商品」のレコードを抽出する場合、次のように条件を設定します。

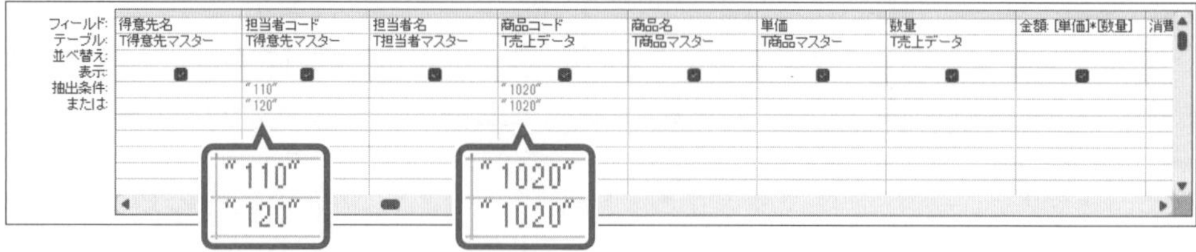

6 ワイルドカードの利用

文字列の一部を指定してレコードを抽出する場合、**「ワイルドカード」**を使って条件を設定します。

1 ワイルドカード

「～を含む」や**「～で始まる」**のように一部の文字列が一致するレコードを抽出するには、ワイルドカードの**「*」**を使います。**「*」**は任意の文字列を表します。
例えば**「東京都*」**は、**「東京都で始まる」**という意味です。

東京都*	→	**東京都渋谷区･･･** **東京都港区･･･** **東京都千代田区･･･**

2 ワイルドカードの利用

クエリ**「Q得意先マスター」**を編集して、**「住所1」**が**「東京都」**で始まるレコードを抽出しましょう。

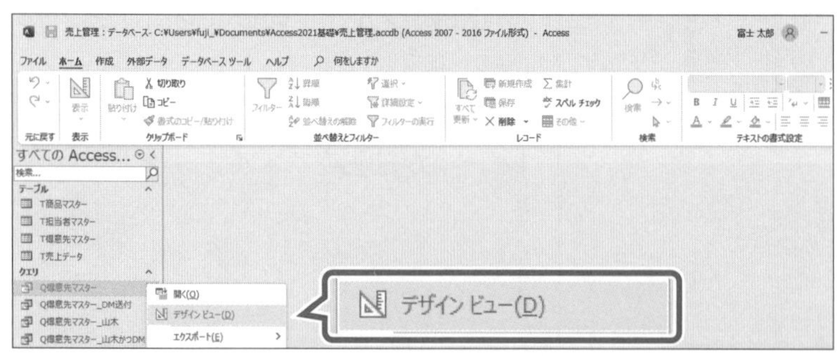

クエリ**「Q得意先マスター」**をデザインビューで開きます。

①ナビゲーションウィンドウのクエリ**「Q得意先マスター」**を右クリックします。

②**《デザインビュー》**をクリックします。

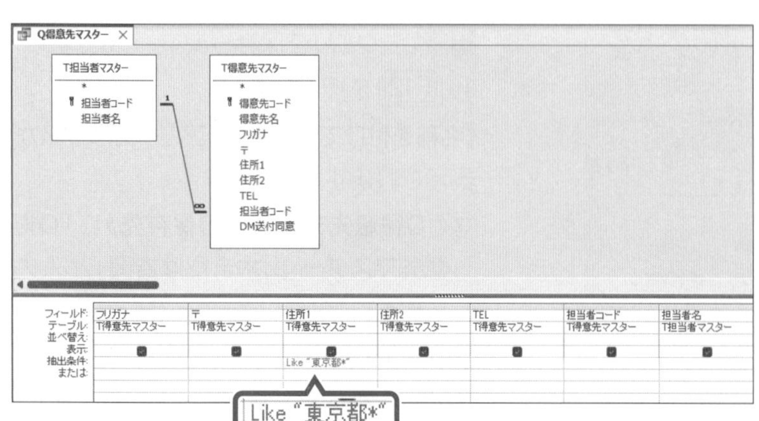

条件を設定します。

③**「住所1」**フィールドの**《抽出条件》**セルに**「Like␣"東京都*"」**と入力します。

※英字と記号は半角で入力します。入力の際、「Like␣」と「"」は省略できます。
※␣は半角空白を表します。

Q得意先マスター

得意先コード	得意先名	フリガナ	〒	住所1	住所2
10010	丸の内商事	マルノウチショウジ	100-0005	東京都千代田区丸の内2-X-X	第3千代田ビル
10020	富士光スポーツ	フジミツスポーツ	100-0005	東京都千代田区丸の内1-X-X	東京ビル
10030	さくらスポーツ	サクラスポーツ	111-0031	東京都台東区千束1-X-X	大手町フラワービル7F
10040	マイスター販売	マイスターハンバイ	176-0002	東京都練馬区桜台3-X-X	
10050	足立スポーツ	アダチスポーツ	131-0033	東京都墨田区向島1-X-X	足立ビル11F
10060	関西販売	カンサイハンバイ	108-0075	東京都港区港南5-X-X	江戸ビル
10070	スポーツ山岡	スポーツヤマオカ	100-0004	東京都千代田区大手町1-X-X	大手町第一ビル
10080	日高販売店	ヒダカハンバイテン	100-0005	東京都千代田区丸の内2-X-X	平ビル
10090	大江戸販売	オオエドハンバイ	100-0013	東京都千代田区霞が関2-X-X	大江戸ビル6F
10100	山の手スポーツ用品	ヤマノテスポーツヨウヒン	103-0027	東京都中央区日本橋1-X-X	日本橋ビル
10110	海山商事	ウミヤマショウジ	102-0083	東京都千代田区麹町3-X-X	NHビル
10120	山猫スポーツ	ヤマネコスポーツ	102-0082	東京都千代田区一番町5-XX	ヤマネコガーデン4F
10130	西郷スポーツ	サイゴウスポーツ	105-0001	東京都港区虎ノ門4-X-X	虎ノ門ビル17F
10140	富士山物産	フジヤマブッサン	106-0031	東京都港区西麻布4-X-X	
10150	長治クラブ	チョウジクラブ	104-0032	東京都中央区八丁堀3-X-X	長治ビル
10160	みどりスポーツ	ミドリスポーツ	150-0047	東京都渋谷区神山町1-XX	
10170	東京富士販売	トウキョウフジハンバイ	150-0046	東京都渋谷区松濤1-X-X	渋谷第2ビル
10180	いろは通信販売	イロハツウシンハンバイ	151-0063	東京都渋谷区富ヶ谷2-X-X	
10190	目黒野球用品	メグロヤキュウヨウヒン	169-0071	東京都新宿区戸塚町1-X-X	目黒野球用品本社ビル
10200	ミズホ販売	ミズホハンバイ	162-0811	東京都新宿区水道町5-XX	水道橋大通ビル
10210	富士デパート	フジデパート	160-0001	東京都新宿区片町1-X-X	片町第6ビル
10220	桜富士スポーツクラブ	サクラフジスポーツクラブ	135-0063	東京都江東区有明1-X-X	有明ISSビル7F
10230	スポーツスクエア鳥居	スポーツスクエアトリイ	142-0053	東京都品川区中延5-X-X	
10240	東販売サービス	ヒガシハンバイサービス	143-0013	東京都大田区大森南3-X-X	大森ビル11F
10250	富士通信販売	フジツウシンハンバイ	175-0093	東京都板橋区赤塚新町3-X-X	富士通信ビル

レコード: 1 / 25　フィルターなし　検索

クエリを実行して、結果を確認します。

④**《クエリデザイン》**タブを選択します。

⑤**《結果》**グループの（表示）をクリックします。

「住所1」が**「東京都」**で始まるレコードが抽出されます。

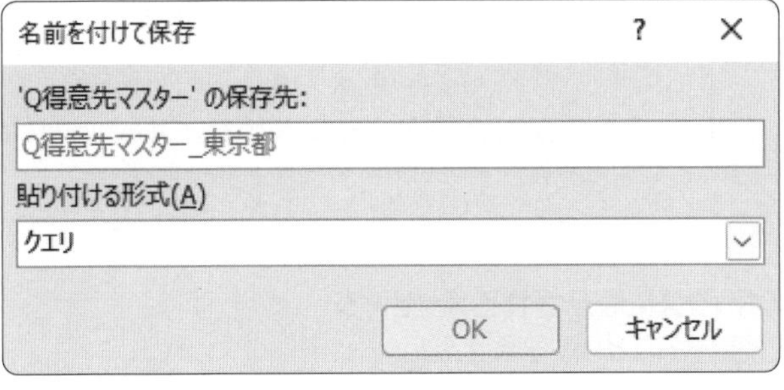

編集したクエリを保存します。

⑥ F12 を押します。

《名前を付けて保存》ダイアログボックスが表示されます。

⑦**《'Q得意先マスター'の保存先》**に**「Q得意先マスター_東京都」**と入力します。

⑧**《OK》**をクリックします。

※クエリを閉じておきましょう。

STEP UP ワイルドカードの種類と利用例

ワイルドカードには、次のようなものがあります。

種類	意味	利用例		
		条件	説明	抽出結果
*	任意の文字列	Like "富士*"	「富士」で始まる	富士光スポーツ、富士山物産、富士デパート、富士通信販売など
		Like "*富士*"	「富士」を含む	富士光スポーツ、富士山物産、東京富士販売、スポーツ富士など
?	任意の1文字	Like "??スポーツ"	3文字目以降が「スポーツ」	足立スポーツ、山猫スポーツ、西郷スポーツ、草場スポーツなど
[ ]	角括弧内に指定した1文字	Like "[サスト]*"	「サ」「ス」「ト」のいずれかで始まる	サクラスポーツ、スポーツヤマオカ、トウキョウフジハンバイなど
[!]	角括弧内に指定した1文字以外の任意の1文字	Like "[!サスト]*"	「サ」「ス」「ト」で始まらない	マルノウチショウジ、フジミツスポーツ、マイスターハンバイ、アダチスポーツなど
[-]	角括弧内に指定した範囲の1文字	Like "[ア-オ]*"	「ア」から「オ」で始まる	アダチスポーツ、イロハツウシンハンバイ、ウミヤマショウジ、オオエドハンバイなど

※英字と記号は半角で入力します。

※《抽出条件》セルにワイルドカードを使って条件を設定すると、自動的にLike演算子が記述されます。

7 パラメータークエリの作成

クエリを実行するたびに、条件を変えてレコードを抽出しましょう。

1 パラメータークエリ

クエリを実行するたびに**《パラメーターの入力》**ダイアログボックスを表示させ、特定のフィールドに対する条件を指定できます。このクエリを**「パラメータークエリ」**といいます。パラメータークエリを作成すると、毎回異なる条件でレコードを抽出できます。
パラメータークエリを作成するには、**《抽出条件》**セルに次のように入力します。

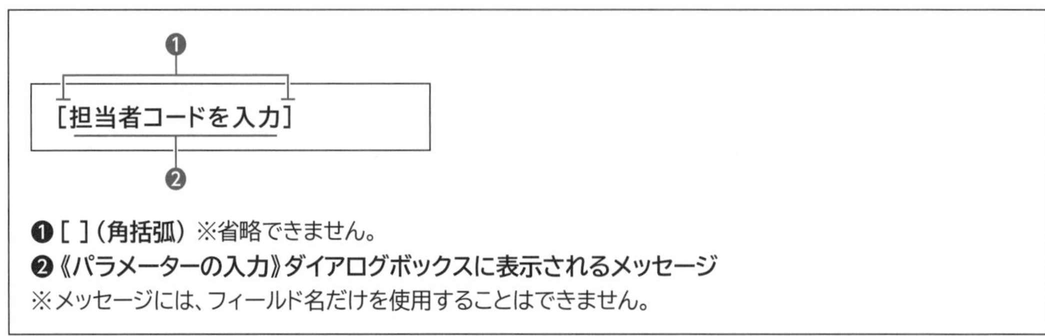

❶ [ ]（角括弧）※省略できません。
❷ 《パラメーターの入力》ダイアログボックスに表示されるメッセージ
※メッセージには、フィールド名だけを使用することはできません。

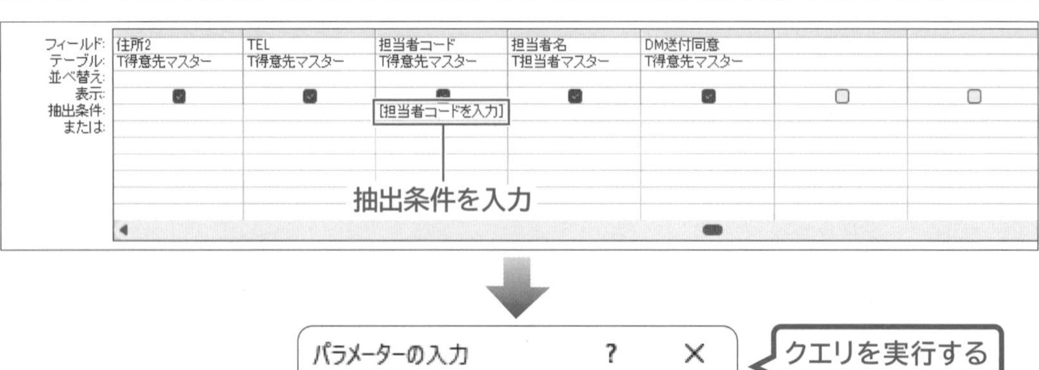

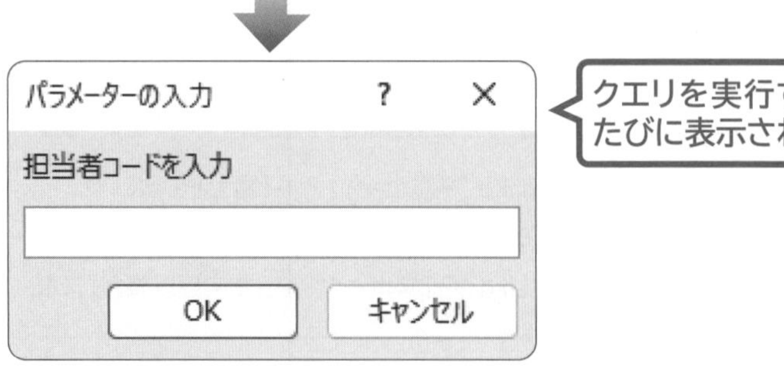

2 パラメータークエリの作成

クエリ**「Q得意先マスター」**を編集し、クエリを実行するたびに**「担当者コード」**を指定して、レコードを抽出できるパラメータークエリを作成しましょう。

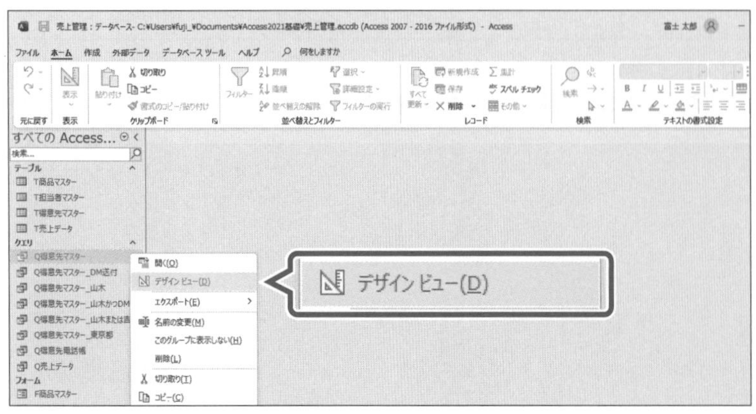

クエリ**「Q得意先マスター」**をデザインビューで開きます。

①ナビゲーションウィンドウのクエリ**「Q得意先マスター」**を右クリックします。

②**《デザインビュー》**をクリックします。

③**「担当者コード」**フィールドの**《抽出条件》**セルに、次のように入力します。

[担当者コードを入力]

※[ ]は半角で入力します。

クエリを実行して、結果を確認します。

④**《クエリデザイン》**タブを選択します。

⑤**《結果》**グループの（表示）をクリックします。

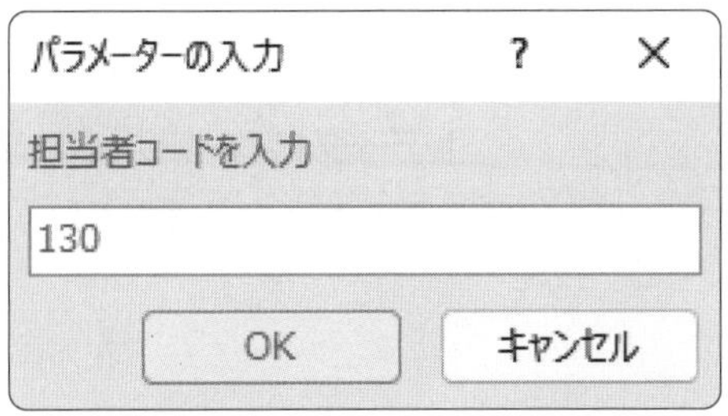

《パラメーターの入力》ダイアログボックスに、指定したメッセージが表示されます。

⑥**「担当者コードを入力」**に**「130」**と入力します。

⑦**《OK》**をクリックします。

住所1	住所2	TEL	担当者コード	担当者名	DM送付同意
東京都練馬区桜台3-X-X		03-3286-XXXX	130	安藤 百合子	☐
東京都渋谷区富ヶ谷2-X-X		03-5553-XXXX	130	安藤 百合子	☑
東京都新宿区戸塚町1-X-X	目黒野球用品本社ビル	03-3532-XXXX	130	安藤 百合子	☑
東京都新宿区片町1-X-X	片町第6ビル	03-3203-XXXX	130	安藤 百合子	☑
東京都江東区有明1-X-X	有明ISSビル7F	03-3367-XXXX	130	安藤 百合子	☑

《パラメーターの入力》ダイアログボックスで指定した担当者のレコードが抽出されます。

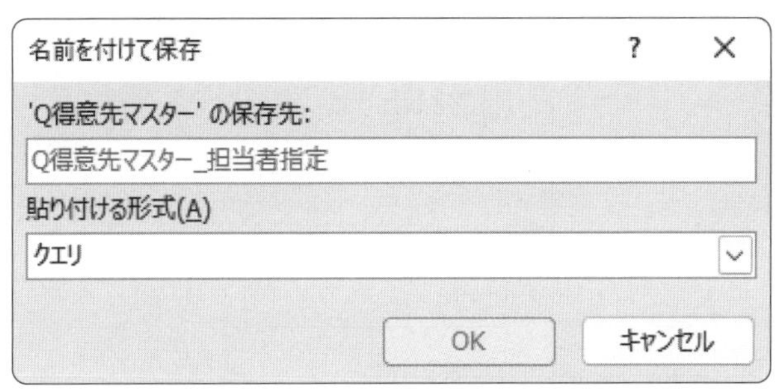

編集したクエリを保存します。

⑧ F12 を押します。

《名前を付けて保存》ダイアログボックスが表示されます。

⑨**《'Q得意先マスター'の保存先》**に**「Q得意先マスター_担当者指定」**と入力します。

⑩**《OK》**をクリックします。

※クエリを閉じておきましょう。

※クエリ「Q得意先マスター_担当者指定」を実行して、条件を変えてレコードが抽出できることを確認しておきましょう。確認後、クエリを閉じておきましょう。

STEP 2 条件に合致する売上データを抽出する

1 比較演算子の利用

「～以上」「～より小さい」などのように、範囲のあるレコードを抽出する場合、**「比較演算子」**を使って条件を設定します。

クエリ**「Q売上データ」**を編集して、**「金額」**が**「100万円以上」**のレコードを抽出しましょう。

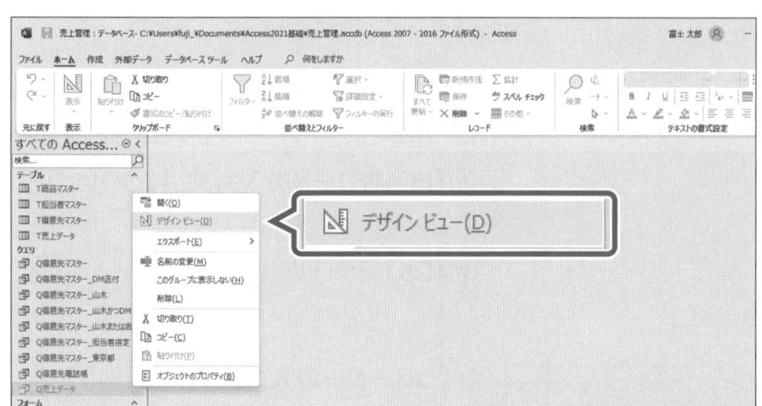

クエリ**「Q売上データ」**をデザインビューで開きます。

①ナビゲーションウィンドウのクエリ**「Q売上データ」**を右クリックします。

②**《デザインビュー》**をクリックします。

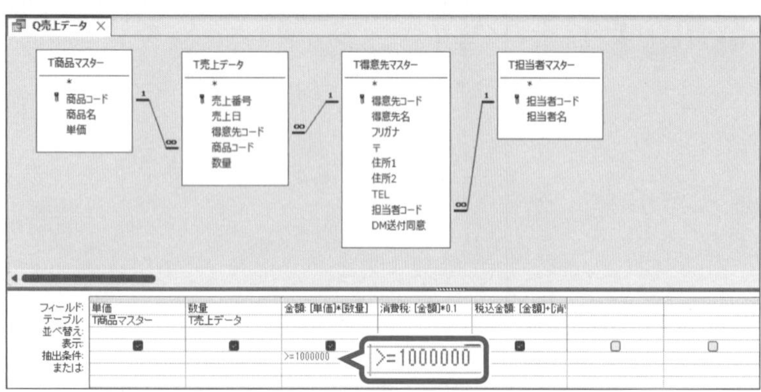

条件を設定します。

③**「金額」**フィールドの**《抽出条件》**セルに**「>=1000000」**と入力します。

※半角で入力します。

クエリを実行して、結果を確認します。

④**《クエリデザイン》**タブを選択します。

⑤**《結果》**グループの（表示）をクリックします。

担当者名	商品コード	商品名	単価	数量	金額	消費税	税込金額
福田　進	2010	ゴルフクラブ	¥68,000	15	¥1,020,000	102000	¥1,122,000
山木　由美	2010	ゴルフクラブ	¥68,000	25	¥1,700,000	170000	¥1,870,000
吉岡　雄介	2010	ゴルフクラブ	¥68,000	30	¥2,040,000	204000	¥2,244,000
吉岡　雄介	2010	ゴルフクラブ	¥68,000	20	¥1,360,000	136000	¥1,496,000
安藤　百合子	2010	ゴルフクラブ	¥68,000	15	¥1,020,000	102000	¥1,122,000
佐伯　浩太	2010	ゴルフクラブ	¥68,000	20	¥1,360,000	136000	¥1,496,000
福田　進	2030	ゴルフシューズ	¥28,000	50	¥1,400,000	140000	¥1,540,000
安藤　百合子	1010	バット（木製）	¥18,000	70	¥1,260,000	126000	¥1,386,000

「金額」が**「100万円以上」**のレコードが抽出されます。

名前を付けて保存

'Q売上データ' の保存先:

Q売上データ_100万円以上

貼り付ける形式(A)

クエリ

OK　キャンセル

編集したクエリを保存します。

⑥ F12 を押します。

《名前を付けて保存》ダイアログボックスが表示されます。

⑦**《'Q売上データ'の保存先》**に**「Q売上データ_100万円以上」**と入力します。

⑧**《OK》**をクリックします。

※クエリを閉じておきましょう。

POINT 比較演算子の種類と意味

比較演算子には、次のようなものがあります。

比較演算子	意味
=	等しい
<>	等しくない
>	～より大きい
<	～より小さい
>=	～以上
<=	～以下

2 Between And 演算子の利用

「～以上～以下」または**「～から～まで」**のように範囲に上限と下限があるレコードを抽出する場合、**「Between And 演算子」**を使って条件を設定します。
Between And 演算子を設定するには、**《抽出条件》**セルに次のように入力します。

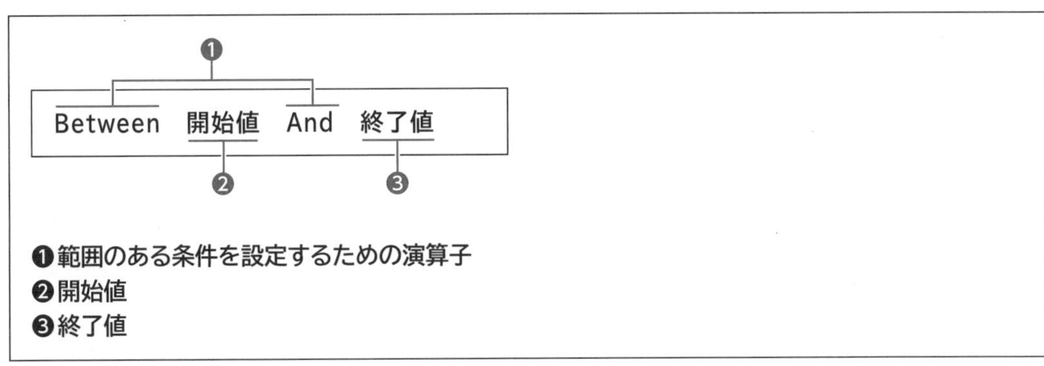

❶範囲のある条件を設定するための演算子
❷開始値
❸終了値

クエリ**「Q売上データ」**を編集して、**「売上日」**が**「2023/05/01から2023/05/31まで」**のレコードを抽出しましょう。

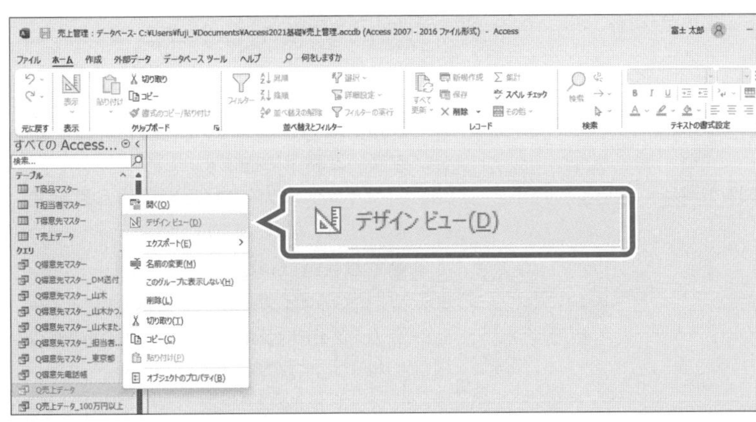

クエリ**「Q売上データ」**をデザインビューで開きます。

①ナビゲーションウィンドウのクエリ**「Q売上データ」**を右クリックします。

②**《デザインビュー》**をクリックします。

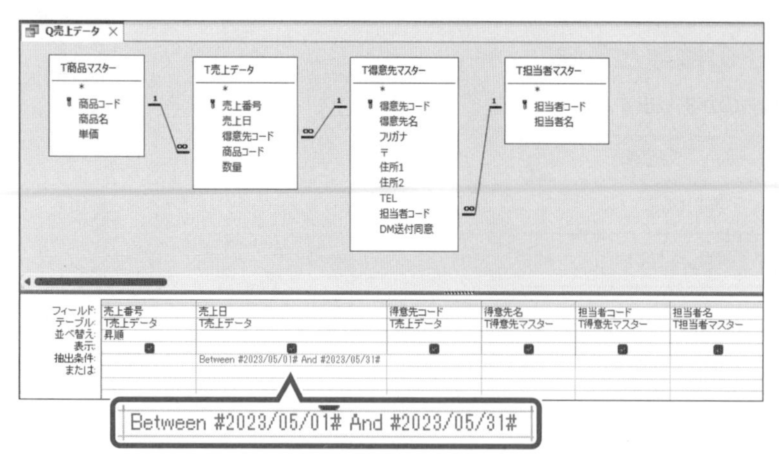

条件を設定します。

③**「売上日」**フィールドの**《抽出条件》**セルに次のように入力します。

```
Between␣#2023/05/01#␣And␣#2023/05/31#
```

※半角で入力します。入力の際、「#」は省略できます。

※␣は半角空白を表します。

※列幅を調整して、条件を確認しましょう。

クエリを実行して、結果を確認します。

④**《クエリデザイン》**タブを選択します。

⑤**《結果》**グループの［表示］（表示）をクリックします。

Q売上データ

売上番号	売上日	得意先コード	得意先名	担当者コード	担当者名	商品コード	商品名	単価	数量
44	2023/05/01	10150	長治クラブ	150	福田　進	1030	野球グローブ	¥19,800	3
45	2023/05/01	10170	東京富士販売	120	佐伯　浩太	1020	バット（金属製）	¥15,000	15
46	2023/05/01	10200	ミズホ販売	150	福田　進	3010	スキー板	¥55,000	2
47	2023/05/02	10210	富士デパート	130	安藤　百合子	2020	ゴルフボール	¥1,200	8
48	2023/05/02	10070	スポーツ山岡	110	山木　由美	1030	野球グローブ	¥19,800	15
49	2023/05/07	10020	富士光スポーツ	140	吉岡　雄介	1030	野球グローブ	¥19,800	4
50	2023/05/07	10060	関西販売	150	福田　進	4020	テニスボール	¥1,500	10
51	2023/05/07	10040	マイスター販売	130	安藤　百合子	1030	野球グローブ	¥19,800	5
52	2023/05/08	10060	関西販売	150	福田　進	2020	ゴルフボール	¥1,200	7
53	2023/05/08	20030	富士スポーツ用品	150	福田　進	3020	スキーブーツ	¥23,000	6
54	2023/05/09	10060	関西販売	150	福田　進	4010	テニスラケット	¥16,000	25
55	2023/05/09	10220	桜富士スポーツクラブ	130	安藤　百合子	4010	テニスラケット	¥16,000	15
56	2023/05/10	10120	山猫スポーツ	150	福田　進	4010	テニスラケット	¥16,000	25
57	2023/05/10	10240	東販売サービス	150	福田　進	1010	バット（木製）	¥18,000	3
58	2023/05/13	10120	山猫スポーツ	150	福田　進	2010	ゴルフクラブ	¥68,000	10
59	2023/05/13	10090	大江戸販売	110	山木　由美	2010	ゴルフクラブ	¥68,000	1
60	2023/05/13	10250	富士通信販売	120	佐伯　浩太	2030	ゴルフシューズ	¥28,000	2
61	2023/05/14	10190	目黒野球用品	130	安藤　百合子	4010	テニスラケット	¥16,000	15
62	2023/05/15	20020	つるたスポーツ	110	山木　由美	2020	ゴルフボール	¥1,200	3
63	2023/05/15	10020	富士光スポーツ	140	吉岡　雄介	2010	ゴルフクラブ	¥68,000	20
64	2023/05/16	10230	スポーツスクエア鳥居	150	福田　進	4010	テニスラケット	¥16,000	8
65	2023/05/16	10250	富士通信販売	120	佐伯　浩太	1030	野球グローブ	¥19,800	4
66	2023/05/16	10080	日高販売店	140	吉岡　雄介	2020	ゴルフボール	¥1,200	3
67	2023/05/17	10140	富士山物産	120	佐伯　浩太	2010	ゴルフクラブ	¥68,000	5
68	2023/05/17	30010	富士販売センター	120	佐伯　浩太	2020	ゴルフボール	¥1,200	20
69	2023/05/17	10180	いろは通信販売	130	安藤　百合子	4010	テニスラケット	¥16,000	10
70	2023/05/17	10160	みどりスポーツ	150	福田　進	2020	ゴルフボール	¥1,200	2

レコード: 1 / 52　フィルターなし　検索

「売上日」が**「2023/05/01から2023/05/31まで」**のレコードが抽出されます。

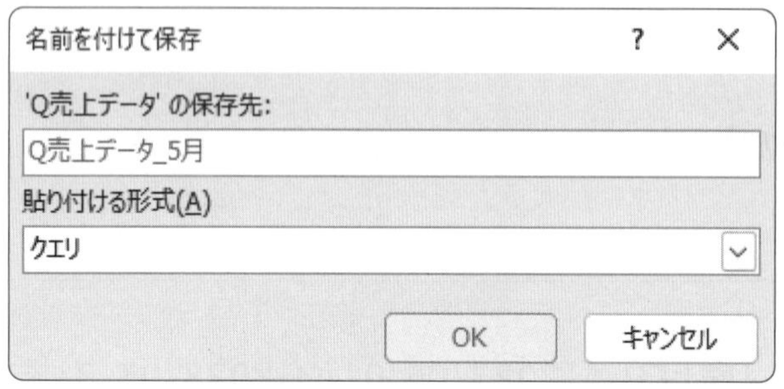

編集したクエリを保存します。

⑥【F12】を押します。

《名前を付けて保存》ダイアログボックスが表示されます。

⑦**《'Q売上データ'の保存先》**に**「Q売上データ_5月」**と入力します。

⑧**《OK》**をクリックします。

※クエリを閉じておきましょう。

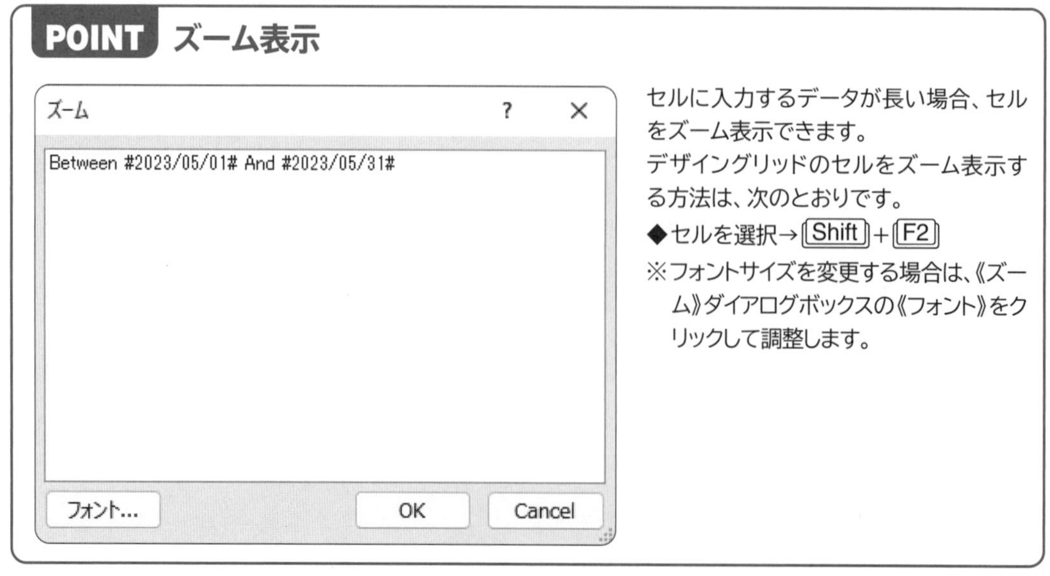

POINT ズーム表示

セルに入力するデータが長い場合、セルをズーム表示できます。

デザイングリッドのセルをズーム表示する方法は、次のとおりです。

◆セルを選択→【Shift】+【F2】

※フォントサイズを変更する場合は、《ズーム》ダイアログボックスの《フォント》をクリックして調整します。

STEP UP 演算子の種類と利用例

演算子には、次のようなものがあります。

種類	意味	利用例	
		条件	抽出結果
Between And	指定した範囲内の値	Between #2023/05/01# And #2023/05/31#	2023/05/01～2023/05/31
In	指定したリスト内の値と等しい	In ("スキー板","ゴルフボール","トレーナー")	スキー板、ゴルフボール、トレーナー
Not	指定した値を除く	Not "ゴルフクラブ"	ゴルフクラブ以外
And	指定した値かつ指定した値	Like "*東京*" And Like "*販売*"	東京富士販売
Or	指定した値または指定した値	Like "*東京*" Or Like "*販売*"	東京富士販売、富士販売センター、いろは通信販売、日高販売店など

※英字と記号は半角で入力します。入力の際、「#」と「"」と「Like」は省略できます。

3 Between And 演算子を利用したパラメータークエリの作成

クエリ**「Q売上データ_5月」**を編集して、クエリを実行するたびに**「売上日」**の期間を指定してレコードを抽出できるように、パラメータークエリを作成しましょう。

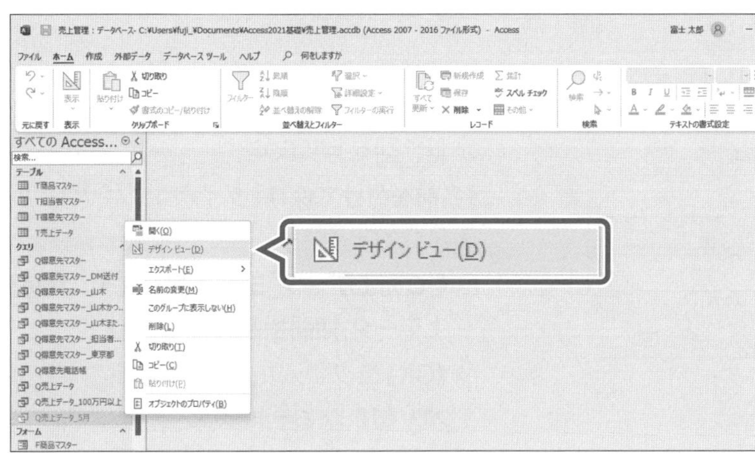

クエリ**「Q売上データ_5月」**をデザインビューで開きます。

①ナビゲーションウィンドウのクエリ**「Q売上データ_5月」**を右クリックします。

②**《デザインビュー》**をクリックします。

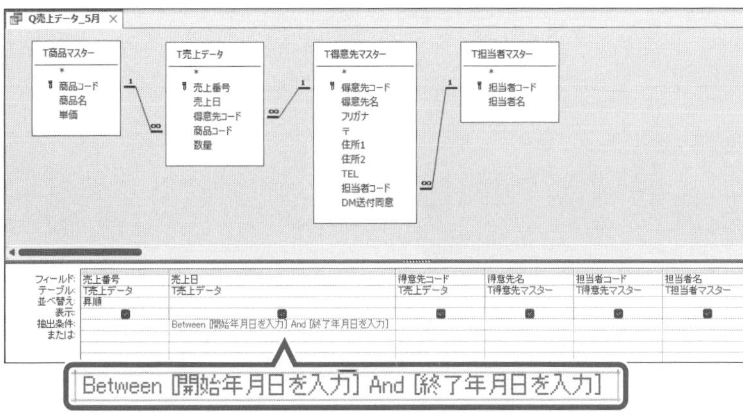

③**「売上日」**フィールドの**《抽出条件》**セルを次のように修正します。

Between␣[開始年月日を入力]␣And␣[終了年月日を入力]

※英字と記号は半角で入力します。
※␣は半角空白を表します。
※列幅を調整して、条件を確認しましょう。

クエリを実行して、結果を確認します。

④**《クエリデザイン》**タブを選択します。

⑤**《結果》**グループの(表示)をクリックします。

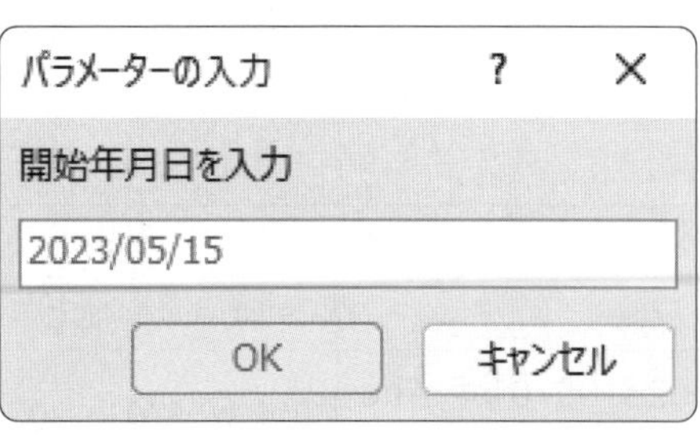

《パラメーターの入力》ダイアログボックスが表示されます。

⑥「**開始年月日を入力**」に「**2023/05/15**」と入力します。

⑦《**OK**》をクリックします。

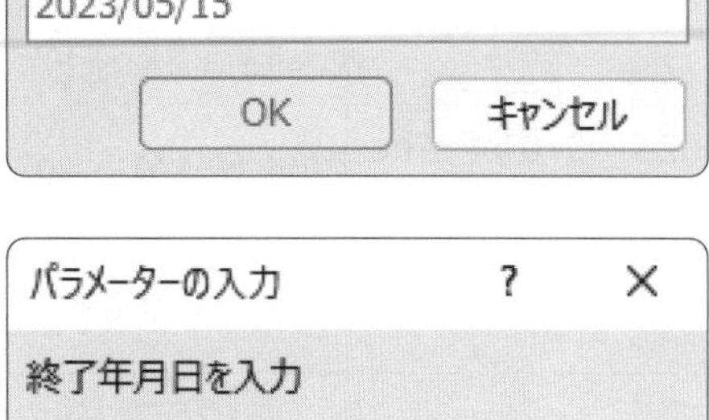

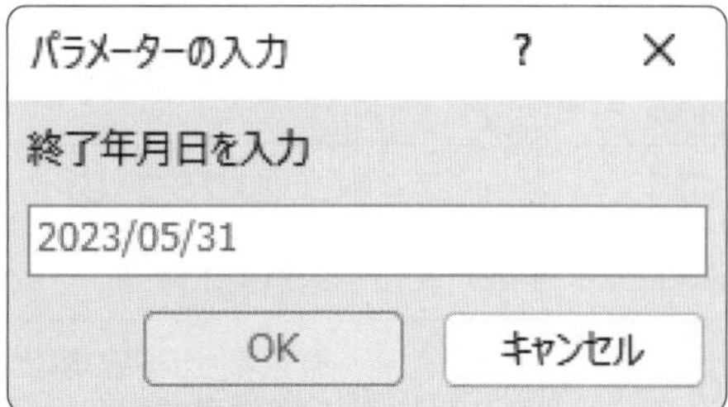

《パラメーターの入力》ダイアログボックスが表示されます。

⑧「**終了年月日を入力**」に「**2023/05/31**」と入力します。

⑨《**OK**》をクリックします。

Q売上データ_5月

売上番号	売上日	得意先コード	得意先名	担当者コード	担当者名	商品コード	商品名	単価	数量
62	2023/05/15	20020	つるたスポーツ	110	山木 由美	2020	ゴルフボール	¥1,200	3
63	2023/05/15	10020	富士光スポーツ	140	吉岡 雄介	2010	ゴルフクラブ	¥68,000	20
64	2023/05/16	10230	スポーツスクエア鳥居	150	福田 進	4010	テニスラケット	¥16,000	8
65	2023/05/16	10250	富士通信販売	120	佐伯 浩太	1030	野球グローブ	¥19,800	4
66	2023/05/16	10080	日高販売店	140	吉岡 雄介	2020	ゴルフボール	¥1,200	3
67	2023/05/17	10140	富士山物産	120	佐伯 浩太	2010	ゴルフクラブ	¥68,000	5
68	2023/05/17	30010	富士販売センター	120	佐伯 浩太	2020	ゴルフボール	¥1,200	20
69	2023/05/17	10180	いろは通信販売	130	安藤 百合子	4010	テニスラケット	¥16,000	10
70	2023/05/17	10160	みどりスポーツ	150	福田 進	2020	ゴルフボール	¥1,200	2
71	2023/05/20	10050	足立スポーツ	150	福田 進	2030	ゴルフシューズ	¥28,000	2
72	2023/05/20	30020	スポーツショップ富士	120	佐伯 浩太	3010	スキー板	¥55,000	5
73	2023/05/21	20020	つるたスポーツ	110	山木 由美	4010	テニスラケット	¥16,000	2
74	2023/05/21	10210	富士デパート	130	安藤 百合子	2010	ゴルフクラブ	¥68,000	15
75	2023/05/21	10030	さくらスポーツ	110	山木 由美	1010	バット（木製）	¥18,000	40
76	2023/05/22	10100	山の手スポーツ用品	120	佐伯 浩太	1030	野球グローブ	¥19,800	30
77	2023/05/22	10180	いろは通信販売	130	安藤 百合子	2020	ゴルフボール	¥1,200	10
78	2023/05/22	10150	長治クラブ	150	福田 進	2030	ゴルフシューズ	¥28,000	3
79	2023/05/23	10130	西郷スポーツ	140	吉岡 雄介	1020	バット（金属製）	¥15,000	5
80	2023/05/23	10160	みどりスポーツ	150	福田 進	2020	ゴルフボール	¥1,200	1
81	2023/05/24	10110	海山商事	120	佐伯 浩太	2010	ゴルフクラブ	¥68,000	20
82	2023/05/24	10170	東京富士販売	120	佐伯 浩太	1030	野球グローブ	¥19,800	20
83	2023/05/27	10080	日高販売店	140	吉岡 雄介	2020	ゴルフボール	¥1,200	5
84	2023/05/27	10160	みどりスポーツ	150	福田 進	2020	ゴルフボール	¥1,200	4
85	2023/05/28	10230	スポーツスクエア鳥居	150	福田 進	2020	ゴルフボール	¥1,200	30
86	2023/05/28	10090	大江戸販売	110	山木 由美	2010	ゴルフクラブ	¥68,000	3
87	2023/05/29	10120	山猫スポーツ	150	福田 進	2030	ゴルフシューズ	¥28,000	5
88	2023/05/30	10100	山の手スポーツ用品	120	佐伯 浩太	1010	バット（木製）	¥18,000	30

レコード: 1 / 34　フィルターなし　検索

《パラメーターの入力》ダイアログボックスで指定した期間のレコードが抽出されます。

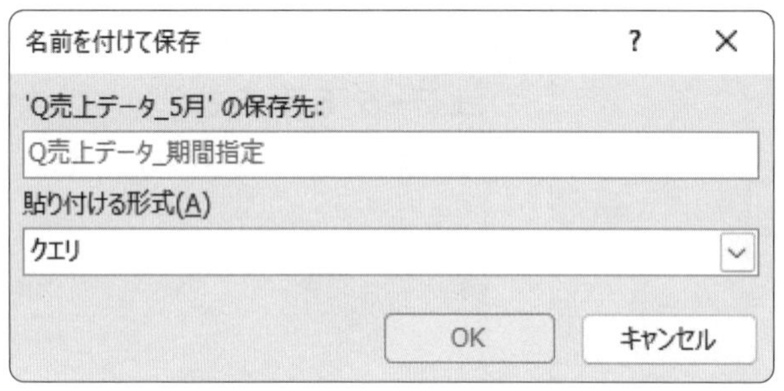

編集したクエリを保存します。

⑩ F12 を押します。

《名前を付けて保存》ダイアログボックスが表示されます。

⑪《**'Q売上データ_5月'の保存先**》に「**Q売上データ_期間指定**」と入力します。

⑫《**OK**》をクリックします。

※クエリを閉じておきましょう。

STEP 3 売上データを集計する

1 売上データの集計

クエリを作成して、売上金額を**「商品コード」**ごとにグループ化して集計しましょう。

1 クエリの作成

クエリ**「Q売上データ」**をもとに、売上金額を**「商品コード」**ごとにグループ化して集計するクエリを作成しましょう。

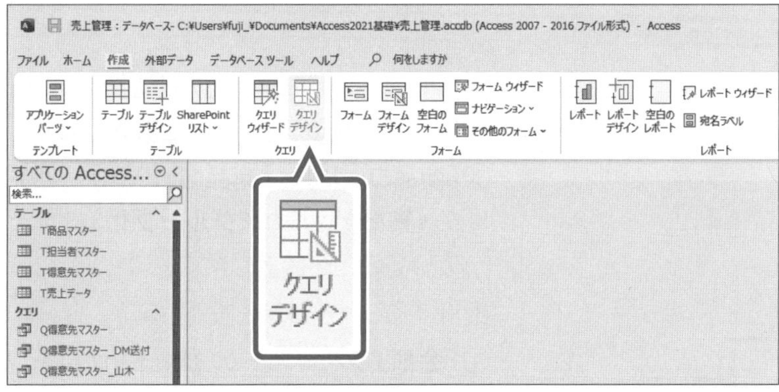

①**《作成》**タブを選択します。

②**《クエリ》**グループの（クエリデザイン）をクリックします。

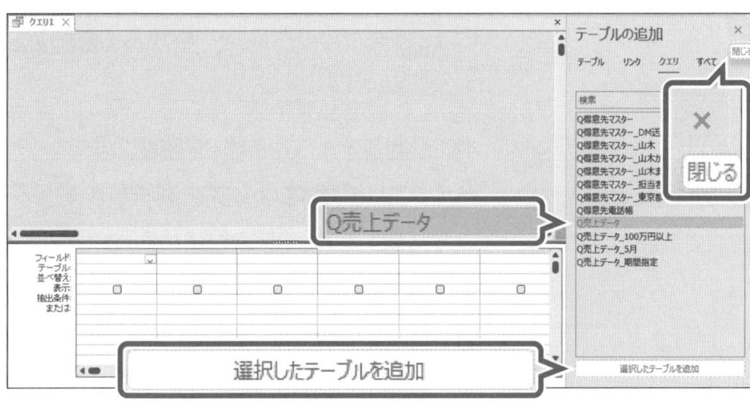

クエリウィンドウと**《テーブルの追加》**が表示されます。

③**《クエリ》**タブを選択します。

④一覧から**「Q売上データ」**を選択します。

⑤**《選択したテーブルを追加》**をクリックします。

《テーブルの追加》を閉じます。

⑥ × （閉じる）をクリックします。

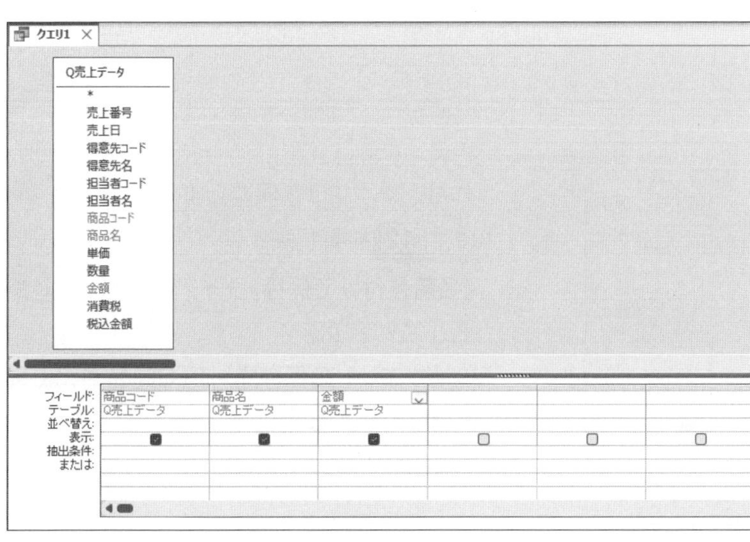

クエリウィンドウにクエリ**「Q売上データ」**のフィールドリストが表示されます。

※図のように、フィールドリストのサイズとデザイングリッドの高さを調整しておきましょう。デザイングリッドの高さは、デザイングリッドの境界線をポイントし、マウスポインターが✚の状態でドラッグして調整します。

⑦次の順番でフィールドをデザイングリッドに登録します。

クエリ	フィールド
Q売上データ	商品コード
〃	商品名
〃	金額

2 集計行の設定

「商品コード」ごとに集計しましょう。

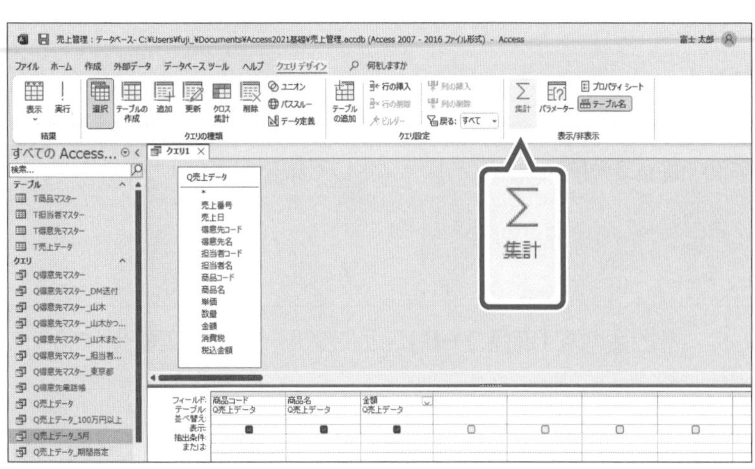

①**《クエリデザイン》**タブを選択します。

②**《表示/非表示》**グループの（クエリ結果で列の集計を表示/非表示にする）をクリックします。

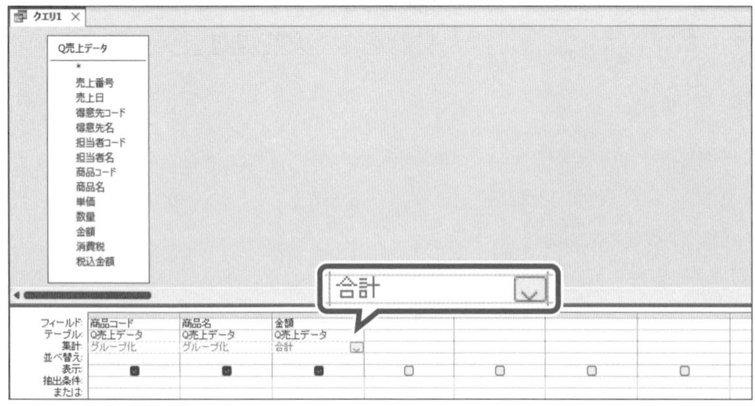

デザイングリッドに集計行が追加されます。

グループ化するフィールドを設定します。

③**「商品コード」**と**「商品名」**のフィールドの**《集計》**セルが**《グループ化》**になっていることを確認します。

集計するフィールドを設定します。

④**「金額」**フィールドの**《集計》**セルをクリックします。

⑤ をクリックし、一覧から**《合計》**を選択します。

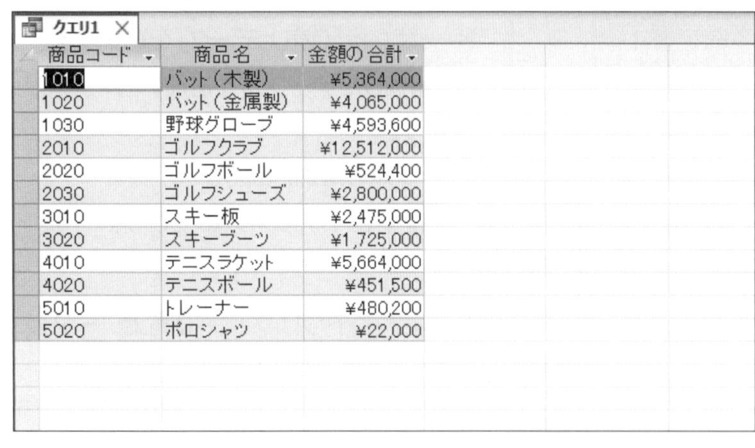

商品コード	商品名	金額の合計
1010	バット（木製）	¥5,364,000
1020	バット（金属製）	¥4,065,000
1030	野球グローブ	¥4,593,600
2010	ゴルフクラブ	¥12,512,000
2020	ゴルフボール	¥524,400
2030	ゴルフシューズ	¥2,800,000
3010	スキー板	¥2,475,000
3020	スキーブーツ	¥1,725,000
4010	テニスラケット	¥5,664,000
4020	テニスボール	¥451,500
5010	トレーナー	¥480,200
5020	ポロシャツ	¥22,000

クエリを実行して、結果を確認します。

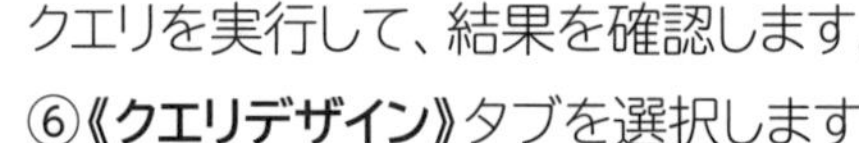

⑥**《クエリデザイン》**タブを選択します。

⑦**《結果》**グループの（表示）をクリックします。

売上金額が**「商品コード」**ごとに集計されます。

名前を付けて保存

'クエリ1' の保存先:

Q商品別売上集計

貼り付ける形式(A)

クエリ

OK　キャンセル

作成したクエリを保存します。

⑧ F12 を押します。

《名前を付けて保存》ダイアログボックスが表示されます。

⑨**《'クエリ1'の保存先》**に**「Q商品別売上集計」**と入力します。

⑩**《OK》**をクリックします。

STEP UP その他の方法（集計行の追加）

◆デザイングリッドのセルを右クリック→《集計》

STEP UP 集計行の集計方法

クエリに集計行を追加すると、フィールドのデータごとに合計や平均などを求めることができます。例えば、売上金額を担当者ごとに集計したり、売上数量を商品ごとに集計したりできます。
各フィールドを集計するには、ドロップダウンリストボックスから集計方法を選択します。

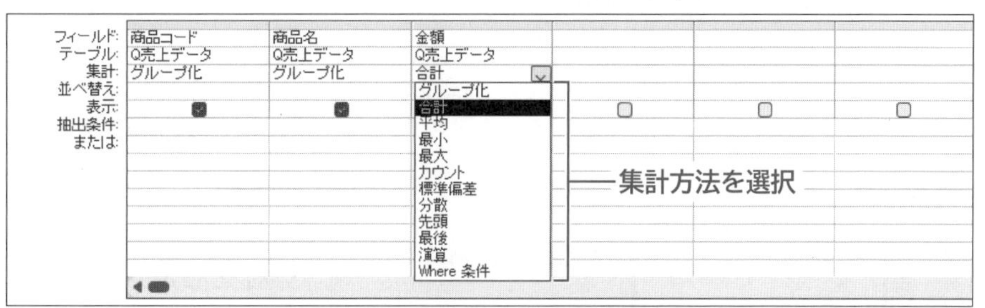

集計方法	説明
グループ化	フィールドをグループ化する
合計	フィールドの値を合計する
平均	フィールドの値を平均する
最小	フィールドの最小値を求める
最大	フィールドの最大値を求める
カウント	フィールドの値の数を求める
標準偏差	フィールドの値の標準偏差を求める
分散	フィールドの値の分散を求める
先頭	フィールドの値の先頭を求める
最後	フィールドの値の最後を求める
演算	フィールドの値で演算する
Where条件	フィールドに条件を入力する

2 Where条件の設定

売上データを絞り込んで集計する場合、**「Where条件」**を設定します。
Where条件を設定すると、条件に合致する売上データだけが集計の対象になります。
「Q商品別売上集計」を編集し、**「売上日」**が**「2023/05/01から2023/05/31まで」**の売上金額を**「商品コード」**ごとに集計して、どの商品がよく売れているかを分析しましょう。
ここでは、売上日で期間を指定して売上データを絞り込むため、**「売上日」**フィールドを追加してWhere条件を設定します。

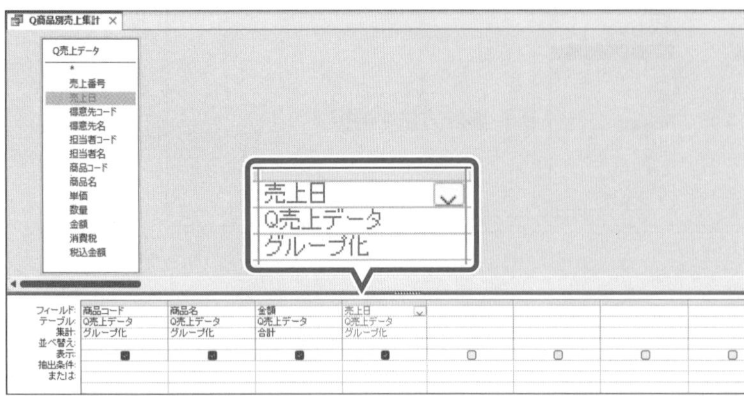

デザインビューに切り替えます。

①**《ホーム》**タブを選択します。

②**《表示》**グループの（表示）をクリックします。

条件を設定するフィールドを追加します。

③フィールドリストの**「売上日」**をダブルクリックします。

「売上日」がデザイングリッドに登録されます。

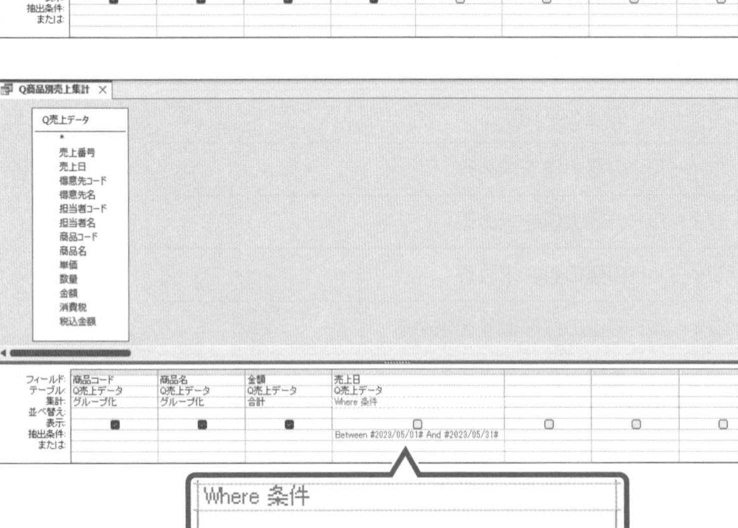

④**「売上日」**フィールドの**《集計》**セルをクリックします。

⑤ をクリックし、一覧から**《Where条件》**を選択します。

⑥**「売上日」**フィールドの**《抽出条件》**セルに次のように入力します。

Between␣#2023/05/01#␣And␣#2023/05/31#

※半角で入力します。入力の際、「#」は省略できます。
※␣は半角空白を表します。
※列幅を調整して、条件を確認しましょう。

POINT Where条件を設定したフィールド

Where条件を設定したフィールドの《表示》セルは自動的に□になり、データシートに表示されません。

商品コード	商品名	金額の合計
1010	バット（木製）	¥2,214,000
1020	バット（金属製）	¥480,000
1030	野球グローブ	¥1,603,800
2010	ゴルフクラブ	¥5,508,000
2020	ゴルフボール	¥126,000
2030	ゴルフシューズ	¥1,736,000
3010	スキー板	¥385,000
3020	スキーブーツ	¥138,000
4010	テニスラケット	¥1,664,000
4020	テニスボール	¥15,000

クエリを実行して、結果を確認します。

⑦**《クエリデザイン》**タブを選択します。

⑧**《結果》**グループの（表示）をクリックします。

「売上日」が**「2023/05/01から2023/05/31まで」**の売上金額が**「商品コード」**ごとに集計されます。

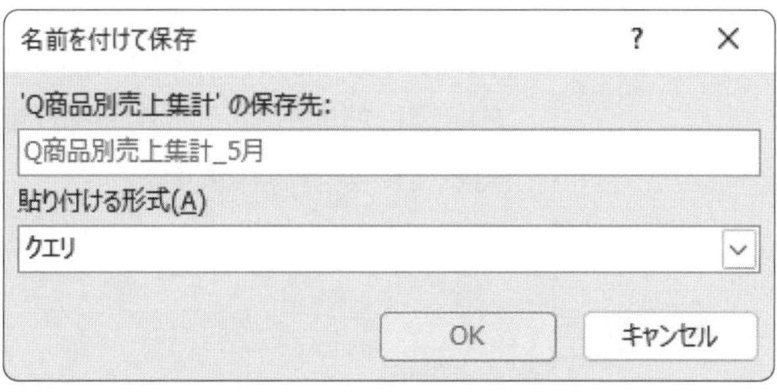

編集したクエリを保存します。

⑨F12を押します。

《名前を付けて保存》ダイアログボックスが表示されます。

⑩**《'Q商品別売上集計'の保存先》**に**「Q商品別売上集計_5月」**と入力します。

⑪**《OK》**をクリックします。

3 Where条件を利用したパラメータークエリの作成

クエリ**「Q商品別売上集計_5月」**を編集して、クエリを実行するたびに**「売上日」**の期間を指定してデータを集計できるように、パラメータークエリを作成しましょう。

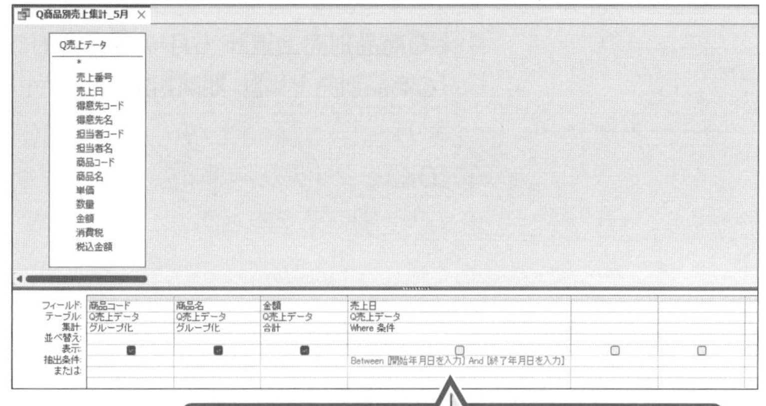

デザインビューに切り替えます。

①**《ホーム》**タブを選択します。

②**《表示》**グループの（表示）をクリックします。

③**「売上日」**フィールドの**《抽出条件》**セルを次のように修正します。

Between␣[開始年月日を入力]␣And␣[終了年月日を入力]

※英字と記号は半角で入力します。

※␣は半角空白を表します。

※列幅を調整して、条件を確認しましょう。

クエリを実行して、結果を確認します。

④**《クエリデザイン》**タブを選択します。

⑤**《結果》**グループの（表示）をクリックします。

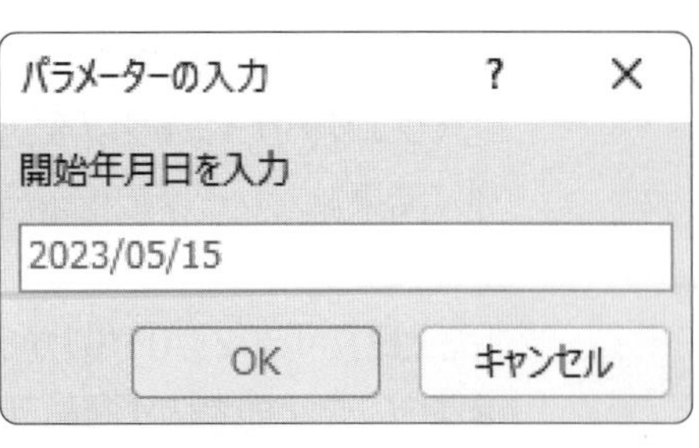

《パラメーターの入力》ダイアログボックスが表示されます。

⑥「**開始年月日を入力**」に「**2023/05/15**」と入力します。

⑦《**OK**》をクリックします。

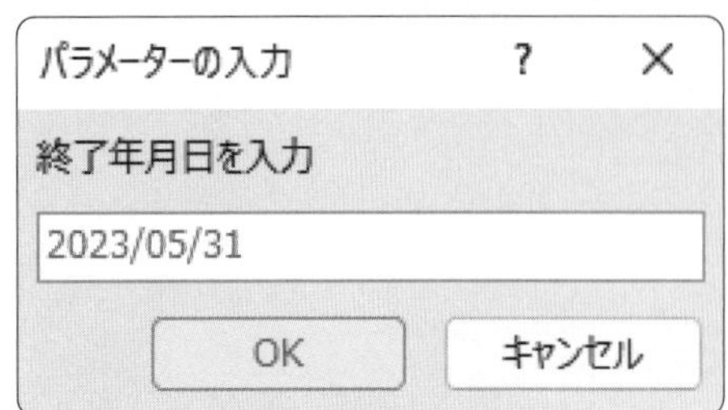

《**パラメーターの入力**》ダイアログボックスが表示されます。

⑧「**終了年月日を入力**」に「**2023/05/31**」と入力します。

⑨《**OK**》をクリックします。

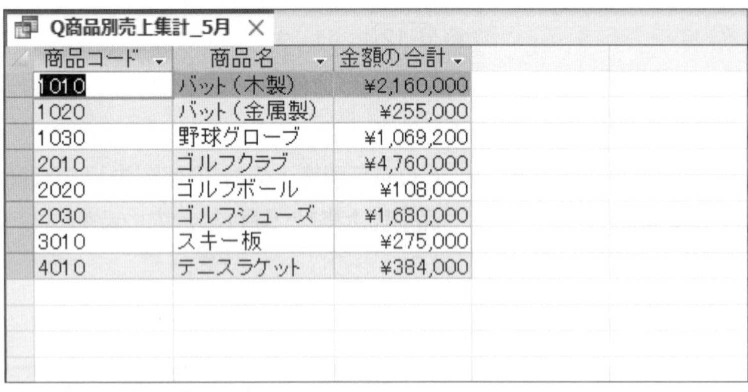

Q商品別売上集計_5月

商品コード	商品名	金額の合計
1010	バット(木製)	¥2,160,000
1020	バット(金属製)	¥255,000
1030	野球グローブ	¥1,069,200
2010	ゴルフクラブ	¥4,760,000
2020	ゴルフボール	¥108,000
2030	ゴルフシューズ	¥1,680,000
3010	スキー板	¥275,000
4010	テニスラケット	¥384,000

《**パラメーターの入力**》ダイアログボックスで指定した期間の売上金額が「**商品コード**」ごとに集計されます。

名前を付けて保存
'Q商品別売上集計_5月' の保存先:
Q商品別売上集計_期間指定
貼り付ける形式(A)
クエリ
OK キャンセル

編集したクエリを保存します。

⑩ F12 を押します。

《**名前を付けて保存**》ダイアログボックスが表示されます。

⑪《**'Q商品別売上集計_5月'の保存先**》に「**Q商品別売上集計_期間指定**」と入力します。

⑫《**OK**》をクリックします。

※クエリを閉じておきましょう。

レポートによる データの印刷

第8章　この章で学ぶこと

学習前に習得すべきポイントを理解しておき、
学習後には確実に習得できたかどうかを振り返りましょう。

■レポートで何ができるかを説明できる。 →P.171 ☐☐☐

■レポートのビューの違いを理解し、使い分けることができる。 →P.172 ☐☐☐

■レポートウィザードを使ってレポートを作成できる。 →P.173 ☐☐☐

■レポートのタイトルを編集できる。 →P.179 ☐☐☐

■コントロールの書式を設定できる。 →P.180 ☐☐☐

■レポートを印刷できる。 →P.181 ☐☐☐

■コントロールを移動できる。 →P.186 ☐☐☐

■コントロールを削除できる。 →P.186 ☐☐☐

■コントロールのサイズを変更できる。 →P.187 ☐☐☐

■セクション間でコントロールを移動できる。 →P.195 ☐☐☐

■宛名ラベルウィザードを使って宛名ラベルを作成できる。 →P.198 ☐☐☐

Step 1 レポートの概要

1 レポートの概要

「レポート」とは、データを印刷するためのオブジェクトです。
蓄積したデータをそのまま印刷するだけでなく、並べ替えて印刷したり、グループ分けして小計や総計を印刷したりできます。
また、宛名ラベル、伝票、はがきなど様々な形式でも出力できます。

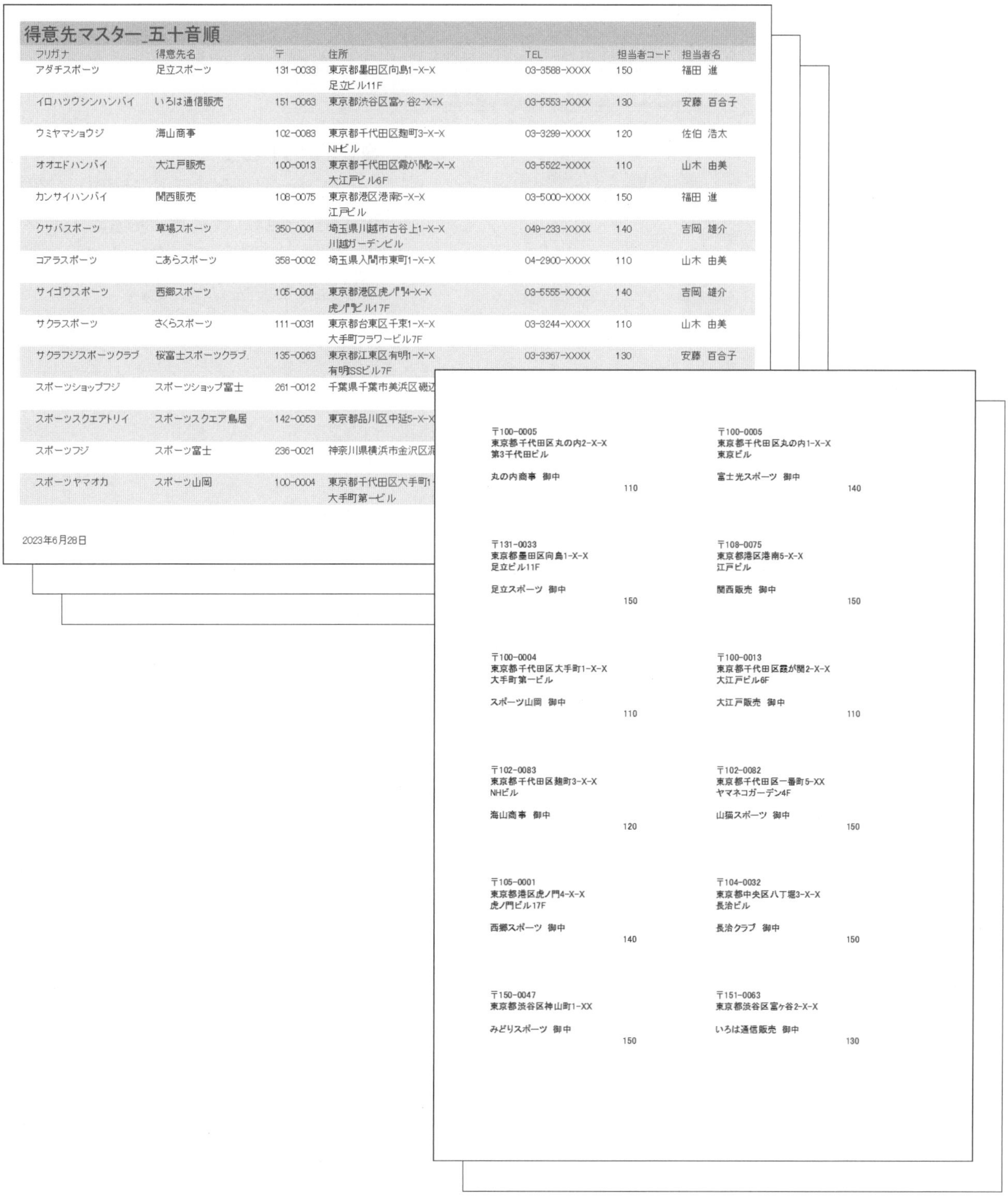

得意先マスター_五十音順

フリガナ	得意先名	〒	住所	TEL	担当者コード	担当者名
アダチスポーツ	足立スポーツ	131-0033	東京都墨田区向島1-X-X 足立ビル11F	03-3588-XXXX	150	福田 進
イロハツウシンハンバイ	いろは通信販売	151-0063	東京都渋谷区富ヶ谷2-X-X	03-5553-XXXX	130	安藤 百合子
ウミヤマショウジ	海山商事	102-0083	東京都千代田区麹町3-X-X NHビル	03-3299-XXXX	120	佐伯 浩太
オオエドハンバイ	大江戸販売	100-0013	東京都千代田区霞が関2-X-X 大江戸ビル6F	03-5522-XXXX	110	山木 由美
カンサイハンバイ	関西販売	108-0075	東京都港区港南5-X-X 江戸ビル	03-5000-XXXX	150	福田 進
クサバスポーツ	草場スポーツ	350-0001	埼玉県川越市古谷上1-X-X 川越ガーデンビル	049-233-XXXX	140	吉岡 雄介
コアラスポーツ	こあらスポーツ	358-0002	埼玉県入間市東町1-X-X	04-2900-XXXX	110	山木 由美
サイゴウスポーツ	西郷スポーツ	105-0001	東京都港区虎ノ門4-X-X 虎ノ門ビル17F	03-5555-XXXX	140	吉岡 雄介
サクラスポーツ	さくらスポーツ	111-0031	東京都台東区千束1-X-X 大手町フラワービル7F	03-3244-XXXX	110	山木 由美
サクラフジスポーツクラブ	桜富士スポーツクラブ	135-0063	東京都江東区有明1-X-X 有明SSビル7F	03-3367-XXXX	130	安藤 百合子
スポーツショップフジ	スポーツショップ富士	261-0012	千葉県千葉市美浜区磯辺			
スポーツスクエアトリイ	スポーツスクエア鳥居	142-0053	東京都品川区中延5-X-X			
スポーツフジ	スポーツ富士	236-0021	神奈川県横浜市金沢区泥			
スポーツヤマオカ	スポーツ山岡	100-0004	東京都千代田区大手町1 大手町第一ビル			

2023年6月28日

〒100-0005
東京都千代田区丸の内2-X-X
第3千代田ビル

丸の内商事 御中
110

〒100-0005
東京都千代田区丸の内1-X-X
東京ビル

富士光スポーツ 御中
140

〒131-0033
東京都墨田区向島1-X-X
足立ビル11F

足立スポーツ 御中
150

〒108-0075
東京都港区港南5-X-X
江戸ビル

関西販売 御中
150

〒100-0004
東京都千代田区大手町1-X-X
大手町第一ビル

スポーツ山岡 御中
110

〒100-0013
東京都千代田区霞が関2-X-X
大江戸ビル6F

大江戸販売 御中
110

〒102-0083
東京都千代田区麹町3-X-X
NHビル

海山商事 御中
120

〒102-0082
東京都千代田区一番町5-XX
ヤマネコガーデン4F

山猫スポーツ 御中
150

〒105-0001
東京都港区虎ノ門4-X-X
虎ノ門ビル17F

西郷スポーツ 御中
140

〒104-0032
東京都中央区八丁堀3-X-X
長治ビル

長治クラブ 御中
150

〒150-0047
東京都渋谷区神山町1-XX

みどりスポーツ 御中
150

〒151-0063
東京都渋谷区富ヶ谷2-X-X

いろは通信販売 御中
130

2 レポートのビュー

レポートには、次のようなビューがあります。

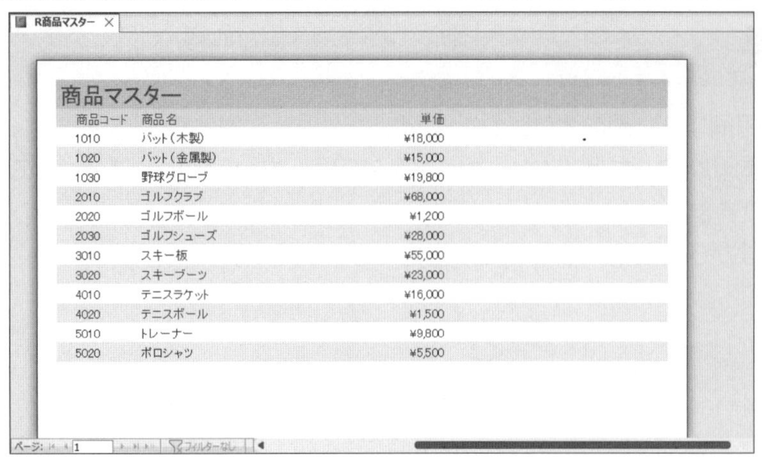

●印刷プレビュー

印刷プレビューは、印刷結果のイメージを表示するビューです。

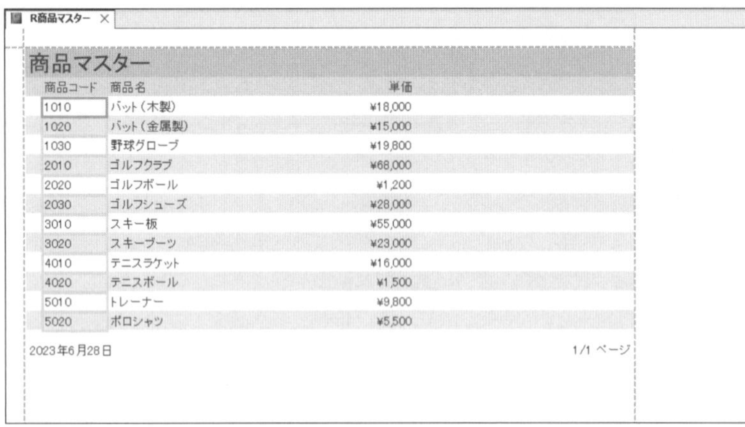

●レイアウトビュー

レイアウトビューは、レポートのレイアウトを変更するビューです。実際のデータを表示した状態で、データに合わせてサイズや位置を調整できます。

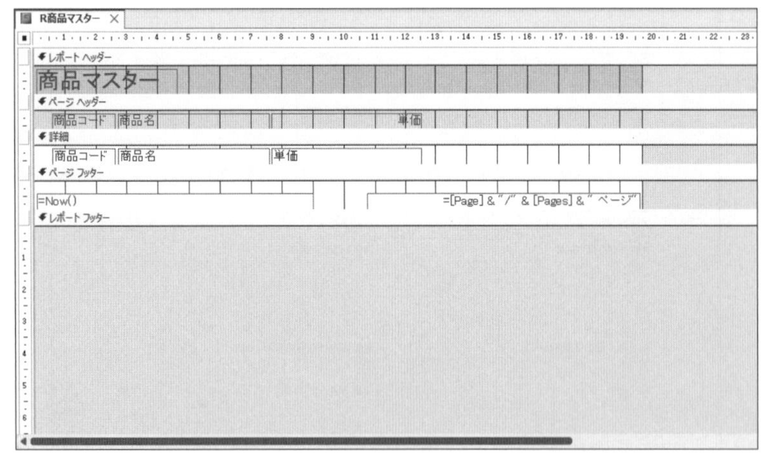

●デザインビュー

デザインビューは、レポートの構造の詳細を変更するビューです。

実際のデータは表示されませんが、レイアウトビューよりもより細かくデザインを変更することができます。

印刷結果を表示することはできません。

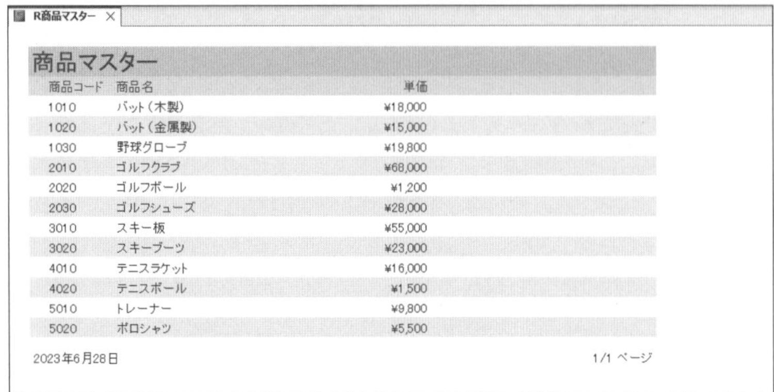

●レポートビュー

レポートビューは、印刷するデータを表示するビューです。実際のデータを表示した状態でフィルターを適用したり、データをコピーしたりできます。レイアウトの変更はできません。

Step 2 商品マスターを印刷する

1 作成するレポートの確認

次のようなレポート**「R商品マスター」**を作成しましょう。

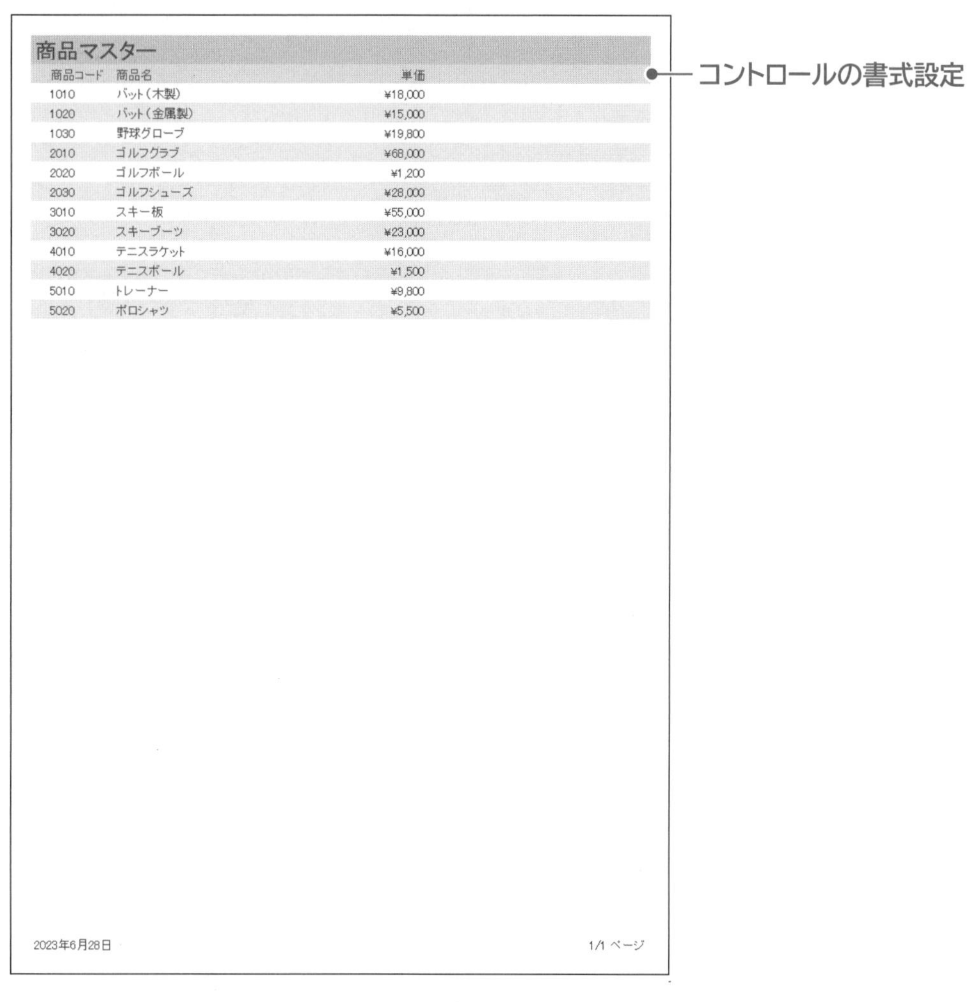

商品マスター

商品コード	商品名	単価
1010	バット(木製)	¥18,000
1020	バット(金属製)	¥15,000
1030	野球グローブ	¥19,800
2010	ゴルフクラブ	¥68,000
2020	ゴルフボール	¥1,200
2030	ゴルフシューズ	¥28,000
3010	スキー板	¥55,000
3020	スキーブーツ	¥23,000
4010	テニスラケット	¥16,000
4020	テニスボール	¥1,500
5010	トレーナー	¥9,800
5020	ポロシャツ	¥5,500

2023年6月28日　　1/1 ページ

2 レポートの作成

レポートウィザードを使って、テーブル**「T商品マスター」**をもとにレポート**「R商品マスター」**を作成しましょう。

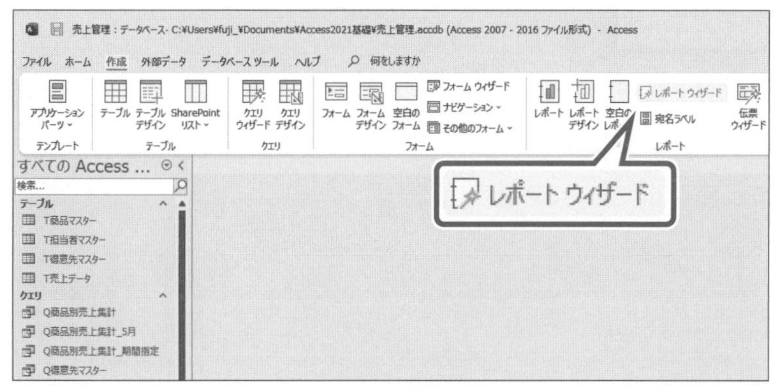

①**《作成》**タブを選択します。

②**《レポート》**グループの レポートウィザード (レポートウィザード)をクリックします。

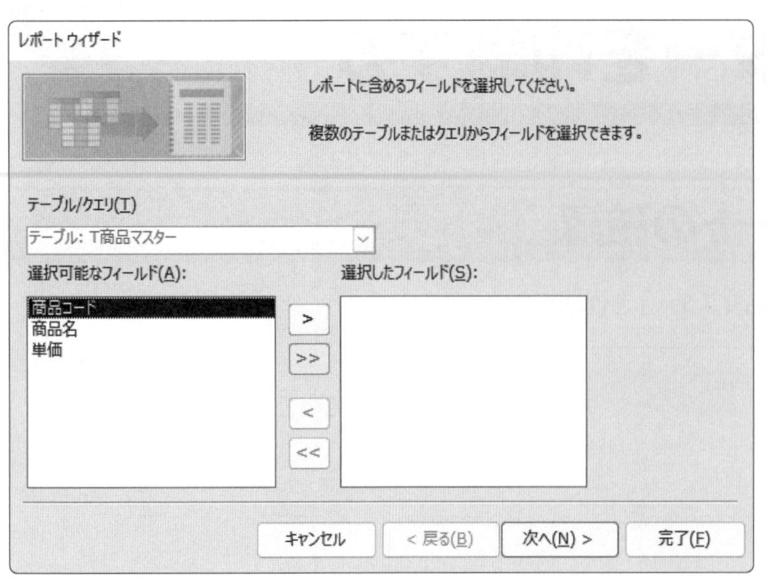

《レポートウィザード》が表示されます。

③《テーブル/クエリ》の∨をクリックし、一覧から**「テーブル：T商品マスター」**を選択します。

レポートに必要なフィールドを選択します。

④>>をクリックします。

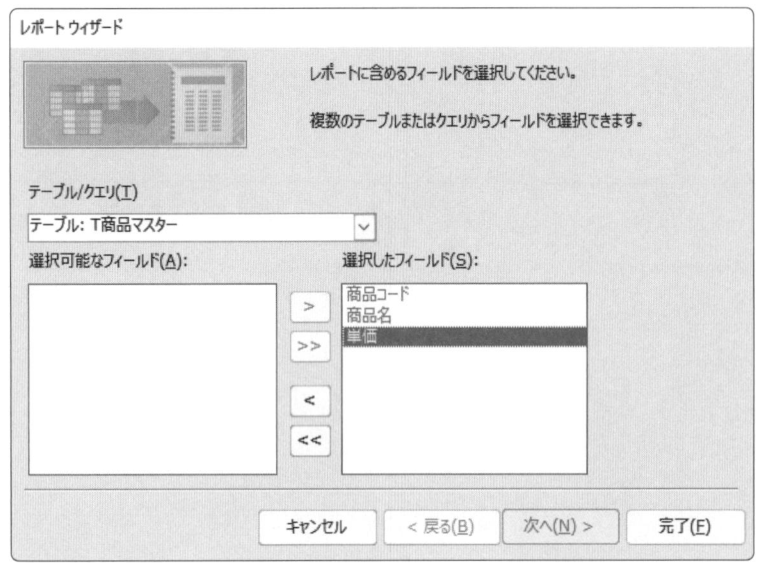

《選択したフィールド》にすべてのフィールドが移動します。

⑤**《次へ》**をクリックします。

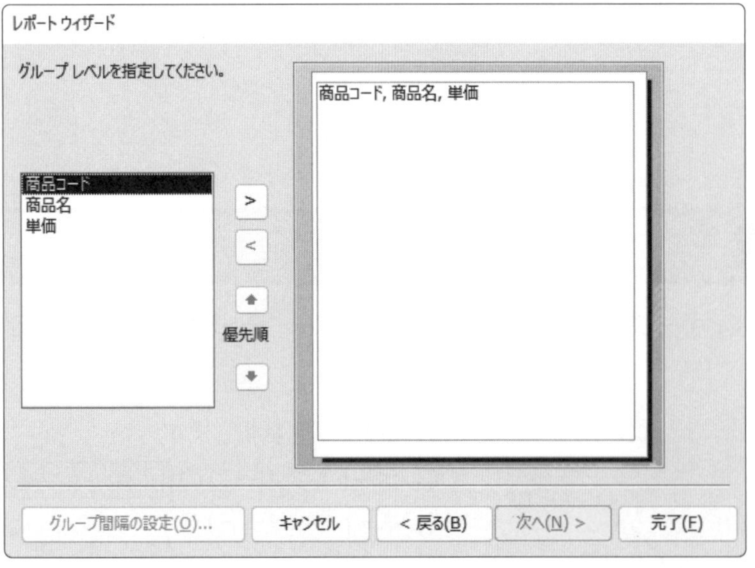

グループレベルを指定する画面が表示されます。

※今回、グループレベルは指定しません。

⑥**《次へ》**をクリックします。

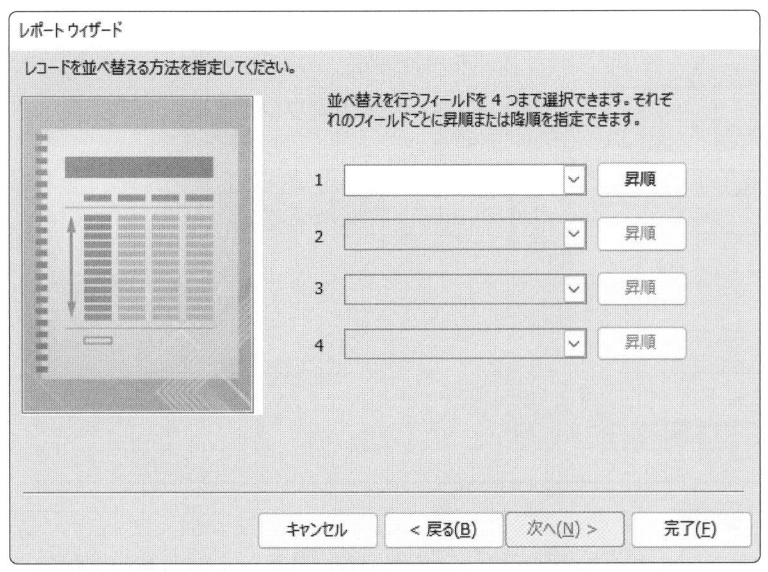

レコードを並べ替える方法を指定する画面が表示されます。

※今回、並べ替えは指定しません。

⑦《**次へ**》をクリックします。

レポート ウィザード
レポートの印刷形式を選択してください。
レイアウト
単票形式(C)
表形式(T)
帳票形式(J)
印刷の向き
縦(P)
横(L)
すべてのフィールドを 1 ページ内に収める(W)
キャンセル
< 戻る(B)
次へ(N) >
完了(F)

レポートの印刷形式を選択します。

⑧《**レイアウト**》の《**表形式**》を◉にします。

⑨《**印刷の向き**》の《**縦**》を◉にします。

⑩《**次へ**》をクリックします。

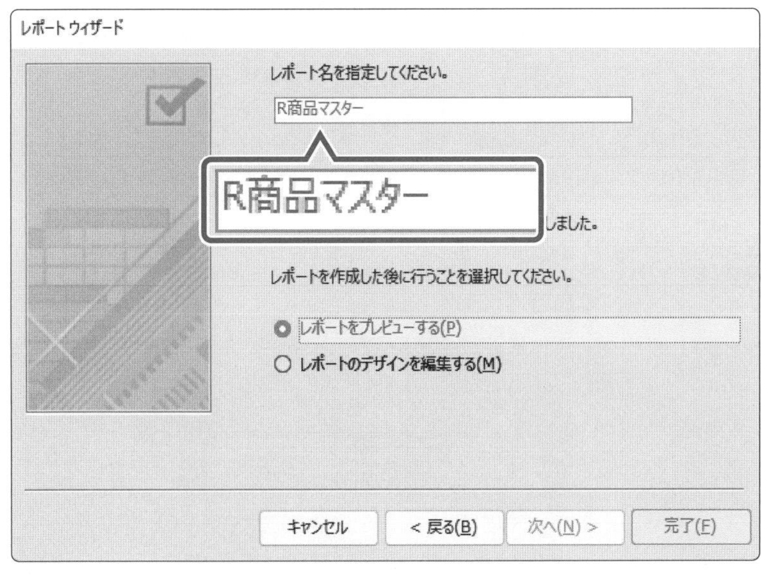

レポート名を入力します。

⑪《**レポート名を指定してください。**》に「**R商品マスター**」と入力します。

⑫《**レポートをプレビューする**》を◉にします。

⑬《**完了**》をクリックします。

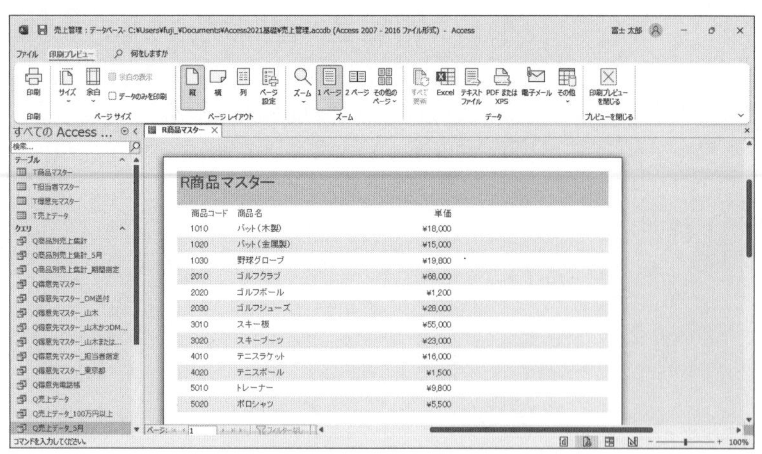

作成したレポートが印刷プレビューで表示されます。
リボンに**《印刷プレビュー》**タブが表示されます。

POINT 拡大・縮小表示

印刷プレビューの用紙部分をポイントすると、マウスポインターの形が🔍または🔍に変わります。
クリックすると、拡大・縮小表示を切り替えることができます。

POINT レポートの印刷形式

レポートの印刷形式には、次の3つがあります。

●単票形式

1件のレコードをカードのように印刷します。

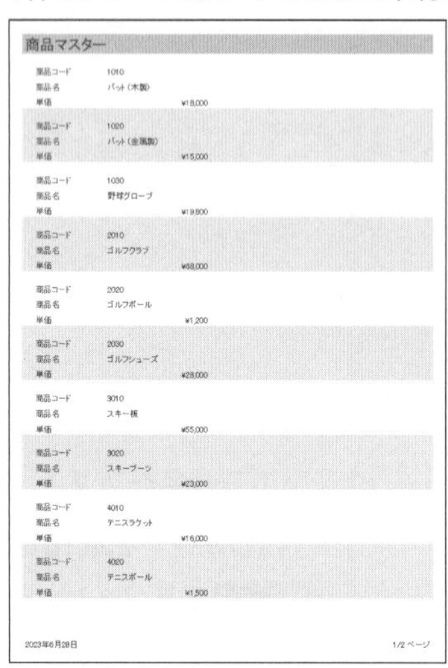

●帳票形式

1件のレコードを帳票のように印刷します。

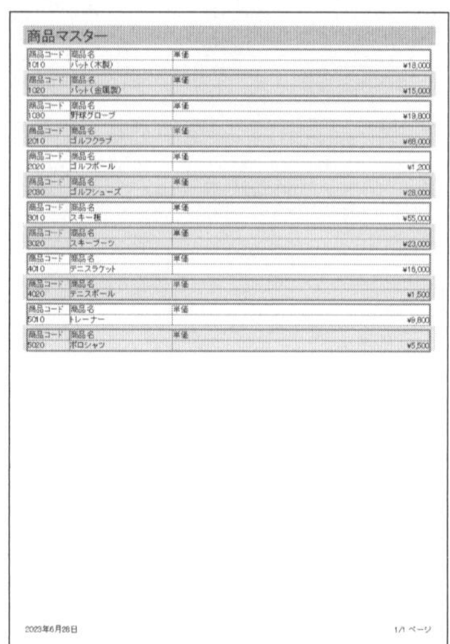

●表形式

レコードを一覧で印刷します。

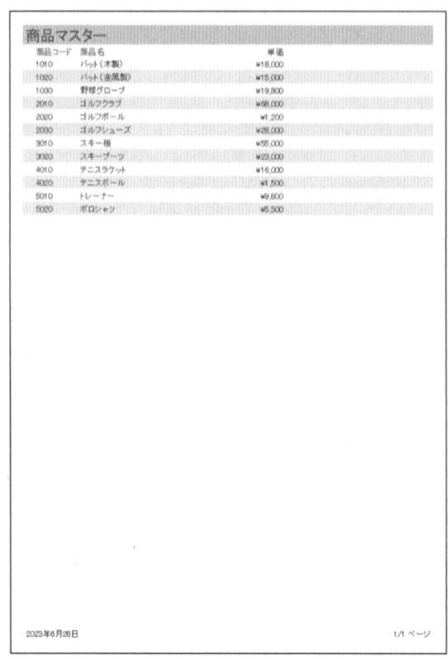
商品マスター

商品コード	商品名	単価
1010	バット（木製）	¥18,000
1020	バット（金属製）	¥15,000
1030	野球グローブ	¥19,800
2010	ゴルフクラブ	¥68,000
2020	ゴルフボール	¥1,200
2030	ゴルフシューズ	¥28,000
3010	スキー板	¥55,000
3020	スキーブーツ	¥23,000
4010	テニスラケット	¥16,000
4020	テニスボール	¥1,500
5010	トレーナー	¥9,800
5020	ポロシャツ	¥5,500

2023年6月26日 1/1 ページ

POINT レポートの作成方法

レポートを作成する方法には、次のようなものがあります。

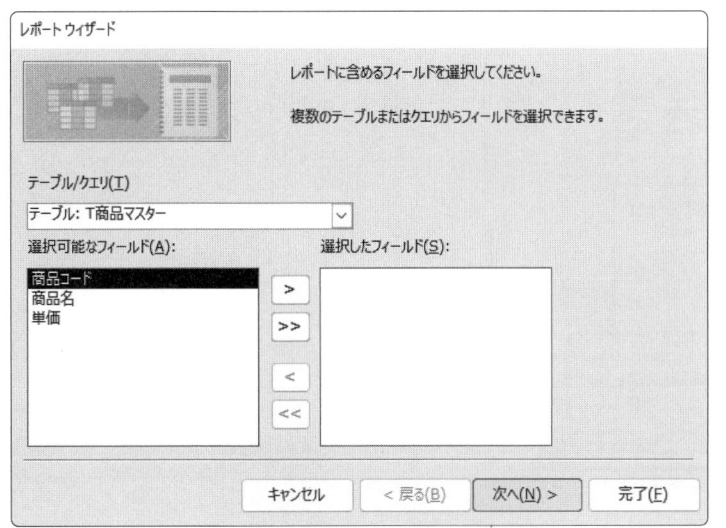

●レポートウィザードで作成

《作成》タブ→《レポート》グループの [レポートウィザード]（レポートウィザード）をクリックしてレポートウィザードからレポートを作成します。対話形式で必要なフィールドを選択し、レポートを作成します。

※ほかにも宛名ラベルや伝票、はがきを簡単に作成することができます。

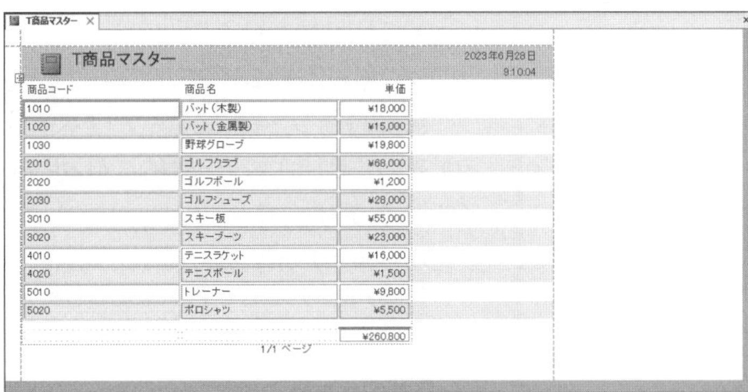

商品コード	商品名	単価
1010	バット（木製）	¥18,000
1020	バット（金属製）	¥15,000
1030	野球グローブ	¥19,800
2010	ゴルフクラブ	¥68,000
2020	ゴルフボール	¥1,200
2030	ゴルフシューズ	¥28,000
3010	スキー板	¥55,000
3020	スキーブーツ	¥23,000
4010	テニスラケット	¥16,000
4020	テニスボール	¥1,500
5010	トレーナー	¥9,800
5020	ポロシャツ	¥5,500
		¥260,800

1/1 ページ

●レポートで作成

ナビゲーションウィンドウのテーブルやクエリを選択して《作成》タブ→《レポート》グループの [レポート]（レポート）をクリックすると、レポートが作成されます。

もとになるテーブルやクエリのすべてのフィールドがレポートに表示されます。

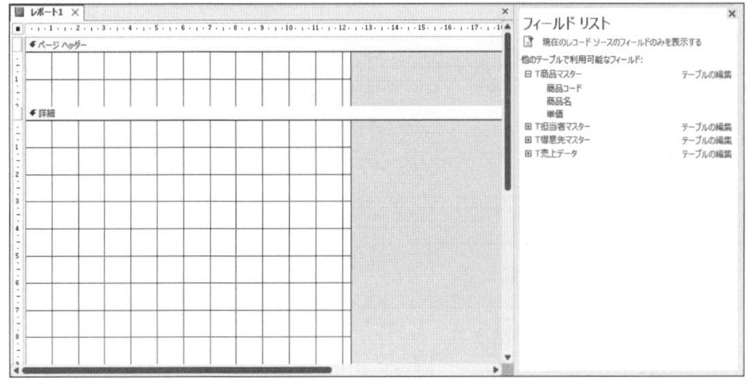

●デザインビューで作成

《作成》タブ→《レポート》グループの [レポートデザイン]（レポートデザイン）をクリックして、デザインビューから空白のレポートを作成します。

もとになるテーブルやフィールド、表示形式などを手動で設定し、レポートを作成します。

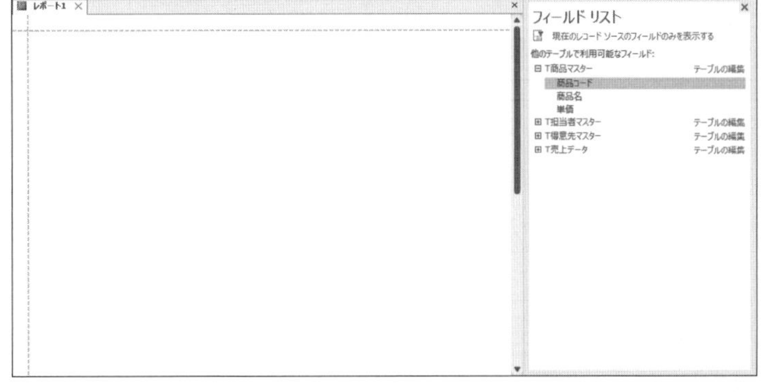

●レイアウトビューで作成

《作成》タブ→《レポート》グループの [空白のレポート]（空白のレポート）をクリックして、レイアウトビューから空白のレポートを作成します。

もとになるテーブルやフィールド、表示形式などを手動で設定し、レポートを作成します。

3 ビューの切り替え

印刷プレビューからレイアウトビューに切り替えましょう。

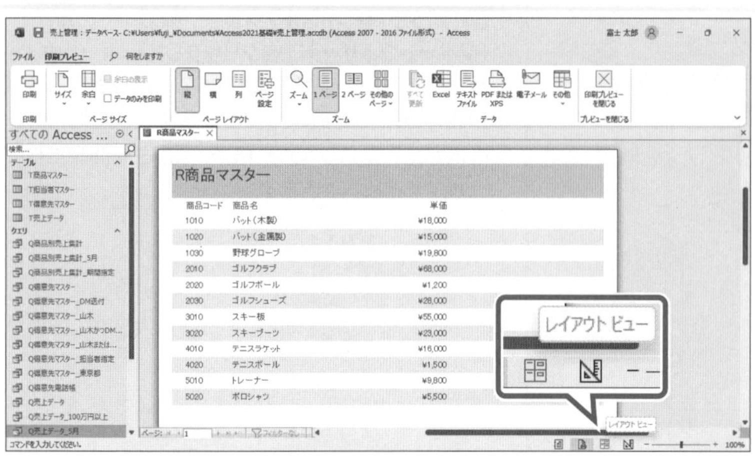

①ステータスバーの［レイアウトビュー ボタン］（レイアウトビュー）をクリックします。

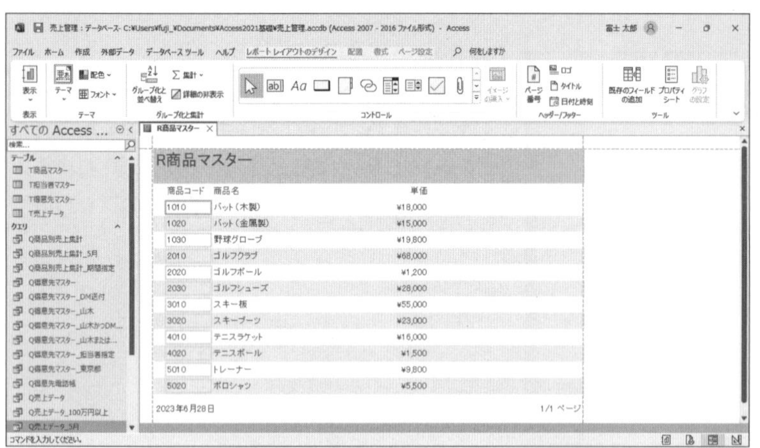

印刷プレビューが閉じられ、レイアウトビューに切り替わります。
リボンに**《レポートレイアウトのデザイン》**タブ・**《配置》**タブ・**《書式》**タブ・**《ページ設定》**タブが追加され、自動的に**《レポートレイアウトのデザイン》**タブに切り替わります。
※《フィールドリスト》が表示された場合は、［×］（閉じる）をクリックして閉じておきましょう。

POINT ビューの切り替え

印刷プレビューからビューを切り替える場合は、ステータスバーのビュー切り替えボタンを使うと便利です。

ボタン	説明
（レポートビュー）	レポートビューに切り替える
（印刷プレビュー）	印刷プレビューに切り替える
（レイアウトビュー）	レイアウトビューに切り替える
（デザインビュー）	デザインビューに切り替える

4 レイアウトビューの画面構成

レイアウトビューの各部の名称と役割を確認しましょう。

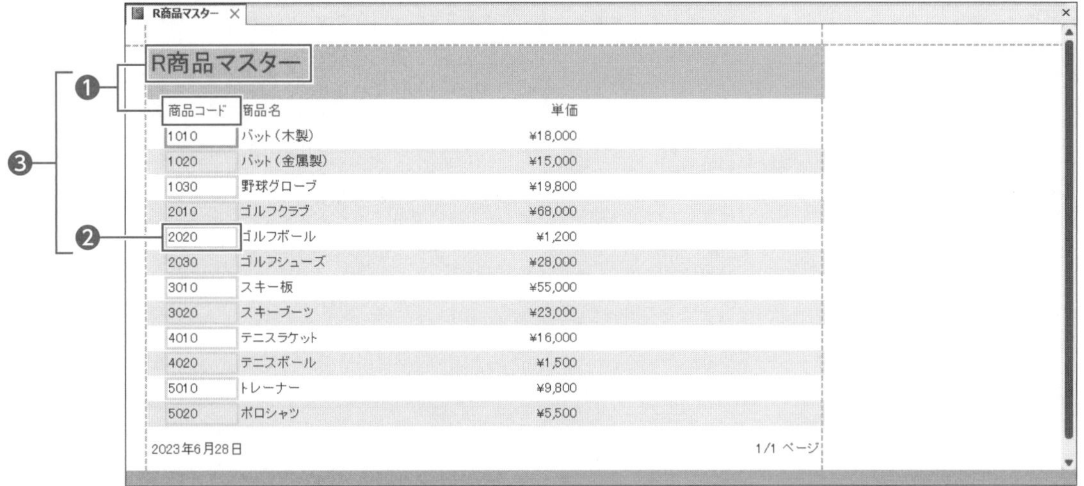

❶ラベル

タイトルやフィールド名を表示します。

❷テキストボックス

文字列や数値などのデータを表示します。

❸コントロール

ラベルやテキストボックスなどの各要素の総称です。

5 タイトルの変更

レポートウィザードでレポートを作成すると、タイトルとしてレポート名のラベルが自動的に配置されます。タイトルを**「R商品マスター」**から**「商品マスター」**に変更しましょう。

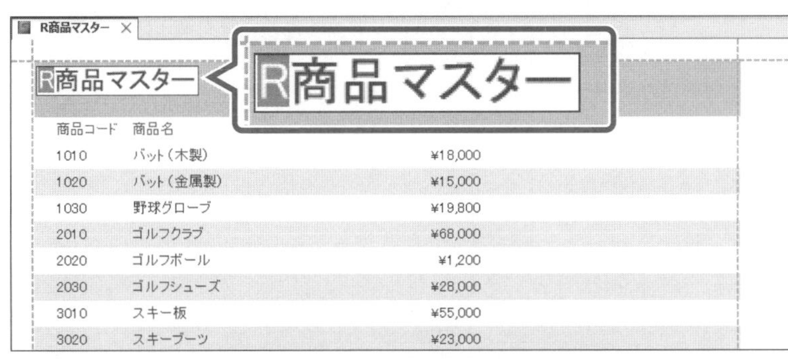

①**「R商品マスター」**ラベルを2回クリックします。

カーソルが表示されます。

②**「R」**をドラッグします。

③ Delete を押します。

「R」が削除されます。

※任意の場所をクリックし、選択を解除しておきましょう。

※タイトル行の高さが自動的に調整されます。

6 コントロールの書式設定

フィールド名が配置されている行の背景の色を**「緑2」**に変更しましょう。

①フィールド名が配置されている行の左側をクリックします。

※「商品コード」ラベルの左側をクリックします。

フィールド名が配置されている行が選択されます。

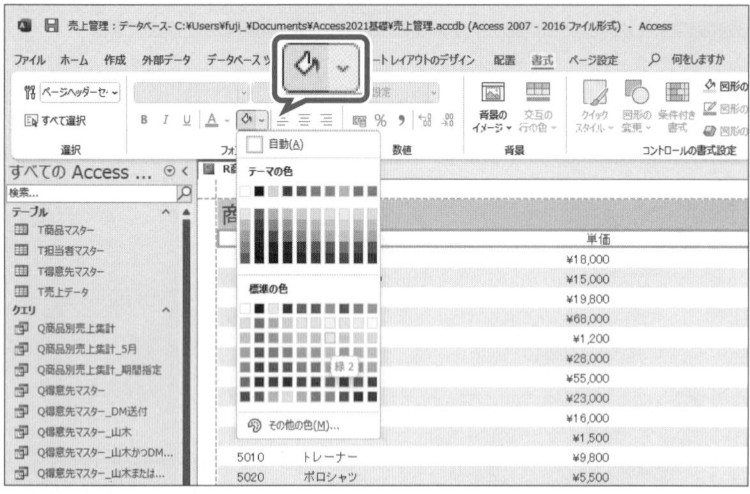

②**《書式》**タブを選択します。

③**《フォント》**グループの［背景色］（背景色）の［▼］をクリックします。

④**《標準の色》**の**《緑2》**をクリックします。

フィールド名が配置されている行の背景の色が変更されます。

※任意の場所をクリックし、選択を解除しておきましょう。

※レポートを上書き保存しておきましょう。

7 レポートの印刷

作成したレポートを印刷しましょう。

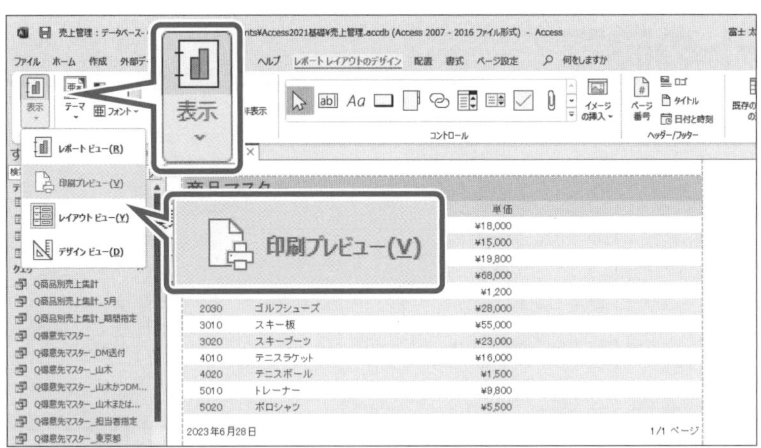

①《レポートレイアウトのデザイン》タブを選択します。

※《ホーム》タブでもかまいません。

②《表示》グループの (表示)の 表示 をクリックします。

③《印刷プレビュー》をクリックします。

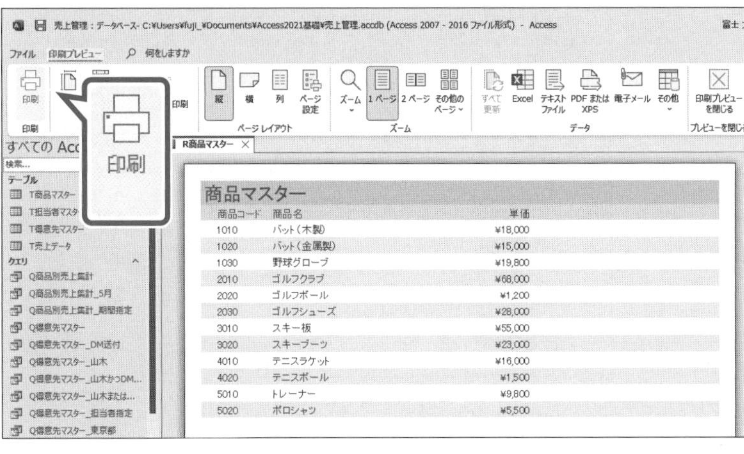

印刷プレビューに切り替わります。

レポートを印刷します。

④《印刷プレビュー》タブを選択します。

⑤《印刷》グループの (印刷)をクリックします。

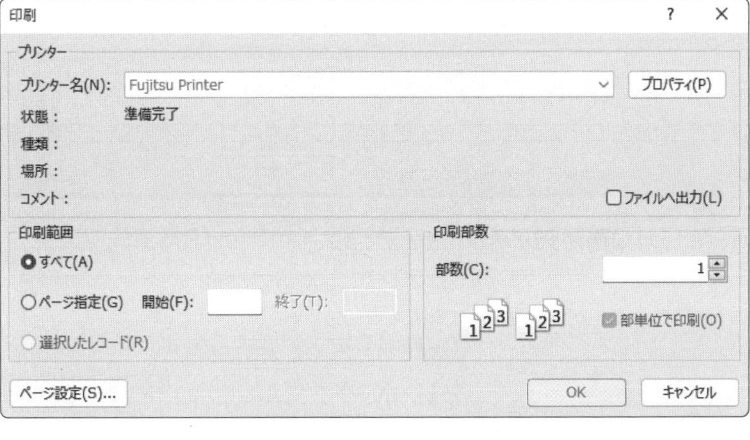

《印刷》ダイアログボックスが表示されます。

⑥《プリンター名》に出力するプリンターの名前が表示されていることを確認します。

※表示されていない場合は、 をクリックし、一覧から選択します。

⑦《OK》をクリックします。

レポートが印刷されます。

※レポートを閉じておきましょう。

STEP UP その他の方法(レポートの印刷)

◆《ファイル》タブ→《印刷》→《印刷》

◆ナビゲーションウィンドウのレポートを右クリック→《印刷》

◆ Ctrl + P

STEP UP 用紙サイズの設定

用紙サイズを設定する方法は、次のとおりです。

◆印刷プレビューを表示→《印刷プレビュー》タブ→《ページサイズ》グループの (ページサイズの選択)

STEP 3 得意先マスターを印刷する(1)

1 作成するレポートの確認

次のようなレポート**「R得意先マスター_五十音順」**を作成しましょう。

得意先マスター_五十音順

フリガナ	得意先名	〒	住所	TEL	担当者コード	担当者名
アダチスポーツ	足立スポーツ	131-0033	東京都墨田区向島1-X-X 足立ビル11F	03-3588-XXXX	150	福田 進
イロハツウシンハンバイ	いろは通信販売	151-0063	東京都渋谷区富ヶ谷2-X-X	03-5553-XXXX	130	安藤 百合子
ウミヤマショウジ	海山商事	102-0083	東京都千代田区麹町3-X-X NHビル	03-3299-XXXX	120	佐伯 浩太
オオエドハンバイ	大江戸販売	100-0013	東京都千代田区霞が関2-X-X 大江戸ビル6F	03-5522-XXXX	110	山木 由美
カンサイハンバイ	関西販売	108-0075	東京都港区港南5-X-X 江戸ビル	03-5000-XXXX	150	福田 進
クサバスポーツ	草場スポーツ	350-0001	埼玉県川越市古谷上1-X-X 川越ガーデンビル	049-233-XXXX	140	吉岡 雄介
コアラスポーツ	こあらスポーツ	358-0002	埼玉県入間市東町1-X-X	04-2900-XXXX	110	山木 由美
サイゴウスポーツ	西郷スポーツ	105-0001	東京都港区虎ノ門4-X-X 虎ノ門ビル7F	03-5555-XXXX	140	吉岡 雄介
サクラスポーツ	さくらスポーツ	111-0031	東京都台東区千束1-X-X 大手町フラワービル7F	03-3244-XXXX	110	山木 由美
サクラフジスポーツクラブ	桜富士スポーツクラブ	135-0063	東京都江東区有明1-X-X 有明SSビル7F	03-3367-XXXX	130	安藤 百合子
スポーツショップフジ	スポーツショップ富士	261-0012	千葉県千葉市美浜区磯辺4-X-X	043-278-XXXX	120	佐伯 浩太
スポーツスクエアトリイ	スポーツスクエア鳥居	142-0053	東京都品川区中延5-X-X	03-3389-XXXX	150	福田 進
スポーツフジ	スポーツ富士	236-0021	神奈川県横浜市金沢区泥亀2-X-X	045-788-XXXX	140	吉岡 雄介
スポーツヤマオカ	スポーツ山岡	100-0004	東京都千代田区大手町1-X-X 大手町第一ビル	03-3262-XXXX	110	山木 由美

2023年6月28日　　　　1/3 ページ

「フリガナ」を基準に五十音順に並べ替え

コントロールの移動・サイズ変更

2 レポートの作成

レポートウィザードを使って、クエリ**「Q得意先マスター」**をもとに、レポート**「R得意先マスター_五十音順」**を作成しましょう。

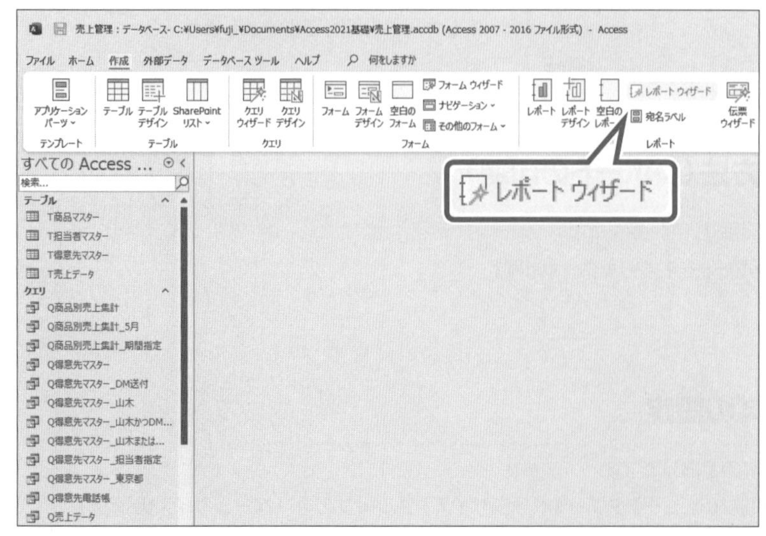

①**《作成》**タブを選択します。

②**《レポート》**グループの［レポート ウィザード］(レポートウィザード)をクリックします。

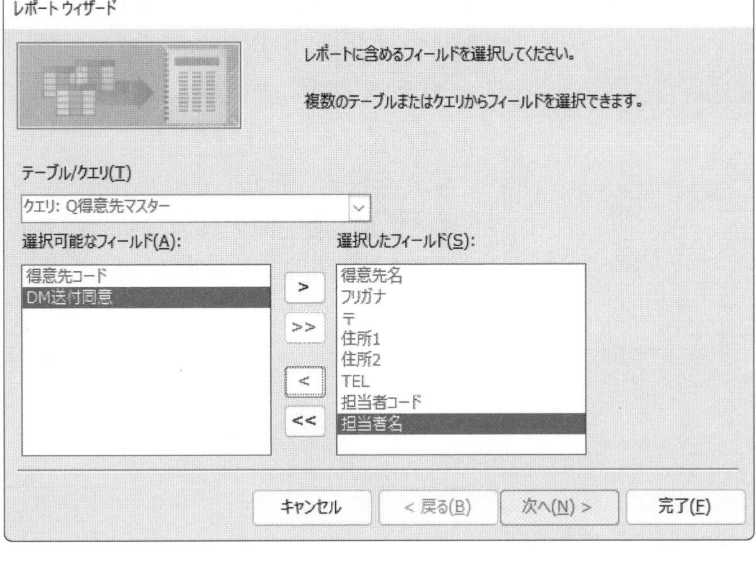

《**レポートウィザード**》が表示されます。

③《**テーブル/クエリ**》の をクリックし、一覧から「**クエリ：Q得意先マスター**」を選択します。

「**得意先コード**」と「**DM送付同意**」以外のフィールドを選択します。

④ >> をクリックします。

⑤《**選択したフィールド**》の一覧から「**得意先コード**」を選択します。

⑥ < をクリックします。

《**選択可能なフィールド**》に「**得意先コード**」が移動します。

⑦同様に、「**DM送付同意**」の選択を解除します。

⑧《**次へ**》をクリックします。

データの表示方法を指定します。

⑨一覧から「**byT得意先マスター**」が選択されていることを確認します。

⑩《**次へ**》をクリックします。

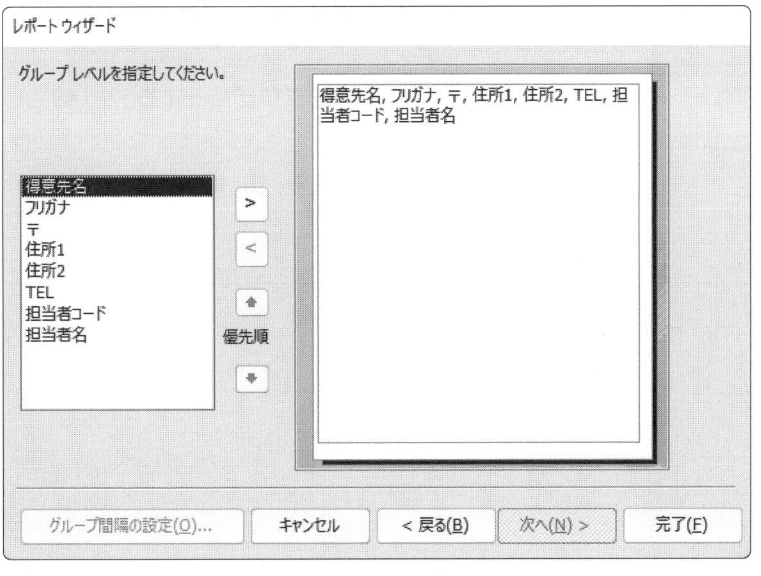

グループレベルを指定する画面が表示されます。

※今回、グループレベルは指定しません。

⑪《**次へ**》をクリックします。

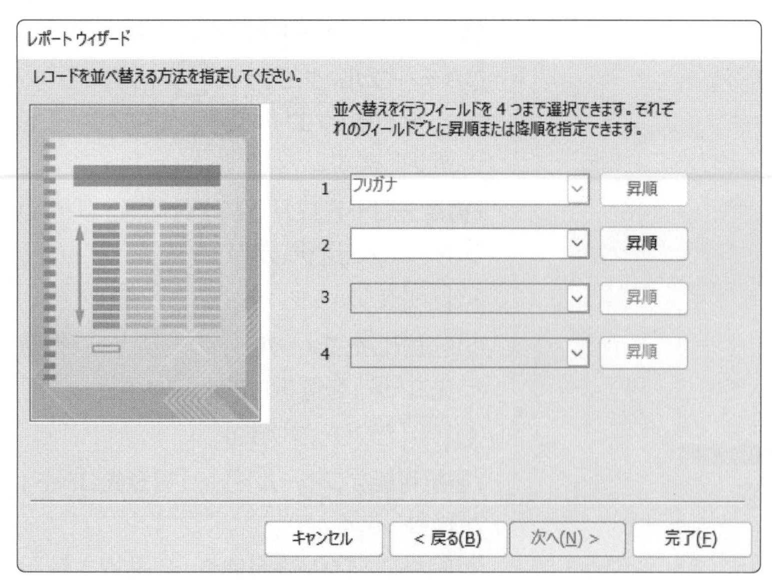

レコードを並べ替える方法を指定します。

⑫《1》の ⌄ をクリックし、一覧から**「フリガナ」**を選択します。

⑬並べ替え方法が 昇順 になっていることを確認します。

※ 昇順 と 降順 はクリックして切り替えます。

⑭**《次へ》**をクリックします。

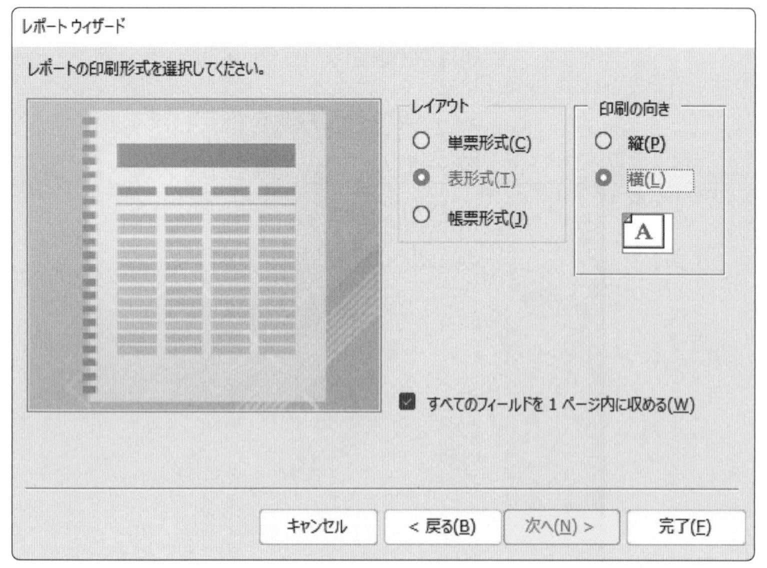

レポートの印刷形式を選択します。

⑮**《レイアウト》**の**《表形式》**を◉にします。

⑯**《印刷の向き》**の**《横》**を◉にします。

⑰**《次へ》**をクリックします。

レポート名を入力します。

⑱**《レポート名を指定してください。》**に**「R得意先マスター_五十音順」**と入力します。

⑲**《レポートをプレビューする》**を◉にします。

⑳**《完了》**をクリックします。

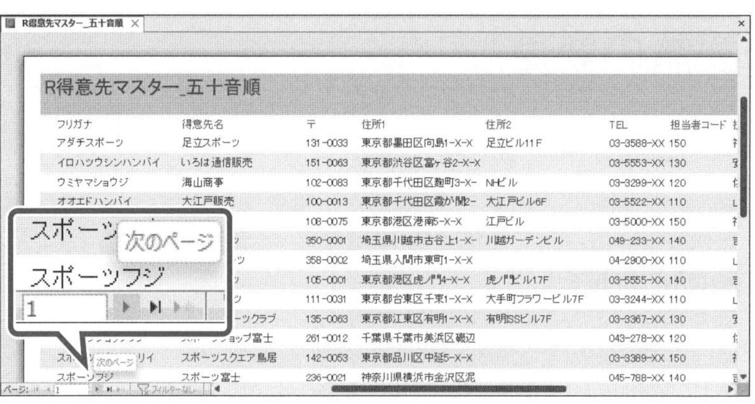

作成したレポートが印刷プレビューで表示されます。

㉑ 印刷結果の1ページ目が表示されていることを確認します。

※ ▶ (次のページ)をクリックして、2ページ目を確認しておきましょう。

POINT レポートウィザードとフィールドの配置

レポート内のフィールドは、レポートウィザードで選択した順番で、用紙の左から配置されます。ただし、並べ替えやグループレベルを指定すると、そのフィールドが優先して左から配置されます。

STEP UP グループレベルの指定

レポートウィザードでグループレベルを指定すると、レコードをグループごとに分類したレポートを作成できます。

担当者ごとに分類

得意先マスター_担当者別

担当者名	フリガナ	得意先名	〒	住所1	住所2	TEL
安藤 百合子						
	イロハツウシンハンバイ	いろは通信販売	151-0063	東京都渋谷区富ヶ谷2-X-X		03-5553-XXXX
	サクラフジスポーツクラブ	桜富士スポーツクラブ	135-0063	東京都江東区有明1-X-X	有明SSビル7F	03-3367-XXXX
	フジデパート	富士デパート	160-0001	東京都新宿区片町1-X-X	片町第6ビル	03-3203-XXXX
	マイスターハンバイ	マイスター販売	176-0002	東京都練馬区桜台3-X-X		03-3286-XXXX
	メグロヤキュウヨウヒン	目黒野球用品	169-0071	東京都新宿区戸塚町1-X-X	目黒野球用品本社ビル	03-3532-XXXX
吉岡 雄介						
	クサバスポーツ	草場スポーツ	350-0001	埼玉県川越市古谷上1-X-X	川越ガーデンビル	049-233-XXXX
	サイゴウスポーツ	西郷スポーツ	105-0001	東京都港区虎ノ門4-X-X	虎ノ門ビル17F	03-5555-XXXX
	スポーツフジ	スポーツ富士	236-0021	神奈川県横浜市金沢区泥亀2-X-X		045-788-XXXX
	ハマベスポーツテン	浜辺スポーツ店	221-0012	神奈川県横浜市神奈川区子安台1-X-X	子安台フルハートビル	045-421-XXXX
	ヒダカハンバイテン	日高販売店	100-0005	東京都千代田区丸の内2-X-X	平ビル	03-5252-XXXX
	フジミツスポーツ	富士光スポーツ	100-0005	東京都千代田区丸の内1-X-X	東京ビル	03-3213-XXXX
佐伯 浩太						
	ウミヤマショウジ	海山商事	102-0083	東京都千代田区麹町3-X-X	NHビル	03-3299-XXXX
	スポーツショップフジ	スポーツショップ富士	261-0012	千葉県千葉市美浜区磯辺4-X-X		043-278-XXXX
	トウキョウフジハンバイ	東京富士販売	150-0046	東京都渋谷区松濤1-X-X	渋谷第2ビル	03-3888-XXXX
	フジツウシンハンバイ	富士通信販売	175-0093	東京都板橋区赤塚新町3-X-X	富士通信ビル	03-3212-XXXX
	フジハンバイセンター	富士販売センター	264-0031	千葉県千葉市若葉区愛生町5-XX		043-228-XXXX
	フジヤマブッサン	富士山物産	106-0031	東京都港区西麻布4-X-X		03-3330-XXXX
	ヤマノテスポーツヨウヒン	山の手スポーツ用品	103-0027	東京都中央区日本橋1-X-X	日本橋ビル	03-3297-XXXX
山木 由美						
	オオエドハンバイ	大江戸販売	100-0013	東京都千代田区霞が関2-X-X	大江戸ビル6F	03-5522-XXXX
	コアラスポーツ	こあらスポーツ	358-0002	埼玉県入間市東町1-X-X		04-2900-XXXX
	サクラスポーツ	さくらスポーツ	111-0031	東京都台東区千束1-X-X	大手町フラワービル7F	03-3244-XXXX
	スポーツヤマオカ	スポーツ山岡	100-0004	東京都千代田区大手町1-X-X	大手町第一ビル	03-3262-XXXX
	ツルタスポーツ	つるたスポーツ	231-0051	神奈川県横浜市中区赤門町2-X-X		045-242-XXXX
	マルノウチショウジ	丸の内商事	100-0005	東京都千代田区丸の内2-X-X	第3千代田ビル	03-3211-XXXX
福田 進						
	アダチスポーツ	足立スポーツ	131-0033	東京都墨田区向島1-X-X	足立ビル11F	03-3588-XXXX
	カンサイハンバイ	関西販売	108-0075	東京都港区港南5-X-X	江戸ビル	03-5000-XXXX
	スポーツスクエアトリイ	スポーツスクエア鳥居	142-0053	東京都品川区中延5-X-X		03-3389-XXXX
	チョウジクラブ	長治クラブ	104-0032	東京都中央区八丁堀3-X-X	長治ビル	03-3766-XXXX

2023年6月28日　　1/2 ページ

3 コントロールの配置の変更

レコードの内容がすべて表示されるように各コントロールを移動したり、サイズを変更したりしましょう。

1 コントロールの移動と削除

住所が2行で印刷されるように、**「住所2」**テキストボックスを移動しましょう。
また、**「住所1」**ラベルを**「住所」**に変更して、**「住所2」**ラベルを削除します。

レイアウトビューに切り替えます。

①ステータスバーの （レイアウトビュー）をクリックします。

※《フィールドリスト》が表示された場合は、（閉じる）をクリックして閉じておきましょう。

②**「住所2」**のテキストボックス**「足立ビル11F」**を選択します。

※「住所2」テキストボックスであれば、どれでもかまいません。

「住所2」テキストボックスが枠線で囲まれます。

③テキストボックス**「足立ビル11F」**内をポイントします。

マウスポインターの形がに変わります。

④**「住所1」**のテキストボックス**「東京都墨田区向島1-X-X」**の下側にドラッグします。

「住所2」テキストボックスが移動します。

「住所1」ラベルを**「住所」**に修正します。

⑤**「住所1」**ラベルを2回クリックし、**「1」**を削除します。

「住所2」ラベルを削除します。

⑥**「住所2」**ラベルを選択します。

⑦ Delete を押します。

2 コントロールの移動とサイズ変更

「TEL」のコントロールを移動し、**「住所」「TEL」**テキストボックスのサイズをデータの長さに合わせて調整しましょう。

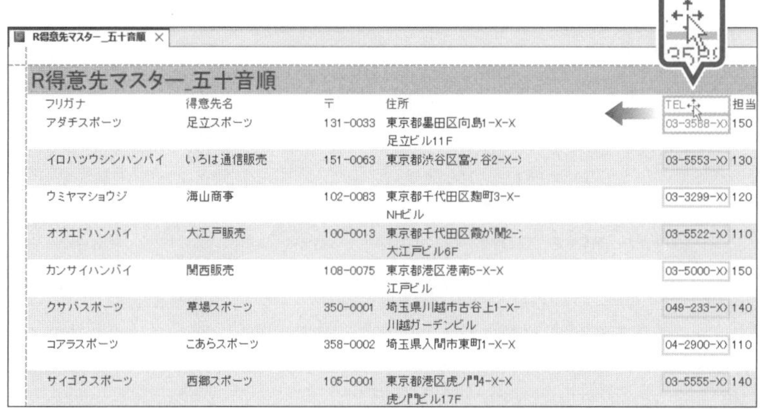

「TEL」のコントロールを選択します。

①**「TEL」**ラベルを選択します。

② Shift を押しながら、**「TEL」**のテキストボックス**「03-3588-XXXX」**を選択します。

「TEL」ラベルとテキストボックスが枠線で囲まれます。

③選択した**「TEL」**ラベルとテキストボックス内をポイントします。

マウスポインターの形が✥に変わります。

④選択した**「TEL」**ラベルとテキストボックスを図のように左方向にドラッグします。

※ ← を押して移動してもかまいません。

「TEL」のコントロールが移動されます。

⑤**「住所」**テキストボックスの**「東京都墨田区向島1-X-X」**を選択します。

※「住所」テキストボックスであれば、どれでもかまいません。

⑥**「住所」**テキストボックスの右側の境界線をポイントします。

マウスポインターの形が↔に変わります。

⑦図のように右方向にドラッグします。

※ Shift ＋ → を押してサイズ変更してもかまいません。

「住所」テキストボックスのサイズが変更されます。

※スクロールして住所の内容がすべて表示されていることを確認しましょう。

⑧同様に、**「TEL」**テキストボックスのサイズを調整します。

ためしてみよう

①タイトルを「R得意先マスター_五十音順」から「得意先マスター_五十音順」に変更しましょう。

②フィールド名が配置されている行の背景色を「緑2」に変更しましょう。

※印刷プレビューに切り替えて、結果を確認しておきましょう。

※レポートを上書き保存し、閉じておきましょう。

R得意先マスター_五十音順

得意先マスター_五十音順

フリガナ	得意先名	〒	住所	TEL	担当者コード	担当者名
アダチスポーツ	足立スポーツ	131-0033	東京都墨田区向島1-X-X 足立ビル11F	03-3588-XXXX	150	福田　進
イロハツウシンハンバイ	いろは通信販売	151-0063	東京都渋谷区富ヶ谷2-X-X	03-5553-XXXX	130	安藤　百合子
ウミヤマショウジ	海山商事	102-0083	東京都千代田区麹町3-X-X NHビル	03-3299-XXXX	120	佐伯　浩太
オオエドハンバイ	大江戸販売	100-0013	東京都千代田区霞が関2-X-X 大江戸ビル6F	03-5522-XXXX	110	山木　由美
カンサイハンバイ	関西販売	108-0075	東京都港区港南5-X-X 江戸ビル	03-5000-XXXX	150	福田　進
クサバスポーツ	草場スポーツ	350-0001	埼玉県川越市古谷上1-X-X 川越ガーデンビル	049-233-XXXX	140	吉岡　雄介
コアラスポーツ	こあらスポーツ	358-0002	埼玉県入間市東町1-X-X	04-2900-XXXX	110	山木　由美
サイゴウスポーツ	西郷スポーツ	105-0001	東京都港区虎ノ門4-X-X 虎ノ門ビル17F	03-5555-XXXX	140	吉岡　雄介
サクラスポーツ	さくらスポーツ	111-0031	東京都台東区千束1-X-X 大手町フラワービル7F	03-3244-XXXX	110	山木　由美

①

①「R得意先マスター_五十音順」ラベルを2回クリックし、「R」を削除

②

①フィールド名が配置されている行の左側をクリック

②《書式》タブを選択

③《フォント》グループの［背景色］（背景色）の［▼］をクリック

④《標準の色》の《緑2》（左から7番目、上から3番目）をクリック

第8章　レポートによるデータの印刷

STEP 4 得意先マスターを印刷する(2)

1 作成するレポートの確認

特定の担当者の得意先だけを印刷できるレポート**「R得意先マスター_担当者指定」**を作成しましょう。

●「110」と入力した場合

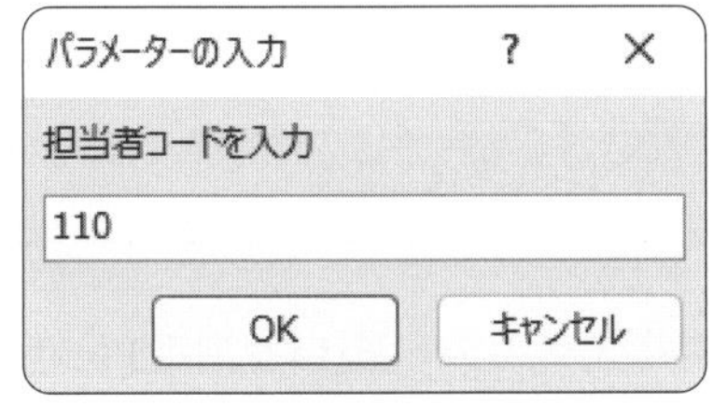

得意先マスター_担当者指定　担当者コード 110　担当者名 山木 由美

フリガナ	得意先名	〒	住所	TEL
オオエドハンバイ	大江戸販売	100-0013	東京都千代田区霞が関2-X-X 大江戸ビル6F	03-5522-XXXX
コアラスポーツ	こあらスポーツ	358-0002	埼玉県入間市東町1-X-X	04-2900-XXXX
サクラスポーツ	さくらスポーツ	111-0031	東京都台東区千束1-X-X 大手町フラワービル7F	03-3244-XXXX
スポーツヤマオカ	スポーツ山岡	100-0004	東京都千代田区大手町1-X-X 大手町第一ビル	03-3262-XXXX
ツルタスポーツ	つるたスポーツ	231-0051	神奈川県横浜市中区赤門町2-X-X	045-242-XXXX
マルノウチショウジ	丸の内商事	100-0005	東京都千代田区丸の内2-X-X 第3千代田ビル	03-3211-XXXX

2023年6月28日　1/1 ページ

2 もとになるクエリの確認

パラメータークエリをもとにレポートを作成すると、印刷を実行するたびに条件を指定して、条件に合致するデータだけを印刷できます。
クエリ**「Q得意先マスター_担当者指定」**をデザインビューで開き、条件を確認しましょう。

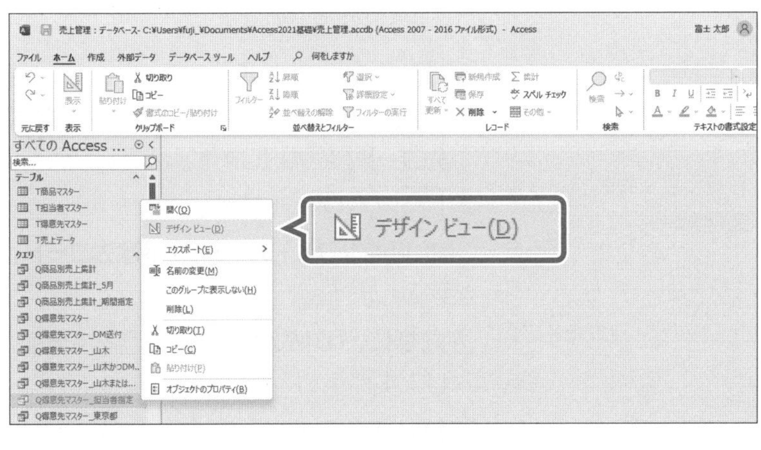

①ナビゲーションウィンドウのクエリ**「Q得意先マスター_担当者指定」**を右クリックします。

②**《デザインビュー》**をクリックします。

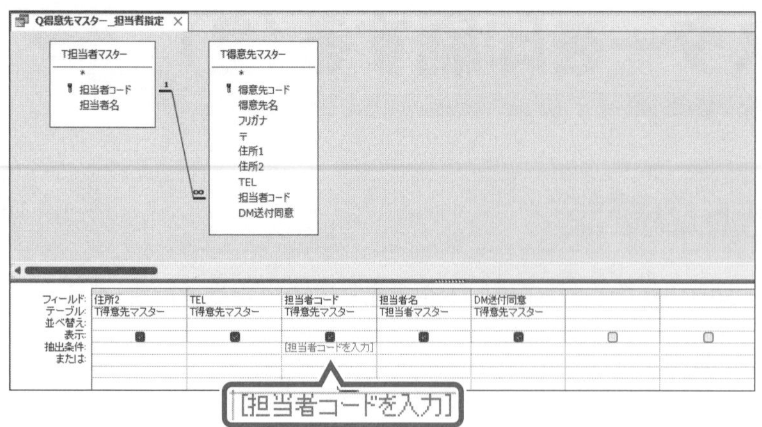

クエリがデザインビューで開かれます。

③**「担当者コード」**フィールドの**《抽出条件》**セルに、次の条件が設定されていることを確認します。

[担当者コードを入力]

※クエリを実行して、結果を確認しておきましょう。
※任意の担当者コードを指定します。担当者コードには10単位で「110」～「150」のデータがあります。
※クエリを閉じておきましょう。

3 レポートの作成

クエリ**「Q得意先マスター_担当者指定」**をもとに、レポート**「R得意先マスター_担当者指定」**を作成しましょう。

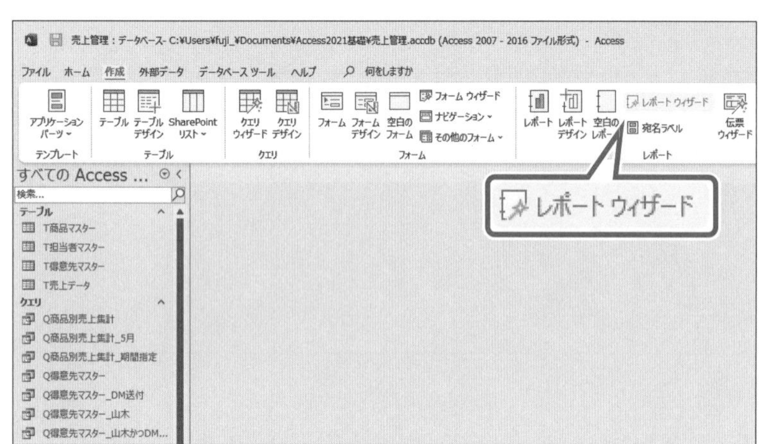

①**《作成》**タブを選択します。

②**《レポート》**グループの レポート ウィザード （レポートウィザード）をクリックします。

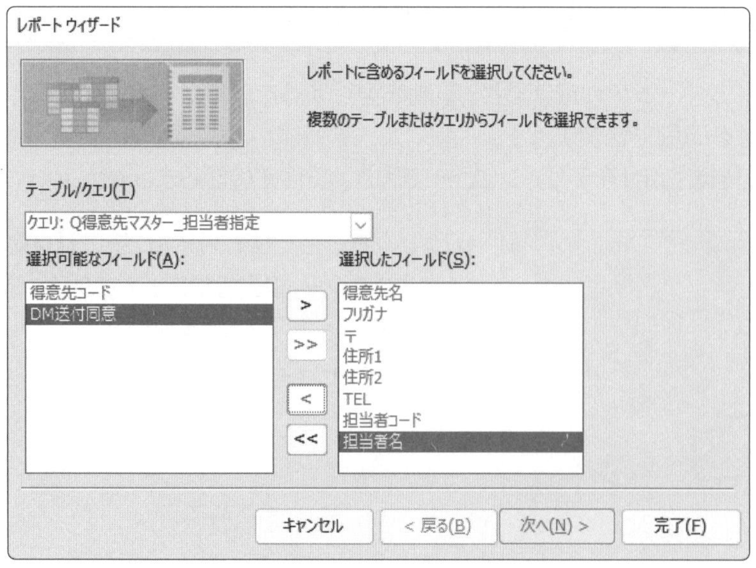

《レポートウィザード》が表示されます。

③**《テーブル/クエリ》**の ∨ をクリックし、一覧から**「クエリ：Q得意先マスター_担当者指定」**を選択します。

「得意先コード」と**「DM送付同意」**以外のフィールドを選択します。

④ >> をクリックします。

⑤**《選択したフィールド》**の一覧から**「得意先コード」**を選択します。

⑥ < をクリックします。

《選択可能なフィールド》に**「得意先コード」**が移動します。

⑦同様に、**「DM送付同意」**の選択を解除します。

⑧**《次へ》**をクリックします。

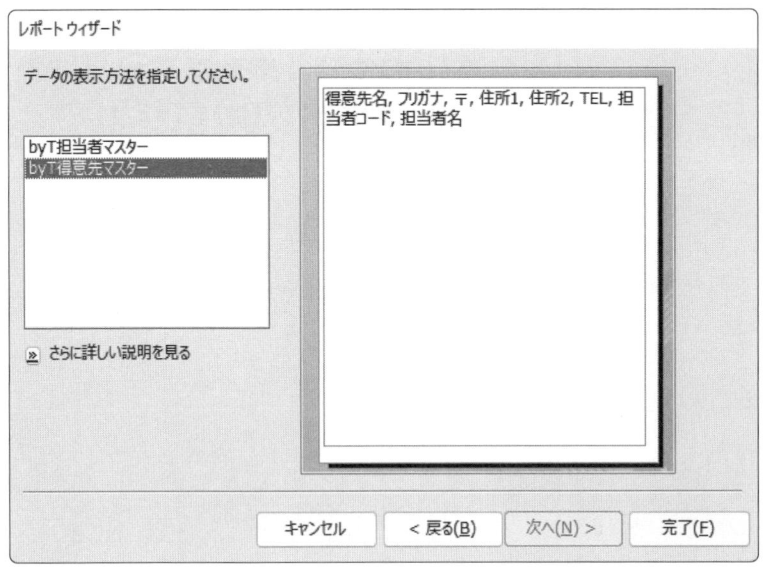

データの表示方法を指定します。

⑨一覧から**「byT得意先マスター」**が選択されていることを確認します。

⑩**《次へ》**をクリックします。

レポート ウィザード
グループ レベルを指定してください。
得意先名
フリガナ
〒
住所1
住所2
TEL
担当者コード
担当者名
優先順
得意先名, フリガナ, 〒, 住所1, 住所2, TEL, 担当者コード, 担当者名
グループ間隔の設定(O)... キャンセル < 戻る(B) 次へ(N) > 完了(F)

グループレベルを指定する画面が表示されます。

※今回、グループレベルは指定しません。

⑪**《次へ》**をクリックします。

レポート ウィザード
レコードを並べ替える方法を指定してください。
並べ替えを行うフィールドを 4 つまで選択できます。それぞれのフィールドごとに昇順または降順を指定できます。
1 フリガナ 昇順
2 昇順
3 昇順
4 昇順
キャンセル < 戻る(B) 次へ(N) > 完了(F)

レコードを並べ替える方法を指定します。

⑫**《1》**の ⌄ をクリックし、一覧から**「フリガナ」**を選択します。

⑬並べ替え方法が 昇順 になっていることを確認します。

※ 昇順 と 降順 はクリックして切り替えます。

⑭**《次へ》**をクリックします。

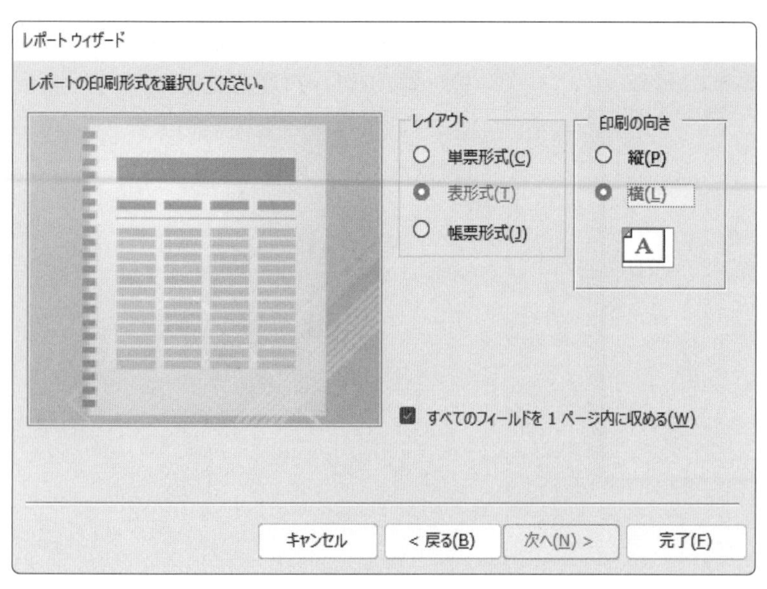

レポートの印刷形式を選択します。

⑮**《レイアウト》**の**《表形式》**を◉にします。

⑯**《印刷の向き》**の**《横》**を◉にします。

⑰**《次へ》**をクリックします。

レポート名を入力します。

⑱**《レポート名を指定してください。》**に**「R得意先マスター_担当者指定」**と入力します。

⑲**《レポートをプレビューする》**を◉にします。

⑳**《完了》**をクリックします。

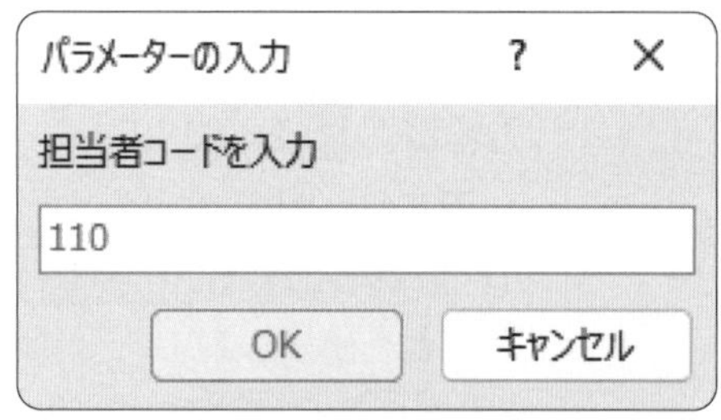

《パラメーターの入力》ダイアログボックスが表示されます。

㉑**「担当者コードを入力」**に**「110」**と入力します。

㉒**《OK》**をクリックします。

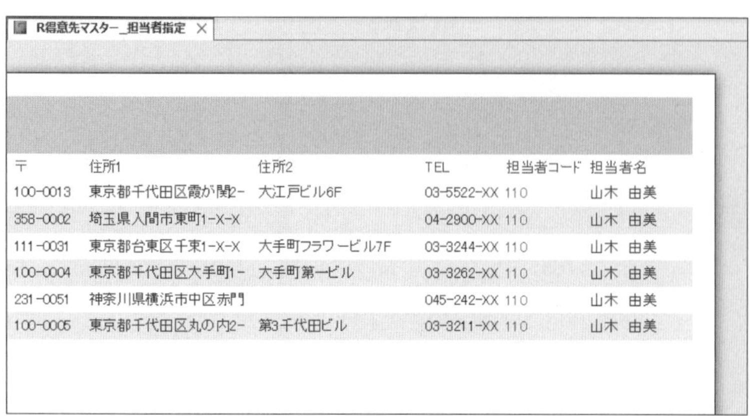

〒	住所1	住所2	TEL	担当者コード	担当者名
100-0013	東京都千代田区霞が関2-	大江戸ビル6F	03-5522-XX	110	山木 由美
358-0002	埼玉県入間市東町1-X-X		04-2900-XX	110	山木 由美
111-0031	東京都台東区千束1-X-X	大手町フラワービル7F	03-3244-XX	110	山木 由美
100-0004	東京都千代田区大手町1-	大手町第一ビル	03-3262-XX	110	山木 由美
231-0051	神奈川県横浜市中区赤門		045-242-XX	110	山木 由美
100-0005	東京都千代田区丸の内2-	第3千代田ビル	03-3211-XX	110	山木 由美

《パラメーターの入力》ダイアログボックスで指定した担当者のレコードが抽出され、印刷プレビューで表示されます。

※表示されていない場合は、スクロールして調整します。

Let's Try ためしてみよう

①レイアウトビューを使って、タイトルを「R得意先マスター_担当者指定」から「得意先マスター_担当者指定」に変更しましょう。

②フィールド名が配置されている行の背景色を「緑2」に変更しましょう。

③「住所1」ラベルを「住所」に変更し、「住所2」ラベルを削除しましょう。また、完成図を参考に、コントロールのサイズと配置を調整しましょう。

R得意先マスター_担当者指定

得意先マスター_担当者指定

フリガナ	得意先名	〒	住所	TEL	担当者コード	担当者名
オオエドハンバイ	大江戸販売	100-0013	東京都千代田区霞が関2-X-X 大江戸ビル6F	03-5522-XXXX	110	山木 由美
コアラスポーツ	こあらスポーツ	358-0002	埼玉県入間市東町1-X-X	04-2900-XXXX	110	山木 由美
サクラスポーツ	さくらスポーツ	111-0031	東京都台東区千束1-X-X 大手町フラワービル7F	03-3244-XXXX	110	山木 由美
スポーツヤマオカ	スポーツ山岡	100-0004	東京都千代田区大手町1-X-X 大手町第一ビル	03-3262-XXXX	110	山木 由美
ツルタスポーツ	つるたスポーツ	231-0051	神奈川県横浜市中区赤門町2-X-X	045-242-XXXX	110	山木 由美
マルノウチショウジ	丸の内商事	100-0005	東京都千代田区丸の内2-X-X 第3千代田ビル	03-3211-XXXX	110	山木 由美

2023年6月28日　　1/1 ページ

①

①ステータスバーの（レイアウトビュー）をクリック

②「R得意先マスター_担当者指定」ラベルを2回クリックし、「R」を削除

②

①フィールド名が配置されている行の左側をクリック

②《書式》タブを選択

③《フォント》グループの（背景色）のをクリック

④《標準の色》の《緑2》（左から7番目、上から3番目）をクリック

③

①「住所1」ラベルを2回クリックし、「1」を削除

②「住所2」ラベルを選択

③ Delete を押す

④完成図を参考に、コントロールのサイズと配置を調整

4 ビューの切り替え

レポートの構造の詳細を変更するには、デザインビューを使います。
デザインビューに切り替えましょう。

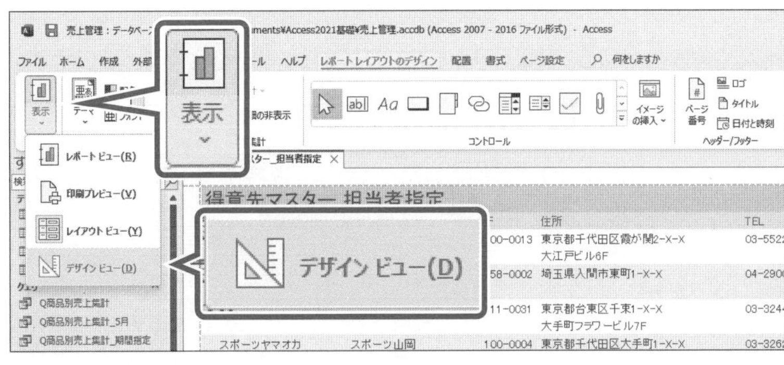

①**《レポートレイアウトのデザイン》**タブを選択します。

※《ホーム》タブでもかまいません。

②**《表示》**グループの（表示）のをクリックします。

③**《デザインビュー》**をクリックします。

R得意先マスター_担当者指定

レポートヘッダー：得意先マスター_担当者指定

ページヘッダー：フリガナ　得意先名　〒　住所　TEL　担当者コード　担当者名

詳細：フリガナ　得意先名　〒　住所1　住所2　TEL　担当者コード　担当者名

ページフッター：=Now()　="[Page] & "/" & [Pages] &

レポートフッター

レポートがデザインビューで開かれます。

5 デザインビューの画面構成

デザインビューの各部の名称と役割を確認しましょう。

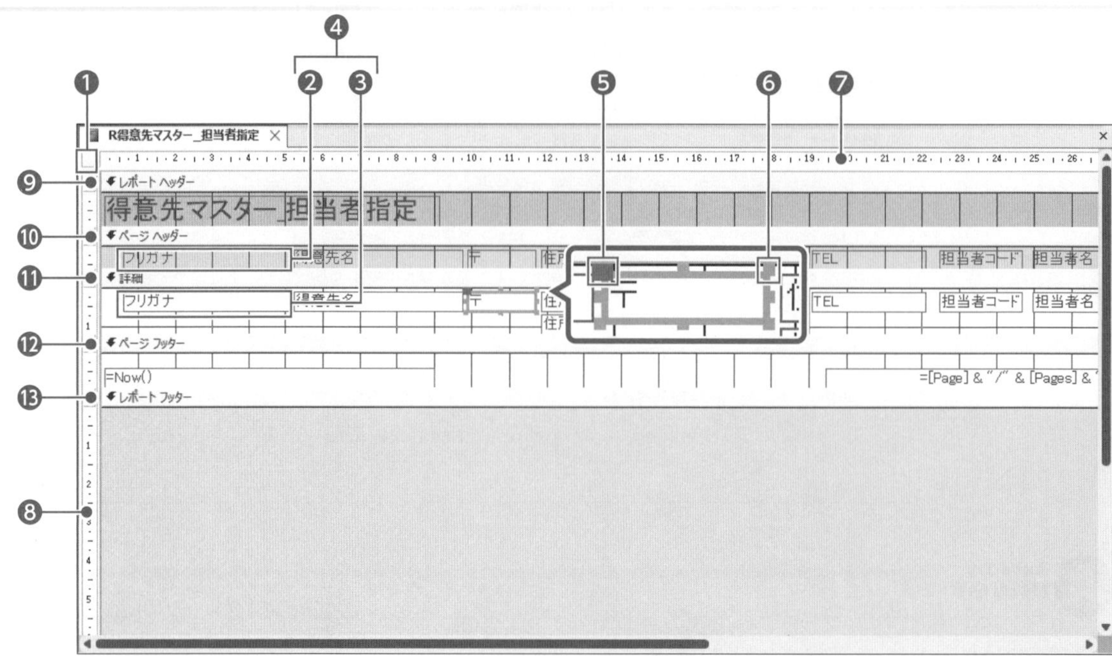

❶レポートセレクター
レポート全体を選択するときに使います。

❷ラベル
タイトルやフィールド名を表示します。

❸テキストボックス
文字列や数値などのデータを表示します。

❹コントロール
ラベルやテキストボックスなどの各要素の総称です。

❺移動ハンドル
コントロールを移動するときに使います。

❻サイズハンドル
コントロールのサイズを変更するときに使います。

❼水平ルーラー
コントロールの配置や幅の目安にします。

❽垂直ルーラー
コントロールの配置や高さの目安にします。

❾《レポートヘッダー》セクション
レポートを印刷したときに、最初のページの先頭に印字される領域です。

❿《ページヘッダー》セクション
レポートを印刷したときに、各ページの上部に印字される領域です。サブタイトルや小見出しなどを配置します。

⓫《詳細》セクション
各レコードが印字される領域です。

⓬《ページフッター》セクション
レポートを印刷したときに、各ページの下部に印字される領域です。日付やページ番号などを配置します。

⓭《レポートフッター》セクション
レポートを印刷したときに、最終ページのページフッターの上に印字される領域です。

6 セクション間のコントロールの移動

レポート**「R得意先マスター_担当者指定」**は、すべてのレコードに同一の担当者が重複して表示されます。
「担当者コード」と**「担当者名」**が、最初のページの先頭だけに印刷されるように、次のコントロールをタイトルのある部分（**《レポートヘッダー》**セクション）に移動しましょう。

「担当者コード」ラベル	**「担当者コード」テキストボックス**
「担当者名」ラベル	**「担当者名」テキストボックス**

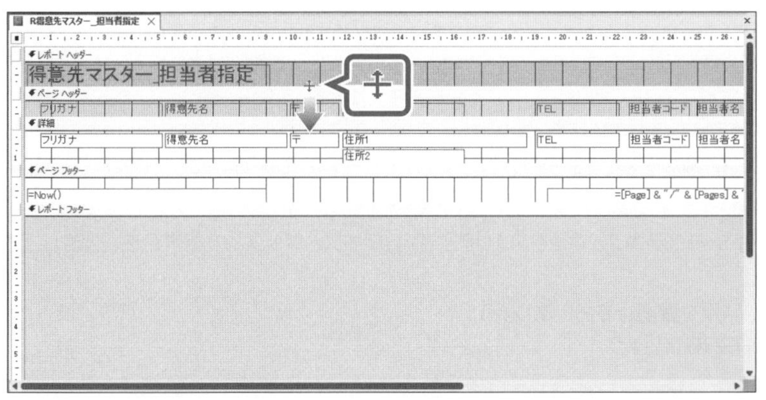

《レポートヘッダー》セクションの高さを広げます。

①**《ページヘッダー》**セクションの上側の境界線をポイントします。

マウスポインターの形が✛に変わります。

②図のように下方向にドラッグします。
（目安：垂直ルーラー約2cm）

③**《ページヘッダー》**セクションの**「担当者コード」**ラベルを選択します。

④ラベルの枠をポイントします。

マウスポインターの形が✥に変わります。

⑤図のようにドラッグします。

「担当者コード」ラベルが移動されます。

⑥同様に、**「担当者名」**ラベル、**「担当者コード」**テキストボックス、**「担当者名」**テキストボックスを移動します。

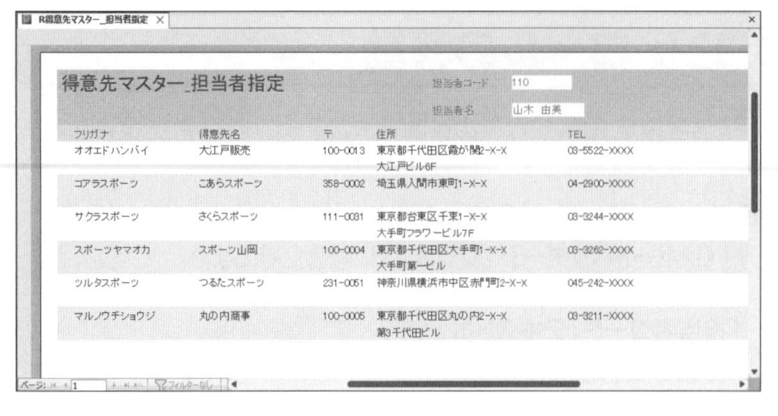

印刷プレビューに切り替えます。

⑦**《レポートデザイン》**タブを選択します。

※《ホーム》タブでもかまいません。

⑧**《表示》**グループの（表示）のをクリックします。

⑨**《印刷プレビュー》**をクリックします。

※《パラメーターの入力》ダイアログボックスに、任意の「担当者コード」を入力します。担当者コードには10単位で「110」～「150」のデータがあります。

⑩**「担当者コード」**と**「担当者名」**が最初のページの先頭に表示されていることを確認します。

Let's Try ためしてみよう

デザインビューを使って、「担当者コード」テキストボックス、「担当者名」テキストボックスの背景色を「透明」に変更しましょう。

※印刷プレビューに切り替えて、結果を確認しておきましょう。

※レポートを上書き保存し、閉じておきましょう。

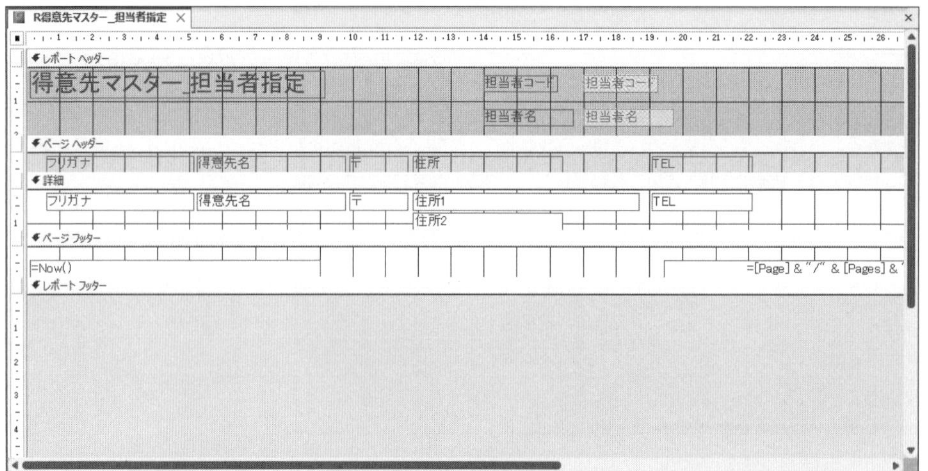

①ステータスバーの（デザインビュー）をクリック

②「担当者コード」テキストボックスを選択

③Shiftを押しながら、「担当者名」テキストボックスを選択

④《書式》タブを選択

⑤《フォント》グループの（背景色）のをクリック

⑥《透明》をクリック

STEP 5 宛名ラベルを作成する

1 作成するレポートの確認

次のようなレポート**「R得意先マスター_DM送付」**を作成しましょう。

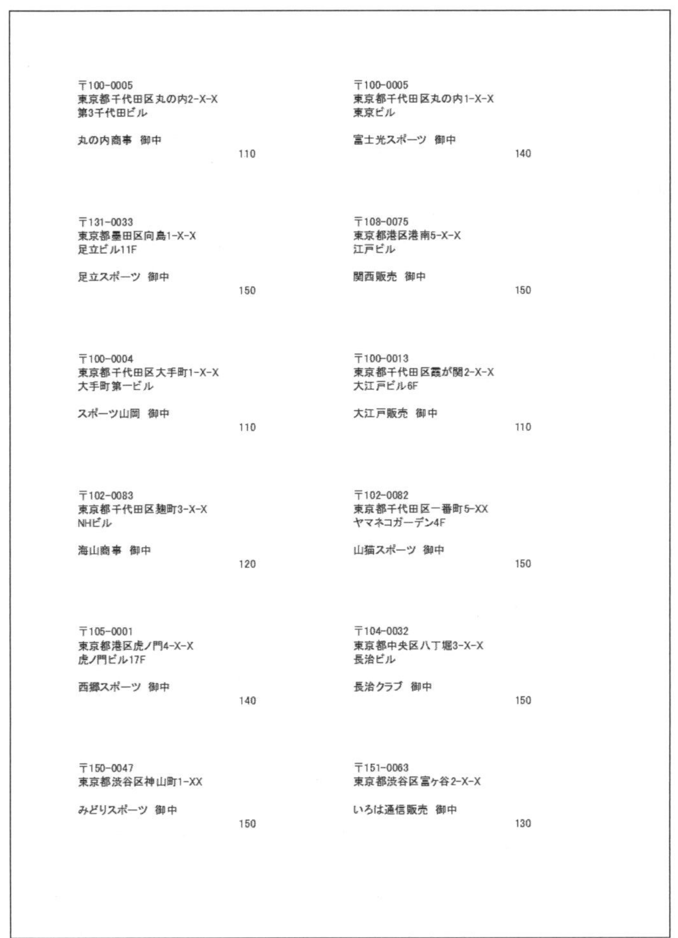

〒100-0005
東京都千代田区丸の内2-X-X
第3千代田ビル

丸の内商事　御中
110

〒100-0005
東京都千代田区丸の内1-X-X
東京ビル

富士光スポーツ　御中
140

〒131-0033
東京都墨田区向島1-X-X
足立ビル11F

足立スポーツ　御中
150

〒108-0075
東京都港区港南5-X-X
江戸ビル

関西販売　御中
150

〒100-0004
東京都千代田区大手町1-X-X
大手町第一ビル

スポーツ山岡　御中
110

〒100-0013
東京都千代田区霞が関2-X-X
大江戸ビル6F

大江戸販売　御中
110

〒102-0083
東京都千代田区麹町3-X-X
NHビル

海山商事　御中
120

〒102-0082
東京都千代田区一番町5-XX
ヤマネコガーデン4F

山猫スポーツ　御中
150

〒105-0001
東京都港区虎ノ門4-X-X
虎ノ門ビル17F

西郷スポーツ　御中
140

〒104-0032
東京都中央区八丁堀3-X-X
長治ビル

長治クラブ　御中
150

〒150-0047
東京都渋谷区神山町1-XX

みどりスポーツ　御中
150

〒151-0063
東京都渋谷区富ヶ谷2-X-X

いろは通信販売　御中
130

2 もとになるクエリの確認

クエリ**「Q得意先マスター_DM送付」**をもとにレポートを作成すると、**「DM送付同意」**フィールドが☑になっている得意先を対象に宛名ラベルを印刷できます。
クエリ**「Q得意先マスター_DM送付」**をデザインビューで開き、条件を確認しましょう。

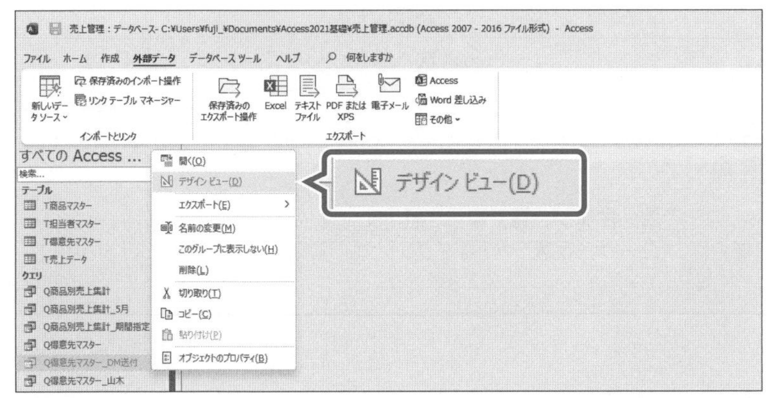

①ナビゲーションウィンドウのクエリ**「Q得意先マスター_DM送付」**を右クリックします。
②**《デザインビュー》**をクリックします。

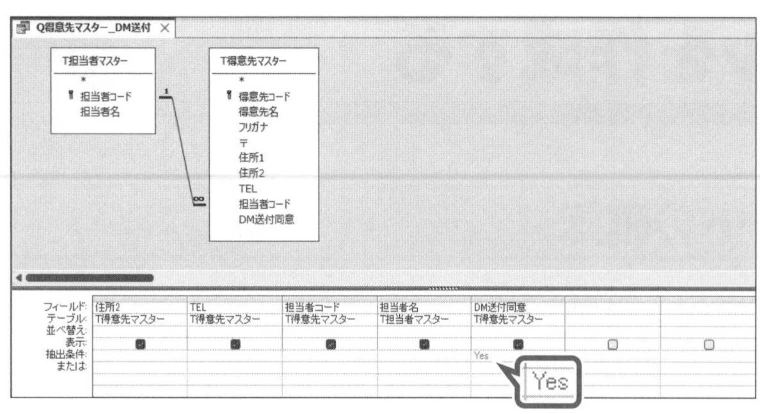

クエリがデザインビューで開かれます。

③**「DM送付同意」**フィールドの**《抽出条件》**セルが**「Yes」**になっていることを確認します。

※クエリを実行して、結果を確認しておきましょう。
※クエリを閉じておきましょう。

3 レポートの作成

宛名ラベルウィザードを使って、クエリ**「Q得意先マスター_DM送付」**をもとに、レポート**「R得意先マスター_DM送付」**を作成しましょう。

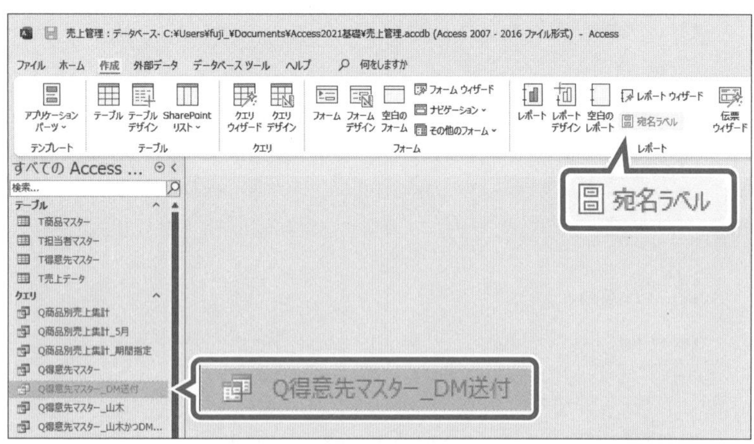

①ナビゲーションウィンドウのクエリ**「Q得意先マスター_DM送付」**を選択します。

②**《作成》**タブを選択します。

③**《レポート》**グループの（宛名ラベル）をクリックします。

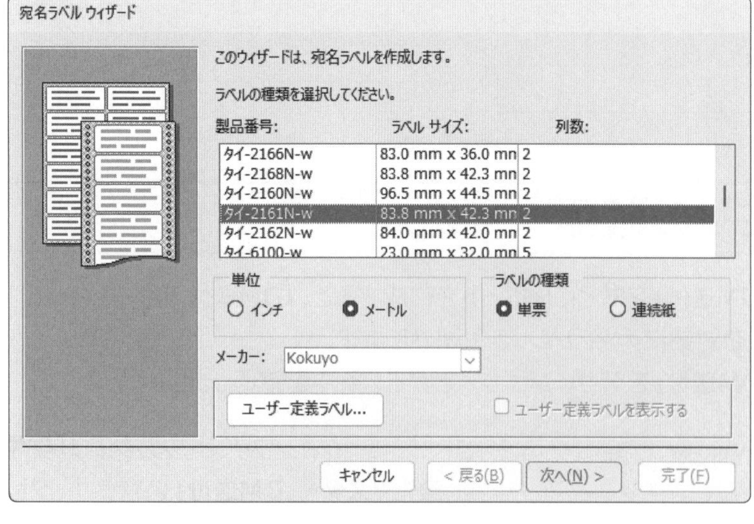

《宛名ラベルウィザード》が表示されます。

ラベルの種類を選択します。

④**《メーカー》**のをクリックし、一覧から**《Kokuyo》**を選択します。

※一覧に表示されていない場合は、スクロールして調整します。
※お使いの環境によっては、「KOKUYO」と表示される場合があります。

⑤**《製品番号》**の一覧から**《タイ-2161N-w》**を選択します。

※一覧に表示されていない場合は、スクロールして調整します。

⑥**《次へ》**をクリックします。

POINT ユーザー定義ラベル

メーカーを選択すると、そのメーカーの製品番号が一覧で表示されます。
印刷するラベルが一覧にない場合は、《ユーザー定義ラベル》をクリックし、《新規ラベルのサイズ》ダイアログボックスで作成します。

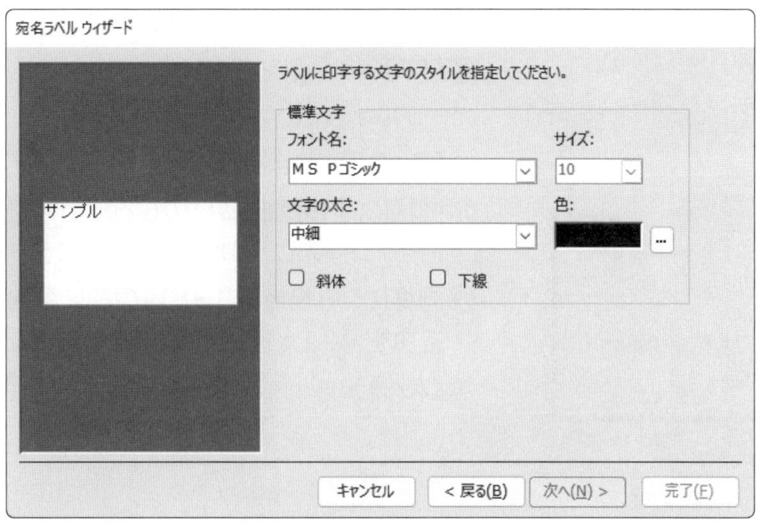

ラベルに印字する文字列のスタイルを指定します。

⑦《**サイズ**》の[∨]をクリックし、一覧から《**10**》を選択します。

⑧《**次へ**》をクリックします。

宛名ラベル ウィザード
ラベルに印字するフィールドと文字を指定してください。
ラベルに使うフィールドを左の一覧から選択し、[>] をクリックして右のボックスに追加します。また、すべてのラベルに共通して印字する文字を挿入することもできます。
選択可能なフィールド：得意先コード／得意先名／フリガナ／〒／住所1／住所2
ラベルのレイアウト：{〒}
カスタマー バーコードを印字する
キャンセル　< 戻る(B)　次へ(N) >　完了(F)

ラベルに印字するフィールドと文字列を指定します。

⑨《**ラベルのレイアウト**》の1行目にカーソルがあることを確認します。

⑩《**選択可能なフィールド**》の一覧から**「〒」**を選択します。

⑪[>]をクリックします。

《**ラベルのレイアウト**》に**「〒」**フィールドが配置されます。

※フィールド名は{ }で囲まれて表示されます。

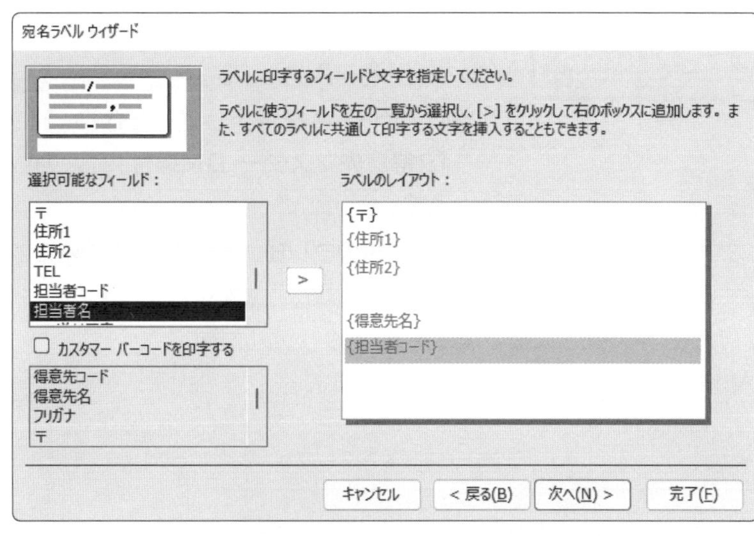

⑫《**ラベルのレイアウト**》の2行目をクリックします。

2行目にカーソルが移動します。

⑬《**選択可能なフィールド**》の一覧から**「住所1」**を選択します。

⑭[>]をクリックします。

⑮同様に、図のようにフィールドを配置します。

POINT フィールドの配置の修正

フィールドの配置を修正する場合、フィールドを削除して、配置しなおします。
フィールドを削除する方法は、次のとおりです。

◆フィールドを選択→[Delete]

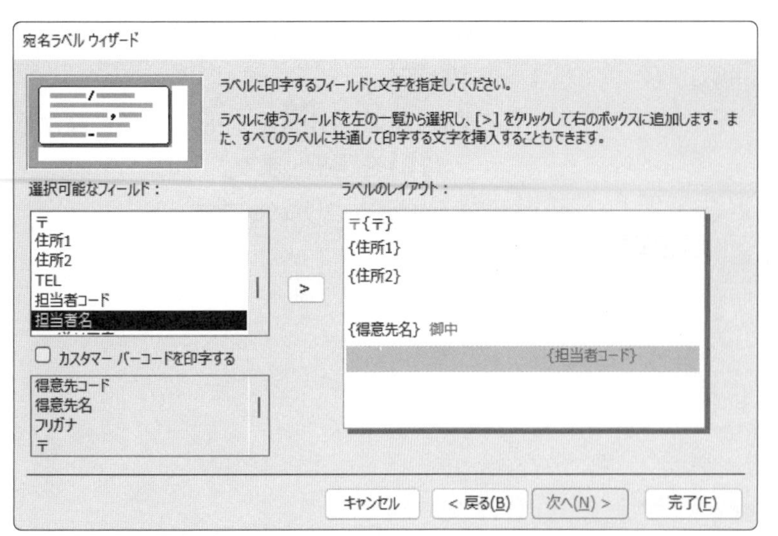

必要な文字列を入力します。

⑯「**{〒}**」の左側をクリックします。

カーソルが表示されます。

⑰「**〒**」と入力します。

⑱同様に、「**{得意先名}**」の後ろに全角空白を1つ挿入し、「**御中**」と入力します。

⑲同様に、「**{担当者コード}**」の前に全角空白を挿入し、図のように配置します。

⑳《**次へ**》をクリックします。

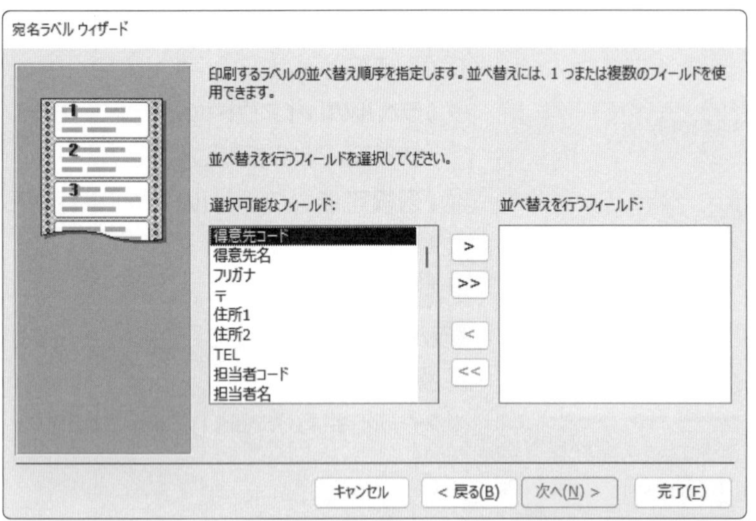

並べ替えを行うフィールドを選択する画面が表示されます。

※今回、並べ替えは指定しません。

㉑《**次へ**》をクリックします。

レポート名を入力します。

㉒《**レポート名を指定してください。**》に「**R得意先マスター_DM送付**」と入力します。

㉓《**ラベルのプレビューを見る**》を◉にします。

㉔《**完了**》をクリックします。

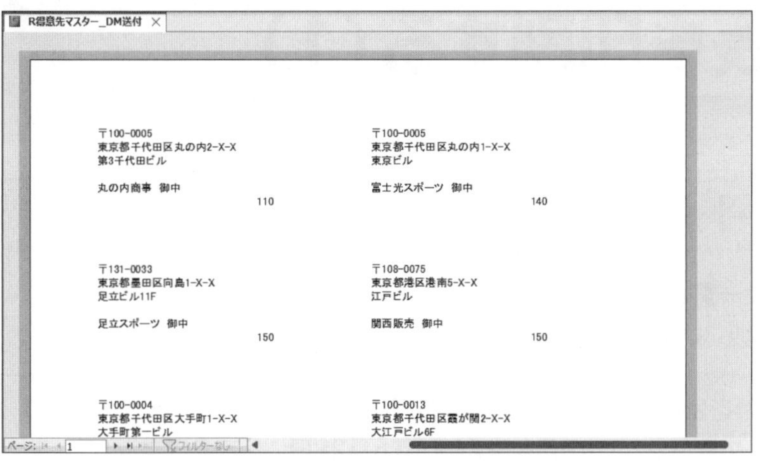

作成したレポートが印刷プレビューで表示されます。

※レポートを閉じておきましょう。

STEP UP 便利なウィザード

ウィザードを使うと、宛名ラベル以外にも伝票やはがきを作成することができます。

●伝票ウィザード

宅配便の送り状や納品書、売上伝票などを作成できます。

◆《作成》タブ→《レポート》グループの (伝票ウィザード)

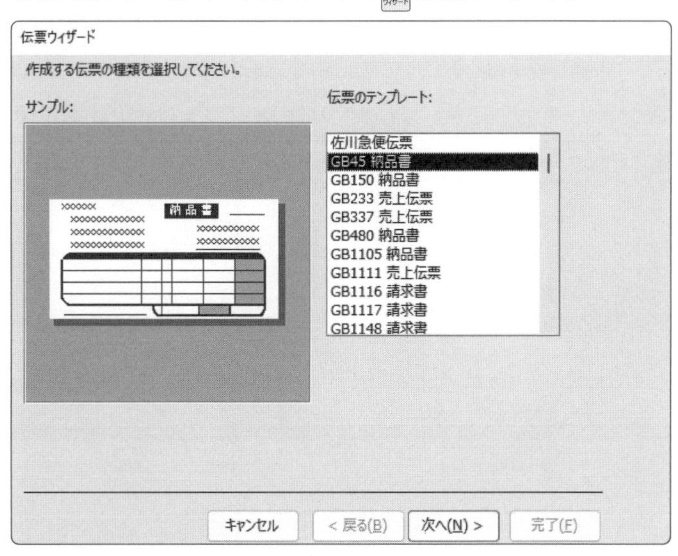

●はがきウィザード

はがきの宛名面を作成できます。

◆《作成》タブ→《レポート》グループの (はがきウィザード)

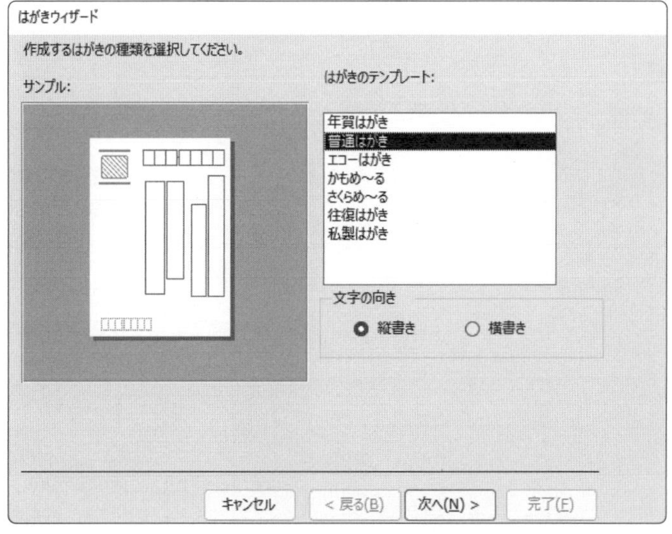

STEP 6 売上一覧表を印刷する(1)

1 作成するレポートの確認

次のようなレポート**「R売上一覧表_本日分」**を作成しましょう。
「本日」の売上データを印刷します。

本書では、パソコンの日付を2023年6月28日として処理しています。
本書と同じ結果を得るために、パソコンの日付を2023年6月28日にしておきましょう。
日付を変更する方法は、次のとおりです。

◆右下の通知領域の時刻部分を右クリック→《日時を調整する》→《時刻を自動的に設定する》をオフ→《日付と時刻を手動で設定する》の《変更》

※日付を変更するには、管理者のアカウントでWindowsにサインインする必要があります。

売上一覧表_本日分

売上日	得意先コード	得意先名	担当者コード	担当者名	商品コード	商品名	単価	数量	金額
2023/06/28	10090	大江戸販売	110	山木 由美	1020	バット(金属製)	¥15,000	5	¥75,000
2023/06/28	10230	スポーツスクエア鳥居	150	福田 進	3020	スキーブーツ	¥23,000	10	¥230,000
2023/06/28	10210	富士デパート	130	安藤 百合子	2020	ゴルフボール	¥1,200	50	¥60,000
2023/06/28	10020	富士光スポーツ	140	吉岡 雄介	2010	ゴルフクラブ	¥68,000	5	¥340,000
2023/06/28	40020	草場スポーツ	140	吉岡 雄介	5020	ポロシャツ	¥5,500	4	¥22,000
2023/06/28	10180	いろは通信販売	130	安藤 百合子	1030	野球グローブ	¥19,800	10	¥198,000
2023/06/28	30020	スポーツショップ富士	120	佐伯 浩太	3010	スキー板	¥55,000	2	¥110,000

2023年6月28日　　　1/1 ページ

「本日」の売上データを印刷

2 もとになるクエリの作成

「本日」の売上データを印刷するには、クエリ**「Q売上データ」**から**「本日」**の売上データを抽出するクエリを作成しておく必要があります。
クエリ**「Q売上データ」**を編集して、レポートのもとになるクエリ**「Q売上データ_本日分」**を作成しましょう。

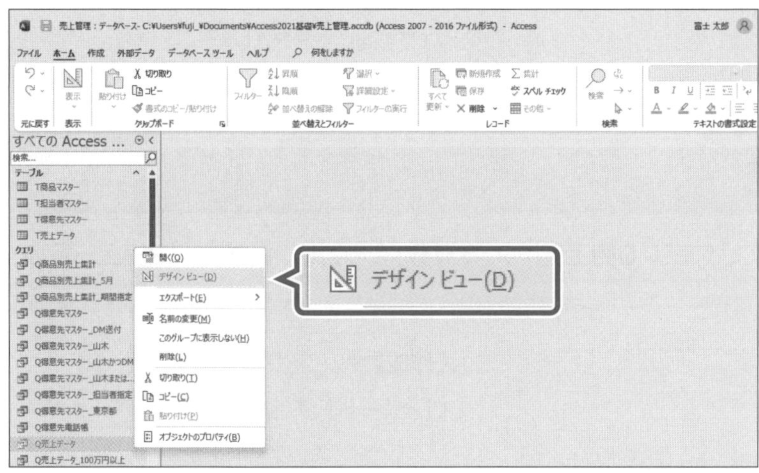

①ナビゲーションウィンドウのクエリ**「Q売上データ」**を右クリックします。
②**《デザインビュー》**をクリックします。

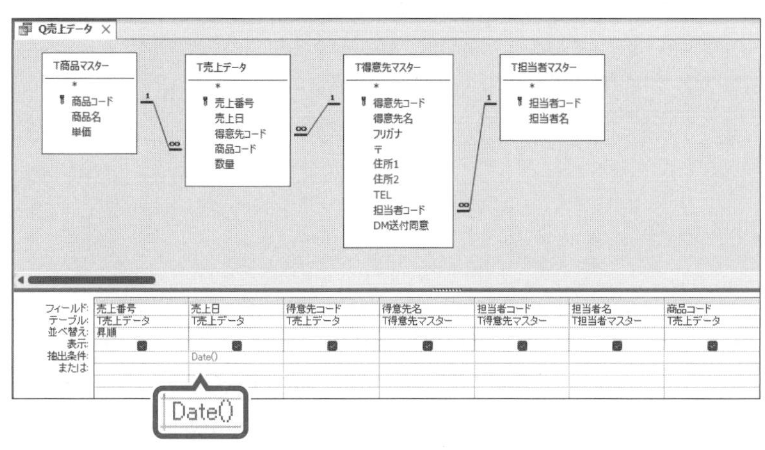

条件を設定します。
③**「売上日」**フィールドの**《抽出条件》**セルに次のように入力します。

```
Date( )
```

※半角で入力します。

クエリを実行して、結果を確認します。
④**《クエリデザイン》**タブを選択します。
⑤**《結果》**グループの（表示）をクリックします。

「売上日」が**「本日」**のデータが抽出されます。

POINT Date関数

パソコンの「本日の日付」を返します。

```
Date( )
```


1
2
3
4
5
6
7
8
9
総合問題
索引

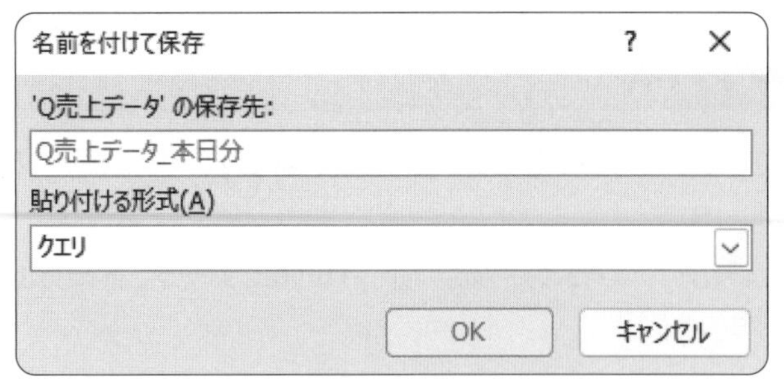

編集したクエリを保存します。

⑥ F12 を押します。

《名前を付けて保存》ダイアログボックスが表示されます。

⑦**《'Q売上データ'の保存先》**に**「Q売上データ_本日分」**と入力します。

⑧**《OK》**をクリックします。

※クエリを閉じておきましょう。

3 レポートの作成

レポートウィザードを使って、クエリ**「Q売上データ_本日分」**をもとに、レポート**「R売上一覧表_本日分」**を作成しましょう。

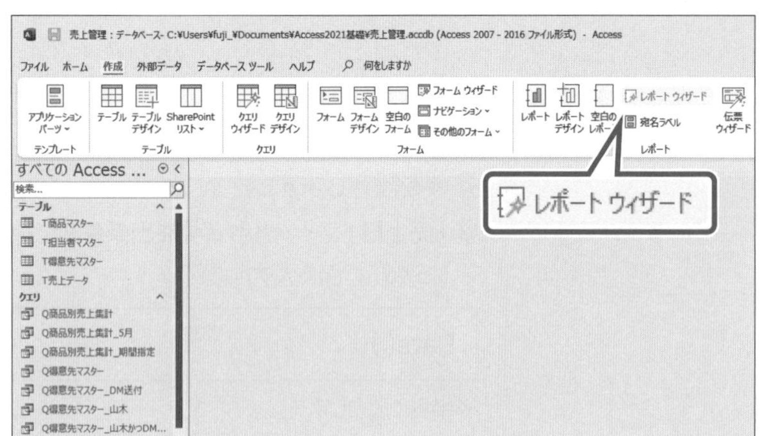

①**《作成》**タブを選択します。

②**《レポート》**グループの レポート ウィザード （レポートウィザード）をクリックします。

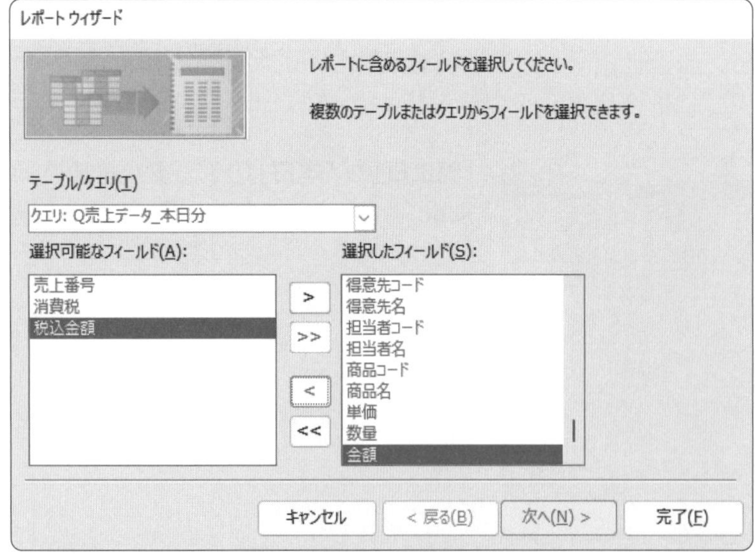

《レポートウィザード》が表示されます。

③**《テーブル/クエリ》**の をクリックし、一覧から**「クエリ：Q売上データ_本日分」**を選択します。

「売上番号」と**「消費税」**と**「税込金額」**以外のフィールドを選択します。

④ >> をクリックします。

⑤**《選択したフィールド》**の一覧から**「売上番号」**を選択します。

⑥ < をクリックします。

《選択可能なフィールド》に**「売上番号」**が移動します。

⑦同様に、**「消費税」**と**「税込金額」**の選択を解除します。

⑧**《次へ》**をクリックします。

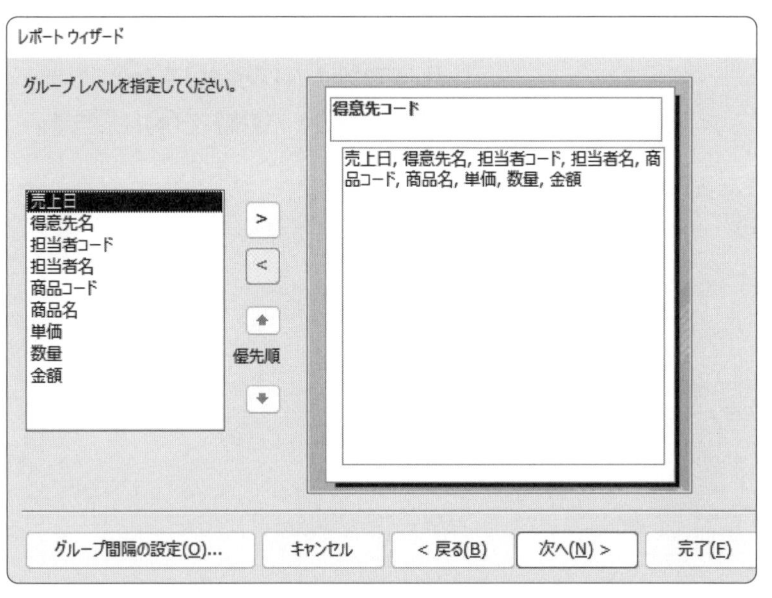

グループレベルを指定する画面が表示されます。
自動的に**「得意先コード」**が指定されているので解除します。
⑨ [<] をクリックします。

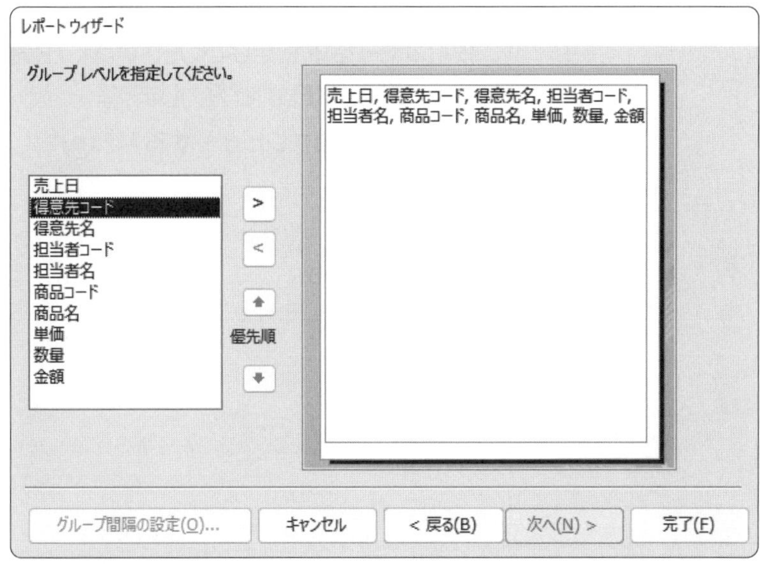

グループレベルが解除されます。
⑩**《次へ》**をクリックします。

レポート ウィザード
レコードを並べ替える方法を指定してください。
並べ替えを行うフィールドを 4 つまで選択できます。それぞれのフィールドごとに昇順または降順を指定できます。
1 昇順
2 昇順
3 昇順
4 昇順
キャンセル　< 戻る(B)　次へ(N) >　完了(F)

レコードを並べ替える方法を指定する画面が表示されます。
※今回、並べ替えは指定しません。
⑪**《次へ》**をクリックします。

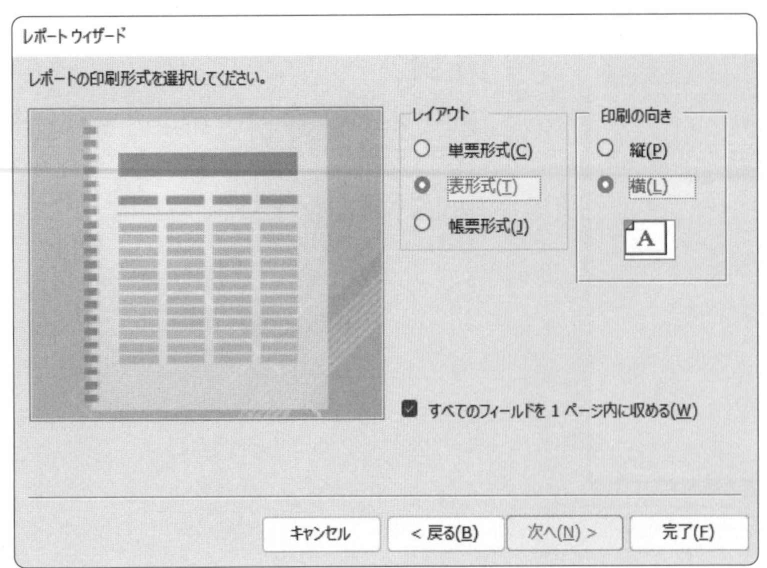

レポートの印刷形式を選択します。

⑫《レイアウト》の《表形式》を◉にします。

⑬《印刷の向き》の《横》を◉にします。

⑭《次へ》をクリックします。

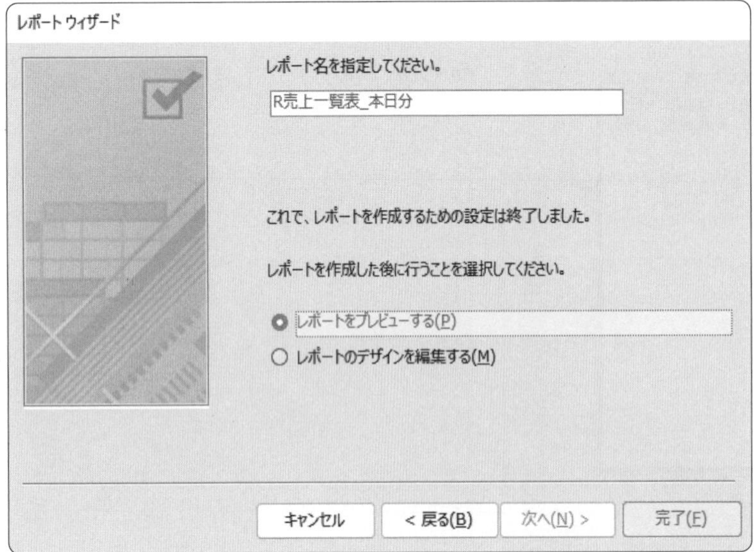

レポート名を入力します。

⑮《レポート名を指定してください。》に「R売上一覧表_本日分」と入力します。

⑯《レポートをプレビューする》を◉にします。

⑰《完了》をクリックします。

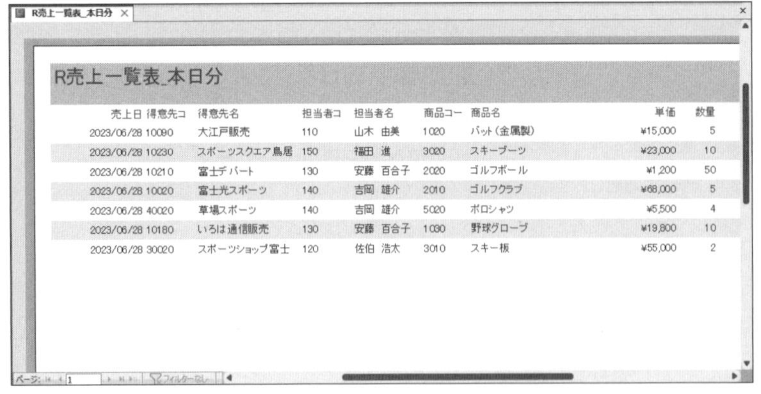

R売上一覧表_本日分

売上日	得意先コ	得意先名	担当者コ	担当者名	商品コー	商品名	単価	数量
2023/06/28	10090	大江戸販売	110	山木 由美	1020	バット(金属製)	¥15,000	5
2023/06/28	10230	スポーツスクエア鳥居	150	福田 進	3020	スキーブーツ	¥23,000	10
2023/06/28	10210	富士デパート	130	安藤 百合子	2020	ゴルフボール	¥1,200	50
2023/06/28	10020	富士光スポーツ	140	吉岡 雄介	2010	ゴルフクラブ	¥68,000	5
2023/06/28	40020	草場スポーツ	140	吉岡 雄介	5020	ポロシャツ	¥5,500	4
2023/06/28	10180	いろは通信販売	130	安藤 百合子	1030	野球グローブ	¥19,800	10
2023/06/28	30020	スポーツショップ富士	120	佐伯 浩太	3010	スキー板	¥55,000	2

作成したレポートが印刷プレビューで表示されます。

Let's Try ためしてみよう

①レイアウトビューを使って、タイトルを「R売上一覧表_本日分」から「売上一覧表_本日分」に変更しましょう。

②フィールド名が配置されている行の背景色を「緑2」に変更しましょう。

③完成図を参考に、コントロールのサイズと配置を調整しましょう。

※印刷プレビューに切り替えて、結果を確認しましょう。
※レポートを上書き保存し、閉じておきましょう。

R売上一覧表_本日分

売上一覧表_本日分

売上日	得意先コード	得意先名	担当者コード	担当者名	商品コード	商品名	単価	数量	金額
2023/06/28	10090	大江戸販売	110	山木 由美	1020	バット（金属製）	¥15,000	5	¥75,000
2023/06/28	10230	スポーツスクエア鳥居	150	福田 進	3020	スキーブーツ	¥23,000	10	¥230,000
2023/06/28	10210	富士デパート	130	安藤 百合子	2020	ゴルフボール	¥1,200	50	¥60,000
2023/06/28	10020	富士光スポーツ	140	吉岡 雄介	2010	ゴルフクラブ	¥68,000	5	¥340,000
2023/06/28	40020	草場スポーツ	140	吉岡 雄介	5020	ポロシャツ	¥5,500	4	¥22,000
2023/06/28	10180	いろは通信販売	130	安藤 百合子	1030	野球グローブ	¥19,800	10	¥198,000
2023/06/28	30020	スポーツショップ富士	120	佐伯 浩太	3010	スキー板	¥55,000	2	¥110,000

2023年6月28日　　1/1 ページ

①

①ステータスバーの［レイアウトビューボタン］（レイアウトビュー）をクリック

②「R売上一覧表_本日分」ラベルを2回クリックし、「R」を削除

②

①フィールド名が配置されている行の左側をクリック

②《書式》タブを選択

③《フォント》グループの［背景色ボタン］（背景色）の［▼］をクリック

④《標準の色》の《緑2》（左から7番目、上から3番目）をクリック

③

①完成図を参考に、コントロールのサイズと配置を調整

右下の通知領域の時刻部分を右クリック→《日時を調整する》→《時刻を自動的に設定する》をオンにして、パソコンの日付を元に戻しておきましょう。

STEP 7 売上一覧表を印刷する(2)

1 作成するレポートの確認

次のようなレポート**「R売上一覧表_期間指定」**を作成しましょう。

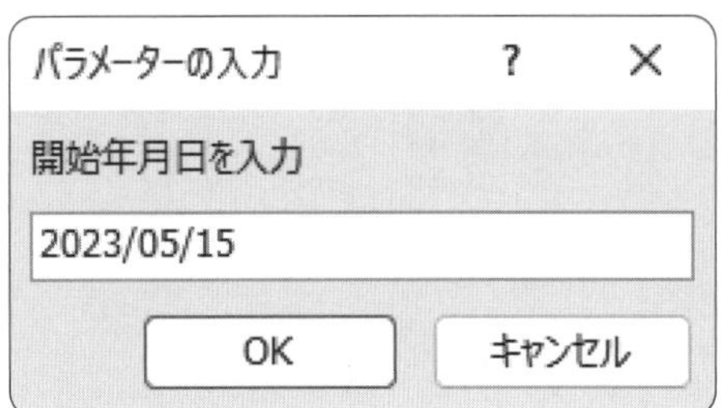

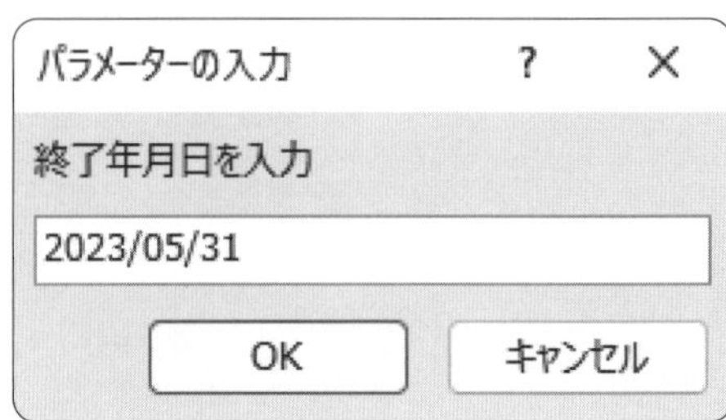

売上一覧表_期間指定

売上日	得意先コード	得意先名	担当者コード	担当者名	商品コード	商品名	単価	数量	金額
2023/05/15	20020	つるたスポーツ	110	山木 由美	2020	ゴルフボール	¥1,200	3	¥3,600
2023/05/15	10020	富士光スポーツ	140	吉岡 雄介	2010	ゴルフクラブ	¥68,000	20	¥1,360,000
2023/05/16	10230	スポーツスクエア鳥居	150	福田 進	4010	テニスラケット	¥16,000	8	¥128,000
2023/05/16	10250	富士通信販売	120	佐伯 浩太	1030	野球グローブ	¥19,800	4	¥79,200
2023/05/16	10080	日高販売店	140	吉岡 雄介	2020	ゴルフボール	¥1,200	3	¥3,600
2023/05/17	10140	富士山物産	120	佐伯 浩太	2010	ゴルフクラブ	¥68,000	5	¥340,000
2023/05/17	30010	富士販売センター	120	佐伯 浩太	2020	ゴルフボール	¥1,200	20	¥24,000
2023/05/17	10180	いろは通信販売	130	安藤 百合子	4010	テニスラケット	¥16,000	10	¥160,000
2023/05/17	10160	みどりスポーツ	150	福田 進	2020	ゴルフボール	¥1,200	2	¥2,400
2023/05/20	10050	足立スポーツ	150	福田 進	2030	ゴルフシューズ	¥28,000	2	¥56,000
2023/05/20	30020	スポーツショップ富士	120	佐伯 浩太	3010	スキー板	¥55,000	5	¥275,000
2023/05/21	20020	つるたスポーツ	110	山木 由美	4010	テニスラケット	¥16,000	2	¥32,000
2023/05/21	10210	富士デパート	130	安藤 百合子	2010	ゴルフクラブ	¥68,000	15	¥1,020,000
2023/05/21	10030	さくらスポーツ	110	山木 由美	1010	バット(木製)	¥18,000	40	¥720,000
2023/05/22	10100	山の手スポーツ用品	120	佐伯 浩太	1030	野球グローブ	¥19,800	30	¥594,000
2023/05/22	10180	いろは通信販売	130	安藤 百合子	2020	ゴルフボール	¥1,200	10	¥12,000
2023/05/22	10150	長治クラブ	150	福田 進	2030	ゴルフシューズ	¥28,000	3	¥84,000
2023/05/23	10130	西郷スポーツ	140	吉岡 雄介	1020	バット(金属製)	¥15,000	5	¥75,000
2023/05/23	10160	みどりスポーツ	150	福田 進	2020	ゴルフボール	¥1,200	1	¥1,200
2023/05/24	10110	海山商事	120	佐伯 浩太	2010	ゴルフクラブ	¥68,000	20	¥1,360,000
2023/05/24	10170	東京富士販売	120	佐伯 浩太	1030	野球グローブ	¥19,800	20	¥396,000
2023/05/27	10080	日高販売店	140	吉岡 雄介	2020	ゴルフボール	¥1,200	5	¥6,000
2023/05/27	10160	みどりスポーツ	150	福田 進	2020	ゴルフボール	¥1,200	4	¥4,800
2023/05/28	10230	スポーツスクエア鳥居	150	福田 進	2020	ゴルフボール	¥1,200	30	¥36,000
2023/05/28	10090	大江戸販売	110	山木 由美	2010	ゴルフクラブ	¥68,000	3	¥204,000
2023/05/29	10120	山猫スポーツ	150	福田 進	2030	ゴルフシューズ	¥28,000	5	¥140,000
2023/05/30	10100	山の手スポーツ用品	120	佐伯 浩太	1010	バット(木製)	¥18,000	30	¥540,000
2023/05/30	40010	こあらスポーツ	110	山木 由美	1020	バット(金属製)	¥15,000	12	¥180,000

2023年6月28日　　1/2 ページ

《パラメーターの入力》ダイアログボックスで指定した期間の売上データを印刷

2 もとになるクエリの確認

Between And 演算子を利用したパラメータークエリをもとにレポートを作成すると、印刷を実行するたびに範囲の上限と下限を指定して、その範囲内のデータを印刷できます。
クエリ「**Q売上データ_期間指定**」をデザインビューで開き、条件を確認しましょう。

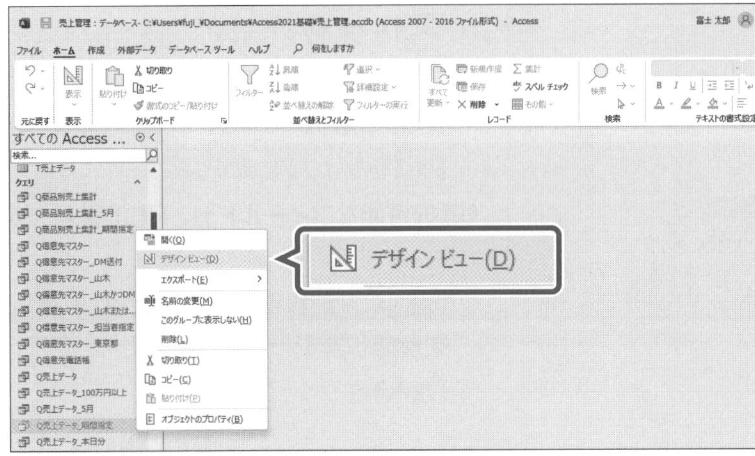

①ナビゲーションウィンドウのクエリ「**Q売上データ_期間指定**」を右クリックします。
②《**デザインビュー**》をクリックします。

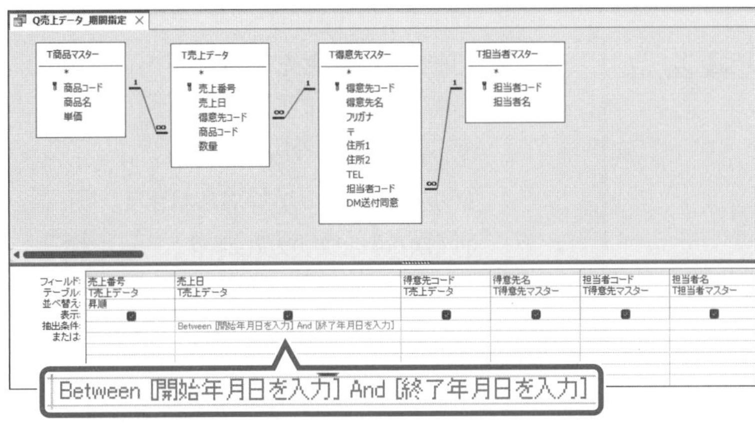

クエリがデザインビューで開かれます。
③「**売上日**」フィールドの《**抽出条件**》セルに次の条件が設定されていることを確認します。

Between [開始年月日を入力] And [終了年月日を入力]

※列幅を調整しておきましょう。
※クエリを実行して、結果を確認しておきましょう。
※クエリを閉じておきましょう。

3 レポートの作成

クエリ「**Q売上データ_期間指定**」をもとに、レポート「**R売上一覧表_期間指定**」を作成しましょう。

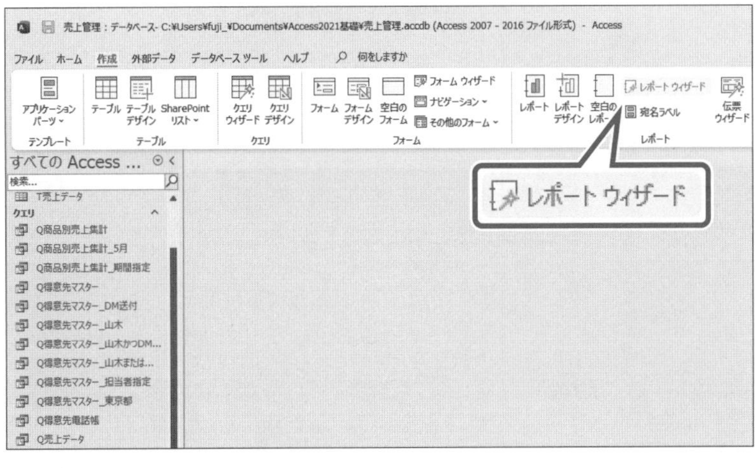

①《**作成**》タブを選択します。
②《**レポート**》グループの レポート ウィザード （レポートウィザード）をクリックします。

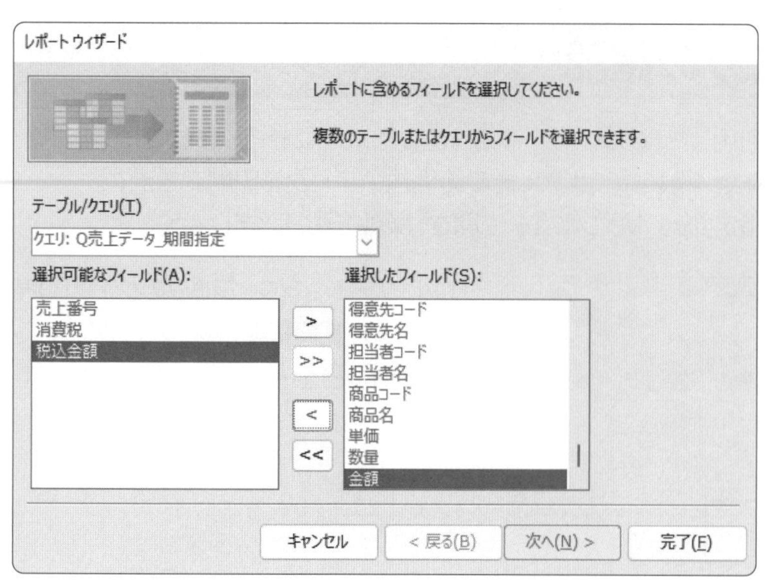

《レポートウィザード》が表示されます。

③**《テーブル/クエリ》**の［∨］をクリックし、一覧から**「クエリ：Q売上データ_期間指定」**を選択します。

「売上番号」と**「消費税」**と**「税込金額」**以外のフィールドを選択します。

④［>>］をクリックします。

⑤**《選択したフィールド》**の一覧から**「売上番号」**を選択します。

⑥［<］をクリックします。

《選択可能なフィールド》に**「売上番号」**が移動します。

⑦同様に、**「消費税」**と**「税込金額」**の選択を解除します。

⑧**《次へ》**をクリックします。

グループレベルを指定する画面が表示されます。

自動的に**「得意先コード」**が指定されているので解除します。

⑨［<］をクリックします。

グループレベルが解除されます。

⑩**《次へ》**をクリックします。

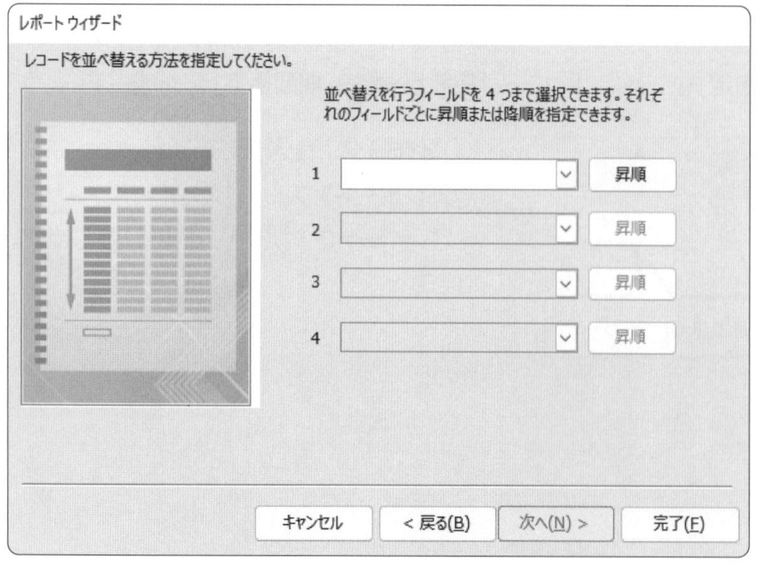

レコードを並べ替える方法を指定する画面が表示されます。

※今回、並べ替えは指定しません。

⑪**《次へ》**をクリックします。

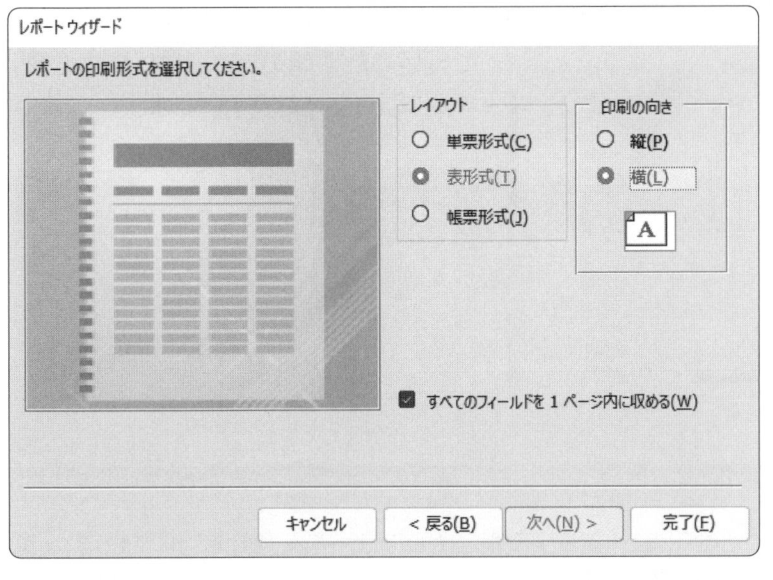

レポートの印刷形式を選択します。

⑫《**レイアウト**》の《**表形式**》を◉にします。

⑬《**印刷の向き**》の《**横**》を◉にします。

⑭《**次へ**》をクリックします。

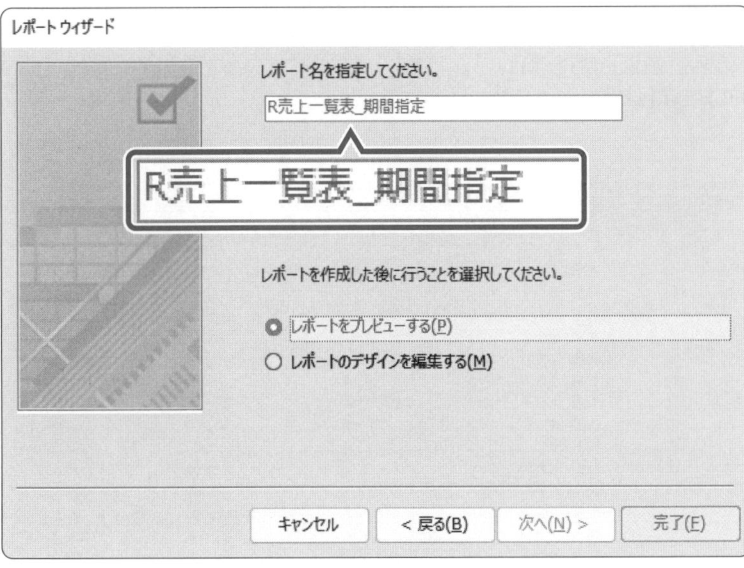

レポート名を入力します。

⑮《**レポート名を指定してください。**》に「**R売上一覧表_期間指定**」と入力します。

⑯《**レポートをプレビューする**》を◉にします。

⑰《**完了**》をクリックします。

《**パラメーターの入力**》ダイアログボックスが表示されます。

⑱「**開始年月日を入力**」に「**2023/05/15**」と入力します。

⑲《**OK**》をクリックします。

《**パラメーターの入力**》ダイアログボックスが表示されます。

⑳「**終了年月日を入力**」に「**2023/05/31**」と入力します。

㉑《**OK**》をクリックします。

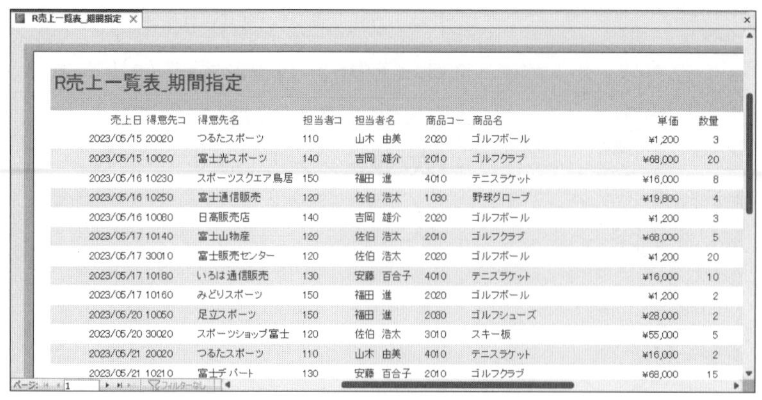

R売上一覧表_期間指定

売上日	得意先コ	得意先名	担当者コ	担当者名	商品コー	商品名	単価	数量
2023/05/15	20020	つるたスポーツ	110	山木 由美	2020	ゴルフボール	¥1,200	3
2023/05/15	10020	富士光スポーツ	140	吉岡 雄介	2010	ゴルフクラブ	¥68,000	20
2023/05/16	10230	スポーツスクエア鳥居	150	福田 進	4010	テニスラケット	¥16,000	8
2023/05/16	10250	富士通信販売	120	佐伯 浩太	1030	野球グローブ	¥19,800	4
2023/05/16	10080	日高販売店	140	吉岡 雄介	2020	ゴルフボール	¥1,200	3
2023/05/17	10140	富士山物産	120	佐伯 浩太	2010	ゴルフクラブ	¥68,000	5
2023/05/17	30010	富士販売センター	120	佐伯 浩太	2020	ゴルフボール	¥1,200	20
2023/05/17	10180	いろは通信販売	130	安藤 百合子	4010	テニスラケット	¥16,000	10
2023/05/17	10160	みどりスポーツ	150	福田 進	2020	ゴルフボール	¥1,200	2
2023/05/20	10050	足立スポーツ	150	福田 進	2030	ゴルフシューズ	¥28,000	2
2023/05/20	30020	スポーツショップ富士	120	佐伯 浩太	3010	スキー板	¥55,000	5
2023/05/21	20020	つるたスポーツ	110	山木 由美	4010	テニスラケット	¥16,000	2
2023/05/21	10210	富士デパート	130	安藤 百合子	2010	ゴルフクラブ	¥68,000	15

《パラメーターの入力》ダイアログボックスで指定した期間のレコードが抽出され、印刷プレビューで表示されます。

ためしてみよう

①レイアウトビューを使って、タイトルを「R売上一覧表_期間指定」から「売上一覧表_期間指定」に変更しましょう。
②フィールド名が配置されている行の背景色を「緑2」に変更しましょう。
③完成図を参考に、コントロールのサイズと配置を調整しましょう。
※印刷プレビューに切り替えて、結果を確認しておきましょう。
※レポートを上書き保存し、閉じておきましょう。

売上一覧表_期間指定

売上日	得意先コード	得意先名	担当者コード	担当者名	商品コード	商品名	単価	数量	金額
2023/05/15	20020	つるたスポーツ	110	山木 由美	2020	ゴルフボール	¥1,200	3	¥3,600
2023/05/15	10020	富士光スポーツ	140	吉岡 雄介	2010	ゴルフクラブ	¥68,000	20	¥1,360,000
2023/05/16	10230	スポーツスクエア鳥居	150	福田 進	4010	テニスラケット	¥16,000	8	¥128,000
2023/05/16	10250	富士通信販売	120	佐伯 浩太	1030	野球グローブ	¥19,800	4	¥79,200
2023/05/16	10080	日高販売店	140	吉岡 雄介	2020	ゴルフボール	¥1,200	3	¥3,600
2023/05/17	10140	富士山物産	120	佐伯 浩太	2010	ゴルフクラブ	¥68,000	5	¥340,000
2023/05/17	30010	富士販売センター	120	佐伯 浩太	2020	ゴルフボール	¥1,200	20	¥24,000
2023/05/17	10180	いろは通信販売	130	安藤 百合子	4010	テニスラケット	¥16,000	10	¥160,000
2023/05/17	10160	みどりスポーツ	150	福田 進	2020	ゴルフボール	¥1,200	2	¥2,400
2023/05/20	10050	足立スポーツ	150	福田 進	2030	ゴルフシューズ	¥28,000	2	¥56,000
2023/05/20	30020	スポーツショップ富士	120	佐伯 浩太	3010	スキー板	¥55,000	5	¥275,000
2023/05/21	20020	つるたスポーツ	110	山木 由美	4010	テニスラケット	¥16,000	2	¥32,000
2023/05/21	10210	富士デパート	130	安藤 百合子	2010	ゴルフクラブ	¥68,000	15	¥1,020,000
2023/05/21	10030	さくらスポーツ	110	山木 由美	1010	バット（木製）	¥18,000	40	¥720,000
2023/05/22	10100	山の手スポーツ用品	120	佐伯 浩太	1030	野球グローブ	¥19,800	30	¥594,000
2023/05/22	10180	いろは通信販売	130	安藤 百合子	2020	ゴルフボール	¥1,200	10	¥12,000
2023/05/22	10150	長治クラブ	150	福田 進	2030	ゴルフシューズ	¥28,000	3	¥84,000

①

①ステータスバーの［レイアウトビュー］（レイアウトビュー）をクリック
②「R売上一覧表_期間指定」ラベルを2回クリックし、「R」を削除

②

①フィールド名が配置されている行の左側をクリック
②《書式》タブを選択
③《フォント》グループの［背景色］（背景色）の［▼］をクリック
④《標準の色》の《緑2》（左から7番目、上から3番目）をクリック

③

①完成図を参考に、コントロールのサイズと配置を調整

第9章

便利な機能

第9章 この章で学ぶこと

学習前に習得すべきポイントを理解しておき、
学習後には確実に習得できたかどうかを振り返りましょう。

- ■ ナビゲーションフォームについて説明できる。 →P.215 ☑☑☑
- ■ ナビゲーションフォームを作成できる。 →P.216 ☑☑☑
- ■ オブジェクトの依存関係を確認できる。 →P.218 ☑☑☑
- ■ PDFファイルについて説明できる。 →P.220 ☑☑☑
- ■ レポートをPDFファイルとして作成できる。 →P.220 ☑☑☑
- ■ テンプレートを利用してデータベースを作成できる。 →P.223 ☑☑☑

STEP 1 ナビゲーションフォームを作成する

1 ナビゲーションフォーム

「ナビゲーションフォーム」とは、フォームやレポートを表示するためのフォームのことです。ナビゲーションといわれる領域に登録したフォーム名やレポート名をクリックするだけで、フォームやレポートが表示されます。フォームやレポートを切り替えながら作業するときに効率的です。

●ナビゲーションフォーム

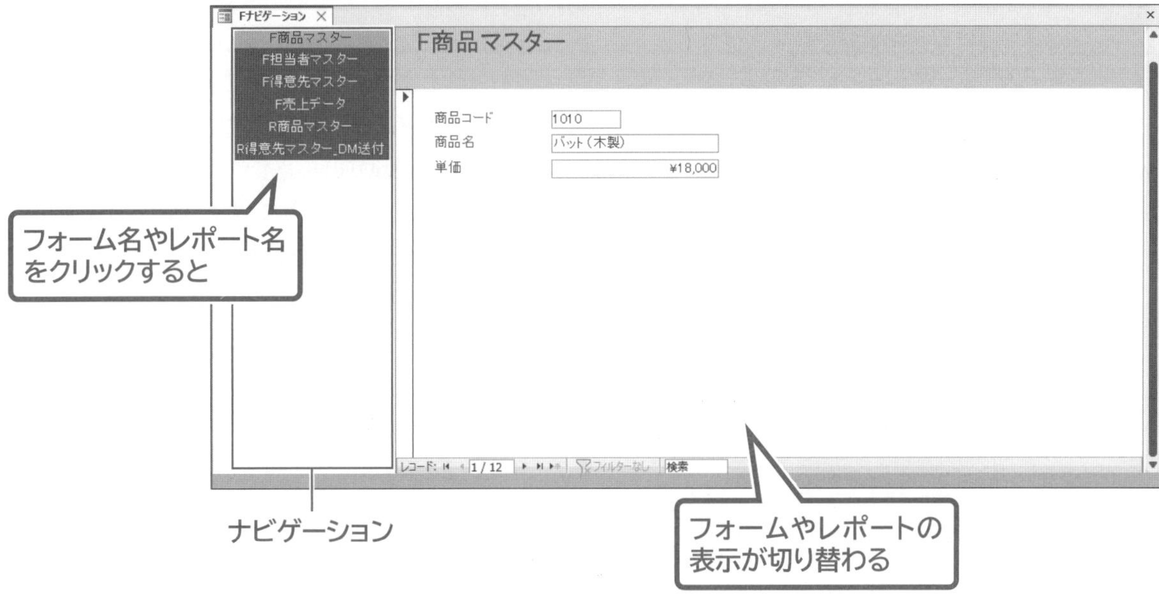

2 作成するナビゲーションフォームの確認

次のようなフォーム**「Fナビゲーション」**を作成しましょう。

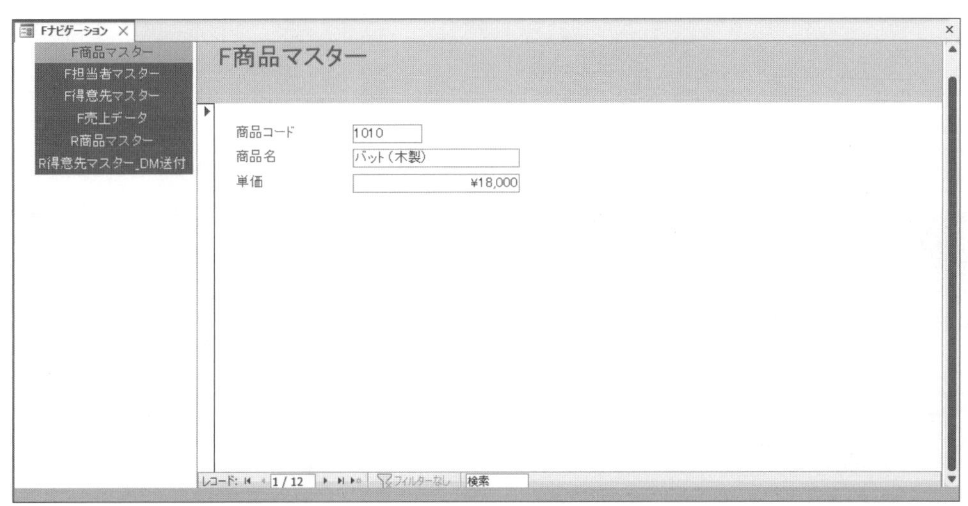

3 ナビゲーションフォームの作成

ナビゲーションを左に配置するフォーム**「Fナビゲーション」**を作成しましょう。

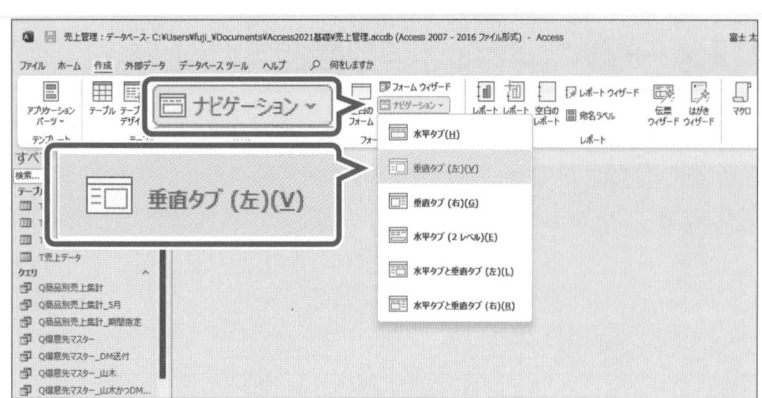

①**《作成》**タブを選択します。

②**《フォーム》**グループの［ナビゲーション］（ナビゲーション）をクリックします。

③**《垂直タブ（左）》**をクリックします。

※《フィールドリスト》が表示される場合は、［×］（閉じる）をクリックして閉じておきましょう。

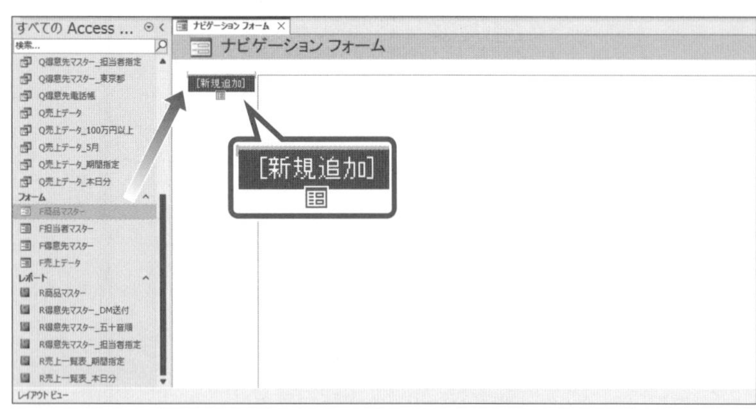

④ナビゲーションウィンドウのフォーム**「F商品マスター」**をナビゲーションフォームの**《新規追加》**にドラッグします。

ドラッグ中、マウスポインターの形が［⊞］に変わり、**《新規追加》**の上部に線が表示されます。

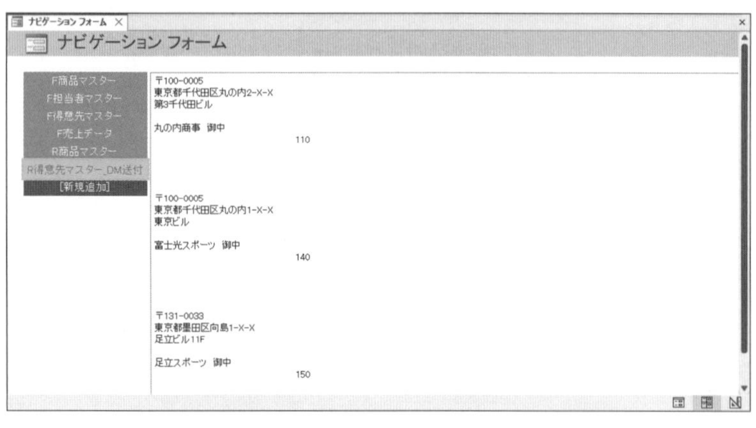

「F商品マスター」がナビゲーションフォームに追加されます。

⑤同様に、次のフォームとレポートを追加します。

オブジェクト	フォーム/レポート
フォーム	F担当者マスター
〃	F得意先マスター
〃	F売上データ
レポート	R商品マスター
〃	R得意先マスター_DM送付

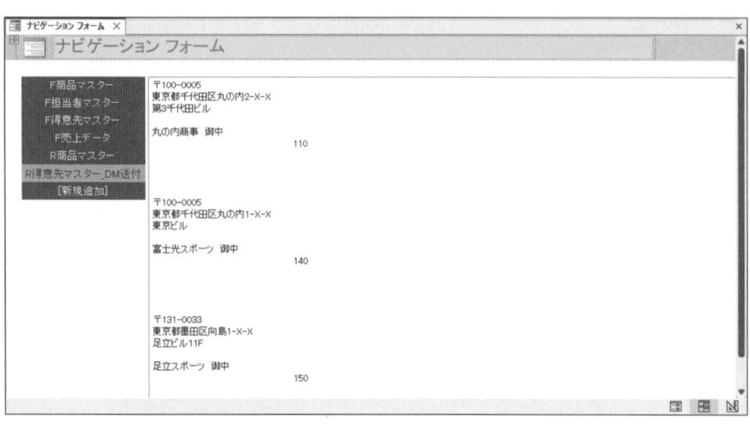

タイトルを削除します。

⑥**「ナビゲーションフォーム」**ラベルを選択します。

⑦ Delete を押します。

「ナビゲーションフォーム」ラベルが削除されます。

⑧同様に、タイトルのアイコンを削除します。

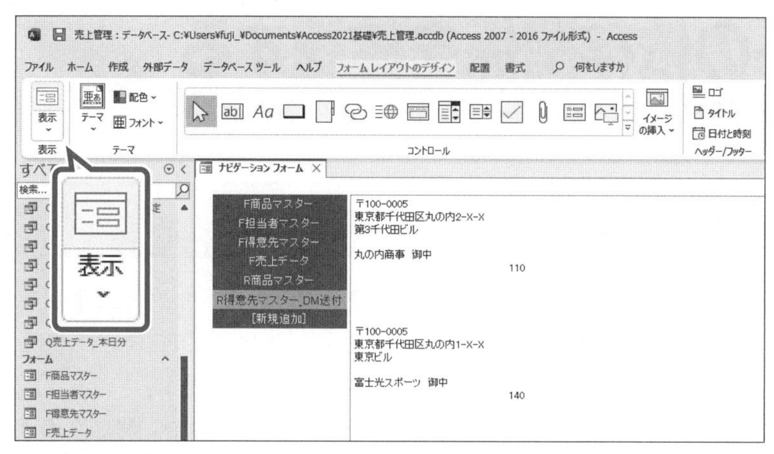

フォームビューで確認します。

⑨《**フォームレイアウトのデザイン**》タブを選択します。

※《ホーム》タブでもかまいません。

⑩《**表示**》グループの ▤ (表示) をクリックします。

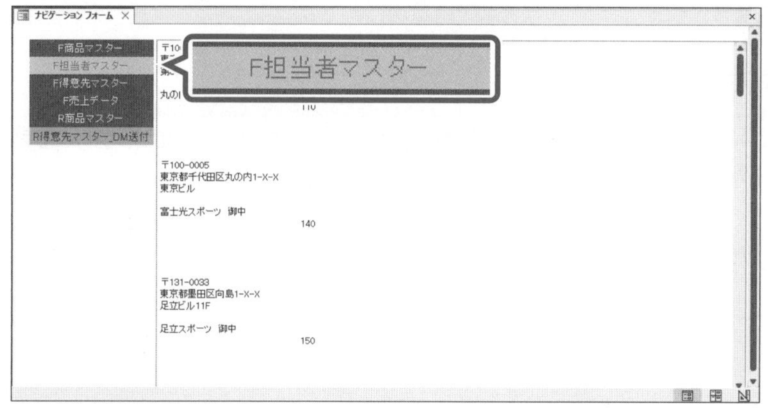

⑪ナビゲーションの「**F担当者マスター**」をクリックします。

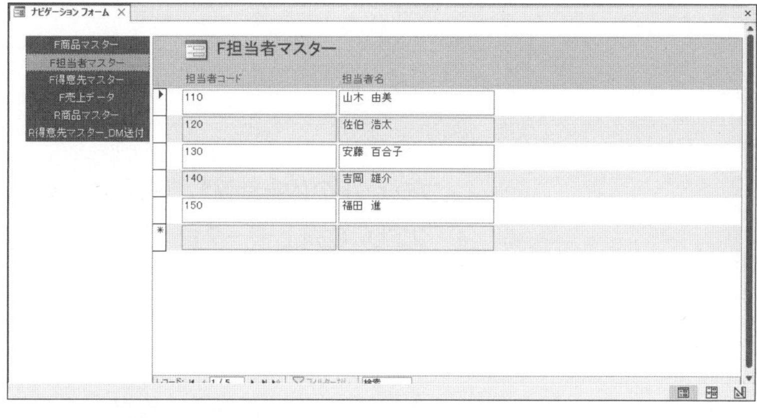

フォーム「**F担当者マスター**」が表示されます。

⑫同様に、ほかのフォームとレポートを表示します。

名前を付けて保存

'ナビゲーション フォーム' の保存先:

Fナビゲーション

貼り付ける形式(A)

フォーム

OK　キャンセル

作成したフォームを保存します。

⑬ F12 を押します。

《**名前を付けて保存**》ダイアログボックスが表示されます。

⑭《**'ナビゲーションフォーム'の保存先**》に「**Fナビゲーション**」と入力します。

⑮《**OK**》をクリックします。

※フォームを閉じておきましょう。

STEP 2 オブジェクトの依存関係を確認する

1 オブジェクトの依存関係

「オブジェクトの依存関係」を使うと、オブジェクト間の関係を参照できます。オブジェクトをもとにしてどんなオブジェクトが作成されているか、または、オブジェクトはどのオブジェクトをもとに作成したかなどを確認できます。
オブジェクトを削除する前にオブジェクトの依存関係を参照するとよいでしょう。削除するオブジェクトが関連しているほかのオブジェクトが確認できるので、誤って必要なオブジェクトを削除してしまうといったミスを防止できます。
オブジェクトの依存関係を確認しましょう。

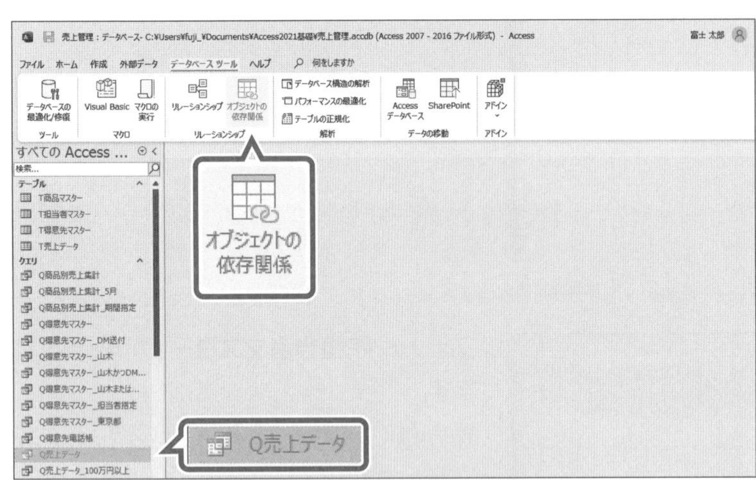

①ナビゲーションウィンドウのクエリ**「Q売上データ」**を選択します。
②**《データベースツール》**タブを選択します。
③**《リレーションシップ》**グループの（オブジェクトの依存関係）をクリックします。

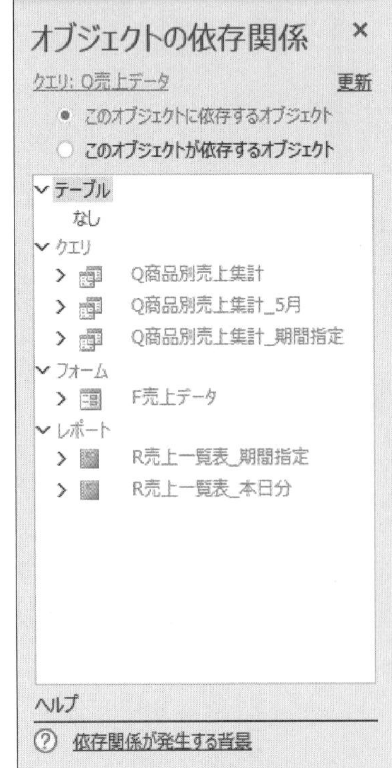

《オブジェクトの依存関係》が表示されます。
④**「クエリ：Q売上データ」**と表示されていることを確認します。
⑤**《このオブジェクトに依存するオブジェクト》**を◉にします。
⑥**《クエリ》**に**「Q商品別売上集計」「Q商品別売上集計_5月」「Q商品別売上集計_期間指定」**が表示されていることを確認します。
※クエリ名が見えない場合は、《オブジェクトの依存関係》の左側の境界線を左方向にドラッグします。
※選択したクエリ「Q売上データ」をもとに、これらのクエリが作成されているという意味です。
⑦**《フォーム》**に**「F売上データ」**が表示されていることを確認します。
※選択したクエリ「Q売上データ」をもとに、このフォームが作成されているという意味です。
⑧**《レポート》**に**「R売上一覧表_期間指定」「R売上一覧表_本日分」**が表示されていることを確認します。
※これらのレポートは、選択したクエリ「Q売上データ」を編集して作成したクエリをもとに作成されているため、一覧に表示されています。

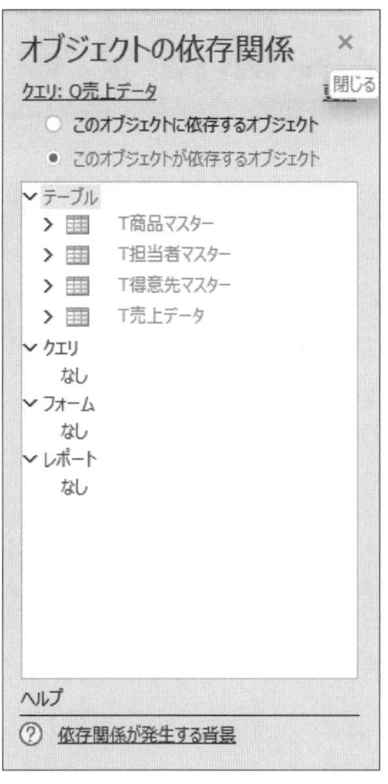

⑨**《このオブジェクトが依存するオブジェクト》**を◉にします。

⑩**《テーブル》**に**「T商品マスター」「T担当者マスター」「T得意先マスター」「T売上データ」**が表示されていることを確認します。

※選択したクエリ「Q売上データ」が、これらのテーブルをもとに作成されているという意味です。

《オブジェクトの依存関係》を閉じます。

⑪ × (閉じる)をクリックします。

STEP UP オブジェクトの依存関係

《オブジェクトの依存関係》でオブジェクト名の先頭の > をクリックすると、さらに深い階層の依存関係や、リレーションシップを作成したテーブルなどを参照できます。

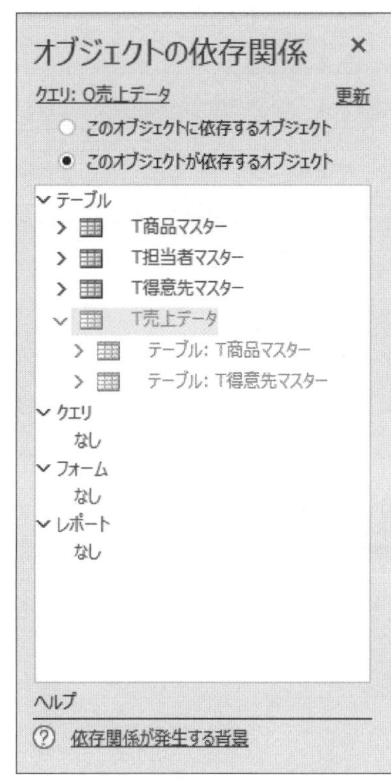

STEP 3 PDFファイルとして保存する

1 PDFファイル

「PDFファイル」とは、パソコンの機種や環境にかかわらず、もとのアプリで作成したとおりに正確に表示できるファイル形式です。作成したアプリがなくても表示用のアプリがあればファイルを表示できるので、閲覧用によく利用されています。
Accessでは、作成したオブジェクトをPDFファイルとして保存できます。

2 PDFファイルの作成

レポート**「R得意先マスター_五十音順」**をPDFファイルとして保存しましょう。

1 もとになるオブジェクトの確認

もとになるオブジェクトを確認しましょう。
※レポート「R得意先マスター_五十音順」を印刷プレビューで開き、確認しておきましょう。
※レポートを閉じておきましょう。

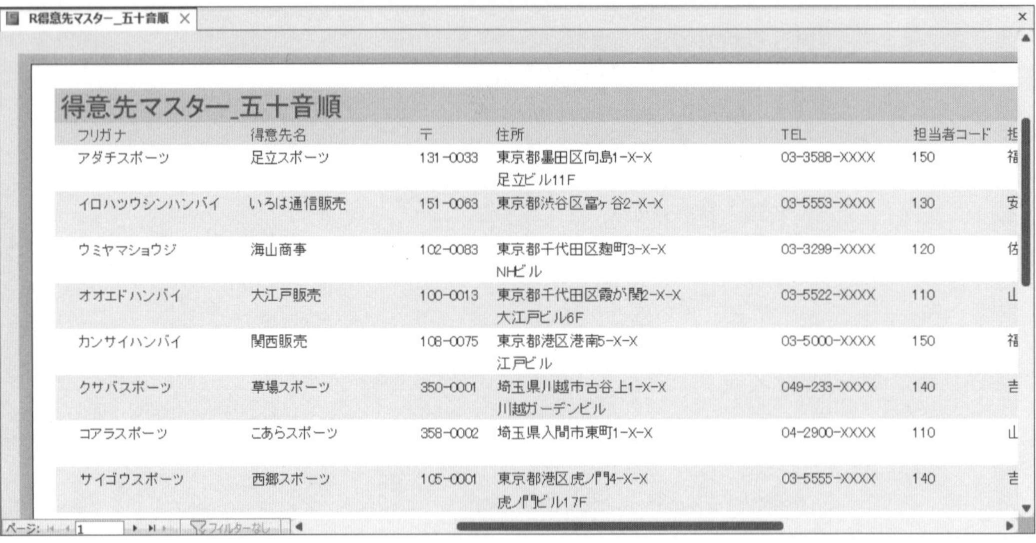

得意先マスター_五十音順

フリガナ	得意先名	〒	住所	TEL	担当者コード	担
アダチスポーツ	足立スポーツ	131-0033	東京都墨田区向島1-X-X 足立ビル11F	03-3588-XXXX	150	福
イロハツウシンハンバイ	いろは通信販売	151-0063	東京都渋谷区富ヶ谷2-X-X	03-5553-XXXX	130	安
ウミヤマショウジ	海山商事	102-0083	東京都千代田区麹町3-X-X NHビル	03-3299-XXXX	120	佐
オオエドハンバイ	大江戸販売	100-0013	東京都千代田区霞が関2-X-X 大江戸ビル6F	03-5522-XXXX	110	山
カンサイハンバイ	関西販売	108-0075	東京都港区港南5-X-X 江戸ビル	03-5000-XXXX	150	福
クサバスポーツ	草場スポーツ	350-0001	埼玉県川越市古谷上1-X-X 川越ガーデンビル	049-233-XXXX	140	吉
コアラスポーツ	こあらスポーツ	358-0002	埼玉県入間市東町1-X-X	04-2900-XXXX	110	山
サイゴウスポーツ	西郷スポーツ	105-0001	東京都港区虎ノ門4-X-X 虎ノ門ビル17F	03-5555-XXXX	140	吉

2 PDFファイルの作成

レポート**「R得意先マスター_五十音順」**をPDFファイル**「R得意先マスター_五十音順.pdf」**としてフォルダー**「Access2021基礎」**に保存しましょう。

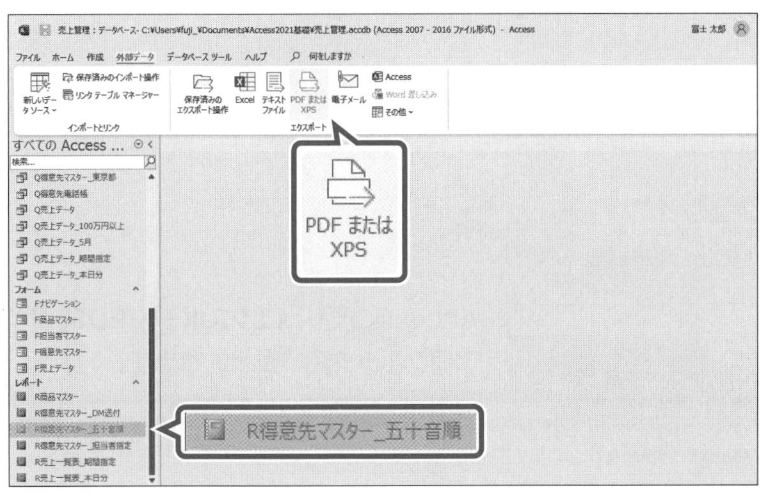

①ナビゲーションウィンドウのレポート**「R得意先マスター_五十音順」**を選択します。

②**《外部データ》**タブを選択します。

③**《エクスポート》**グループの（PDFまたはXPS）をクリックします。

《PDFまたはXPS形式で発行》ダイアログボックスが表示されます。

PDFファイルを保存する場所を指定します。

④**《ドキュメント》**を選択します。

⑤一覧から**「Access2021基礎」**を選択します。

⑥**《開く》**をクリックします。

⑦**《ファイル名》**が**「R得意先マスター_五十音順.pdf」**になっていることを確認します。

⑧**《ファイルの種類》**が**《PDF》**になっていることを確認します。

⑨**《発行後にファイルを開く》**を☑にします。

⑩**《発行》**をクリックします。

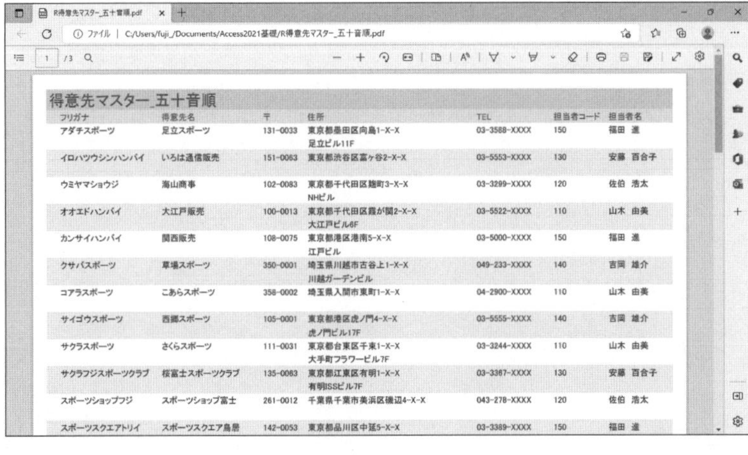

PDFファイルを表示するアプリが起動し、PDFファイルが開かれます。

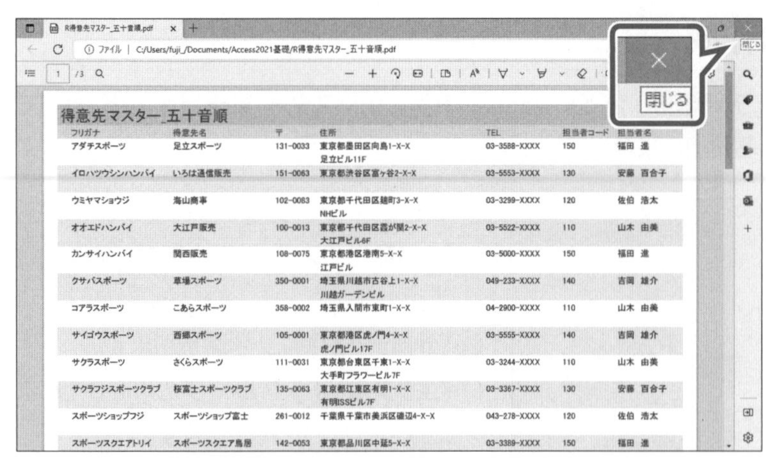

PDFファイルを閉じます。

⑪ × (閉じる)をクリックします。

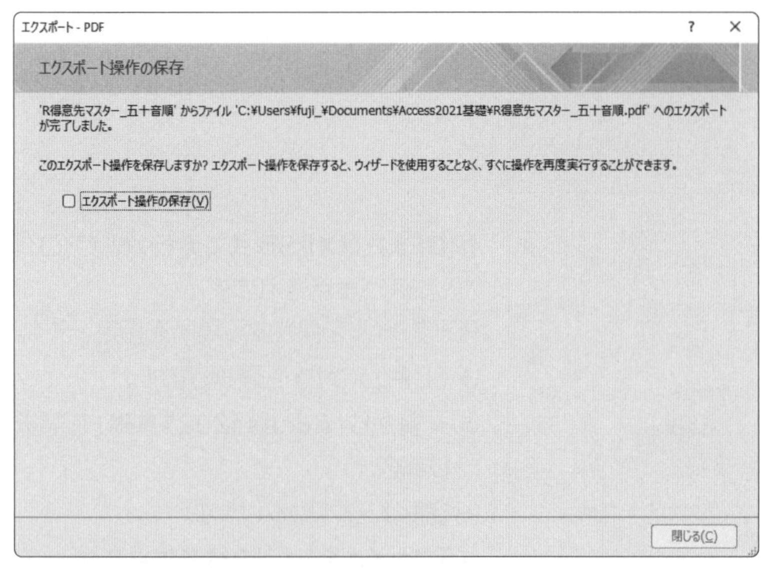

Accessに戻り、**《エクスポート-PDF》**ダイアログボックスが表示されます。

⑫**《閉じる》**をクリックします。

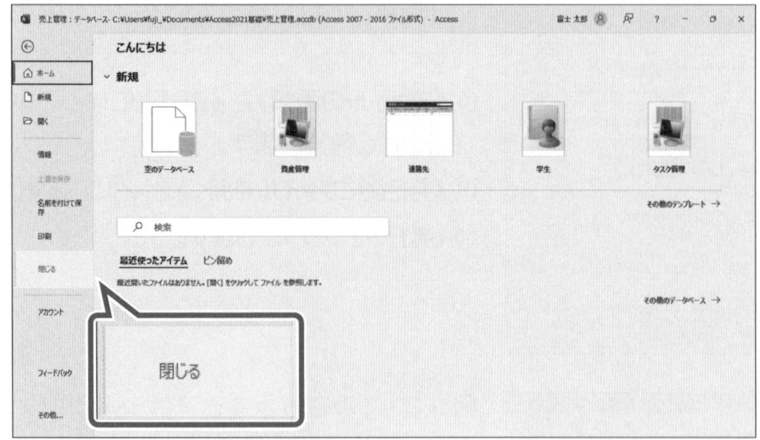

データベースを閉じます。

⑬**《ファイル》**タブを選択します。

⑭**《閉じる》**をクリックします。

STEP 4 テンプレートを利用する

1 テンプレートの利用

「テンプレート」とは、必要なテーブル、クエリ、フォーム、レポートなどがすでに用意されているデータベースのひな形のことです。
インターネット上には、資産管理や連絡先など、データベースの内容に合わせて様々なテンプレートが用意されているので、テンプレートを利用すると効率よくデータベースを作成できます。
※インターネットに接続できる環境が必要です。

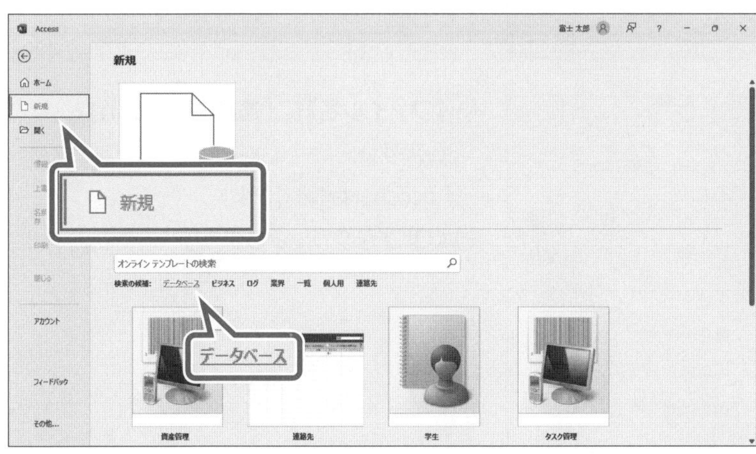

①**《ファイル》**タブを選択します。
②**《新規》**をクリックします。
③**《検索の候補》**の**《データベース》**をクリックします。

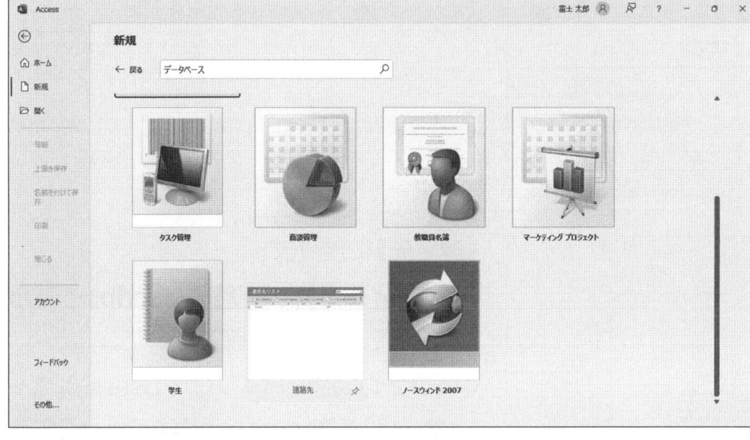

④**《連絡先》**をクリックします。
※一覧に表示されていない場合は、スクロールして調整します。

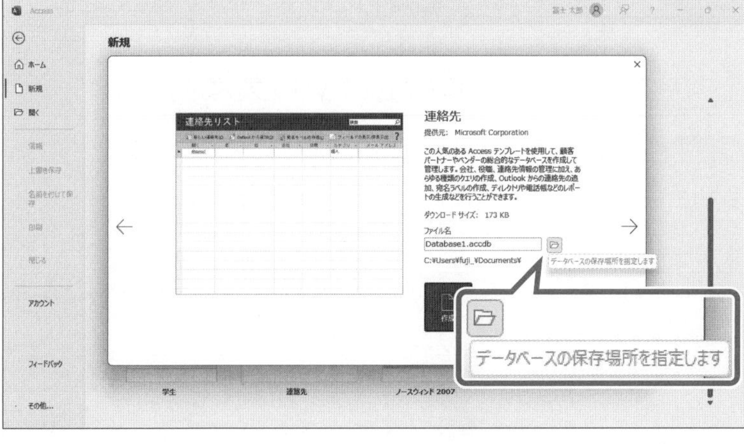

《連絡先》が表示されます。
⑤**《ファイル名》**の（データベースの保存場所を指定します）をクリックします。

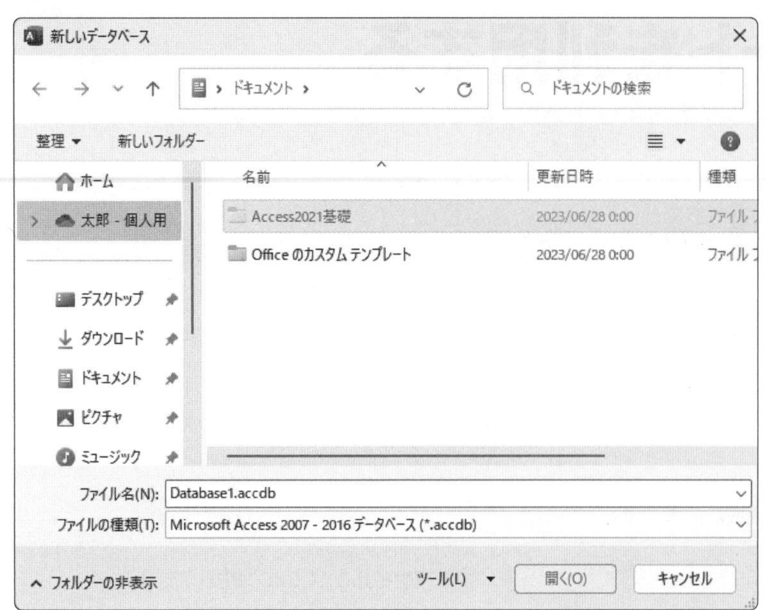

《新しいデータベース》ダイアログボックスが表示されます。

⑥《ドキュメント》を選択します。

⑦一覧から**「Access2021基礎」**を選択します。

⑧《開く》をクリックします。

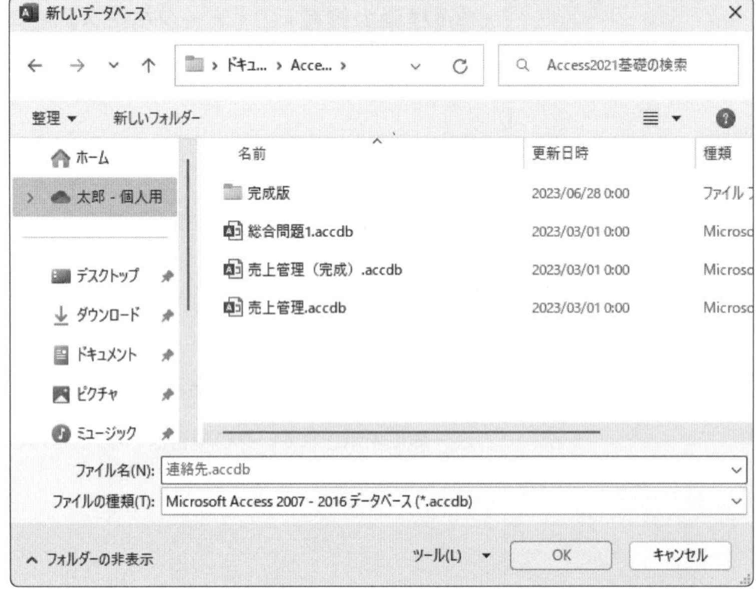

⑨《ファイル名》に**「連絡先.accdb」**と入力します。

※「.accdb」は省略できます。

⑩《OK》をクリックします。

《連絡先》に戻ります。

⑪《ファイル名》に**「連絡先.accdb」**と表示されていることを確認します。

⑫《ファイル名》の下に**「C:¥Users¥(ユーザー名)¥Documents¥Access2021基礎¥」**と表示されていることを確認します。

⑬《作成》をクリックします。

《**連絡先**》テンプレートをもとに、必要なテーブル、クエリ、フォーム、レポートなどが自動的に作成されたデータベース「**連絡先.accdb**」が表示されます。

フォームの内容を確認します。

※《セキュリティの警告》メッセージバーの《コンテンツの有効化》をクリックしておきましょう。

※《ようこそ》が表示された場合は、 ✕ （閉じる）をクリックして閉じておきましょう。

⑭《**新しい連絡先**》をポイントします。

マウスポインターの形が👆に変わります。

⑮クリックします。

新しい連絡先(N)

⑯フォーム「**連絡先の詳細**」が表示されます。

フォーム「**連絡先の詳細**」を閉じます。

⑰《**閉じる**》をポイントします。

マウスポインターの形が👆に変わります。

⑱クリックします。

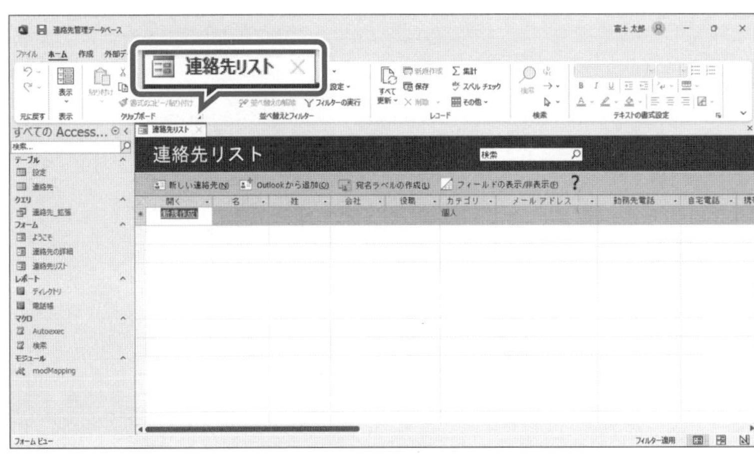

フォームを閉じます。

⑲オブジェクトウィンドウのタブの ✕ をクリックします。

データベースを閉じます。

⑳《**ファイル**》タブを選択します。

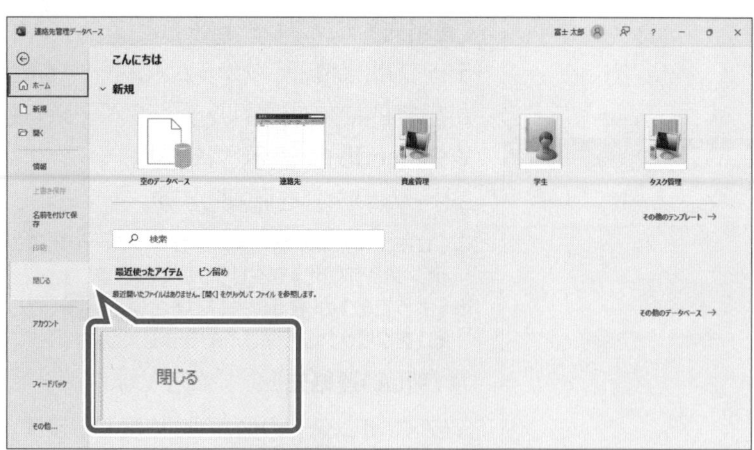

㉑《**閉じる**》をクリックします。

STEP UP テンプレートの検索

キーワードを入力してテンプレートを検索することができます。
テンプレートを検索する方法は、次のとおりです。

◆《ファイル》タブ→《新規》→《オンラインテンプレートの検索》にキーワードを入力→ （検索の開始）

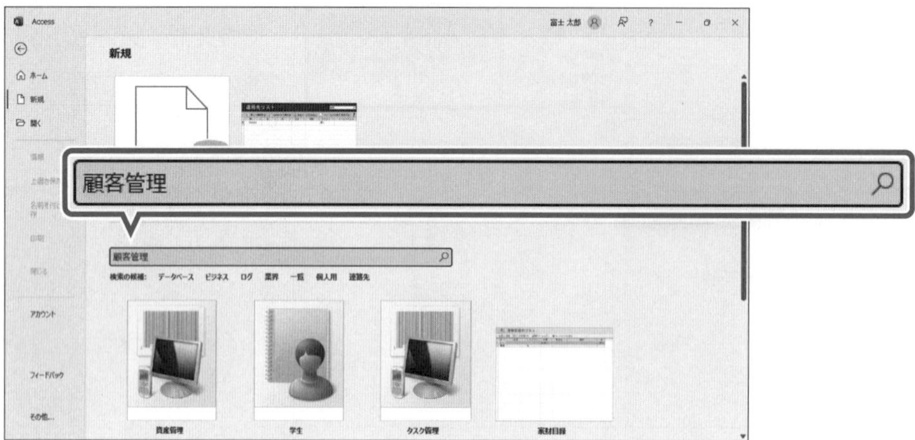

総合問題

Exercise

総合問題1　経費管理データベースの作成

標準解答 ▶ P.1

あなたは、経費の使用状況を管理するデータベースを作成することになりました。
次のようなデータベースを作成しましょう。

※標準解答は、FOM出版のホームページで提供しています。P.4「5 学習ファイルと標準解答のご提供について」を参照してください。

●目的

ある企業を例に、次のデータを管理します。

- ●経費使用状況に関するデータ（入力日、部署コード、項目コード、金額、備考など）
- ●費用項目に関するデータ（項目コード、項目名、費用コード）
- ●費用分類に関するデータ（費用コード、費用名）
- ●部署に関するデータ（部署コード、部署名）

●テーブルの設計

次の4つのテーブルに分類して、データを格納します。

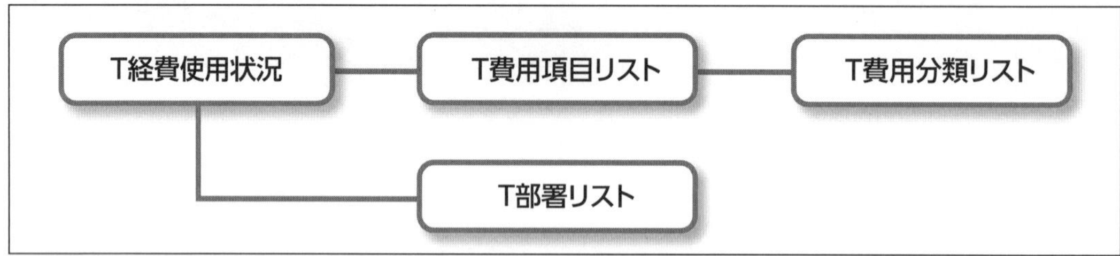

» データベース「総合問題1.accdb」を開いておきましょう。

※《セキュリティの警告》メッセージバーが表示された場合は、《コンテンツの有効化》をクリックしておきましょう。

1　テーブルの作成

●T経費使用状況

経費の使用状況に関するテーブルを作成し、Excelのデータをインポートします。

T経費使用状況

番号	入力日	部署コード	項目コード	金額	備考	処理済
1	2023/04/03	100	K01	¥13,500		☑
2	2023/04/03	200	K01	¥6,900		☑
3	2023/04/04	100	K17	¥6,300		☑
4	2023/04/04	200	K03	¥80,000		☑
5	2023/04/04	400	K16	¥30,000	海山商事様　事務所開所祝い（花輪）	☑
6	2023/04/04	500	K01	¥3,400		☑
7	2023/04/04	500	K08	¥5,000		☑
8	2023/04/05	100	K04	¥8,800		☑
9	2023/04/05	200	K14	¥16,000		☑
10	2023/04/05	400	K09	¥372,000		☑
11	2023/04/05	600	K01	¥3,600		☑
12	2023/04/06	200	K07	¥3,300		☑
13	2023/04/06	200	K04	¥8,800		☑
14	2023/04/06	400	K10	¥380,000		☑
15	2023/04/07	300	K01	¥2,800		☑
16	2023/04/07	700	K15	¥24,000		☑
17	2023/04/10	400	K01	¥700		☑
18	2023/04/10	500	K01	¥700		☑
19	2023/04/10	500	K01	¥500		☑
20	2023/04/11	600	K02	¥24,600	人員増加のため、デスク・椅子購入	☑
21	2023/04/12	600	K02	¥16,800	人員増加のため、ロッカー購入	☑
22	2023/04/13	200	K01	¥6,800		☑
23	2023/04/13	300	K03	¥40,000		☑
24	2023/04/13	400	K10	¥490,000		☑
25	2023/04/13	700	K07	¥1,800		☑
26	2023/04/14	100	K14	¥8,000		☑
27	2023/04/14	300	K17	¥6,800		☑

レコード: 1 / 192　フィルターなし　検索

① テーブルを作成しましょう。デザインビューで、次のようにフィールドを設定します。

主キー	フィールド名	データ型	フィールドサイズ
○	番号	オートナンバー型	
	入力日	日付/時刻型	
	部署コード	短いテキスト	3
	項目コード	短いテキスト	3
	金額	通貨型	
	備考	長いテキスト	
	処理済	Yes/No型	

② 作成したテーブルに**「T経費使用状況」**と名前を付けて保存しましょう。

※テーブルを閉じておきましょう。

③ Excelファイル**「支出状況.xlsx」**のデータを、テーブル**「T経費使用状況」**にインポートしましょう。

※テーブル「T経費使用状況」をデータシートビューで開いて、結果を確認しておきましょう。次に、各フィールドの列幅を調整し、上書き保存しておきましょう。
※テーブルを閉じておきましょう。

●リレーションシップウィンドウ

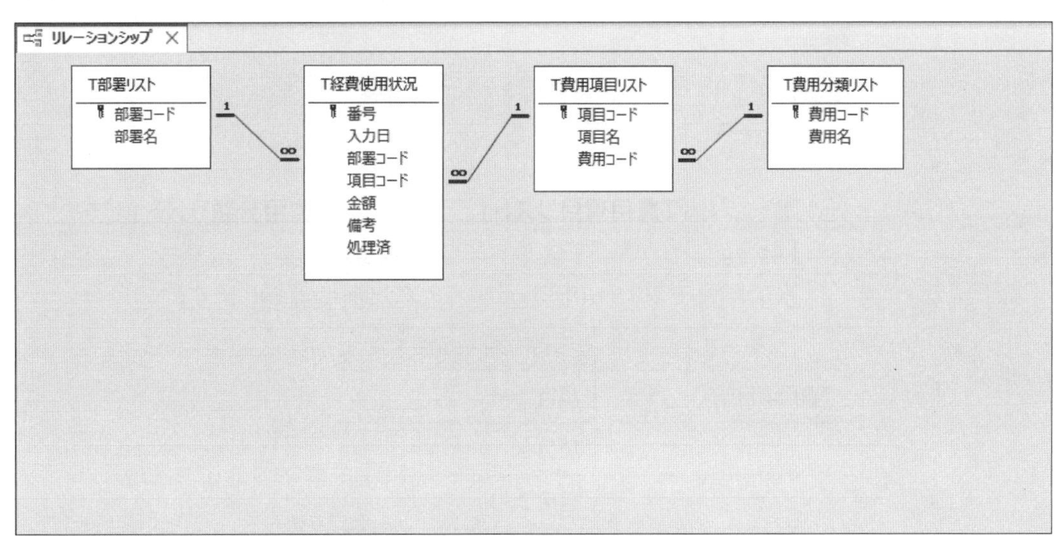

④ 次のようにリレーションシップを作成しましょう。

主テーブル	関連テーブル	共通フィールド	参照整合性
T部署リスト	T経費使用状況	部署コード	あり
T費用項目リスト	T経費使用状況	項目コード	あり
T費用分類リスト	T費用項目リスト	費用コード	あり

※リレーションシップウィンドウのレイアウトを上書き保存し、閉じておきましょう。

2 クエリの作成

●Q費用項目リスト

テーブルを結合し、費用と項目のリストを作成します。

Q費用項目リスト

項目コード	項目名	費用コード	費用名
K01	事務用品	H0001	消耗品費
K02	什器	H0001	消耗品費
K03	パソコン	H0001	消耗品費
K04	ソフトウェア	H0001	消耗品費
K05	定期購読料(新聞)	H0002	図書費
K06	定期購読料(雑誌)	H0002	図書費
K07	書籍	H0002	図書費
K08	電子書籍	H0002	図書費
K09	新聞広告	H0003	広告宣伝費
K10	オンライン広告	H0003	広告宣伝費
K11	印刷	H0003	広告宣伝費
K12	電話	H0004	通信費
K13	インターネット料金	H0004	通信費
K14	郵便	H0004	通信費
K15	接待	H0005	交際費
K16	進物	H0005	交際費
K17	コピー	H0006	雑費

レコード: 1 / 17 フィルターなし 検索

⑤ テーブル**「T費用項目リスト」**とテーブル**「T費用分類リスト」**をもとに、クエリを作成しましょう。
次の順番でフィールドをデザイングリッドに登録します。

テーブル	フィールド
T費用項目リスト	項目コード
〃	項目名
〃	費用コード
T費用分類リスト	費用名

※クエリを実行して、結果を確認しておきましょう。

⑥ 作成したクエリに**「Q費用項目リスト」**と名前を付けて保存しましょう。

※クエリを閉じておきましょう。

●Q経費使用状況

テーブルを結合し、経費の使用状況に関するクエリを作成します。

Q経費使用状況

番号	入力日	部署コード	部署名	項目コード	項目名	費用コード	費用名	金額	備考	処理済
1	2023/04/03	100	人事部	K01	事務用品	H0001	消耗品費	¥13,500		☑
2	2023/04/03	200	経理部	K01	事務用品	H0001	消耗品費	¥6,900		☑
3	2023/04/04	100	人事部	K17	コピー	H0006	雑費	¥6,300		☑
4	2023/04/04	200	経理部	K03	パソコン	H0001	消耗品費	¥80,000		☑
5	2023/04/04	400	企画部	K16	進物	H0005	交際費	¥30,000	海山商事様　事務所開所祝い（花輪）	☑
6	2023/04/04	500	情報システム部	K01	事務用品	H0001	消耗品費	¥3,400		☑
7	2023/04/04	500	情報システム部	K08	電子書籍	H0002	図書費	¥5,000		☑
8	2023/04/05	100	人事部	K04	ソフトウェア	H0001	消耗品費	¥8,800		☑
9	2023/04/05	200	経理部	K14	郵便	H0004	通信費	¥16,000		☑
10	2023/04/05	400	企画部	K09	新聞広告	H0003	広告宣伝費	¥372,000		☑
11	2023/04/05	600	第1営業部	K01	事務用品	H0001	消耗品費	¥3,600		☑
12	2023/04/06	200	経理部	K07	書籍	H0002	図書費	¥3,300		☑
13	2023/04/06	200	経理部	K04	ソフトウェア	H0001	消耗品費	¥8,800		☑
14	2023/04/06	400	企画部	K10	オンライン広告	H0003	広告宣伝費	¥380,000		☑
15	2023/04/07	300	総務部	K01	事務用品	H0001	消耗品費	¥2,800		☑
16	2023/04/07	700	第2営業部	K15	接待	H0005	交際費	¥24,000		☑
17	2023/04/10	400	企画部	K01	事務用品	H0001	消耗品費	¥700		☑
18	2023/04/10	500	情報システム部	K01	事務用品	H0001	消耗品費	¥700		☑
19	2023/04/10	500	情報システム部	K01	事務用品	H0001	消耗品費	¥500		☑
20	2023/04/11	600	第1営業部	K02	什器	H0001	消耗品費	¥24,600	人員増加のため、デスク・椅子購入	☑
21	2023/04/12	600	第1営業部	K02	什器	H0001	消耗品費	¥16,800	人員増加のため、ロッカー購入	☑
22	2023/04/13	200	経理部	K01	事務用品	H0001	消耗品費	¥6,800		☑
23	2023/04/13	300	総務部	K03	パソコン	H0001	消耗品費	¥40,000		☑
24	2023/04/13	400	企画部	K10	オンライン広告	H0003	広告宣伝費	¥490,000		☑
25	2023/04/13	700	第2営業部	K07	書籍	H0002	図書費	¥1,800		☑
26	2023/04/14	100	人事部	K14	郵便	H0004	通信費	¥8,000		☑
27	2023/04/14	300	総務部	K17	コピー	H0006	雑費	¥6,800		☑

レコード: 1 / 192　フィルターなし　検索

⑦ **「T経費使用状況」「T費用項目リスト」「T費用分類リスト」「T部署リスト」**の4つのテーブルをもとに、クエリを作成しましょう。次の順番でフィールドをデザイングリッドに登録します。

テーブル	フィールド
T経費使用状況	番号
〃	入力日
〃	部署コード
T部署リスト	部署名
T経費使用状況	項目コード
T費用項目リスト	項目名
〃	費用コード
T費用分類リスト	費用名
T経費使用状況	金額
〃	備考
〃	処理済

⑧ **「番号」**フィールドを基準に昇順で並び替わるように設定しましょう。

※クエリを実行して、結果を確認しておきましょう。

⑨ 作成したクエリに**「Q経費使用状況」**と名前を付けて保存しましょう。

※クエリを閉じておきましょう。

●Q経費使用状況_未処理分

クエリ「**Q経費使用状況**」から、未処理のレコードを抽出するクエリを作成します。

Q経費使用状況_未処理分

番号	入力日	部署コード	部署名	項目コード	項目名	費用コード	費用名	金額	備考	処理済
98	2023/05/16	300	総務部	K01	事務用品	H0001	消耗品費	¥2,300		☐
99	2023/05/16	400	企画部	K15	接待	H0005	交際費	¥36,100		☐
101	2023/05/17	100	人事部	K04	ソフトウェア	H0001	消耗品費	¥15,500		☐
104	2023/05/18	400	企画部	K02	什器	H0001	消耗品費	¥24,600	人員増加のため、デスク・椅子購入	☐
106	2023/05/19	500	情報システム部	K07	書籍	H0002	図書費	¥2,000		☐
114	2023/05/24	600	第1営業部	K16	進物	H0005	交際費	¥20,000	富士光スポーツ様　事務所移転祝い（鉢植え）	☐
136	2023/05/31	200	経理部	K01	事務用品	H0001	消耗品費	¥2,900		☐
137	2023/06/01	400	企画部	K10	オンライン広告	H0003	広告宣伝費	¥320,000		☐
138	2023/06/01	700	第2営業部	K07	書籍	H0002	図書費	¥3,600		☐
144	2023/06/07	500	情報システム部	K04	ソフトウェア	H0001	消耗品費	¥56,000		☐
148	2023/06/09	600	第1営業部	K08	電子書籍	H0002	図書費	¥3,000		☐
150	2023/06/09	700	第2営業部	K03	パソコン	H0001	消耗品費	¥110,000		☐
151	2023/06/09	700	第2営業部	K17	コピー	H0006	雑費	¥8,300		☐
161	2023/06/15	600	第1営業部	K14	郵便	H0004	通信費	¥8,000		☐
162	2023/06/15	700	第2営業部	K02	什器	H0001	消耗品費	¥18,000	ロッカー入替	☐
164	2023/06/16	600	第1営業部	K15	接待	H0005	交際費	¥39,400		☐
165	2023/06/16	600	第1営業部	K07	書籍	H0002	図書費	¥4,300		☐
167	2023/06/19	700	第2営業部	K15	接待	H0005	交際費	¥25,300		☐
171	2023/06/27	100	人事部	K12	電話	H0004	通信費	¥22,800		☐
172	2023/06/27	200	経理部	K12	電話	H0004	通信費	¥26,500		☐
174	2023/06/27	300	総務部	K12	電話	H0004	通信費	¥11,400		☐
175	2023/06/27	400	企画部	K06	定期購読料（雑誌）	H0002	図書費	¥400		☐
177	2023/06/27	400	企画部	K12	電話	H0004	通信費	¥51,400		☐
178	2023/06/27	500	情報システム部	K06	定期購読料（雑誌）	H0002	図書費	¥800		☐
179	2023/06/27	500	情報システム部	K12	電話	H0004	通信費	¥34,400		☐
180	2023/06/27	600	第1営業部	K12	電話	H0004	通信費	¥71,400		☐
181	2023/06/27	700	第2営業部	K12	電話	H0004	通信費	¥86,900		☐

レコード: 1 / 37　フィルターなし　検索

⑩ クエリ「**Q経費使用状況**」をデザインビューで開いて編集しましょう。未処理のレコードを抽出するように設定します。

※クエリを実行して、結果を確認しておきましょう。

⑪ 編集したクエリに「**Q経費使用状況_未処理分**」と名前を付けて保存しましょう。

※クエリを閉じておきましょう。

●Q経費使用状況_税込金額

クエリ「**Q経費使用状況**」に、税込金額のフィールドを追加したクエリを作成します。

Q経費使用状況_税込金額

番号	入力日	部署コード	部署名	項目コード	項目名	費用コード	費用名	金額	税込金額	備考	処理済
1	2023/04/03	100	人事部	K01	事務用品	H0001	消耗品費	¥13,500	14850		☑
2	2023/04/03	200	経理部	K01	事務用品	H0001	消耗品費	¥6,900	7590		☑
3	2023/04/04	100	人事部	K17	コピー	H0006	雑費	¥6,300	6930		☑
4	2023/04/04	200	経理部	K03	パソコン	H0001	消耗品費	¥80,000	88000		☑
5	2023/04/04	400	企画部	K16	進物	H0005	交際費	¥30,000	33000	海山商事様　事務所開所祝い（花輪）	☑
6	2023/04/04	500	情報システム部	K01	事務用品	H0001	消耗品費	¥3,400	3740		☑
7	2023/04/04	500	情報システム部	K08	電子書籍	H0002	図書費	¥5,000	5500		☑
8	2023/04/05	100	人事部	K04	ソフトウェア	H0001	消耗品費	¥8,800	9680		☑
9	2023/04/05	200	経理部	K14	郵便	H0004	通信費	¥16,000	17600		☑
10	2023/04/05	400	企画部	K09	新聞広告	H0003	広告宣伝費	¥372,000	409200		☑
11	2023/04/05	600	第1営業部	K01	事務用品	H0001	消耗品費	¥3,600	3960		☑
12	2023/04/06	200	経理部	K07	書籍	H0002	図書費	¥3,300	3630		☑
13	2023/04/06	200	経理部	K04	ソフトウェア	H0001	消耗品費	¥8,800	9680		☑
14	2023/04/06	400	企画部	K10	オンライン広告	H0003	広告宣伝費	¥380,000	418000		☑
15	2023/04/07	300	総務部	K01	事務用品	H0001	消耗品費	¥2,800	3080		☑
16	2023/04/07	700	第2営業部	K15	接待	H0005	交際費	¥24,000	26400		☑
17	2023/04/10	400	企画部	K01	事務用品	H0001	消耗品費	¥700	770		☑
18	2023/04/10	500	情報システム部	K01	事務用品	H0001	消耗品費	¥700	770		☑
19	2023/04/10	500	情報システム部	K01	事務用品	H0001	消耗品費	¥500	550		☑
20	2023/04/11	600	第1営業部	K02	什器	H0001	消耗品費	¥24,600	27060	人員増加のため、デスク・椅子購入	☑
21	2023/04/12	600	第1営業部	K02	什器	H0001	消耗品費	¥16,800	18480	人員増加のため、ロッカー購入	☑
22	2023/04/13	200	経理部	K01	事務用品	H0001	消耗品費	¥6,800	7480		☑
23	2023/04/13	300	総務部	K03	パソコン	H0001	消耗品費	¥40,000	44000		☑
24	2023/04/13	400	企画部	K10	オンライン広告	H0003	広告宣伝費	¥490,000	539000		☑
25	2023/04/13	700	第2営業部	K07	書籍	H0002	図書費	¥1,800	1980		☑
26	2023/04/14	100	人事部	K14	郵便	H0004	通信費	¥8,000	8800		☑
27	2023/04/14	300	総務部	K17	コピー	H0006	雑費	¥6,800	7480		☑

レコード: 1 / 192　フィルターなし　検索

⑫ クエリ**「Q経費使用状況」**をデザインビューで開いて編集しましょう。**「金額」**フィールドの右に**「税込金額」**フィールドを作成し、**「金額×1.1」**を表示します。

HINT デザイングリッドにフィールドを挿入するには、《クエリデザイン》タブ→《クエリ設定》グループの 列の挿入 (列の挿入)を使います。

※クエリを実行して、結果を確認しておきましょう。

⑬ 編集したクエリに**「Q経費使用状況_税込金額」**と名前を付けて保存しましょう。

※クエリを閉じておきましょう。

●Q経費使用状況_部署指定

部署コードを入力すると、クエリ**「Q経費使用状況」**から該当するレコードを抽出するクエリを作成します。

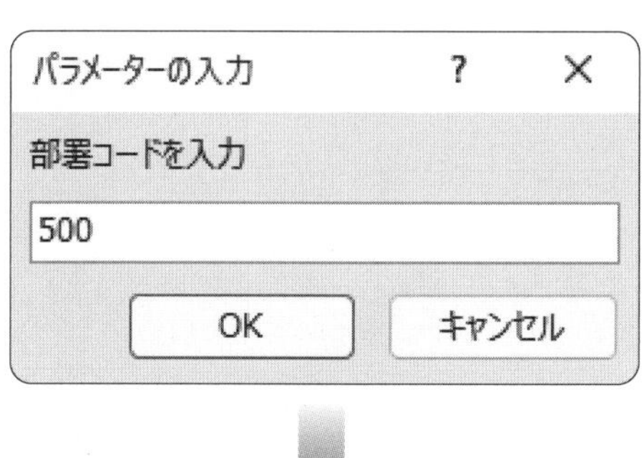

Q経費使用状況_部署指定

番号	入力日	部署コード	部署名	項目コード	項目名	費用コード	費用名	金額	備考	処理済
6	2023/04/04	500	情報システム部	K01	事務用品	H0001	消耗品費	¥3,400		☑
7	2023/04/04	500	情報システム部	K08	電子書籍	H0002	図書費	¥5,000		☑
18	2023/04/10	500	情報システム部	K01	事務用品	H0001	消耗品費	¥700		☑
19	2023/04/10	500	情報システム部	K01	事務用品	H0001	消耗品費	¥500		☑
33	2023/04/18	500	情報システム部	K07	書籍	H0002	図書費	¥1,800		☑
49	2023/04/25	500	情報システム部	K17	コピー	H0006	雑費	¥6,100		☑
64	2023/04/27	500	情報システム部	K12	電話	H0004	通信費	¥9,800		☑
65	2023/04/27	500	情報システム部	K13	インターネット料金	H0004	通信費	¥14,200		☑
73	2023/04/28	500	情報システム部	K06	定期購読料(雑誌)	H0002	図書費	¥800		☑
95	2023/05/12	500	情報システム部	K17	コピー	H0006	雑費	¥17,600		☑
106	2023/05/19	500	情報システム部	K07	書籍	H0002	図書費	¥2,000		☐
116	2023/05/25	500	情報システム部	K02	什器	H0001	消耗品費	¥12,000	パソコンラック	☑
117	2023/05/26	500	情報システム部	K14	郵便	H0004	通信費	¥8,000		☑
124	2023/05/29	500	情報システム部	K12	電話	H0004	通信費	¥9,700		☑
133	2023/05/30	500	情報システム部	K13	インターネット料金	H0004	通信費	¥14,200		☑
144	2023/06/07	500	情報システム部	K04	ソフトウェア	H0001	消耗品費	¥56,000		☐
145	2023/06/08	500	情報システム部	K17	コピー	H0006	雑費	¥6,400		☑
146	2023/06/08	500	情報システム部	K01	事務用品	H0001	消耗品費	¥700		☑
178	2023/06/27	500	情報システム部	K06	定期購読料(雑誌)	H0002	図書費	¥800		☐
179	2023/06/27	500	情報システム部	K12	電話	H0004	通信費	¥34,400		☐
188	2023/06/28	500	情報システム部	K13	インターネット料金	H0004	通信費	¥14,200		☐
(新規)										

レコード: 1 / 21 フィルターなし 検索

⑭ クエリ**「Q経費使用状況」**をデザインビューで開いて編集しましょう。クエリを実行するたびに次のメッセージを表示させ、指定した部署のレコードを抽出するように設定します。

> **部署コードを入力**

※クエリを実行して、結果を確認しておきましょう。任意の部署コードを指定します。部署コードには百単位で「100」～「700」のデータがあります。

⑮ 編集したクエリに**「Q経費使用状況_部署指定」**と名前を付けて保存しましょう。

※クエリを閉じておきましょう。

●Q経費使用状況_期間指定

クエリ**「Q経費使用状況」**から指定した期間のレコードを抽出するクエリを作成します。

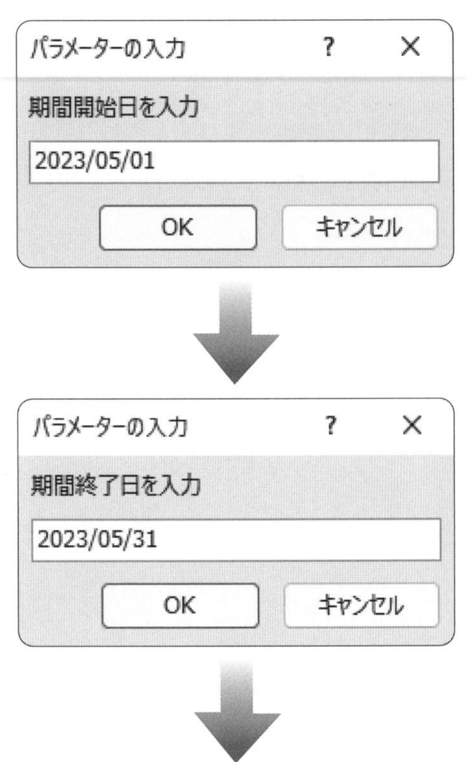

Q経費使用状況_期間指定

番号	入力日	部署コード	部署名	項目コード	項目名	費用コード	費用名	金額	備考	処理済
77	2023/05/01	300	総務部	K01	事務用品	H0001	消耗品費	¥1,500		☑
78	2023/05/01	400	企画部	K07	書籍	H0002	図書費	¥5,900		☑
79	2023/05/01	600	第1営業部	K11	印刷	H0003	広告宣伝費	¥520,000	キャンペーンご案内	☑
80	2023/05/01	700	第2営業部	K11	印刷	H0003	広告宣伝費	¥400,000	キャンペーンご案内	☑
81	2023/05/01	700	第2営業部	K01	事務用品	H0001	消耗品費	¥1,300		☑
82	2023/05/02	400	企画部	K01	事務用品	H0001	消耗品費	¥800		☑
83	2023/05/09	100	人事部	K09	新聞広告	H0003	広告宣伝費	¥750,000	中途採用広告	☑
84	2023/05/09	100	人事部	K07	書籍	H0002	図書費	¥2,300		☑
85	2023/05/09	200	経理部	K01	事務用品	H0001	消耗品費	¥7,200		☑
86	2023/05/09	600	第1営業部	K14	郵便	H0004	通信費	¥815,000	キャンペーンご案内	☑
87	2023/05/10	100	人事部	K03	パソコン	H0001	消耗品費	¥27,400		☑
88	2023/05/10	100	人事部	K17	コピー	H0006	雑費	¥17,200		☑
89	2023/05/10	200	経理部	K03	パソコン	H0001	消耗品費	¥27,400		☑
90	2023/05/10	700	第2営業部	K14	郵便	H0004	通信費	¥725,000	キャンペーンご案内	☑
91	2023/05/11	200	経理部	K17	コピー	H0006	雑費	¥7,200		☑
92	2023/05/11	300	総務部	K03	パソコン	H0001	消耗品費	¥14,300		☑
93	2023/05/11	300	総務部	K17	コピー	H0006	雑費	¥11,800		☑
94	2023/05/11	400	企画部	K08	電子書籍	H0002	図書費	¥11,800		☑
95	2023/05/12	500	情報システム部	K17	コピー	H0006	雑費	¥17,600		☑
96	2023/05/15	600	第1営業部	K17	コピー	H0006	雑費	¥15,400		☑
97	2023/05/15	700	第2営業部	K17	コピー	H0006	雑費	¥80,600		☑
98	2023/05/16	300	総務部	K01	事務用品	H0001	消耗品費	¥2,300		☐
99	2023/05/16	400	企画部	K15	接待	H0005	交際費	¥36,100		☐
100	2023/05/16	400	企画部	K01	事務用品	H0001	消耗品費	¥4,100		☑
101	2023/05/17	100	人事部	K04	ソフトウェア	H0001	消耗品費	¥15,500		☐
102	2023/05/17	400	企画部	K10	オンライン広告	H0003	広告宣伝費	¥120,000		☑
103	2023/05/17	400	企画部	K08	電子書籍	H0002	図書費	¥2,500		☑

レコード: 1 / 60　フィルターなし　検索

⑯ クエリ**「Q経費使用状況」**をデザインビューで開いて編集しましょう。クエリを実行するたびに次のメッセージを表示させ、指定した入力日のレコードを抽出するように設定します。

> **期間開始日を入力**
> **期間終了日を入力**

※クエリを実行して、結果を確認しておきましょう。任意の期間を指定します。入力日には「2023/04/01」～「2023/06/28」のデータがあります。

⑰ 編集したクエリに**「Q経費使用状況_期間指定」**と名前を付けて保存しましょう。

※クエリを閉じておきましょう。

●Q費用項目別集計

クエリ「**Q経費使用状況**」をもとに、項目ごとの金額を集計するクエリを作成します。

Q費用項目別集計

項目コード	項目名	金額の合計
K01	事務用品	¥87,200
K02	什器	¥146,000
K03	パソコン	¥559,100
K04	ソフトウェア	¥125,400
K05	定期購読料(新聞)	¥30,900
K06	定期購読料(雑誌)	¥3,600
K07	書籍	¥27,700
K08	電子書籍	¥22,300
K09	新聞広告	¥2,232,000
K10	オンライン広告	¥1,596,000
K11	印刷	¥1,533,100
K12	電話	¥571,000
K13	インターネット料金	¥341,400
K14	郵便	¥1,646,000
K15	接待	¥524,000
K16	進物	¥300,000
K17	コピー	¥256,900

レコード: 1 / 17　フィルターなし　検索

⑱ クエリ「**Q経費使用状況**」をもとに、クエリを作成しましょう。次の順番でフィールドをデザイングリッドに登録します。

クエリ	フィールド
Q経費使用状況	項目コード
〃	項目名
〃	金額

⑲ 作成したクエリに集計行を追加しましょう。「**項目コード**」ごとに、「**金額**」を合計します。

※クエリを実行して、結果を確認しておきましょう。

⑳ 作成したクエリに「**Q費用項目別集計**」と名前を付けて保存しましょう。

※クエリを閉じておきましょう。

●Q費用分類別集計_期間指定

指定した期間のレコードを抽出し、費用ごとに金額を集計するクエリを作成します。

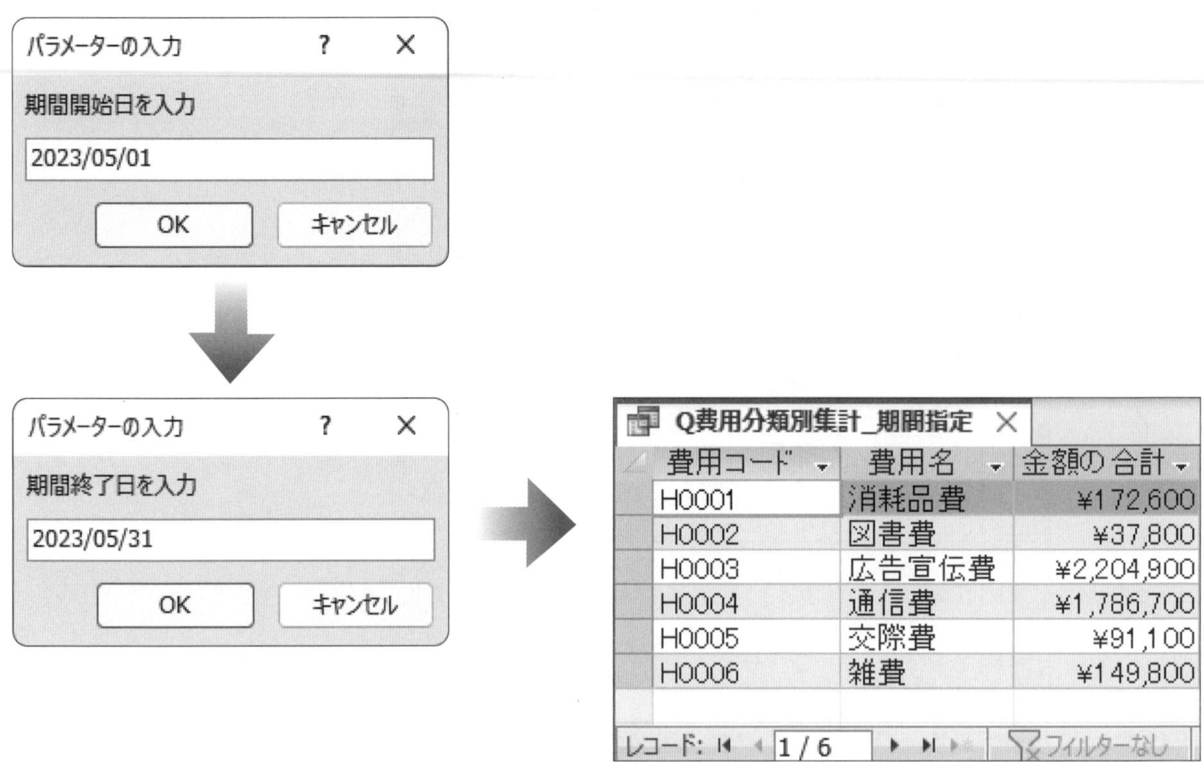

㉑ クエリ**「Q経費使用状況」**をもとに、クエリを作成しましょう。次の順番でフィールドをデザイングリッドに登録します。

クエリ	フィールド
Q経費使用状況	費用コード
〃	費用名
〃	金額

㉒ 作成したクエリに集計行を追加しましょう。**「費用コード」**ごとに、**「金額」**を合計します。

㉓ クエリを実行するたびに次のメッセージを表示させ、指定した入力日のレコードを抽出するように設定しましょう。

期間開始日を入力
期間終了日を入力

※クエリを実行して、結果を確認しておきましょう。任意の期間を指定します。入力日には「2023/04/01」～「2023/06/28」のデータがあります。

㉔ 作成したクエリに**「Q費用分類別集計_期間指定」**と名前を付けて保存しましょう。

※クエリを閉じておきましょう。

3 フォームの作成

●F経費入力

経費を入力するためのフォームを作成します。

F経費入力

番号	193
入力日	2023/06/28
部署コード	200
部署名	経理部
項目コード	K01
項目名	事務用品
費用コード	H0001
費用名	消耗品費
金額	¥2,500
備考	文房具
処理済	☐

レコード: 193 / 193　フィルターなし　検索

㉕ フォームウィザードを使って、フォームを作成しましょう。次のように設定し、それ以外は既定のままとします。

もとになるクエリ：Q経費使用状況
フィールド　　　：すべてのフィールド
レイアウト　　　：単票形式
フォーム名　　　：F経費入力

㉖ レイアウトビューを使って、**「入力日」**テキストボックスのサイズを調整しましょう。

㉗ 次のテキストボックスの**《使用可能》**プロパティを**《いいえ》**、**《編集ロック》**プロパティを**《はい》**に設定しましょう。

番号　部署名　項目名　費用コード　費用名

㉘ 次のレコードを入力しましょう。

入力日　　：2023/06/28
部署コード：200
項目コード：K01
金額　　　：2500
備考　　　：文房具
処理済　　：☐

※英数字と記号は半角で入力します。
※フォームを上書き保存し、閉じておきましょう。

4 レポートの作成

●R経費使用状況

経費使用状況を印刷するためのレポートを作成します。

経費使用状況

番号	入力日	部署コード	部署名	項目コード	項目名	費用コード	費用名	金額
1	2023/04/03	100	人事部	K01	事務用品	H0001	消耗品費	¥13,500
2	2023/04/03	200	経理部	K01	事務用品	H0001	消耗品費	¥6,900
3	2023/04/04	100	人事部	K17	コピー	H0006	雑費	¥6,300
4	2023/04/04	200	経理部	K03	パソコン	H0001	消耗品費	¥80,000
5	2023/04/04	400	企画部	K16	進物	H0005	交際費	¥30,000
6	2023/04/04	500	情報システム部	K01	事務用品	H0001	消耗品費	¥3,400
7	2023/04/04	500	情報システム部	K08	電子書籍	H0002	図書費	¥5,000
8	2023/04/05	100	人事部	K04	ソフトウェア	H0001	消耗品費	¥8,800
9	2023/04/05	200	経理部	K14	郵便	H0004	通信費	¥16,000
10	2023/04/05	400	企画部	K09	新聞広告	H0003	広告宣伝費	¥372,000
11	2023/04/05	600	第1営業部	K01	事務用品	H0001	消耗品費	¥3,600
12	2023/04/06	200	経理部	K07	書籍	H0002	図書費	¥3,300
13	2023/04/06	200	経理部	K04	ソフトウェア	H0001	消耗品費	¥8,800
14	2023/04/06	400	企画部	K10	オンライン広告	H0003	広告宣伝費	¥380,000
15	2023/04/07	300	総務部	K01	事務用品	H0001	消耗品費	¥2,800
16	2023/04/07	700	第2営業部	K15	接待	H0005	交際費	¥24,000
17	2023/04/10	400	企画部	K01	事務用品	H0001	消耗品費	¥700
18	2023/04/10	500	情報システム部	K01	事務用品	H0001	消耗品費	¥700
19	2023/04/10	500	情報システム部	K01	事務用品	H0001	消耗品費	¥500
20	2023/04/11	600	第1営業部	K02	什器	H0001	消耗品費	¥24,600
21	2023/04/12	600	第1営業部	K02	什器	H0001	消耗品費	¥16,800
22	2023/04/13	200	経理部	K01	事務用品	H0001	消耗品費	¥6,800
23	2023/04/13	300	総務部	K03	パソコン	H0001	消耗品費	¥40,000
24	2023/04/13	400	企画部	K10	オンライン広告	H0003	広告宣伝費	¥490,000
25	2023/04/13	700	第2営業部	K07	書籍	H0002	図書費	¥1,800
26	2023/04/14	100	人事部	K14	郵便	H0004	通信費	¥8,000
27	2023/04/14	300	総務部	K17	コピー	H0006	雑費	¥6,800
28	2023/04/14	400	企画部	K14	郵便	H0004	通信費	¥7,000

2023年6月28日　　　　1/7 ページ

㉙ レポートウィザードを使って、レポートを作成しましょう。次のように設定し、それ以外は既定のままとします。

もとになるクエリ：Q経費使用状況
フィールド　　　：「備考」「処理済」以外のフィールド
レイアウト　　　：表形式
印刷の向き　　　：横
レポート名　　　：R経費使用状況

㉚ レイアウトビューを使って、レポートのタイトルを**「経費使用状況」**に変更しましょう。

㉛ フィールド名が配置されている行の背景の色を**「アクア2」**に変更しましょう。

※各コントロールのサイズと配置を調整しておきましょう。
※印刷プレビューに切り替えて、結果を確認しておきましょう。
※レポートを上書き保存し、閉じておきましょう。

●R経費使用状況_部署指定

部署ごとの経費使用状況を印刷するためのレポートを作成します。

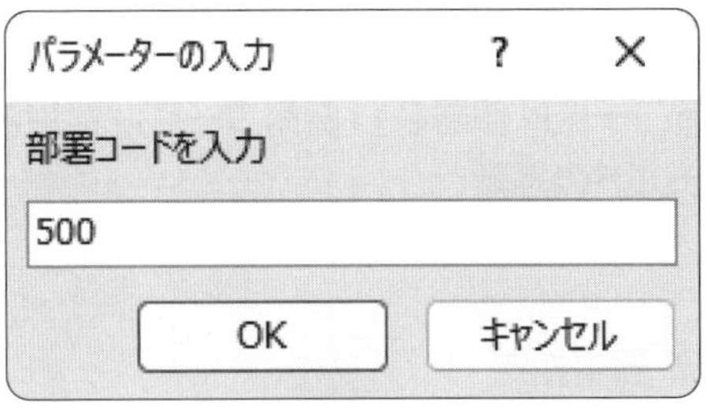

経費使用状況

部署コード 500
部署名 情報システム部

入力日	費用コード	費用名	金額
2023/04/04	H0002	図書費	¥5,000
2023/04/04	H0001	消耗品費	¥3,400
2023/04/10	H0001	消耗品費	¥700
2023/04/10	H0001	消耗品費	¥500
2023/04/18	H0002	図書費	¥1,800
2023/04/25	H0006	雑費	¥6,100
2023/04/27	H0004	通信費	¥9,800
2023/04/27	H0004	通信費	¥14,200
2023/04/28	H0002	図書費	¥800
2023/05/12	H0006	雑費	¥17,600
2023/05/19	H0002	図書費	¥2,000
2023/05/25	H0001	消耗品費	¥12,000
2023/05/26	H0004	通信費	¥8,000
2023/05/29	H0004	通信費	¥9,700
2023/05/30	H0004	通信費	¥14,200
2023/06/07	H0001	消耗品費	¥56,000
2023/06/08	H0006	雑費	¥6,400
2023/06/08	H0001	消耗品費	¥700
2023/06/27	H0004	通信費	¥34,400
2023/06/27	H0002	図書費	¥800
2023/06/28	H0004	通信費	¥14,200

2023年6月28日 1/1 ページ

㉜ レポートウィザードを使って、レポートを作成しましょう。次のように設定し、それ以外は既定のままとします。

もとになるクエリ	**：Q経費使用状況_部署指定**
フィールド	**：「入力日」「部署コード」「部署名」「費用コード」「費用名」「金額」**
並べ替え	**：「入力日」フィールドの昇順**
レイアウト	**：表形式**
印刷の向き	**：縦**
レポート名	**：R経費使用状況_部署指定**

※レポート作成後、クエリが実行されます。任意の部署コードを指定します。部署コードには百単位で「100」～「700」のデータがあります。

㉝ レイアウトビューを使って、レポートのタイトルを**「経費使用状況」**に変更しましょう。

㉞ フィールド名が配置されている行の背景の色を**「アクア2」**に変更しましょう。

㉟ デザインビューを使って、次のコントロールを**《レポートヘッダー》**セクションに移動しましょう。

《レポートヘッダー》セクションの高さを変更します。

《ページヘッダー》セクションの「部署コード」ラベルと「部署名」ラベル
《詳細》セクションの「部署コード」テキストボックスと「部署名」テキストボックス

※各コントロールのサイズと配置を調整しておきましょう。
※印刷プレビューに切り替えて、結果を確認しておきましょう。任意の部署コードを指定します。部署コードには百単位で「100」～「700」のデータがあります。
※レポートを上書き保存し、閉じておきましょう。
※データベース「総合問題1.accdb」を閉じてAccessを終了しておきましょう。

総合問題2　受注管理データベースの作成

標準解答▶P.6

あなたは、商品の受注内容を管理するデータベースを作成することになりました。
次のようなデータベースを作成しましょう。

●目的

ある贈答品の販売業者を例に、次のデータを管理します。

- ●商品に関するデータ（商品コード、商品名、分類コード、価格）
- ●商品の分類に関するデータ（分類コード、分類名）
- ●顧客に関するデータ（顧客コード、顧客名、担当部署、担当者名、郵便番号、住所など）
- ●受注に関するデータ（受注日、顧客コード、商品コード、数量など）

●テーブルの設計

次の4つのテーブルに分類して、データを格納します。

1 テーブルの作成

●T分類リスト

分類リストを作成し、データを入力します。

T分類リスト

分類コード	分類名
A011	商品券
A012	カタログ
A021	ハム
A022	フルーツ
A023	菓子
A024	缶詰
A031	茶
A032	ジュース
A033	酒類
A041	日用品
*	

レコード: 1 / 10

① フォルダー**「Access2021基礎」**にデータベース**「総合問題2.accdb」**を作成しましょう。

※テーブル1を閉じておきましょう。

② テーブルを作成しましょう。デザインビューで、次のようにフィールドを設定します。

主キー	フィールド名	データ型	フィールドサイズ
○	分類コード	短いテキスト	4
	分類名	短いテキスト	20

③ テーブルに**「T分類リスト」**と名前を付けて保存しましょう。

④ データシートビューに切り替えて、次のレコードを入力しましょう。

分類コード	分類名
A011	商品券
A012	カタログ
A021	ハム
A022	フルーツ
A023	菓子
A024	缶詰
A031	茶
A032	ジュース
A033	酒類
A041	日用品

※英数字は半角で入力します。

※テーブルを閉じておきましょう。

●T商品リスト

商品リストのテーブルを作成し、Excelのデータをインポートします。

T商品リスト

商品コード	商品名	分類コード	価格
1101	商品券1000	A011	¥1,000
1102	商品券10000	A011	¥10,000
1201	産地直送グルメカタログA	A012	¥5,000
1202	産地直送グルメカタログB	A012	¥15,000
1203	カタログギフトA	A012	¥10,000
1204	カタログギフトB	A012	¥20,000
1205	カタログギフトC	A012	¥20,000
1206	カタログギフトD	A012	¥25,000
2101	ハム詰合せ	A021	¥3,000
2102	ハム・ソーセージ詰合せ	A021	¥8,000
2201	フルーツ詰合せ	A022	¥5,000
2301	ホテルアイスクリームセット	A023	¥5,000
2302	クッキー詰合せ	A023	¥5,000
2303	シャーベット・アイスクリームセット	A023	¥7,000
2304	フレッシュフルーツゼリー	A023	¥9,000
2401	有名シェフのカレーセット	A024	¥10,000
2402	タラバガニ缶詰	A024	¥10,000
2403	ふかひれスープ	A024	¥15,000
3101	静岡煎茶詰合せ	A031	¥5,000
3102	静岡特選銘茶詰合せ	A031	¥10,000
3103	宇治特選銘茶詰合せ	A031	¥15,000
3201	健康野菜ジュースセット	A032	¥3,000
3202	フルーツジュース詰合せ	A032	¥4,500
3203	無農薬野菜ジュースセット	A032	¥4,500
3301	赤ワイン	A033	¥15,000
3302	純米大吟醸酒	A033	¥15,000
3303	赤白ワインセット	A033	¥30,000
4101	フェイスタオルセット	A041	¥3,000
4102	洗濯洗剤セット	A041	¥5,000
4103	オーガニック洗濯洗剤セット	A041	¥8,000
*			¥0

レコード: 1 / 30　フィルターなし　検索

⑤ テーブルを作成しましょう。デザインビューで、次のようにフィールドを設定します。

主キー	フィールド名	データ型	フィールドサイズ
○	商品コード	短いテキスト	4
	商品名	短いテキスト	50
	分類コード	短いテキスト	4
	価格	通貨型	

⑥ 作成したテーブルに**「T商品リスト」**と名前を付けて保存しましょう。

※テーブルを閉じておきましょう。

⑦ Excelファイル**「商品リスト.xlsx」**のデータを、テーブル**「T商品リスト」**にインポートしましょう。

※テーブル「T商品リスト」をデータシートビューで開いて、結果を確認しておきましょう。次に、各フィールドの列幅を調整し、上書き保存しておきましょう。

※テーブルを閉じておきましょう。

●T顧客リスト

Excelのデータをインポートして、新しくテーブルを作成します。

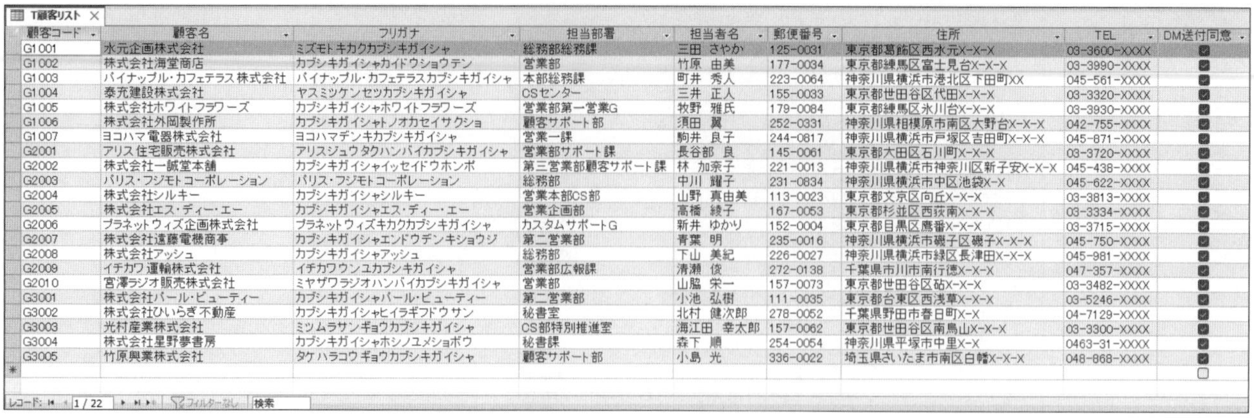

T顧客リスト

顧客コード	顧客名	フリガナ	担当部署	担当者名	郵便番号	住所	TEL	DM送付同意
G1001	水元企画株式会社	ミズモトキカクカブシキガイシャ	総務部総務課	三田　さやか	125-0031	東京都葛飾区西水元X-X-X	03-3600-XXXX	☑
G1002	株式会社海堂商店	カブシキガイシャカイドウショウテン	営業部	竹原　由美	177-0034	東京都練馬区富士見台X-X-X	03-3990-XXXX	☑
G1003	パイナップル・カフェテラス株式会社	パイナップル・カフェテラスカブシキガイシャ	本部総務課	町井　秀人	223-0064	神奈川県横浜市港北区下田町XX	045-561-XXXX	☑
G1004	泰充建設株式会社	ヤスミツケンセツカブシキガイシャ	CSセンター	三井　正人	155-0033	東京都世田谷区代田X-X-X	03-3320-XXXX	☑
G1005	株式会社ホワイトフラワーズ	カブシキガイシャホワイトフラワーズ	営業部第一営業G	牧野　雅氏	179-0084	東京都練馬区氷川台X-X-X	03-3930-XXXX	☑
G1006	株式会社外岡製作所	カブシキガイシャトノオカセイサクショ	顧客サポート部	須田　翼	252-0331	神奈川県相模原市南区大野台X-X-X	042-755-XXXX	☑
G1007	ヨコハマ電器株式会社	ヨコハマデンキカブシキガイシャ	営業一課	駒井　良子	244-0817	神奈川県横浜市戸塚区吉田町X-X-X	045-871-XXXX	☑
G2001	アリス住宅販売株式会社	アリスジュウタクハンバイカブシキガイシャ	営業部サポート課	長谷部　良	145-0061	東京都大田区石川町X-X-X	03-3720-XXXX	☑
G2002	株式会社一誠堂本舗	カブシキガイシャイッセイドウホンポ	第三営業部顧客サポート課	林　加奈子	221-0013	神奈川県横浜市神奈川区新子安X-X-X	045-438-XXXX	☑
G2003	パリス・フジモトコーポレーション	パリス・フジモトコーポレーション	総務部	中川　耀子	231-0834	神奈川県横浜市中区池袋X-X	045-622-XXXX	☑
G2004	株式会社シルキー	カブシキガイシャシルキー	営業本部CS部	山野　真由美	113-0023	東京都文京区向丘X-X-X	03-3813-XXXX	☑
G2005	株式会社エス・ディー・エー	カブシキガイシャエス・ディー・エー	営業企画部	高橋　綾子	167-0053	東京都杉並区西荻南X-X-X	03-3334-XXXX	☑
G2006	プラネットウィズ企画株式会社	プラネットウィズキカクカブシキガイシャ	カスタムサポートG	新井　ゆかり	152-0004	東京都目黒区鷹番X-X-X	03-3715-XXXX	☑
G2007	株式会社遠藤電機商事	カブシキガイシャエンドウデンキショウジ	第二営業部	青葉　明	235-0016	神奈川県横浜市磯子区磯子X-X-X	045-750-XXXX	☑
G2008	株式会社アッシュ	カブシキガイシャアッシュ	総務部	下山　美紀	226-0027	神奈川県横浜市緑区長津田X-X-X	045-981-XXXX	☑
G2009	イチカワ運輸株式会社	イチカワウンユカブシキガイシャ	営業部広報課	清瀬　俊	272-0138	千葉県市川市南行徳X-X-X	047-357-XXXX	☑
G2010	宮澤ラジオ販売株式会社	ミヤザワラジオハンバイカブシキガイシャ	営業部	山脇　栄一	157-0073	東京都世田谷区砧X-X-X	03-3482-XXXX	☑
G3001	株式会社パール・ビューティー	カブシキガイシャパール・ビューティー	第二営業部	小池　弘樹	111-0035	東京都台東区西浅草X-X-X	03-5246-XXXX	☑
G3002	株式会社ひいらぎ不動産	カブシキガイシャヒイラギフドウサン	秘書室	北村　健次郎	278-0052	千葉県野田市春日町X-X	04-7129-XXXX	☑
G3003	光村産業株式会社	ミツムラサンギョウカブシキガイシャ	CS部特別推進室	海江田　幸太郎	157-0062	東京都世田谷区南烏山X-X-X	03-3300-XXXX	☑
G3004	株式会社星野夢書房	カブシキガイシャホシノユメショボウ	秘書課	森下　順	254-0054	神奈川県平塚市中里X-X	0463-31-XXXX	☑
G3005	竹原興業株式会社	タケハラコウギョウカブシキガイシャ	顧客サポート部	小島　光	336-0022	埼玉県さいたま市南区白幡X-X-X	048-868-XXXX	☑
*								☐

レコード: 1 / 22　フィルターなし　検索

⑧ Excelファイル**「顧客リスト.xlsx」**のデータをインポートし、テーブル**「T顧客リスト」**を作成しましょう。先頭行をフィールド名として使い、**「顧客コード」**を主キーに設定します。

※テーブル「T顧客リスト」をデータシートビューで開いて、結果を確認しておきましょう。次に、各フィールドの列幅を調整し、上書き保存しておきましょう。
※テーブルを閉じておきましょう。

⑨ デザインビューで、次のように**「T顧客リスト」**のフィールドを設定しましょう。

主キー	フィールド名	データ型	フィールドサイズ
○	顧客コード	短いテキスト	5
	顧客名	短いテキスト	50
	フリガナ	短いテキスト	50
	担当部署	短いテキスト	30
	担当者名	短いテキスト	20
	郵便番号	短いテキスト	8
	住所	短いテキスト	50
	TEL	短いテキスト	13
	DM送付同意	Yes/No型	

※テーブルを上書き保存し、データシートビューに切り替えて、結果を確認しておきましょう。フィールドサイズの変更に関するメッセージが表示されたら、《はい》をクリックします。
※テーブルを閉じておきましょう。

●T受注リスト

受注リストのテーブルを作成し、Excelのデータをインポートします。

T受注リスト

受注番号	受注日	顧客コード	商品コード	数量
1	2023/04/03	G1001	3201	5
2	2023/04/03	G1002	1204	15
3	2023/04/03	G1002	2302	3
4	2023/04/03	G1002	4103	10
5	2023/04/04	G2002	3301	5
6	2023/04/05	G1006	2101	20
7	2023/04/05	G2004	2401	4
8	2023/04/05	G2009	2201	10
9	2023/04/05	G3001	3201	30
10	2023/04/07	G2010	3201	12
11	2023/04/10	G2002	4101	15
12	2023/04/11	G1005	1201	20
13	2023/04/11	G2003	4103	20
14	2023/04/12	G1006	2101	2
15	2023/04/12	G1006	2401	9
16	2023/04/12	G1007	2302	4
17	2023/04/12	G2005	4101	8
18	2023/04/14	G3002	2304	11
19	2023/04/14	G3002	2401	14
20	2023/04/17	G1003	1202	60
21	2023/04/17	G2004	2403	12
22	2023/04/18	G1001	1205	50
23	2023/04/19	G2006	3301	10
24	2023/04/19	G2006	3302	8
25	2023/04/19	G2006	3303	5
26	2023/04/21	G2003	2201	10
27	2023/04/21	G2008	2304	3

レコード: 1 / 212　フィルターなし　検索

⑩ テーブルを作成しましょう。デザインビューで、次のようにフィールドを設定します。

主キー	フィールド名	データ型	フィールドサイズ
○	受注番号	オートナンバー型	
	受注日	日付/時刻型	
	顧客コード	短いテキスト	5
	商品コード	短いテキスト	4
	数量	数値型	整数型

⑪ 作成したテーブルに**「T受注リスト」**と名前を付けて保存しましょう。

※テーブルを閉じておきましょう。

⑫ Excelファイル**「受注リスト.xlsx」**のデータを、テーブル**「T受注リスト」**にインポートしましょう。

※テーブル「T受注リスト」をデータシートビューで開いて、結果を確認しておきましょう。
※テーブルを閉じておきましょう。

●リレーションシップウィンドウ

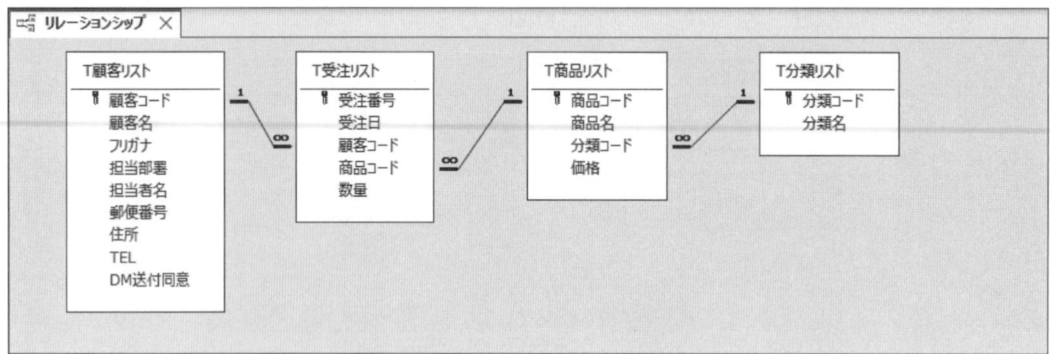

総合問題

⑬ 次のようにリレーションシップを作成しましょう。

主テーブル	関連テーブル	共通フィールド	参照整合性
T顧客リスト	T受注リスト	顧客コード	あり
T商品リスト	T受注リスト	商品コード	あり
T分類リスト	T商品リスト	分類コード	あり

※リレーションシップウィンドウのレイアウトを上書き保存し、閉じておきましょう。

2 クエリの作成

●Q商品リスト

テーブルを結合し、商品リストを作成します。

Q商品リスト

商品コード	商品名	分類コード	分類名	価格
1101	商品券1000	A011	商品券	¥1,000
1102	商品券10000	A011	商品券	¥10,000
1201	産地直送グルメカタログA	A012	カタログ	¥5,000
1202	産地直送グルメカタログB	A012	カタログ	¥15,000
1203	カタログギフトA	A012	カタログ	¥10,000
1204	カタログギフトB	A012	カタログ	¥20,000
1205	カタログギフトC	A012	カタログ	¥20,000
1206	カタログギフトD	A012	カタログ	¥25,000
2101	ハム詰合せ	A021	ハム	¥3,000
2102	ハム・ソーセージ詰合せ	A021	ハム	¥8,000
2201	フルーツ詰合せ	A022	フルーツ	¥5,000
2301	ホテルアイスクリームセット	A023	菓子	¥5,000
2302	クッキー詰合せ	A023	菓子	¥5,000
2303	シャーベット・アイスクリームセット	A023	菓子	¥7,000
2304	フレッシュフルーツゼリー	A023	菓子	¥9,000
2401	有名シェフのカレーセット	A024	缶詰	¥10,000
2402	タラバガニ缶詰	A024	缶詰	¥10,000
2403	ふかひれスープ	A024	缶詰	¥15,000
3101	静岡煎茶詰合せ	A031	茶	¥5,000
3102	静岡特選銘茶詰合せ	A031	茶	¥10,000
3103	宇治特選銘茶詰合せ	A031	茶	¥15,000
3201	健康野菜ジュースセット	A032	ジュース	¥3,000
3202	フルーツジュース詰合せ	A032	ジュース	¥4,500
3203	無農薬野菜ジュースセット	A032	ジュース	¥4,500
3301	赤ワイン	A033	酒類	¥15,000
3302	純米大吟醸酒	A033	酒類	¥15,000
3303	赤白ワインセット	A033	酒類	¥30,000

レコード: 1 / 30 フィルターなし 検索

⑭ テーブル**「T商品リスト」**とテーブル**「T分類リスト」**をもとに、クエリを作成しましょう。
次の順番でフィールドをデザイングリッドに登録します。

テーブル	フィールド
T商品リスト	商品コード
〃	商品名
〃	分類コード
T分類リスト	分類名
T商品リスト	価格

⑮ **「商品コード」**フィールドを基準に昇順で並び替わるように設定しましょう。

※クエリを実行して、結果を確認しておきましょう。

⑯ 作成したクエリに**「Q商品リスト」**と名前を付けて保存しましょう。

※クエリを閉じておきましょう。

●Q受注リスト

テーブルを結合し、受注リストを作成します。次に、金額のフィールドを作成します。

Q受注リスト

受注番号	受注日	顧客コード	顧客名	TEL	商品コード	商品名	分類コード	分類名	価格	数量	金額
1	2023/04/03	G1001	水元企画株式会社	03-3600-XXXX	3201	健康野菜ジュースセット	A032	ジュース	¥3,000	5	¥15,000
2	2023/04/03	G1002	株式会社海堂商店	03-3990-XXXX	1204	カタログギフトB	A012	カタログ	¥20,000	15	¥300,000
3	2023/04/03	G1002	株式会社海堂商店	03-3990-XXXX	2302	クッキー詰合せ	A023	菓子	¥5,000	3	¥15,000
4	2023/04/03	G1002	株式会社海堂商店	03-3990-XXXX	4103	オーガニック洗濯洗剤セット	A041	日用品	¥8,000	10	¥80,000
5	2023/04/04	G2002	株式会社一誠堂本舗	045-438-XXXX	3301	赤ワイン	A033	酒類	¥15,000	5	¥75,000
6	2023/04/05	G1006	株式会社外岡製作所	042-755-XXXX	2101	ハム詰合せ	A021	ハム	¥3,000	20	¥60,000
7	2023/04/05	G2004	株式会社シルキー	03-3813-XXXX	2401	有名シェフのカレーセット	A024	缶詰	¥10,000	4	¥40,000
8	2023/04/05	G2009	イチカワ運輸株式会社	047-357-XXXX	2201	フルーツ詰合せ	A022	フルーツ	¥5,000	10	¥50,000
9	2023/04/05	G3001	株式会社パール・ビューティー	03-5246-XXXX	3201	健康野菜ジュースセット	A032	ジュース	¥3,000	30	¥90,000
10	2023/04/07	G2010	宮澤ラジオ販売株式会社	03-3482-XXXX	3201	健康野菜ジュースセット	A032	ジュース	¥3,000	12	¥36,000
11	2023/04/10	G2002	株式会社一誠堂本舗	045-438-XXXX	4101	フェイスタオルセット	A041	日用品	¥3,000	15	¥45,000
12	2023/04/11	G1005	株式会社ホワイトフラワーズ	03-3930-XXXX	1201	産地直送グルメカタログA	A012	カタログ	¥5,000	20	¥100,000
13	2023/04/11	G2003	パリス・フジモトコーポレーション	045-622-XXXX	4103	オーガニック洗濯洗剤セット	A041	日用品	¥8,000	20	¥160,000
14	2023/04/12	G1006	株式会社外岡製作所	042-755-XXXX	2101	ハム詰合せ	A021	ハム	¥3,000	2	¥6,000
15	2023/04/12	G1006	株式会社外岡製作所	042-755-XXXX	2401	有名シェフのカレーセット	A024	缶詰	¥10,000	9	¥90,000
16	2023/04/12	G1007	ヨコハマ電器株式会社	045-871-XXXX	2302	クッキー詰合せ	A023	菓子	¥5,000	4	¥20,000
17	2023/04/12	G2005	株式会社エス・ディー・エー	03-3334-XXXX	4101	フェイスタオルセット	A041	日用品	¥3,000	8	¥24,000
18	2023/04/14	G3002	株式会社ひいらぎ不動産	04-7129-XXXX	2304	フレッシュフルーツゼリー	A023	菓子	¥9,000	11	¥99,000
19	2023/04/14	G3002	株式会社ひいらぎ不動産	04-7129-XXXX	2401	有名シェフのカレーセット	A024	缶詰	¥10,000	14	¥140,000
20	2023/04/17	G1003	パイナップル・カフェテラス株式会社	045-561-XXXX	1202	産地直送グルメカタログB	A012	カタログ	¥15,000	60	¥900,000
21	2023/04/17	G2004	株式会社シルキー	03-3813-XXXX	2403	ふかひれスープ	A024	缶詰	¥15,000	12	¥180,000
22	2023/04/18	G1001	水元企画株式会社	03-3600-XXXX	1205	カタログギフトC	A012	カタログ	¥20,000	50	¥1,000,000
23	2023/04/19	G2006	プラネットウィズ企画株式会社	03-3715-XXXX	3301	赤ワイン	A033	酒類	¥15,000	10	¥150,000
24	2023/04/19	G2006	プラネットウィズ企画株式会社	03-3715-XXXX	3302	純米大吟醸酒	A033	酒類	¥15,000	8	¥120,000
25	2023/04/19	G2006	プラネットウィズ企画株式会社	03-3715-XXXX	3303	赤白ワインセット	A033	酒類	¥30,000	5	¥150,000
26	2023/04/21	G2003	パリス・フジモトコーポレーション	045-622-XXXX	2201	フルーツ詰合せ	A022	フルーツ	¥5,000	10	¥50,000
27	2023/04/21	G2008	株式会社アッシュ	045-981-XXXX	2304	フレッシュフルーツゼリー	A023	菓子	¥9,000	3	¥27,000

レコード: 1 / 212　フィルターなし　検索

⑰ **「T顧客リスト」「T受注リスト」「T商品リスト」「T分類リスト」**の4つのテーブルをもとに、クエリを作成しましょう。次の順番でフィールドをデザイングリッドに登録します。

テーブル	フィールド
T受注リスト	受注番号
〃	受注日
〃	顧客コード
T顧客リスト	顧客名
〃	TEL
T受注リスト	商品コード
T商品リスト	商品名
〃	分類コード
T分類リスト	分類名
T商品リスト	価格
T受注リスト	数量

⑱ **「受注番号」**フィールドを基準に昇順で並び替わるように設定しましょう。

⑲ **「数量」**フィールドの右に**「金額」**フィールドを作成し、**「価格×数量」**を表示しましょう。

※クエリを実行して、結果を確認しておきましょう。

⑳ 作成したクエリに**「Q受注リスト」**と名前を付けて保存しましょう。

※クエリを閉じておきましょう。

●Q大口受注_A011またはA012

クエリ**「Q受注リスト」**から大口受注のレコードを抽出するクエリを作成します。

Q大口受注_A011またはA012

受注番号	受注日	顧客コード	顧客名	TEL	商品コード	商品名	分類コード	分類名	価格	数量	金額
20	2023/04/17	G1003	パイナップル・カフェテラス株式会社	045-561-XXXX	1202	産地直送グルメカタログB	A012	カタログ	¥15,000	60	¥900,000
22	2023/04/18	G1001	水元企画株式会社	03-3600-XXXX	1205	カタログギフトC	A012	カタログ	¥20,000	50	¥1,000,000
49	2023/05/12	G2010	宮澤ラジオ販売株式会社	03-3482-XXXX	1101	商品券1000	A011	商品券	¥1,000	60	¥60,000
52	2023/05/16	G1005	株式会社ホワイトフラワーズ	03-3930-XXXX	1101	商品券1000	A011	商品券	¥1,000	60	¥60,000
61	2023/05/26	G1004	泰充建設株式会社	03-3320-XXXX	1203	カタログギフトA	A012	カタログ	¥10,000	30	¥300,000
72	2023/06/14	G3002	株式会社ひいらぎ不動産	04-7129-XXXX	1203	カタログギフトA	A012	カタログ	¥10,000	50	¥500,000
82	2023/06/19	G1003	パイナップル・カフェテラス株式会社	045-561-XXXX	1101	商品券1000	A011	商品券	¥1,000	40	¥40,000
83	2023/06/19	G1003	パイナップル・カフェテラス株式会社	045-561-XXXX	1203	カタログギフトA	A012	カタログ	¥10,000	30	¥300,000
94	2023/06/23	G1002	株式会社海堂商店	03-3990-XXXX	1205	カタログギフトC	A012	カタログ	¥20,000	40	¥800,000
98	2023/06/26	G1007	ヨコハマ電器株式会社	045-871-XXXX	1201	産地直送グルメカタログA	A012	カタログ	¥5,000	30	¥150,000
130	2023/07/27	G1007	ヨコハマ電器株式会社	045-871-XXXX	1205	カタログギフトC	A012	カタログ	¥20,000	50	¥1,000,000
136	2023/08/04	G1003	パイナップル・カフェテラス株式会社	045-561-XXXX	1101	商品券1000	A011	商品券	¥1,000	70	¥70,000
137	2023/08/04	G2001	アリス住宅販売株式会社	03-3720-XXXX	1205	カタログギフトC	A012	カタログ	¥20,000	50	¥1,000,000
155	2023/08/31	G2002	株式会社一誠堂本舗	045-438-XXXX	1102	商品券10000	A011	商品券	¥10,000	50	¥500,000
164	2023/09/11	G1005	株式会社ホワイトフラワーズ	03-3930-XXXX	1205	カタログギフトC	A012	カタログ	¥20,000	30	¥600,000
208	2023/10/24	G1007	ヨコハマ電器株式会社	045-871-XXXX	1204	カタログギフトB	A012	カタログ	¥20,000	30	¥600,000
(新規)											

レコード: 1 / 16 フィルターなし 検索

㉑ クエリ**「Q受注リスト」**をデザインビューで開いて編集しましょう。抽出条件を次のように設定します。

> **「分類コード」が「A011」で「数量」が「30以上」**
> **または**
> **「分類コード」が「A012」で「数量」が「30以上」**

※クエリを実行して、結果を確認しておきましょう。

㉒ 編集したクエリに**「Q大口受注_A011またはA012」**と名前を付けて保存しましょう。

※クエリを閉じておきましょう。

●Q顧客リスト_神奈川県

テーブル**「T顧客リスト」**から神奈川県のレコードを抽出するクエリを作成します。

Q顧客リスト_神奈川県

顧客コード	顧客名	担当部署	担当者名	郵便番号	住所	TEL	DM送付同意
G1003	パイナップル・カフェテラス株式会社	本部総務課	町井 秀人	223-0064	神奈川県横浜市港北区下田町XX	045-561-XXXX	☑
G1006	株式会社外岡製作所	顧客サポート部	須田 翼	252-0331	神奈川県相模原市南区大野台X-X-X	042-755-XXXX	☑
G1007	ヨコハマ電器株式会社	営業一課	駒井 良子	244-0817	神奈川県横浜市戸塚区吉田町X-X-X	045-871-XXXX	☑
G2002	株式会社一誠堂本舗	第三営業部顧客サポート課	林 加奈子	221-0013	神奈川県横浜市神奈川区新子安X-X-X	045-438-XXXX	☑
G2003	パリス・フジモトコーポレーション	総務部	中川 耀子	231-0834	神奈川県横浜市中区池袋X-X	045-622-XXXX	☑
G2007	株式会社遠藤電機商事	第二営業部	青葉 明	235-0016	神奈川県横浜市磯子区磯子X-X-X	045-750-XXXX	☑
G2008	株式会社アッシュ	総務部	下山 美紀	226-0027	神奈川県横浜市緑区長津田X-X-X	045-981-XXXX	☑
G3004	株式会社星野夢書房	秘書課	森下 順	254-0054	神奈川県平塚市中里X-X	0463-31-XXXX	☑
*							☐

レコード: 1 / 8 フィルターなし 検索

㉓ テーブル**「T顧客リスト」**をもとに、クエリを作成しましょう。**「フリガナ」**以外のフィールドをデザイングリッドに登録し、抽出条件を次のように設定します。

> **「住所」が「神奈川県」から始まる**

※クエリを実行して、結果を確認しておきましょう。

㉔ 作成したクエリに**「Q顧客リスト_神奈川県」**と名前を付けて保存しましょう。

※クエリを閉じておきましょう。

●Q顧客リスト_DM送付同意

テーブル**「T顧客リスト」**から、**「DM送付同意」**が☑のレコードを抽出するクエリを作成します。

Q顧客リスト_DM送付同意

顧客コード	顧客名	担当部署	担当者名	郵便番号	住所	TEL	DM送付同意
G1001	水元企画株式会社	総務部総務課	三田 さやか	125-0031	東京都葛飾区西水元X-X-X	03-3600-XXXX	☑
G1002	株式会社海堂商店	営業部	竹原 由美	177-0034	東京都練馬区富士見台X-X-X	03-3990-XXXX	☑
G1003	パイナップル・カフェテラス株式会社	本部総務課	町井 秀人	223-0064	神奈川県横浜市港北区下田町XX	045-561-XXXX	☑
G1004	泰充建設株式会社	CSセンター	三井 正人	155-0033	東京都世田谷区代田X-X-X	03-3320-XXXX	☑
G1005	株式会社ホワイトフラワーズ	営業部第一営業G	牧野 雅氏	179-0084	東京都練馬区氷川台X-X-X	03-3930-XXXX	☑
G1006	株式会社外岡製作所	顧客サポート部	須田 翼	252-0331	神奈川県相模原市南区大野台X-X-X	042-755-XXXX	☑
G1007	ヨコハマ電器株式会社	営業一課	駒井 良子	244-0817	神奈川県横浜市戸塚区吉田町X-X-X	045-871-XXXX	☑
G2001	アリス住宅販売株式会社	営業部サポート課	長谷部 良	145-0061	東京都大田区石川町X-X-X	03-3720-XXXX	☑
G2002	株式会社一誠堂本舗	第三営業部顧客サポート課	林 加奈子	221-0013	神奈川県横浜市神奈川区新子安X-X-X	045-438-XXXX	☑
G2003	パリス・フジモトコーポレーション	総務部	中川 耀子	231-0834	神奈川県横浜市中区池袋X-X	045-622-XXXX	☑
G2004	株式会社シルキー	営業本部CS部	山野 真由美	113-0023	東京都文京区向丘X-X-X	03-3813-XXXX	☑
G2005	株式会社エス・ディー・エー	営業企画部	高橋 綾子	167-0053	東京都杉並区西荻南X-X-X	03-3334-XXXX	☑
G2006	プラネットウィズ企画株式会社	カスタムサポートG	新井 ゆかり	152-0004	東京都目黒区鷹番X-X-X	03-3715-XXXX	☑
G2007	株式会社遠藤電機商事	第二営業部	青葉 明	235-0016	神奈川県横浜市磯子区磯子X-X-X	045-750-XXXX	☑
G2008	株式会社アッシュ	総務部	下山 美紀	226-0027	神奈川県横浜市緑区長津田X-X-X	045-981-XXXX	☑
G2009	イチカワ運輸株式会社	営業部広報課	清瀬 俊	272-0138	千葉県市川市南行徳X-X-X	047-357-XXXX	☑
G2010	宮澤ラジオ販売株式会社	営業部	山脇 栄一	157-0073	東京都世田谷区砧X-X-X	03-3482-XXXX	☑
G3001	株式会社パール・ビューティー	第二営業部	小池 弘樹	111-0035	東京都台東区西浅草X-X-X	03-5246-XXXX	☑
G3002	株式会社ひいらぎ不動産	秘書室	北村 健次郎	278-0052	千葉県野田市春日町X-X	04-7129-XXXX	☑
G3003	光村産業株式会社	CS部特別推進室	海江田 幸太郎	157-0062	東京都世田谷区南烏山X-X-X	03-3300-XXXX	☑
G3004	株式会社星野夢書房	秘書課	森下 順	254-0054	神奈川県平塚市中里X-X	0463-31-XXXX	☑
G3005	竹原興業株式会社	顧客サポート部	小島 光	336-0022	埼玉県さいたま市南区白幡X-X-X	048-868-XXXX	☑
*							☐

レコード: 1 / 22 フィルターなし 検索

㉕ テーブル**「T顧客リスト」**をもとに、クエリを作成しましょう。**「フリガナ」**以外のフィールドをデザイングリッドに登録し、抽出条件を次のように設定します。

> **「DM送付同意」が「Yes」**

※クエリを実行して、結果を確認しておきましょう。

㉖ 作成したクエリに**「Q顧客リスト_DM送付同意」**と名前を付けて保存しましょう。

※クエリを閉じておきましょう。

●Q受注リスト_期間指定

クエリ**「Q受注リスト」**から、指定した期間のレコードを抽出するクエリを作成します。

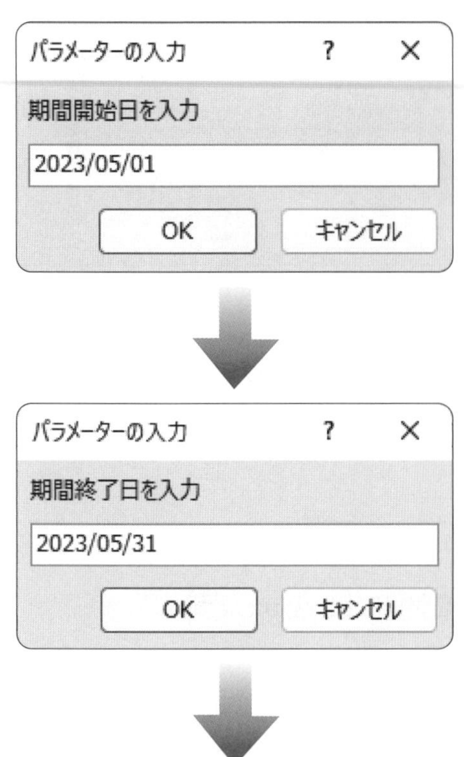

Q受注リスト_期間指定

受注番号	受注日	顧客コード	顧客名	TEL	商品コード	商品名	分類コード	分類名	価格	数量	金額
37	2023/05/01	G1001	水元企画株式会社	03-3600-XXXX	2304	フレッシュフルーツゼリー	A023	菓子	¥9,000	25	¥225,000
38	2023/05/01	G2005	株式会社エス・ディー・エー	03-3334-XXXX	4101	フェイスタオルセット	A041	日用品	¥3,000	30	¥90,000
39	2023/05/01	G2005	株式会社エス・ディー・エー	03-3334-XXXX	4103	オーガニック洗濯洗剤セット	A041	日用品	¥8,000	6	¥48,000
40	2023/05/03	G1003	パイナップル・カフェテラス株式会社	045-561-XXXX	1101	商品券1000	A011	商品券	¥1,000	7	¥7,000
41	2023/05/03	G1003	パイナップル・カフェテラス株式会社	045-561-XXXX	1202	産地直送グルメカタログB	A012	カタログ	¥15,000	2	¥30,000
42	2023/05/08	G1007	ヨコハマ電器株式会社	045-871-XXXX	3202	フルーツジュース詰合せ	A032	ジュース	¥4,500	15	¥67,500
43	2023/05/08	G2001	アリス住宅販売株式会社	03-3720-XXXX	4101	フェイスタオルセット	A041	日用品	¥3,000	3	¥9,000
44	2023/05/08	G3002	株式会社ひいらぎ不動産	04-7129-XXXX	3303	赤白ワインセット	A033	酒類	¥30,000	20	¥600,000
45	2023/05/09	G2002	株式会社一誠堂本舗	045-438-XXXX	1201	産地直送グルメカタログA	A012	カタログ	¥5,000	20	¥100,000
46	2023/05/10	G1002	株式会社海堂商店	03-3990-XXXX	1205	カタログギフトC	A012	カタログ	¥20,000	10	¥200,000
47	2023/05/10	G1002	株式会社海堂商店	03-3990-XXXX	4101	フェイスタオルセット	A041	日用品	¥3,000	2	¥6,000
48	2023/05/11	G2003	パリス・フジモトコーポレーション	045-622-XXXX	2301	ホテルアイスクリームセット	A023	菓子	¥5,000	10	¥50,000
49	2023/05/12	G2010	宮澤ラジオ販売株式会社	03-3482-XXXX	1101	商品券1000	A011	商品券	¥1,000	60	¥60,000
50	2023/05/12	G3005	竹原興業株式会社	048-868-XXXX	3102	静岡特選銘茶詰合せ	A031	茶	¥10,000	30	¥300,000
51	2023/05/15	G2008	株式会社アッシュ	045-981-XXXX	1203	カタログギフトA	A012	カタログ	¥10,000	10	¥100,000
52	2023/05/16	G1005	株式会社ホワイトフラワーズ	03-3930-XXXX	1101	商品券1000	A011	商品券	¥1,000	60	¥60,000
53	2023/05/16	G2004	株式会社シルキー	03-3813-XXXX	1202	産地直送グルメカタログB	A012	カタログ	¥15,000	10	¥150,000
54	2023/05/17	G1006	株式会社外岡製作所	042-755-XXXX	1205	カタログギフトC	A012	カタログ	¥20,000	10	¥200,000
55	2023/05/17	G1006	株式会社外岡製作所	042-755-XXXX	3101	静岡煎茶詰合せ	A031	茶	¥5,000	40	¥200,000
56	2023/05/18	G3003	光村産業株式会社	03-3300-XXXX	4101	フェイスタオルセット	A041	日用品	¥3,000	8	¥24,000
57	2023/05/22	G1001	水元企画株式会社	03-3600-XXXX	2401	有名シェフのカレーセット	A024	缶詰	¥10,000	15	¥150,000
58	2023/05/22	G2003	パリス・フジモトコーポレーション	045-622-XXXX	2302	クッキー詰合せ	A023	菓子	¥5,000	10	¥50,000
59	2023/05/22	G3001	株式会社パール・ビューティー	03-5246-XXXX	2304	フレッシュフルーツゼリー	A023	菓子	¥9,000	20	¥180,000
60	2023/05/22	G3004	株式会社星野夢書房	0463-31-XXXX	1203	カタログギフトA	A012	カタログ	¥10,000	10	¥100,000
61	2023/05/26	G1004	泰充建設株式会社	03-3320-XXXX	1203	カタログギフトA	A012	カタログ	¥10,000	30	¥300,000
62	2023/05/26	G1007	ヨコハマ電器株式会社	045-871-XXXX	3102	静岡特選銘茶詰合せ	A031	茶	¥10,000	15	¥150,000
63	2023/05/26	G1007	ヨコハマ電器株式会社	045-871-XXXX	3201	健康野菜ジュースセット	A032	ジュース	¥3,000	10	¥30,000

レコード: 1 / 30 フィルターなし 検索

㉗ クエリ**「Q受注リスト」**をデザインビューで開いて編集しましょう。クエリを実行するたびに次のメッセージを表示させ、指定した受注日のレコードを抽出するように設定します。

> **期間開始日を入力**
> **期間終了日を入力**

※クエリを実行して、結果を確認しておきましょう。任意の期間を指定します。受注日には「2023/04/03」～「2023/10/31」のデータがあります。

㉘ 編集したクエリに**「Q受注リスト_期間指定」**と名前を付けて保存しましょう。

※クエリを閉じておきましょう。

●Q分類別集計_期間指定

指定した期間のレコードを抽出し、分類ごとに金額を集計するクエリを作成します。

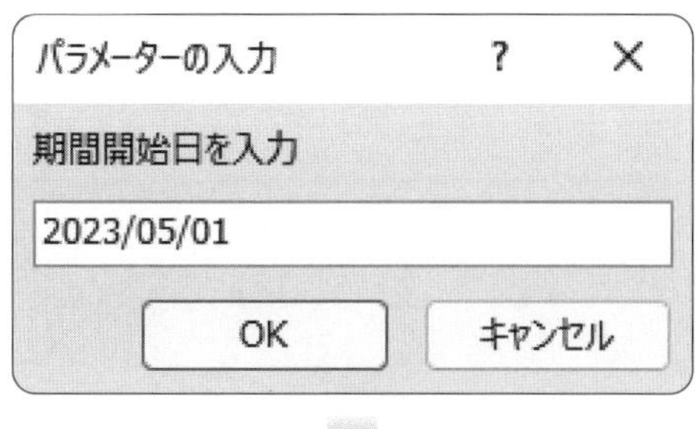

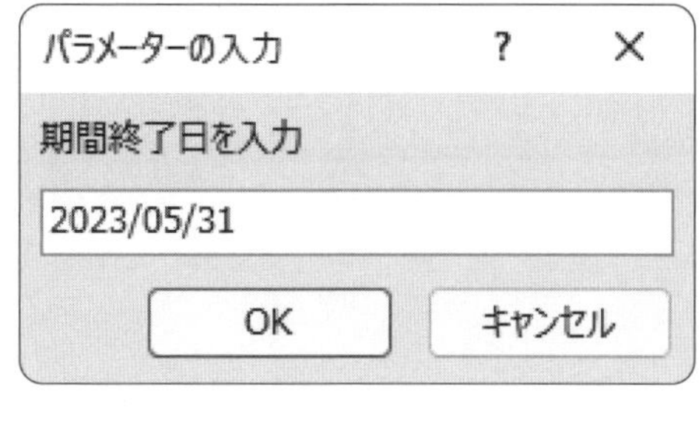

Q分類別集計_期間指定

分類コード	分類名	金額の合計
A011	商品券	¥127,000
A012	カタログ	¥1,180,000
A021	ハム	¥184,000
A023	菓子	¥505,000
A024	缶詰	¥150,000
A031	茶	¥800,000
A032	ジュース	¥109,500
A033	酒類	¥600,000
A041	日用品	¥177,000

レコード: 1 / 9　フィルターなし

㉙ クエリ**「Q受注リスト」**をもとに、クエリを作成しましょう。次の順番でフィールドをデザイングリッドに登録します。

クエリ	フィールド
Q受注リスト	分類コード
〃	分類名
〃	金額

㉚ 作成したクエリに集計行を追加しましょう。**「分類コード」**ごとに、**「金額」**を合計します。

㉛ クエリを実行するたびに次のメッセージを表示させ、指定した受注日のレコードを抽出するように設定しましょう。

期間開始日を入力
期間終了日を入力

※クエリを実行して、結果を確認しておきましょう。任意の期間を指定します。受注日には「2023/04/03」～「2023/10/31」のデータがあります。

㉜ 作成したクエリに**「Q分類別集計_期間指定」**と名前を付けて保存しましょう。

※クエリを閉じておきましょう。

3 フォームの作成

●F顧客入力

顧客情報を入力するためのフォームを作成します。

㉝ フォームウィザードを使って、フォームを作成しましょう。次のように設定し、それ以外は既定のままとします。

もとになるテーブル	**：T顧客リスト**
フィールド	**：すべてのフィールド**
レイアウト	**：単票形式**
フォーム名	**：F顧客入力**

㉞ レイアウトビューを使って、**「顧客名」「フリガナ」「住所」「TEL」**テキストボックスのサイズを調整しましょう。

※フォームビューに切り替えて、結果を確認しておきましょう。
※フォームを上書き保存し、閉じておきましょう。

●F受注入力

受注情報を入力するためのフォームを作成します。

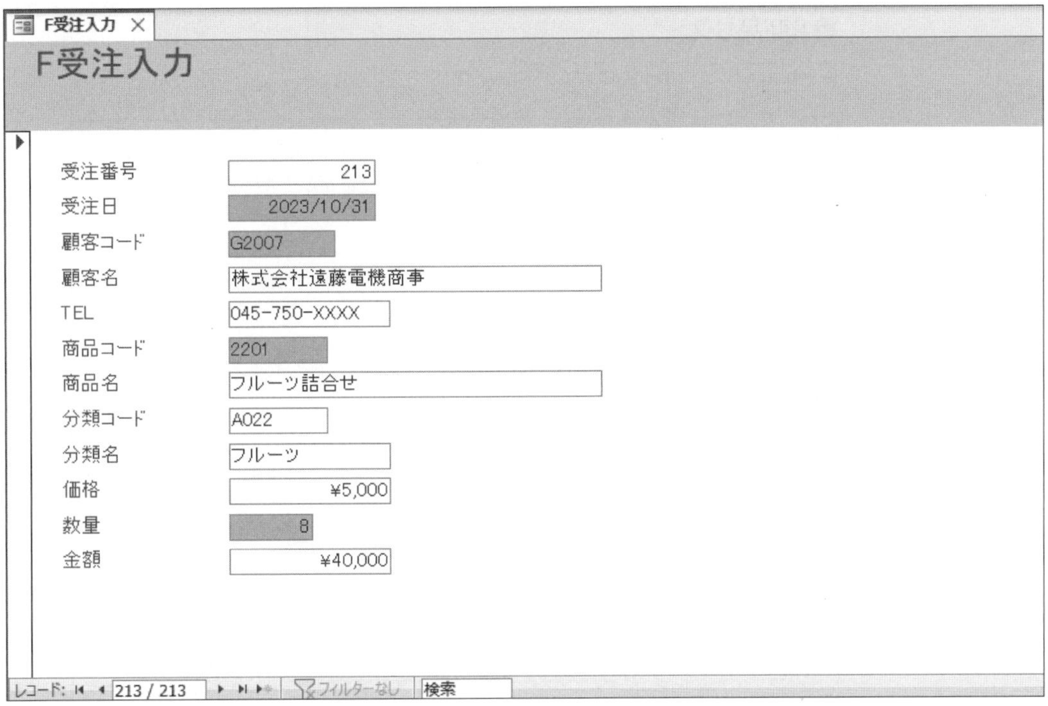

F受注入力

F受注入力

受注番号 213
受注日 2023/10/31
顧客コード G2007
顧客名 株式会社遠藤電機商事
TEL 045-750-XXXX
商品コード 2201
商品名 フルーツ詰合せ
分類コード A022
分類名 フルーツ
価格 ¥5,000
数量 8
金額 ¥40,000

レコード: 213 / 213 フィルターなし 検索

㉟ フォームウィザードを使って、フォームを作成しましょう。次のように設定し、それ以外は既定のままとします。

もとになるクエリ：Q受注リスト
フィールド　　　：すべてのフィールド
レイアウト　　　：単票形式
フォーム名　　　：F受注入力

㊱ レイアウトビューを使って、**「受注日」「顧客コード」「商品コード」「数量」**テキストボックスの背景の色を**「灰色1」**に変更しましょう。

㊲ レイアウトビューを使って、**「受注日」「顧客名」「TEL」「商品名」「価格」「金額」**テキストボックスのサイズを調整しましょう。

㊳ 次のテキストボックスの**《使用可能》**プロパティを**《いいえ》**、**《編集ロック》**プロパティを**《はい》**に設定しましょう。

受注番号　顧客名　TEL　商品名　分類コード　分類名　価格

次に、**「金額」**テキストボックスの**《編集ロック》**プロパティを**《はい》**に設定しましょう。

㊴ 次のレコードを入力しましょう。

受注日　　：2023/10/31
顧客コード：G2007
商品コード：2201
数量　　　：8

※半角で入力します。
※フォームを上書き保存し、閉じておきましょう。

4 レポートの作成

●R商品リスト

商品リストを印刷するためのレポートを作成します。

商品リスト

商品コード	商品名	分類コード	分類名	価格
1101	商品券1000	A011	商品券	¥1,000
1102	商品券10000	A011	商品券	¥10,000
1201	産地直送グルメカタログA	A012	カタログ	¥5,000
1202	産地直送グルメカタログB	A012	カタログ	¥15,000
1203	カタログギフトA	A012	カタログ	¥10,000
1204	カタログギフトB	A012	カタログ	¥20,000
1205	カタログギフトC	A012	カタログ	¥20,000
1206	カタログギフトD	A012	カタログ	¥25,000
2101	ハム詰合せ	A021	ハム	¥3,000
2102	ハム・ソーセージ詰合せ	A021	ハム	¥8,000
2201	フルーツ詰合せ	A022	フルーツ	¥5,000
2301	ホテルアイスクリームセット	A023	菓子	¥5,000
2302	クッキー詰合せ	A023	菓子	¥5,000
2303	シャーベット・アイスクリームセット	A023	菓子	¥7,000
2304	フレッシュフルーツゼリー	A023	菓子	¥9,000
2401	有名シェフのカレーセット	A024	缶詰	¥10,000
2402	タラバガニ缶詰	A024	缶詰	¥10,000
2403	ふかひれスープ	A024	缶詰	¥15,000
3101	静岡煎茶詰合せ	A031	茶	¥5,000
3102	静岡特選銘茶詰合せ	A031	茶	¥10,000
3103	宇治特選銘茶詰合せ	A031	茶	¥15,000
3201	健康野菜ジュースセット	A032	ジュース	¥3,000
3202	フルーツジュース詰合せ	A032	ジュース	¥4,500
3203	無農薬野菜ジュースセット	A032	ジュース	¥4,500
3301	赤ワイン	A033	酒類	¥15,000
3302	純米大吟醸酒	A033	酒類	¥15,000
3303	赤白ワインセット	A033	酒類	¥30,000
4101	フェイスタオルセット	A041	日用品	¥3,000
4102	洗濯洗剤セット	A041	日用品	¥5,000
4103	オーガニック洗濯洗剤セット	A041	日用品	¥8,000

2023年10月31日　　1/1 ページ

⑩ レポートウィザードを使って、レポートを作成しましょう。次のように設定し、それ以外は既定のままとします。

もとになるクエリ	**：Q商品リスト**
フィールド	**：すべてのフィールド**
レイアウト	**：表形式**
印刷の向き	**：縦**
レポート名	**：R商品リスト**

㊶ レイアウトビューを使って、レポートのタイトルを**「商品リスト」**に変更しましょう。

㊷ フィールド名が配置されている行の背景の色を**「薄い灰色3」**に変更しましょう。

※各コントロールのサイズと配置を調整しておきましょう。
※印刷プレビューに切り替えて、結果を確認しておきましょう。
※レポートを上書き保存し、閉じておきましょう。

●R受注リスト_期間指定

指定した期間の受注リストを印刷するためのレポートを作成します。

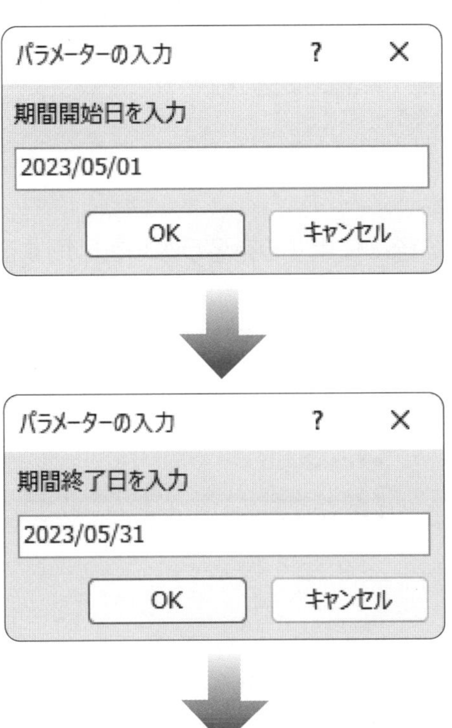

受注リスト_期間指定

受注番号	受注日	顧客コード	顧客名	商品コード	商品名	価格	数量	金額
37	2023/05/01	G1001	水元企画株式会社	2304	フレッシュフルーツゼリー	¥9,000	25	¥225,000
38	2023/05/01	G2005	株式会社エス・ディー・エー	4101	フェイスタオルセット	¥3,000	30	¥90,000
39	2023/05/01	G2005	株式会社エス・ディー・エー	4103	オーガニック洗濯洗剤セット	¥8,000	6	¥48,000
40	2023/05/03	G1003	パイナップル・カフェテラス株式会社	1101	商品券1000	¥1,000	7	¥7,000
41	2023/05/03	G1003	パイナップル・カフェテラス株式会社	1202	産地直送グルメカタログB	¥15,000	2	¥30,000
42	2023/05/08	G1007	ヨコハマ電器株式会社	3202	フルーツジュース詰合せ	¥4,500	15	¥67,500
43	2023/05/08	G2001	アリス住宅販売株式会社	4101	フェイスタオルセット	¥3,000	3	¥9,000
44	2023/05/08	G3002	株式会社ひいらぎ不動産	3303	赤白ワインセット	¥30,000	20	¥600,000
45	2023/05/09	G2002	株式会社一誠堂本舗	1201	産地直送グルメカタログA	¥5,000	20	¥100,000
46	2023/05/10	G1002	株式会社海堂商店	1205	カタログギフトC	¥20,000	10	¥200,000
47	2023/05/10	G1002	株式会社海堂商店	4101	フェイスタオルセット	¥3,000	2	¥6,000
48	2023/05/11	G2003	パリス・フジモトコーポレーション	2301	ホテルアイスクリームセット	¥5,000	10	¥50,000
49	2023/05/12	G2010	宮澤ラジオ販売株式会社	1101	商品券1000	¥1,000	60	¥60,000
50	2023/05/12	G3005	竹原興業株式会社	3102	静岡特選銘茶詰合せ	¥10,000	30	¥300,000
51	2023/05/15	G2008	株式会社アッシュ	1203	カタログギフトA	¥10,000	10	¥100,000
52	2023/05/16	G1005	株式会社ホワイトフラワーズ	1101	商品券1000	¥1,000	60	¥60,000
53	2023/05/16	G2004	株式会社シルキー	1202	産地直送グルメカタログB	¥15,000	10	¥150,000
54	2023/05/17	G1006	株式会社外岡製作所	1205	カタログギフトC	¥20,000	10	¥200,000
55	2023/05/17	G1006	株式会社外岡製作所	3101	静岡煎茶詰合せ	¥5,000	40	¥200,000
56	2023/05/18	G3003	光村産業株式会社	4101	フェイスタオルセット	¥3,000	8	¥24,000
57	2023/05/22	G1001	水元企画株式会社	2401	有名シェフのカレーセット	¥10,000	15	¥150,000
58	2023/05/22	G2003	パリス・フジモトコーポレーション	2302	クッキー詰合せ	¥5,000	10	¥50,000
59	2023/05/22	G3001	株式会社パール・ビューティー	2304	フレッシュフルーツゼリー	¥9,000	20	¥180,000
60	2023/05/22	G3004	株式会社星野夢書房	1203	カタログギフトA	¥10,000	10	¥100,000
61	2023/05/26	G1004	泰充建設株式会社	1203	カタログギフトA	¥10,000	30	¥300,000
62	2023/05/26	G1007	ヨコハマ電器株式会社	3102	静岡特選銘茶詰合せ	¥10,000	15	¥150,000
63	2023/05/26	G1007	ヨコハマ電器株式会社	3201	健康野菜ジュースセット	¥3,000	10	¥30,000
64	2023/05/26	G2010	宮澤ラジオ販売株式会社	2102	ハム・ソーセージ詰合せ	¥8,000	23	¥184,000

2023年10月31日　　1/2 ページ

㊸ レポートウィザードを使って、レポートを作成しましょう。次のように設定し、それ以外は既定のままとします。

もとになるクエリ	：Q受注リスト_期間指定
フィールド	：「TEL」「分類コード」「分類名」以外のフィールド
グループレベル	：なし
レイアウト	：表形式
印刷の向き	：横
レポート名	：R受注リスト_期間指定

※レポート作成後、クエリが実行されます。任意の期間を指定します。受注日には「2023/04/03」～「2023/10/31」のデータがあります。

㊹ レイアウトビューを使って、レポートのタイトルを**「受注リスト_期間指定」**に変更しましょう。

㊺ フィールド名が配置されている行の背景の色を**「薄い灰色3」**に変更しましょう。

※各コントロールのサイズを調整しておきましょう。
※印刷プレビューに切り替えて、結果を確認しておきましょう。
※レポートを上書き保存し、閉じておきましょう。

●R宛名用ラベル

顧客に請求書やカタログを送付する際に使用する宛名ラベルを印刷するためのレポートを作成します。

111-0035 東京都台東区西浅草X-X-X 株式会社パール・ビューティー 第二営業部 小池　弘樹　様	113-0023 東京都文京区向丘X-X-X 株式会社シルキー 営業本部CS部 山野　真由美　様
125-0031 東京都葛飾区西水元X-X-X 水元企画株式会社 総務部総務課 三田　さやか　様	145-0061 東京都大田区石川町X-X-X アリス住宅販売株式会社 営業部サポート課 長谷部　良　様
152-0004 東京都目黒区鷹番X-X-X プラネットウィズ企画株式会社 カスタムサポートG 新井　ゆかり　様	155-0033 東京都世田谷区代田X-X-X 泰充建設株式会社 CSセンター 三井　正人　様
157-0062 東京都世田谷区南烏山X-X-X 光村産業株式会社 CS部特別推進室 海江田　幸太郎　様	157-0073 東京都世田谷区砧X-X-X 宮澤ラジオ販売株式会社 営業部 山脇　栄一　様

㊻ 宛名ラベル用のレポートを作成しましょう。次のように設定し、それ以外は既定のままとします。

もとになるクエリ	**：**	**Q顧客リスト_DM送付同意**
メーカー	**：**	**Kokuyo**
ラベルの種類	**：**	**Kokuyo 2162**
フォントサイズ	**：**	**10**
ラベルのレイアウト	**：**	**（1行目）「郵便番号」 （2行目）「住所」 （4行目）「顧客名」 （5行目）「担当部署」 （6行目）「担当者名」□様**
並べ替え	**：**	**郵便番号**
レポート名	**：**	**R宛名ラベル**

※□は全角空白を表します。
※レポートを閉じておきましょう。
※データベース「総合問題2.accdb」を閉じておきましょう。
※Accessを終了しておきましょう。

索 引

Index

索引

英字

あ

い

う

え

お

か

き

く

け

こ

さ

し

す

せ

そ

た

ち

つ

て

と

な

は

ひ

ふ

へ

ほ

ま

み

め

も

ゆ

よ

ら

り

る

れ

わ

おわりに

最後まで学習を進めていただき、ありがとうございました。Accessの学習はいかがでしたか？
本書では、データを格納するテーブルの作成、クエリによる必要なデータの抽出、データ入力用のフォームの作成、データ印刷用のレポートの作成など、Accessの基本的な機能と操作方法をご紹介しました。
Accessを使うと、日々蓄積される売上データや顧客データなどを、より効率的に管理できます。様々なデータベースをAccessで作成し、活用してください。
また、本書での学習を終了された方には、「よくわかる」シリーズの次の書籍をおすすめします。
「よくわかる Access 2021応用」では、フリガナや住所入力の機能を使ってデータを効率よく入力する方法、データを一括で更新するアクションクエリ、明細行を組み込んだフォームやレポートの作成方法など、実践にすぐに役立つ機能を習得できます。ぜひチャレンジしてください。

FOM出版

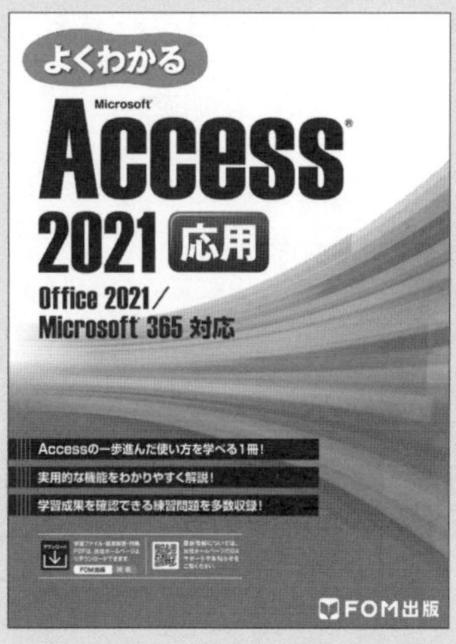

FOM出版テキスト

最新情報のご案内

FOM出版では、お客様の利用シーンに合わせて、最適なテキストをご提供するために、様々なシリーズをご用意しています。

FOM出版 検索

https://www.fom.fujitsu.com/goods/

FAQのご案内

［テキストに関するよくあるご質問］

FOM出版テキストのお客様Q&A窓口に皆様から多く寄せられたご質問に回答を付けて掲載しています。

FOM出版 FAQ 

https://www.fom.fujitsu.com/goods/faq/

よくわかる
Microsoft® Access® 2021 基礎
Office 2021／Microsoft® 365 対応
(FPT2217)

2023年 2 月22日　初版発行

著作／制作：株式会社富士通ラーニングメディア

発行者：青山　昌裕

発行所：FOM(エフオーエム)出版（株式会社富士通ラーニングメディア）
〒212-0014 神奈川県川崎市幸区大宮町１番地５ JR川崎タワー
https://www.fom.fujitsu.com/goods/

印刷／製本：アベイズム株式会社

ISBN978-4-86775-028-5